Peter M. Kammer

Pflanzen einfach bestimmen

Haupt
NATUR

Peter M. Kammer

Pflanzen einfach bestimmen

Schritt für Schritt einheimische Arten kennenlernen

2., korrigierte Auflage

Haupt Verlag

Prof. Dr. Peter M. Kammer ist Biologe mit Spezialgebiet Vegetationsökologie. Er arbeitet seit rund zwanzig Jahren in der Fachausbildung angehender Biologielehrerinnen und -lehrer und unterrichtet die Fächer Evolution, Biochemie, Genetik und Ökologie.

2. Auflage: 2021
1. Auflage: 2016

ISBN 978-3-258-08191-5

Umschlag, Gestaltung und Satz: Roman Bold & Black, D-Köln
Lektorat: Claudia Huber, D-Erfurt
Fotos: © Konrad Lauber/Haupt Verlag
Zeichnungen: Stefan Eggenberg, CH-Bern; außer S. 14 oben rechts: Sacha Wettstein, CH-Bern

Umschlagabbildungen
Vorne: Wilde Möhre (Ivar Leidus, Wikimedia Commons, CC-BY-SA-3.0); Bär-Lauch (H. Zell, Wikimedia Commons, CC-BY-SA-3.0); Zweigriffliger Weißdorn (Eva Gruendemann, Fotolia); Maiglöckchen (liz west, flickr, CC-BY-SA-2.0)
Rücken: Weiße Lichtnelke (Kristine Paulus, flickr, CC-BY-SA-2.0)
Hinten: Weiße Lichtnelke (Hans Braxmeier, pixabay); Weiße Taubnessel (stanzebla, flickr, CC-BY-SA-2.0); Echte Zaunwinde (Donald Hobern, flickr, CC-BY-SA-2.0)

Wir verwenden FSC-Papier. FSC sichert die Nutzung der Wälder gemäß sozialen, ökonomischen und ökologischen Kriterien.
Gedruckt in Deutschland

FSC www.fsc.org MIX Papier aus verantwortungsvollen Quellen FSC® C013736

Diese Publikation ist in der Deutschen Nationalbibliografie verzeichnet.
Mehr Informationen dazu finden Sie unter http://dnb.dnb.de.

www.haupt.ch

Inhalt

Einleitung

Für wen ist dieses Buch?

Dieses Buch ist für all jene, die eigentlich ganz gerne wüssten, was so um sie herum sprießt und blüht, die aber weder Lust noch Muße haben, dazu seitenweise Fachbegriffe und Abkürzungen auswendig zu lernen oder tausendseitige Wälzer vor- und rückwärts zu blättern. Denn mit diesem Buch können botanische Laien rasch und ohne Vorkenntnisse die häufigsten Pflanzenarten bestimmen. Abkürzungen von Fachbegriffen gibt es keine, diese beschränken sich ohnehin auf das absolute Minimum und werden gleich an Ort und Stelle erklärt. Die für die Bestimmung erforderlichen Merkmale sind einfach zu erkennen. Darüber hinaus liefern die Steckbriefe der einzelnen Pflanzenarten Informationen über ihre Fortpflanzungsweise, ihre Verwendung in Medizin, Küche und Technik, über biologische Besonderheiten sowie Angaben zur Herkunft und Bedeutung der deutschen und wissenschaftlichen Namen.

Warum Pflanzen kennen?

Pflanzen bilden die unerlässliche Grundlage für die Existenz höheren Lebens und damit der Menschheit auf der Erde. Nur sie und Algen können die Energie der unversieglichen Quelle Sonne in für uns nutzbare chemische Energie umwandeln. Das alleine rechtfertigt die Beschäftigung mit und den Respekt vor den Pflanzen. Sie sind aber auch einfach schön. Selbst das kleinste, unscheinbare Pflänzchen offenbart seine Schönheit, wenn man genau hinschaut. Oder die Gräser. Zunächst sehen sie alle gleich aus, ihre Unterscheidung und Bestimmung ist zugegebenermaßen schwierig – auch mit diesem Buch. Bei näherer Betrachtung zeigen sich die Unterschiede und man entdeckt ihren Reiz: der filigrane Bau ihrer Blütenstände, die farbigen Staubbeutel, die an dünnen Fäden im Wind baumeln, oder die federförmigen Narben, an denen der Pollen kleben bleibt. In diesem Sinn wünschen wir Ihnen ein erfolgreiches Eintauchen in die vielfältige, interessante und wundervolle Welt der Pflanzen.

Wie bestimme ich eine Pflanzenart?

Die Bestimmung der Pflanzen ist sehr einfach. Nehmen wir an, Sie hätten am Rand einer Hecke die nebenstehend abgebildete Pflanze gefunden. Ihre Bestimmung beginnt im Hauptschlüssel auf Seite 12 bei Frage 1. Dort steht die folgende Alternative:

1 **a** Pflanze auf den Ästen von Bäumen wachsend ▶ *Viscum album*
b Pflanze auf dem Boden oder im Wasser wachsend **2**▶

Sie sehen, dass die Pflanze, die Sie bestimmen wollen, nicht auf den Ästen von Bäumen wächst, sondern auf dem Boden. Deshalb folgen Sie der Zahl im grünen Pfeil, gehen also zur Frage 2. Hier werden Sie mit folgenden Aussagen konfrontiert:

2 **a** Pflanze vollständig im Wasser wachsend, d.h., die Blätter schwimmen auf der Wasseroberfläche oder befinden sich unter der Wasseroberfläche **201**▶ (S. 87)
b Pflanze nicht (vollständig) im Wasser wachsend **3**▶

Sie haben bereits festgestellt, dass die Pflanze auf dem Boden wächst und keinesfalls vollständig im Wasser. Sie gehen also, ohne zu zögern, weiter zur Frage 3. So arbeiten Sie sich Frage für Frage vorwärts und gelangen so zur Frage 22, die folgendermaßen lautet:

22 **a** Blüten mit (2) 3 bis 12 gut erkennbaren Blütenblättern oder Blütenzipfeln (vgl. Illustration bei 25) **23**▶
b Blüten spiegelsymmetrisch, d.h. mit einem oberen und einem unteren Blütenteil, die beide unterschiedlich sind **701**▶ (S. 279)
c Form der Blüten und Anzahl Blütenblätter schwierig erkennbar, Blüten meist sehr klein und oft in länglichen Blütenständen angeordnet **761**▶ (S. 308) (Hierhin gehören auch alle Pflanzen, die sonst nirgends hineinpassen.)

Hier vergleichen Sie in Ruhe die drei Möglichkeiten mit Ihrer Pflanze und kommen zum Schluss, dass die Blüten weder klein noch in einem länglichen Blütenstand angeordnet sind, die Alternative c also wegfällt, und Sie bei den Blüten keinen oberen Teil und keinen unteren Teil, die sich unterscheiden, erkennen können, sodass Alternative b auch nicht in Frage kommt.

Bleibt noch Alternative a. Und in der Tat, die Blütenblätter sind wirklich nicht zu übersehen und mehr als 12 sind es auch nicht. Sie gehen also weiter zu Frage 23 und gelangen über zwei weitere Schritte zur Frage 25:

25 **a** Blüten mit 2, 4 oder (scheinbar) 8 Blütenblättern 471 (S. 187)
b Blüten mit 5 oder (scheinbar) 10 Blütenblättern oder mit 5 oder 10 Blütenzipfeln 551 (S. 219)
c Blüten mit 3 oder 6 Blütenblättern oder mit 3 oder 6 Blütenzipfeln 681 (S. 272)

Hier ist genaues Zählen gefordert. Da Ihre Pflanze sechs Blütenblätter hat, springen Sie zum Teilschlüssel «3 oder 6 Blütenblätter», der im hinteren Teil des Buches auf Seite 272 mit Frage 681 beginnt. Hier stellt sich – endlich – die Frage nach der Blütenfarbe:

681 **a** Blüten weiß (oft etwas grün) oder schwach rosa 682
b Blüten kräftig rosa, rot oder lila 689 (S. 276)
c Blüten gelb oder gelblich 691 (S. 278)

Ohne zu zögern, wählen Sie die Alternative c und blättern zu Frage 691, in der es um weitere Blütenmerkmale geht:

691 **a** Pflanze mit 1 bis 7 sternförmigen, gelben Blüten ▶ ***Gagea lutea***
b Pflanze mit zahlreichen kleinen, gelblichen Blüten in einem länglichen Blütenstand ▶ ***Reseda lutea***

Eine letzte Überprüfung der Pflanze ergibt, dass diese fünf recht große Blüten hat und keinesfalls zahlreiche kleine, die in einem länglichen Blütenstand stehen. Es scheint sich bei Ihrer Pflanze also um *Gagea lutea*, den Wald-Gelbstern, zu handeln. Der Vergleich mit dem Bild und der Beschreibung der Merkmale bestätigt die Bestimmung.

Wie Sie gesehen haben, ist der Bestimmungsschlüssel in diesem Buch in einen Hauptschlüssel und mehrere unterschiedlich umfangreiche Teilschlüssel gegliedert. Die Teilschlüssel umfassen Pflanzen, die sich durch ein gemeinsames, auffälliges Merkmal auszeichnen, zum Beispiel durch sechs Blütenblätter. Die Nummer der ersten Frage in jedem Teilschlüssel endet immer mit 1, also zum Beispiel 91 oder 681. Zwischen der letzten Frage des vorangegangenen Teilschlüssels und der ersten Frage des neuen Teilschlüssels fehlen also jeweils ein paar Nummern.

In die Teilschlüssel gelangt man über den Hauptschlüssel. Geübtere Anwenderinnen und Anwender können aber mit der Bestimmung direkt im entsprechenden Teilschlüssel beginnen. So müssen Sie sich zur Bestimmung von Pflanzen, die ein auffälliges Merkmal zeigen, wie eben die sechs Blütenblätter, nicht zwingend durch den ganzen Hauptschlüssel wühlen, sondern können bequem beim passenden Teilschlüssel einsteigen.

So: Nun steht einer ersten Pflanzenbestimmung nichts mehr im Wege. Beginnen Sie auf Seite 12, Frage 1. Viel Spaß! Wer aber vorab noch an weitergehenden Informationen interessiert ist, lese bitte hier weiter.

Welche Pflanzenarten kann ich mit diesem Buch bestimmen?

Damit die Bestimmung einfach und das Buch nicht allzu dick wird, wurden die Pflanzenarten, die man kaum einmal zu Gesicht bekommt, nicht berücksichtigt. Das Buch enthält demnach «nur» die am weitesten verbreiteten und häufigsten wild wachsenden Pflanzenarten im Gebiet des deutschsprachigen Mitteleuropa. Pflanzen also, die man fast überall zwischen Emden und Passau oder zwischen Stralsund und Bern finden kann. Aber das sind immerhin 674 Arten: Schachtelhalme, Farne, Kletterpflanzen, Bäume und Sträucher sowie zahlreiche Kräuter und Gräser. Um Frustrationen wegen erfolgloser Bestimmungen vorzubeugen, listen wir hier gleich auf, welche Pflanzen in diesem Buch nicht aufgeführt sind. Es sind dies:

- Garten-, Zier- und Nutzpflanzen, wie zum Beispiel Forsythie/Goldflieder (*Forsythia* sp.) oder Mais *(Zea mays)*.
- Gebirgspflanzen, d. h. Pflanzen, die ausschließlich oberhalb einer Meereshöhe von rund 800 m vorkommen, so zum Beispiel das Edelweiß *(Leontopodium alpinum)*.
- Küstenpflanzen, d. h. Pflanzen, die ausschließlich an der Nord- und/oder der Ostseeküste vorkommen, wie beispielsweise der Gewöhnliche Strandflieder *(Limonium vulgare)*.
- Pflanzen von seltenen Lebensräumen, wie zum Beispiel ausgesprochen trockene Wälder, Gebüsche und Rasen in warmen Regionen oder nährstoffarme Feuchtwiesen und Moore. So fehlen beispielsweise die fleischfressenden Sonnentau-Arten (*Drosera* sp.).
- Pflanzen mit einer lokal bis regional begrenzten oder lückigen Verbreitung, wie zum Beispiel der Frauenschuh *(Cypripedium calceolus)*.

Als Grundlage für die Auswahl der Pflanzenarten dienten die Datenbanken des Deutschen Bundesamtes für Naturschutz (www.floraweb.de), des nationalen Daten- und Informationszentrums der Schweizer Flora (www.infoflora.ch) und des Biodiversitäts-Monitorings Schweiz (www.biodiversitymonitoring.ch).

Was muss ich für eine erfolgreiche Bestimmung beachten?

- Achten Sie auf Fragen mit drei oder vier statt der üblichen zwei Alternativen: Die dritte und vierte Möglichkeit übersieht man gerne.
- Bestimmen Sie nur gut entwickelte Pflanzen und untersuchen Sie, wenn immer möglich, mehrere Individuen (der gleichen Art), Blätter oder Blüten. Kümmerliche Exemplare oder auch eine einzelne Pflanze bzw. ein einzelner Pflanzenteil zeigen die für die Bestimmung wichtigen Merkmale möglicherweise nicht in typischer Form.
- Lesen Sie die Aussagen bitte genau. Wenn im Schlüssel beispielsweise steht «Größere Blätter eingeschnitten», dann heißt das, dass die kleineren Blätter nicht oder vielleicht nicht immer eingeschnitten sind. Und das wiederum bedeutet, dass man wirklich die größeren Blätter der Pflanze betrachten muss, um das Merkmal sicher zu erkennen.
- Die im Bestimmungsschlüssel verwendeten Merkmale sollten in Normalfall klar zu erkennen sein. Falls Sie beispielsweise bei der Frage zögern, ob ein Blattrand gezähnt ist oder nicht, dann ist er es wohl nicht. In Fällen, in denen die Merkmale nicht deutlich sind, wird das entsprechend ausgedrückt, zum Beispiel «Blattrand schwach gezähnt».
- Ihr Augenmaß in Ehren. Aber nutzen Sie besser den Maßstab auf der hinteren Umschlagseite. Manchmal entscheidet ein Millimeter Unterschied im Blütendurchmesser oder in der Blattbreite über den weiteren Bestimmungsweg, und da wäre es doch schade, wenn Sie sich verschätzt hätten. Die Dimensionen sind übrigens immer an vollständig entwickelten Organen zu ermitteln, also zum Beispiel an vollständig geöffneten Blüten.
- Seien Sie tolerant mit den Pflanzen, sie sind keine Präzisionswerkstücke. Falls die Pflanze, die Sie bestimmen wollen, offensichtlich mit derjenigen auf dem Bild der Pflanzenart XY übereinstimmt, ihre Blütenblätter aber 6,5 mm lang sind und somit nicht im angegebenen Bereich von 3 bis 6 mm liegen, dann handelt es sich wohl dennoch um die Art XY und ihr Exemplar hat halt einfach etwas längere Blütenblätter.
- Für die Bestimmung müssen die Pflanzen nicht gepflückt und schon gar nicht ausgerissen werden. Hingegen darf man sich nicht scheuen, sie anzufassen, zu fühlen, zu riechen und natürlich sie genau zu betrachten. Eine Lupe kann hilfreich sein, ist aber in den allermeisten Fällen nicht erforderlich.
- Sollten Sie einmal eine Pflanze mitnehmen wollen, um Sie in Ruhe zu Hause zu bestimmen, dann pflücken Sie sie ganz zuunterst. Andernfalls kann es sein, dass Sie nicht alle zur Bestimmung notwendigen Pflanzenteile zur Verfügung haben.

- Falls man einmal eine Pflanze nicht bestimmen konnte – und das kann vorkommen – beginnt man am besten wieder ganz am Anfang bei Punkt 1. Vielleicht ist man ja im Hauptschlüssel falsch abgebogen oder man hat sich in der Wahl des Teilschlüssels geirrt. Möglicherweise ist die Pflanze in diesem Buch aber gar nicht enthalten, weil es sich um eine seltene Art, um eine Zier- oder Kulturpflanze oder um eine Pflanze der Küsten, des Gebirges oder seltener Lebensräume handelt (vgl. oben). In diesen Fällen empfiehlt es sich, ein vollständiges Florenwerk zu konsultieren, beispielsweise «Die Blütenpflanzen Mitteleuropas» für Deutschland oder die «Flora Helvetica» für die Schweiz (vgl. Literaturliste S. 395).
- Übrigens, weitergehende Erläuterungen zur Biologie und Ökologie der Pflanzen finden Sie im Abschnitt «Informationen zu den Fachbegriffen und Artenbeschreibungen» am Schluss des Buches.

Wie bestimme ich eine Pflanze in Kombination mit einer Internet-Applikation?

Mithilfe entsprechender Internet-Applikationen kann man den Namen einer angetroffenen (und fotografierten) Pflanze rasch und ohne Bestimmung herausfinden. Ob es allerdings wirklich der korrekte Name der Pflanze ist, den die Applikation gefunden hat, kann man nur beurteilen, wenn man die Pflanze und ihre nah verwandten Arten kennt. Ansonsten ist man gezwungen, der Applikation blind zu vertrauen.
Mithilfe des Buches, das Sie in den Händen halten, kann die Angabe der Applikation überprüft werden, zumindest für die Pflanzenarten, die im Buch aufgeführt sind. Nehmen wir an, Sie haben eine gelb blühende Pflanze fotografiert, und die Applikation gibt Ihnen dazu den Namen *Taraxacum officinale* bzw. «Wiesenlöwenzahn». Sie sind aber nicht so sicher, ob die fotografierte Art wirklich der Löwenzahn ist, weil Sie ihn ja eigentlich kennen. Deshalb suchen Sie im Buch diese Art und finden sie auf Seite 144. Nun betrachten Sie den Schlüsselpunkt, der zu *Taraxacum officinale* führt (363a) und vergleichen die dort aufgeführten Merkmale mit der fotografierten Pflanze. Dabei kommen Sie zum Schluss, dass der Stängel ihrer Pflanze nicht wirklich «glatt, hohl, dünnwandig und leicht zusammendrückbar» ist. Sie folgen dementsprechend der Alternative (363b) und kommen über 364 und 365 zu Punkt 366a und stellen fest, dass es sich bei der von Ihnen gefundenen Pflanze zwar auch um einen Löwenzahn handelt, aber um eine andere, ähnlich aussehende Art, nämlich um *Leontodon hispidus*.

Jetzt gibt es aber keine Ausreden mehr: Umblättern und los geht's!

1 **a** Pflanze auf den Ästen von Bäumen wachsend ▶ *Viscum album*
b Pflanze auf dem Boden oder im Wasser wachsend 2

2 **a** Pflanze vollständig im Wasser wachsend, d. h., die Blätter schwimmen auf der Wasseroberfläche oder befinden sich unter der Wasseroberfläche 201 (S. 87)
b Pflanze nicht (vollständig) im Wasser wachsend 3

3 **a** Pflanze an Bäumen, Sträuchern oder anderen Hilfen emporkletternd 71 (S. 28)
b Pflanze nicht kletternd 4

4 **a** Pflanze überwiegend holzig 91 (S. 33)
b Höchstens die untersten Teile der Pflanze (etwas) holzig 5

5 **a** Pflanze grün 6
b Ganze Pflanze nicht grün 221 (S. 93)

6 **a** Pflanze ohne Blüten und Blätter, aber mit quirlständigen Seitenästen, d. h., 5 oder mehr Seitenäste zweigen auf der gleichen Höhe vom Stängel ab 31 (S. 18)

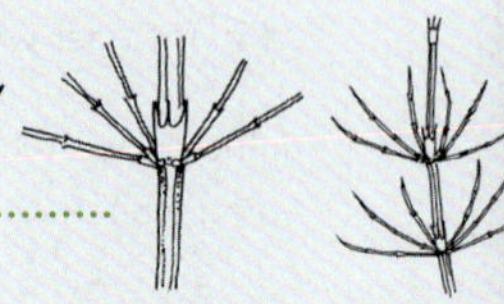

b Pflanze mit Blättern und/oder Blüten 7
(Blüten sind die Teile einer Pflanze, die weder Stängel noch Blätter noch Wurzeln sind.)

Viscum album L. Mistel, Laubholz-Mistel

Pflanzenfamilie: Santalaceae – Sandelholz- oder Leinblattgewächse

Name: Mistel: von *Viscum*; *viscum* lat. Leim; *album* lat. weiß

Merkmale: Kleiner Strauch; Stängel olivgrün; Blätter gegenständig, 2 bis 8 cm lang, oval, etwas dick, gelbgrün, immergrün; Blüten sehr klein; beerenartige weiße oder gelbliche Früchte

Fortpflanzung: Blüte März bis April; zweihäusig; Insektenbestäubung; Tierverbreitung (z. B. Misteldrossel)

Vorkommen: Meistens auf Laubbäumen, seltener auf Nadelbäumen

Wissenswertes: Als einzige mitteleuropäische Gefäßpflanze wächst die Mistel ausschließlich auf anderen Pflanzen, auf unterschiedlichen Baum- und Straucharten (nie auf Rot-Buchen). Solche Pflanzen werden als Epiphyten (Aufsitzerpflanzen) bezeichnet. Epiphytisch lebende Pflanzen finden sich sonst in den Tropen, so z. B. zahlreiche Orchideen und Farne. Die Epiphyten profitieren vom erhöhten Lichtangebot im Kronenbereich der Regenwälder.

7 **a** Pflanze ohne Blüten, nur Blätter 41 (S. 20)
b Pflanze mit Blüten 8

8 **a** Pflanze ohne Blätter, nur 1 oder mehrere Blüten 681 (S. 272)
b Pflanze mit Blättern und Blüten 9

9 **a** Blätter lang und schmal, grasartig 10
b Blätter nicht grasartig 14

10 **a** Pflanze mit mehreren hängenden, bis 3 cm langen, silbrig weißen Haarbüscheln 936 (S. 377) ....

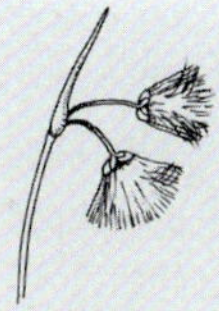

b Pflanze ohne solche Haarbüschel 11

11 **a** Pflanze grasartig; Blüten klein, unscheinbar, meistens grünlich oder bräunlich 12
b Pflanze nicht grasartig; Blüten meist mindestens 5 mm im Durchmesser oder in der Länge, gelb, rot oder weiß(lich) 223 (S. 93)

12 **a** Stängel mit mindestens einer Verdickung (Knoten) 821 (S. 328) ....

b Stängel ohne Knoten 13

13 **a** Stängel im Querschnitt dreieckig (dreikantig) 901 (S. 362)
b Stängel im Querschnitt rundlich oder oval 931 (S. 375)

• Halbparasit: Die Pflanze enthält Chlorophyll (Blattgrün) und betreibt Fotosynthese, entzieht aber mit speziellen Saugorganen den Trägerbäumen Wasser und Nährstoffe. Bei starkem Besatz eines Trägerbaumes mit Misteln wird dieser geschwächt, was bei Obstbäumen zu Ertragsminderung führen kann. • Vögel fressen die Beeren und scheiden den Samen auf einem entfernten Baum wieder aus. Da der Same bei der Ausscheidung noch von Resten des klebrigen Fruchtfleisches umgeben ist, bleibt er auf der Rinde haften und kann dort keimen. • Die ganze Pflanze ist giftig. Vergiftungssymptome sind u. a. Übelkeit, Erbrechen, Bauchschmerzen, Durchfall. • Präparate aus den beblätterten Zweigen werden bei hohem Blutdruck und in der anthroposophischen Medizin gegen Krebs angewendet. • In der Comicserie «Asterix» schneidet der Druide Miraculix Misteln als Zutat für seinen Zaubertrank.

14 **a** Blätter quirlständig (zumindest teilweise), d. h., 3 oder mehr Blätter stehen auf gleicher Höhe am Stängel (Quirl) **231** (S. 96) ....

b Blätter am Stängel nicht quirlständig angeordnet **15**

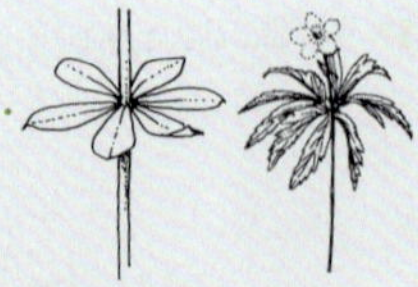

15 **a** Pflanze mit zahlreichen kleinen Blüten, die in einem schirmförmigen Blütenstand angeordnet sind **261** (S. 104) ......

b Blüten anders angeordnet **16**

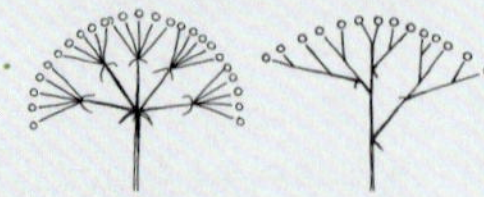

16 **a** Pflanze stachlig oder dornig, d. h., Rand der Blätter und/oder Stängel mit Stacheln oder Dornen **301** (S. 119)

b Pflanze ohne Stacheln oder Dornen **17**

17 **a** Blüten(stände) körbchenförmig, d. h., aus zahlreichen (>10) Hüllblättern geformtes Körbchen mit aufrecht stehenden oder ausgebreiteten Blüten(blättern) **321** (S. 126)

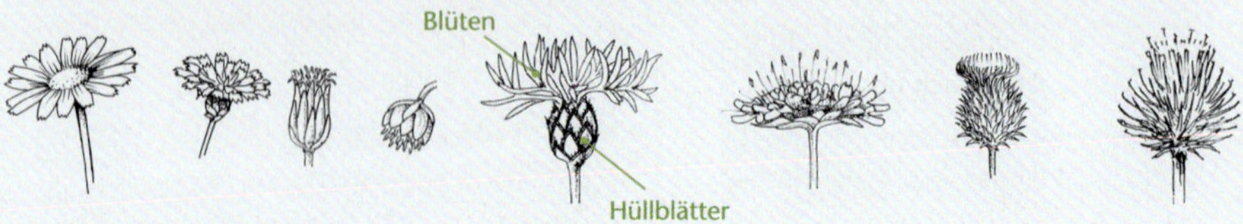

b Blüten(stände) anders gestaltet **18**

Digitalis purpurea L. Roter Fingerhut

Pflanzenfamilie: Plantaginaceae – Wegerichgewächse

Name: *Digitalis* lat. Finger; *purpurea* lat. purpurrot

Merkmale: 30 bis 150 cm hohe, zweijährige Pflanze; Stängel behaart; Blätter oval bis länglich, Blattunterseite dicht behaart, Blattrand gezähnt; Blüten in einem langen Blütenstand, ± auf einer Seite des Stängels hängend, 35 bis 55 mm lang und ca. 20 mm im Durchmesser, hell purpurrot, im Innern mit roten, weiß umrandeten Flecken, oberer Teil der Blüte (Oberlippe) wenig eingeschnitten, Unterlippe dreiteilig; Früchte (Kapseln) eiförmig

Fortpflanzung: Blüte Juni bis September; zwittrig; Insektenbestäubung; Windausbreitung

Vorkommen: Lichte Wälder, Waldschläge

Wissenswertes: Die roten, weiß umrandeten Flecke auf der Innenfläche der Blüte täuschen (wahrscheinlich) Staubblätter mit Pollen vor und locken so Bestäuber an. • In den Blüten leben die Raupen des Rotfingerhut-Blütenspanners *(Eupithecia pulchellata)* und ernähren sich von den Staubbeuteln und dem Stempel. Schlupfwespen legen ihre Eier in die Raupen,

18 **a** Größere Blätter zusammengesetzt, d. h., sie sind aus mindestens 2 ± gleichen Teilblättern zusammengesetzt **411** (S. 162)

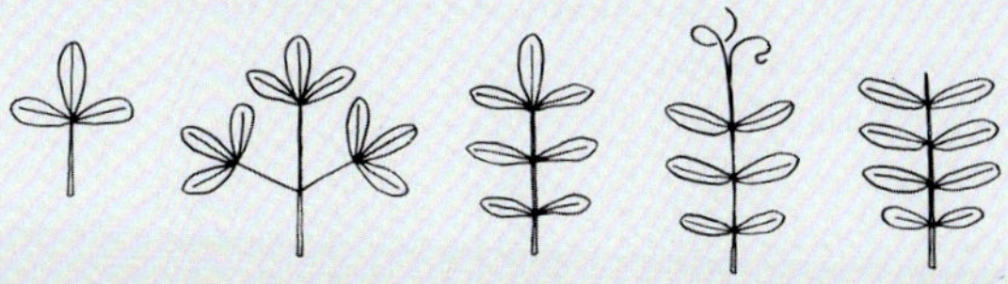

b Größere Blätter nicht zusammengesetzt, d. h., sie bestehen aus einer einzigen Blattfläche, die allenfalls eingeschnitten, aber nicht in Teilblätter unterteilt ist **19**

19 **a** Pflanze mit großen, mindestens 15 mm langen, weit trichterförmigen, weißen und/oder rosafarbenen Blüten **77** (S. 29)

b Blüten anders gestaltet **20**

20 **a** Blüten mit 5 ungleichmäßig angeordneten Blütenblättern (2 Blütenblätter nach oben gerichtet und 3 nach unten oder 4 nach oben und 1 nach unten) **461** (S. 183) ....

b Blüten anders gestaltet **21**

21 **a** Pflanze mit großen, purpurroten Blüten in einem langen Blütenstand ▶ ***Digitalis purpurea***

b Blütenstand und Blüten anders gestaltet **22**

und die geschlüpften Larven fressen diese von innen her auf. • Die ganze Pflanze ist sehr stark giftig. Vergiftungssymptom ist Abnahme der Herzfrequenz bis zum Herzstillstand. • Der Rote Fingerhut dient der Gewinnung von Glykosiden, die als Reinstoffe (Digoxin, Digitoxin) bei Herzerkrankungen unter ärztlicher Aufsicht Anwendung finden.

22 **a** Blüten mit (2) 3 bis 12 gut erkennbaren Blütenblättern oder Blütenzipfeln (vgl. Illustrationen bei 25) **23**

b Blüten spiegelsymmetrisch, d. h. mit einem oberen und einem unteren Blütenteil, die beide unterschiedlich sind **701** (S. 279)

c Form der Blüten und Anzahl Blütenblätter schwierig erkennbar, Blüten meist sehr klein und oft in länglichen Blütenständen angeordnet **761** (S. 308)
(Hierhin gehören auch alle Pflanzen, die sonst nirgends hineinpassen.)

23 **a** Blätter mit 3 abgerundeten Abschnitten (Lappen), etwas derb, mit langen Blattstielen ▶ ***Hepatica nobilis***

b Blätter anders gestaltet **24**

24 **a** Pflanze liegend; Blätter herzförmig bis rundlich, unbehaart, etwas glänzend, lang gestielt; Blüten gelb ▶ ***Ranunculus ficaria***

b Pflanze anders gestaltet **25**

Hepatica nobilis Schreb. (Gewöhnliches) Leberblümchen

Pflanzenfamilie: Ranunculaceae – Hahnenfußgewächse

Name: *Hepatica* griech. Leber; *nobilis* lat. edel, vornehm

Merkmale: 5 bis 15 cm hoch; Blätter mit 3 abgerundeten Lappen, derb, Blattunterseite oft rotbraun bis violett; Blüten 20 bis 35 mm im Durchmesser, mit 5 bis 10 blauen oder violetten, seltener rosafarbenen oder weißen Blütenblättern; zahlreiche Früchtchen (Nüsschen) pro Blüte

Fortpflanzung: Blüte März bis Mai; zwittrig; Insektenbestäubung; Ameisenausbreitung

Vorkommen: Buschige Hänge, Laubwälder

Wissenswertes: Die ganze Pflanze ist giftig. Vergiftungssymptome sind u. a. Übelkeit, Durchfall, Blutungen.

25 **a** Blüten mit 2, 4 oder (scheinbar) 8 Blütenblättern **471** (S. 187)

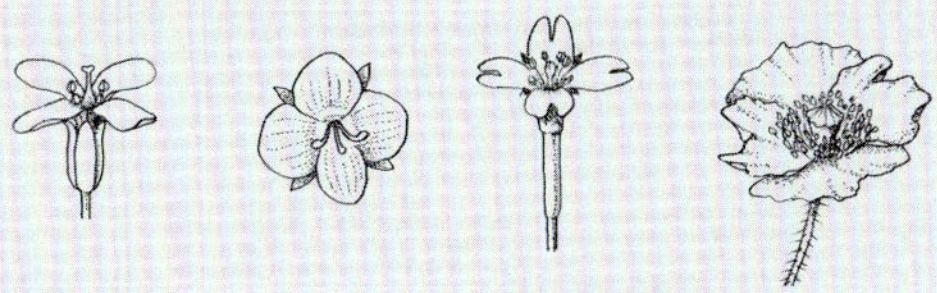

b Blüten mit 5 oder (scheinbar) 10 Blütenblättern oder mit 5 oder 10 Blütenzipfeln **551** (S. 219)

c Blüten mit 3 oder 6 Blütenblättern oder mit 3 oder 6 Blütenzipfeln **681** (S. 272)

Ranunculus ficaria L., *Ficaria verna* Huds.
Scharbockskraut, Knöllchen-Scharbockskraut

Pflanzenfamilie: Ranunculaceae – Hahnenfußgewächse

Name: *Ranunculus* lat. Fröschchen; *ficaria* lat. Feige

Merkmale: 10 bis 30 cm hoch bzw. lang; Blätter herzförmig, etwas dick (fleischig), Blattoberseite glänzend; Blüten 20 bis 30 mm im Durchmesser, mit 6 bis 12 gelben Blütenblättern; zahlreiche kugelige Früchtchen (Nüsschen) pro Blüte

Fortpflanzung: Blüte März bis April; zwittrig; Insektenbestäubung; Tierausbreitung (Ameisen)

Vorkommen: Wiesen, Hecken, Wälder, Obstgärten

Wissenswertes: An den Ansatzstellen der Blattstiele wachsen oft sogenannte Bulbillen, die abfallen und aus denen sich dann neue Pflanzen entwickeln. Dies ist eine Form der vegetativen Fortpflanzung, d. h., Fortpflanzung ohne vorausgegangene Befruchtung und damit Durchmischung der genetischen Information. Die aus den Bulbillen entstehenden Pflanzen sind somit genetisch identisch mit der Mutterpflanze; sie bilden zusammen einen Klon. • Die Knollen wurden früher zur Bekämpfung von Feigwarzen verwendet *(ficaria)* und die Blätter wegen des Vitamin-C-Gehalts gegen Skorbut (Scharbock). • Die Blätter haben einen herben, etwas scharfen Geschmack und können Salaten beigemischt werden – aber nur die jungen, zur Blütezeit sind die Blätter giftig.

31 **a** Seitenäste reich verzweigt ▶ ***Equisetum sylvaticum***
b Seitenäste nicht oder wenig verzweigt **32**

32 **a** Seitenäste im Querschnitt vierkantig; Pflanze wächst an eher trockenen Orten ▶ ***Equisetum arvense***
b Seitenäste im Querschnitt fünf- bis sechskantig; Pflanze wächst an feuchten bis nassen Orten **33**

33 **a** Stängel 2 bis 4 mm dick, mit 6 bis 10 deutlichen Rillen ▶ ***Equisetum palustre***
b Stängel 5 bis 8 mm dick, mit 10 bis 30 feinen Rillen ▶ ***Equisetum fluviatile***

Equisetum sylvaticum L. Wald-Schachtelhalm

Pflanzenfamilie: Equisetaceae – Schachtelhalmgewächse

Name: *Equi-* lat. Pferd; *-setum* lat. Haar (eines Tiers); *sylvaticum* lat. Wald

Merkmale: 10 bis 80 cm hoch und bis 5 mm dick; Seitenäste lang und dünn, typischerweise bogenförmig herabhängend, reich verzweigt; an der Spitze kann sich eine 2 bis 3 cm lange keulenförmige Verdickung (Sporangien-Ähre) befinden

Fortpflanzung: Sporenreife April bis Mai; Sporenausbreitung durch den Wind

Vorkommen: Moore, Wälder

Wissenswertes: Allgemeines zu den Schachtelhalmen ➤ Teich- oder Schlamm-Schachtelhalm (S. 19)

Equisetum arvense L. Acker-Schachtelhalm

Pflanzenfamilie: Equisetaceae – Schachtelhalmgewächse

Name: *Equi-* lat. Pferd; *-setum* lat. Haar (eines Tiers); *arvense* lat. Acker

Merkmale: 10 bis 60 cm hoch und 3 bis 5 mm dick; Seitenäste meistens aufrecht abstehend und kaum verzweigt; immer ohne keulenförmige Verdickung an der Spitze (= unfruchtbare Triebe; die fruchtbaren Triebe sind gelblich oder bräunlich, werden bis 25 cm hoch, haben keine Seitenäste, tragen an der Spitze aber die 1 bis 4 cm lange, keulenförmige Sporangien-Ähre)

Fortpflanzung: Sporenreife März bis Mai; Sporenausbreitung durch den Wind

Vorkommen: Gärten, Äcker, Schuttplätze, Weg- und Straßenränder, Bahnareale

Wissenswertes: Allgemeines zu den Schachtelhalmen ➤ Teich- oder Schlamm-Schachtelhalm (S. 19). • Tee aus den getrockneten, grünen Triebe wird bei Reizungen und Entzündungen der Harnwege eingenommen.

Equisetum palustre L. Sumpf-Schachtelhalm

Pflanzenfamilie: Equisetaceae – Schachtelhalmgewächse

Name: *Equi-* lat. Pferd; *-setum* lat. Haar (eines Tiers); *palustre* lat. Sumpf

Merkmale: 20 bis 60 cm hoch und bis 4 mm dick; Seitenäste aufrecht stehend und unverzweigt; an der Spitze kann sich eine 1 bis 3 cm lange, keulenförmige Verdickung (Sporangien-Ähre) befinden

Fortpflanzung: Sporenreife Juni bis September; Sporenausbreitung durch den Wind

Vorkommen: Gräben, Sümpfe, Sumpfwiesen

Wissenswertes: Allgemeines zu den Schachtelhalmen ➤ Teich- oder Schlamm-Schachtelhalm (s. u.). • Die ganze Pflanze ist giftig, insbesondere für Tiere (Pferde, Rinder).

Equisetum fluviatile L. Teich- oder Schlamm-Schachtelhalm

Pflanzenfamilie: Equisetaceae – Schachtelhalmgewächse

Name: *Equi-* lat. Pferd; *-setum* lat. Haar (eines Tiers); *fluviatile* lat. Fluss

Merkmale: 30 bis 120 cm hoch und 5 bis 8 mm dick; Seitenäste aufrecht stehend und unverzweigt (manchmal auch ohne Seitenäste); an der Spitze kann sich eine 1 bis 3 cm lange, keulenförmige Verdickung (Sporangien-Ähre) befinden

Fortpflanzung: Sporenreife Mai bis Juli; Sporenausbreitung durch den Wind

Vorkommen: Seeufer, Tümpel, Röhrichte, Gräben

Wissenswertes: Schachtelhalme sind «lebende Fossilien», sie sehen immer noch so aus wie ihre Verwandten, die im Paläozoikum vor rund 400 Millionen Jahren lebten. In dieser Epoche war die Vielfalt an Schachtelhalmen am größten und es gab auch baumähnliche bis zu 20 m hohe Riesenschachtelhalme. Heute gibt es weltweit noch rund 30 Arten, wovon etwa 10 in Mitteleuropa vorkommen. • Die Stängelabschnitte sehen aus wie ineinander gesteckt («geschachtelt»).
Die zahnförmigen Schuppen oberhalb der Ansatzstellen der Seitenäste sind die eigentlichen Blätter der Pflanze.
Die Fotosynthese geschieht demnach im Stängel und in den Seitenästen. • Fortpflanzung der Schachtelhalme: In den Sporangien an der Spitze der Stängel werden die Sporen gebildet, die durch den Wind verbreitet werden. In feuchter Umgebung entwickelt sich aus einer Spore ein winzig kleines Blättchen (Prothallium). Auf dessen Unterseite befinden sich entweder weibliche (Archegonien) oder männliche Geschlechtsorgane (Antheridien), die die weiblichen (Eizellen) bzw. die männlichen Geschlechtszellen (Spermatozoide) bilden. Die Spermatozoiden schwimmen mithilfe von Geißeln zu den Eizellen und befruchten diese. Aus der befruchteten Eizelle entwickelt sich anschließend eine neue Schachtelhalmpflanze. • Schachtelhalme lagern Silicium in ihre Zellwände ein, was sie hart macht, sodass sie früher zum Scheuern von Pfannen genutzt wurden.

41 **a** Pflanze (scheinbar) mit einem verzweigten Stängel; Blättchen höchstens 8 mm breit, fächer- bis rautenförmig ▶ *Asplenium ruta-muraria*
b Pflanze ohne verzweigten Stängel, nur mit Grundblättern, d. h. Blätter, die «aus dem Boden wachsen» 42

42 **a** Blätter gefiedert, d. h., sie sind aus beidseitig vom Mittelnerv stehenden Teilblättern zusammengesetzt 43
b Blätter nicht gefiedert, Blattrand allenfalls gezähnt 57 (S. 26)

43 **a** Blätter stehen im Wasser (Gräben, Bäche, Sümpfe) ▶ *Berula erecta* (S. 110)
b Blätter stehen nicht im Wasser 44

Asplenium ruta-muraria L. Mauerraute

Pflanzenfamilie: Aspleniaceae – Streifenfarngewächse

Name: *Asplenium* evtl. von griech. Milz; *ruta-* lat. Raute; *-muraria* lat. Mauer

Merkmale: Pflanze 5 bis 15 cm hoch; Blättchen dunkelgrün, matt, etwas derb, vorne mit feinen Zähnen; Unterseite der Blättchen manchmal mit linienförmigen Sporangien

Fortpflanzung: Sporenreife Juli bis September; Sporenverbreitung durch den Wind

Vorkommen: Felsen, Mauern, auf Kalk

Wissenswertes: Allgemeines zu den Farnen ➤ Braunstieliger Streifenfarn (S. 26)

Polystichum aculeatum (L.) Roth Gelappter oder Dorniger Schildfarn

Pflanzenfamilie: Dryopteridaceae – Wurmfarngewächse

Name: *Poly-* griech. viel; *-stichum* griech. Zeile, Reihe; *aculeatum* lat. stachelig

Merkmale: Blätter 25 bis 90 cm lang, oval bis länglich, dunkelgrün, glänzend, derb, Teilblätter aus Teilblättchen zusammengesetzt, Rand der Teilblättchen mit zugespitzten Zähnen; Unterseite der Teilblättchen manchmal mit rundlichen Sporangien; Blattstiel mit zahlreichen Schuppen

Fortpflanzung: Sporenreife Juni bis September; Sporenverbreitung durch den Wind

Vorkommen: Schlucht- und Bergwälder

Wissenswertes: Allgemeines zu den Farnen ➤ Braunstieliger Streifenfarn (S. 26)

44 **a** Seitliche Teilblätter tief eingeschnitten oder in kleine Teilblättchen unterteilt ▶ 45
b Teilblätter nicht tief eingeschnitten und nicht in Teilblättchen unterteilt ▶ 55 (S. 26)

45 **a** Rand der Teilblättchen mit zugespitzten Zähnen ▶ 46 ....
b Rand nicht gezähnt oder wenn gezähnt, dann nicht mit zugespitzten Zähnen ▶ 48

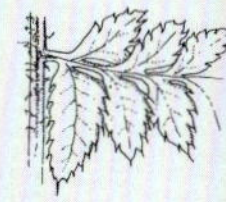

46 **a** Größere Teilblättchen tief eingeschnitten ▶ 47
b Teilblättchen nicht tief eingeschnitten ▶ *Polysticum aculeatum*

47 **a** Blattstiel mit zahlreichen Schuppen ▶ *Dryopteris dilatata* ....
b Blattstiel nur mit wenigen Schuppen ▶ *Dryopteris carthusiana*

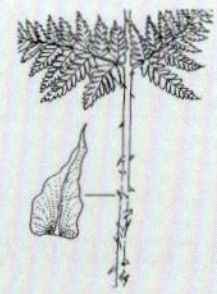

Dryopteris dilatata (Hoffm.) A. Gray
Breiter oder Breitblättriger Wurmfarn

Pflanzenfamilie: Dryopteridaceae – Wurmfarngewächse

Name: *Dryo-* griech. Eiche; *-pteris* griech. Farn; *dilatata* lat. ausgebreitet

Merkmale: Blätter 20 bis 150 cm lang, dreieckig bis oval, dunkelgrün, derb, Teilblätter aus Teilblättchen zusammengesetzt, die größeren Teilblättchen noch einmal tief eingeschnitten, Rand der Teilblättchen mit zugespitzten Zähnen; Unterseite der Teilblättchen manchmal mit rundlichen Sporangien; Blattstiel mit zahlreichen Schuppen, Schuppen mit dunklem Mittelstreifen

Fortpflanzung: Sporenreife Juli bis August; Sporenverbreitung durch den Wind

Vorkommen: Wälder, Blockschutt

Wissenswertes: Allgemeines zu den Farnen ➤ Braunstieliger Streifenfarn (S. 26)

Dryopteris carthusiana (Vill.) H. P. Fuchs
Dorniger Wurmfarn

Pflanzenfamilie: Dryopteridaceae – Wurmfarngewächse

Name: *Dryo-* griech. Eiche; *-pteris* griech. Farn; *carthusiana* von La Grande-Chartreuse bei Grenoble (Frankreich)

Merkmale: Blätter 15 bis 90 cm lang, dreieckig bis oval, hellgrün, Teilblätter aus Teilblättchen zusammengesetzt, die größeren Teilblättchen noch einmal eingeschnitten, Rand der Teilblättchen mit zugespitzten Zähnen; Unterseite der Teilblättchen manchmal mit rundlichen Sporangien; Blattstiel mit wenigen, einfarbigen Schuppen

Fortpflanzung: Sporenreife Juli bis August; Sporenverbreitung durch den Wind

Vorkommen: Moore, Waldsümpfe, Wälder

Wissenswertes: Allgemeines zu den Farnen ➤ Braunstieliger Streifenfarn (S. 26)

48 **a** Blätter im Umriss oval, d.h., die unteren seitlichen Teilblätter sind kürzer als die mittleren **49**
b Blätter im Umriss dreieckig, d.h., die unteren seitlichen Teilblätter sind länger als die mittleren **52**

49 **a** Rand der Teilblättchen gezähnt **50**
b Rand ohne Zähne ▶ ***Oreopteris limbosperma***

Oreopteris limbosperma (All.) Holub
Bergfarn, Berg-Lappenfarn

Pflanzenfamilie: Thelypteridaceae – Sumpffarngewächse

Name: *Oreo-* griech. Berg; *-pteris* griech. Farn; *limbo-* lat. Saum; *-sperma* griech. Same

Merkmale: Blätter 30 bis 120 cm lang, oval bis länglich, hellgrün, beim Zerreiben deutlich duftend, aus beidseitig vom Mittelnerv stehenden, eingeschnittenen Teilblättern zusammengesetzt, Rand der Teilblätter glatt oder mit undeutlichen Zähnen; Unterseite der Teilblätter manchmal mit rundlichen Sporangien; Blattstiel im unteren Teil mit Schuppen

Fortpflanzung: Sporenreife Juni bis September; Sporenverbreitung durch den Wind

Vorkommen: Weiden, Laubmischwälder

Wissenswertes: Allgemeines zu den Farnen
➤ Braunstieliger Streifenfarn (S. 26)

Cystopteris fragilis (L.) Bernh.
Zerbrechlicher Blasenfarn

Pflanzenfamilie: Woodsiaceae – Wimperfarngewächse

Name: *Cysto-* griech. Blase, Schlauch; *-pteris* griech. Farn; *fragilis* lat. zerbrechlich

Merkmale: Blätter 10 bis 40 cm lang, oval bis länglich, hellgrün, Teilblätter aus Teilblättchen zusammengesetzt, die größeren Teilblättchen noch einmal eingeschnitten, Rand der Teilblättchen mit Zähnen; Unterseite der Teilblättchen manchmal mit rundlichen Sporangien; Blattstiel vor allem im unteren Teil mit Schuppen

Fortpflanzung: Sporenreife Juli bis September; Sporenverbreitung durch den Wind

Vorkommen: Felsen, Felsschutt, Mauern, meistens auf Kalk

Wissenswertes: Allgemeines zu den Farnen
➤ Braunstieliger Streifenfarn (S. 26)

50 **a** Blätter meist länger als 40 cm 51
b Blätter (mit Stiel) höchstens 40 cm lang ▶ *Cystopteris fragilis*

51 **a** Untere seitliche Teilblätter bis auf den Mittelnerv in kleine Teilblättchen unterteilt ▶ *Athyrium filix-femina* ....

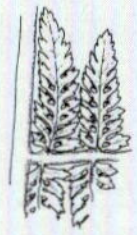

b Untere seitliche Teilblätter tief eingeschnitten, aber nicht ganz bis auf den Mittelnerv ▶ *Dryopteris filix-mas* ....

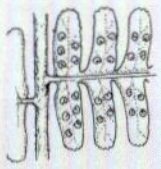

Athyrium filix-femina (L.) Roth
Wald-Frauenfarn, Gewöhnlicher Frauenfarn

Pflanzenfamilie: Woodsiaceae – Wimperfarngewächse

Name: *Athyrium* griech. ohne Türe; *filix-* lat. Farn; *-femina* lat. Frau, Weibchen

Merkmale: Blätter 30 bis 120 cm lang, oval, hellgrün, Teilblätter aus Teilblättchen zusammengesetzt, die größeren Teilblättchen noch einmal eingeschnitten, Rand der Teilblättchen mit Zähnen; Unterseite der Teilblättchen manchmal mit länglichen oder halbmondförmigen Sporangien; Blattstiel vor allem im unteren Teil mit Schuppen

Fortpflanzung: Sporenreife Juli bis September; Sporenverbreitung durch den Wind

Vorkommen: Wälder

Wissenswertes: Allgemeines zu den Farnen ➤ Braunstieliger Streifenfarn (S. 26)

Dryopteris filix-mas (L.) Schott
Echter oder Gewöhnlicher Wurmfarn

Pflanzenfamilie: Dryopteridaceae – Wurmfarngewächse

Name: *Dryo-* griech. Eiche; *-pteris* griech. Farn; *filix-* lat. Farn; *-mas* lat. Männchen

Merkmale: Blätter 30 bis 120 cm lang, oval, aus beidseitig vom Mittelnerv stehenden, eingeschnittenen Teilblättern zusammengesetzt, Rand der Teilblätter mit Zähnen; Unterseite der Teilblätter manchmal mit rundlichen Sporangien; Blattstiel vor allem im unteren Teil mit Schuppen

Fortpflanzung: Sporenreife Juli bis September; Sporenverbreitung durch den Wind

Vorkommen: Weiden, Wälder

Wissenswertes: Allgemeines zu den Farnen ➤ Braunstieliger Streifenfarn. (S. 26) • Wurzeln, Blattstiele und insbesondere junge Pflanzen sind giftig. Vergiftungssymptome sind u. a. Übelkeit, Erbrechen, Durchfall, Atem- und Kreislaufstörungen. Besonders empfindlich sind Wiederkäuer, so sind 25 g Farnkraut für Schafe und 40 g für Rinder tödlich. • Der Wurmfarn enthält Bandwurm treibende Substanzen; Extrakte des getrockneten Wurzelstocks kommen als Wurmkur zur Anwendung.

52 **a** Pflanze bis 250 cm hoch ▶ *Pteridium aquilinum*
b Pflanze höchstens 60 cm hoch 53

53 **a** Unterste seitliche Teilblätter deutlich nach unten gerichtet ▶ *Phegopteris connectilis*
b Unterste seitliche Teilblätter nicht oder kaum nach unten gerichtet 54

Pteridium aquilinum (L.) Kuhn **Adlerfarn**

Pflanzenfamilie: Dennstaedtiaceae – Adlerfarngewächse

Name: *Pteri-* griech. Farn; *-dium* griech. Flügel; *aquilinum* lat. Adler

Merkmale: Blätter 40 bis 250 cm lang, dreieckig, derb, Teilblätter aus Teilblättchen zusammengesetzt, die größeren Teilblättchen noch einmal tief eingeschnitten, Rand der Teilblättchen glatt oder etwas gezähnt; Unterseite der Teilblättchen manchmal mit strichförmigen Sporangien am Rand; Blattstiel gelblich, ohne Schuppen

Fortpflanzung: Sporenreife Juli bis September; Sporenverbreitung durch den Wind

Vorkommen: Verbuschte Weiden, Heiden, Wälder, Waldschläge

Wissenswertes: Allgemeines zu den Farnen ➤ Braunstieliger Streifenfarn. (S. 26) • Der Adlerfarn bildet unterirdische Ausläufer, wodurch großflächige, dichte Bestände entstehen, in denen die ursprünglich vorhandenen Pflanzenarten kaum mehr gedeihen. • Die ganze Pflanze ist giftig, insbesondere für Rinder und Pferde; sie enthält zudem krebserregende Substanzen.

Phegopteris connectilis (Michx.) Watt **Buchenfarn**

Pflanzenfamilie: Thelypteridaceae – Sumpffarngewächse

Name: *Phego-* unklar; *-pteris* griech. Farn; *connectilis* lat. verbunden

Merkmale: Blätter 10 bis 40 cm lang, dreieckig, hellgrün, behaart, aus beidseitig vom Mittelnerv stehenden, eingeschnittenen Teilblättern zusammengesetzt, unterste seitliche Teilblätter deutlich nach unten gerichtet, Rand der Teilblätter glatt oder mit undeutlichen Zähnen; Unterseite der Teilblätter manchmal mit rundlichen Sporangien; Blattstiel mindestens so lang wie das Blatt, im unteren Teil mit wenigen Schuppen

Fortpflanzung: Sporenreife Juni bis September; Sporenverbreitung durch den Wind

Vorkommen: Wälder

Wissenswertes: Allgemeines zu den Farnen ➤ Braunstieliger Streifenfarn (S. 26)

54 **a** Unterste seitliche Teilblätter beinahe gleich groß wie der Rest des Blatts

▶ ***Gymnocarpium dryopteris*** ....

b Unterste seitliche Teilblätter kleiner als der Rest des Blatts

▶ ***Gymnocarpium robertianum*** ....

Gymnocarpium dryopteris (L.) Newman
Eichenfarn

Pflanzenfamilie: Woodsiaceae – Wimperfarngewächse

Name: *Gymno-* griech. nackt; *-carpium* griech. Frucht; *dryo-* griech. Eiche; *-pteris* griech. Farn

Merkmale: Blätter 10 bis 45 cm lang, dreieckig, hellgrün, Teilblätter aus Teilblättchen zusammengesetzt, die größeren Teilblättchen noch einmal tief eingeschnitten, unterste seitliche Teilblätter beinahe gleich groß wie der Rest des Blatts, Rand der Teilblättchen glatt oder mit stumpfen Zähnen; Unterseite der Teilblättchen manchmal mit rundlichen Sporangien; Blattstiel mindestens doppelt so lang wie das Blatt, höchstens mit wenigen Schuppen im unteren Teil

Fortpflanzung: Sporenreife Juni bis September; Sporenverbreitung durch den Wind

Vorkommen: Wälder, Blockschutt

Wissenswertes: Allgemeines zu den Farnen ➤ Braunstieliger Streifenfarn (S. 26)

Gymnocarpium robertianum (Hoffm.) Newman
Ruprechtsfarn

Pflanzenfamilie: Woodsiaceae – Wimperfarngewächse

Name: *Gymno-* griech. nackt; *-carpium* griech. Frucht; *robertianum* lat. Ruprecht, Robert

Merkmale: Blätter 10 bis 50 cm lang, dreieckig, hellgrün, Teilblätter aus Teilblättchen zusammengesetzt, die größeren Teilblättchen noch einmal tief eingeschnitten, unterste seitliche Teilblätter kleiner als der Rest des Blatts, Rand der Teilblättchen glatt oder mit stumpfen Zähnen; Unterseite der Teilblättchen manchmal mit rundlichen Sporangien; Blattstiel höchstens doppelt so lang wie das Blatt, mit wenigen Schuppen im unteren Teil

Fortpflanzung: Sporenreife Juni bis September; Sporenverbreitung durch den Wind

Vorkommen: Steinige Wälder, Kalkblockschutt, Mauern

Wissenswertes: Allgemeines zu den Farnen ➤ Braunstieliger Streifenfarn (S. 26)

55 **a** Blätter höchstens 2 cm breit ▶ *Asplenium trichomanes*
b Blätter breiter als 2 cm **56**

56 **a** Untere seitliche Teilblätter deutlich kürzer als die mittleren ▶ *Blechnum spicant*
b Untere seitliche Teilblätter etwa gleich lang wie die mittleren ▶ *Polypodium vulgare*

57 **a** Blätter tief senkrecht zum Mittelnerv eingeschnitten **56**
b Blätter nicht eingeschnitten **58**

Asplenium trichomanes L.
Braunstieliger Streifenfarn

Pflanzenfamilie: Aspleniaceae – Streifenfarngewächse

Name: *Asplenium* evtl. von griech. Milz; *tricho-* griech. Haar; *-manes* griech. dünn

Merkmale: Blätter 5 bis 25 cm lang, länglich, dunkelgrün, aus beidseitig vom Mittelnerv stehenden Teilblättern zusammengesetzt, Rand der Teilblätter mit stumpfen Zähnen; Unterseite der Teilblätter manchmal mit länglichen Sporangien; Blattstiel schwarzbraun bis rotbraun, glänzend

Fortpflanzung: Sporenreife Juli bis August; Sporenverbreitung durch den Wind

Vorkommen: Felsen, Mauern

Wissenswertes: Farne sind eine alte Pflanzengruppe, die erstmals während des Karbons vor rund 350 Millionen Jahren auftauchte. Die Mehrheit der weltweit rund 12 000 Arten lebt in den Tropen; in Mitteleuropa kommen knapp 100 Arten vor. • Fortpflanzung der Farne: In den Sporangien auf der Blattunterseite werden die Sporen gebildet, die durch den Wind verbreitet werden. In feuchter Umgebung entwickelt sich aus einer Spore ein winzig kleines Blättchen (Prothallium). Auf dessen Unterseite befinden sich die weiblichen (Archegonien) und männlichen Geschlechtsorgane (Antheridien), die die weiblichen (Eizellen) bzw. die männlichen Geschlechtszellen (Spermatozoide) bilden. Die Spermatozoiden schwimmen mithilfe von Geißeln zu den Eizellen und befruchten diese. Aus der befruchteten Eizelle entwickelt sich anschließend eine neue Farnpflanze. Bevor die Fortpflanzungsweise der Farne bekannt war, wurde der Wald-Frauenfarn *(Athyrium filix-femina)* als weibliche Form betrachtet, während der Echte Wurmfarn *(Dryopteris filix-mas)* als männliche Form angesehen wurde.

58 **a** Blätter lang und schmal, höchstens 5 cm breit ▶ *Colchicum autumnale* (S. 276)
b Blätter rundlich, breiter als 5 cm **59**

59 **a** Blattstiel im Durchmesser höchstens 6 mm **60**
b Blattstiel im Durchmesser bis 15 mm ▶ *Petasites hybridus* (S. 150)

60 **a** Blattoberseite dunkelgrün; Zähne am Blattrand mit dunkler Spitze ▶ *Tussilago farfara* (S. 135)
b Blattoberseite hellgrün; Zähne ohne dunkle Spitze ▶ *Petasites albus* (S. 160)

Blechnum spicant (L.) Roth **Rippenfarn**

Pflanzenfamilie: Blechnaceae – Rippenfarngewächse

Name: *Blechnum* griech. Name für eine Farnart; *spicant* evtl. lat. zugespitzt, spitz

Merkmale: Blätter 20 bis 70 cm lang, länglich, dunkelgrün, glänzend, derb, mit beidseitig vom Mittelnerv stehenden, 3 bis 5 mm breiten Teilblättern bzw. Blattabschnitten, mehr oder weniger flach dem Boden aufliegend; manchmal stehen in der Mitte des Blattbüschels aufrechte Blätter mit bis 2 mm breiten Teilblättern bzw. Abschnitten, auf deren Unterseite sich zwei strichförmige Sporangien befinden

Fortpflanzung: Sporenreife Juli bis September; Sporenverbreitung durch den Wind

Vorkommen: Wälder

Wissenswertes: Allgemeines zu den Farnen ➤ Braunstieliger Streifenfarn (S. 26)

Polypodium vulgare L. **Gewöhnlicher Tüpfelfarn**

Pflanzenfamilie: Polypodiaceae – Tüpfelfarngewächse

Name: *Poly-* griech. viel; *-podium* griech. Füßchen; *vulgare* lat. gewöhnlich

Merkmale: Blätter 10 bis 45 cm lang, dreieckig bis länglich, derb, mit beidseitig vom Mittelnerv stehenden Teilblättern bzw. Blattabschnitten, Blattrand glatt oder etwas gezähnt; Blattunterseite manchmal mit rundlichen Sporangien; Blattstiel ohne Schuppen

Fortpflanzung: Sporenreife Juni bis August; Sporenverbreitung durch den Wind

Vorkommen: Wälder, Baumstrünke, Felsen

Wissenswertes: Allgemeines zu den Farnen ➤ Braunstieliger Streifenfarn (S. 26). • Mit den getrockneten Wurzelstöcken kann ein Tee zubereitet werden, der bei Bronchialkatarrh, leichter Verstopfung oder ungenügender Gallenabsonderung eingenommen wird.

71 **a** Zweige mit Dornen oder Stacheln 185 (S. 77)
b Zweige ohne Dornen oder Stacheln 72

72 **a** Pflanze mit Ranken d. h. fadenförmigen Verlängerungen des Blattmittelnervs, die sich schraubenförmig um eine Stütze wickeln (können) 447 (S. 179) ....

b Pflanze ohne Ranken 73

73 **a** Blätter gegenständig, d. h., sie stehen sich am Stängel oder Zweig auf gleicher Höhe gegenüber 79 ....
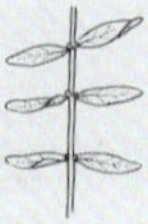

b Blätter wechselständig, d. h., sie stehen sich nicht gegenüber 74 ......
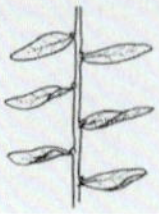

Hedera helix L. (Gewöhnlicher) Efeu

Pflanzenfamilie: Araliaceae – Efeugewächse

Name: Efeu: ahd.; *hedera* lat. sich anhängen; *helix* griech. Windung

Merkmale: Bis 20 m hoch steigende und bis 450 Jahre alt werdende Kletterpflanze; Blätter 4 bis 10 cm im Durchmesser, meist mit 3 oder 5 Lappen, derb, Blattoberseite glänzend, mit hellem Nervennetz, immergrün; Blüten bis 5 mm im Durchmesser, mit 5 gelblich grünen Blütenblättern, in halbkugeligen Blütenständen; Früchte (Beeren) kugelig, 8 bis 10 mm groß, blauschwarz

Fortpflanzung: Blüte September bis Oktober; zwittrig; Insektenbestäubung; Tierausbreitung (z. B. Amsel, Mistel- und Singdrossel, Gartenrotschwanz, Mönchsgrasmücke, Ringeltaube, Star)

Vorkommen: Laubwälder, seltener Nadelwälder, auch an Felsen und Mauern

Wissenswertes: Die Würzelchen an den Ästen dienen lediglich dem Haften am Untergrund und nehmen weder Wasser noch Nährstoffe auf; somit ist der Efeu keine Schmarotzerpflanze (Parasit). Dennoch können die überwachsenen Pflanzen wegen der Beschattung durch das Efeulaub in ihrer Entwicklung gehemmt werden. • Efeu blüht ausschließlich bei ausreichender Beleuchtung; dann bildet die Pflanze eiförmige Blätter im Gegensatz zu den gelappten Blättern der nicht blühenden Triebe. Dieses seltene Phänomen wird als Heterophyllie (Verschiedenblättrigkeit) bezeichnet. • Früchte und Blätter sind giftig. Vergiftungssymptome sind u. a. Hautausschläge, Übelkeit, Erbrechen, Kopfschmerzen, Herzrhythmusstörungen. • Präparate aus den Blättern wirken bei Katarrhen der Luftwege und Bronchitis. • Wichtige Futterquelle für Honigbienen im Herbst.

74 **a** Blätter glänzend, etwas derb ▶ *Hedera helix*
b Blätter nicht glänzend und nicht derb 75

75 **a** Blüten violett ▶ *Solanum dulcamara*
b Blüten grünlich, weiß oder rosa 76

76 **a** Blüten mindestens 15 mm lang, weit trichterförmig 77
b Blüten bedeutend kleiner, nicht trichterförmig 78

77 **a** Blüten höchstens 25 mm lang ▶ *Convolvulus arvensis*
b Blüten mindestens 35 mm lang ▶ *Calystegia sepium* (S. 30)

Solanum dulcamara L. Bittersüßer Nachtschatten

Pflanzenfamilie: Solanaceae – Nachtschattengewächse

Name: *Solanum* unklar; *dulc-* lat. süß; *-amara* lat. bitter

Merkmale: Stängel bis 2 m lang, oft kletternd; Blätter länglich, oft auch dreiteilig; Blüten ca. 12 mm im Durchmesser, mit 5 violetten Blütenblättern und auffällig orangefarbenen Staubblättern; Früchte (Beeren) ca. 10 mm lang, rot, glänzend

Fortpflanzung: Blüte Juni bis August; zwittrig; Insektenbestäubung; Tierausbreitung

Vorkommen: Ufer, Gebüsche, Auenwälder, Waldschläge

Wissenswertes: Die ganze Pflanze ist stark giftig. Vergiftungssymptome sind u. a. Übelkeit, Erbrechen, erweiterte Pupillen, Sprechschwierigkeiten, Herzrhythmusstörungen, Atembeschwerden bis zur Atemlähmung. Die Einnahme von 10 Beeren kann tödlich sein.

Convolvulus arvensis L. Acker-Winde

Pflanzenfamilie: Convolvulaceae – Windengewächse

Name: Winde: ahd.; *convolvulus* lat. zusammenrollen, winden, wickeln; *arvensis* lat. Acker

Merkmale: Stängel bis 1 m lang, meist über den Boden wachsend, seltener kletternd; Blätter pfeilförmig, bis 4 cm lang; Blüten bis 40 mm im Durchmesser, weiß, rosa gestreift oder ganz rosa; Früchte (Kapseln), eiförmig, 5 bis 8 mm lang

Fortpflanzung: Blüte Juni bis September; zwittrig; Insektenbestäubung; Tierausbreitung

Vorkommen: Gärten, Äcker, Weinberge, Wegränder

Wissenswertes: Die Blüten sind lediglich einen Tag lang geöffnet und schließen sich bei kühlem Wetter. • Vegetative Vermehrung durch Ausläufer und Wurzelsprosse. Auch aus kurzen Wurzelstücken können sich wieder neue Pflanzen entwickeln.

78 **a** Stängel rau, dünn ▶ ***Fallopia convolvulus***
b Stängel nicht rau, kräftig ▶ ***Fallopia dumetorum***

Calystegia sepium (L.) R. Br.
Echte oder Gewöhnliche Zaunwinde

Pflanzenfamilie: Convolvulaceae – Windengewächse

Name: Winde: ahd.; *caly-* lat. Kelch; *-stegia* griech. Bedeckung; *sepium* lat. Zaun

Merkmale: Stängel bis 3 m lang, meistens kletternd; Blätter pfeil- oder herzförmig, bis 12 cm lang; Blüten bis 60 mm im Durchmesser, weiß; Früchte (Kapseln) eiförmig, 7 bis 12 mm lang

Fortpflanzung: Blüte Juni bis September; zwittrig; Insektenbestäubung (Windenschwärmer, *Agrius convolvuli*); Selbstausbreitung

Vorkommen: Röhrichte, Gebüsche, Hecken, Auenwälder, Waldschläge, Gärten, Ödland

Wissenswertes: Windet sich im Gegenuhrzeigersinn um eine Stütze. • Die Blätter drehen sich zur optimalen Lichtausnutzung mit der Blattfläche zur Sonne.

Fallopia convolvulus (L.) A. Löve
Gewöhnlicher Windenknöterich, Acker-Flügelknöterich

Pflanzenfamilie: Polygonaceae – Knöterichgewächse

Name: Knöterich: Stängel mit Knoten; *fallopia* nach Gabriele Falloppio, ital. Arzt und Anatom (1523–1562); *convolvulus* lat. zusammenrollen, winden, wickeln

Merkmale: Stängel bis 1,5 m lang, hin und her gebogen; Blätter pfeil- oder schaufelförmig; Blüten 3 bis 5 mm im Durchmesser, mit 5 grünlichen Blütenblättern, in lockeren Blütenständen; Früchte (Nüsschen) 4 bis 5 mm lang, schwarz und matt

Fortpflanzung: Blüte Juli bis September; zwittrig; Selbstbestäubung; Tierausbreitung

Vorkommen: Gärten, Äcker, Ödland

79 **a** Blätter sind aus 3 bis 5 Teilblättern zusammengesetzt ▶ *Clematis vitalba*

b Blätter allenfalls eingeschnitten, aber nicht aus Teilblättern zusammengesetzt **80**

Fallopia dumetorum (L.) Holub
Hecken-Windenknöterich, Hecken-Flügelknöterich

Pflanzenfamilie: Polygonaceae – Knöterichgewächse

Name: Knöterich: Stängel mit Knoten; *fallopia* nach Gabriele Falloppio, ital. Arzt und Anatom (1523–1562); *dumetorum* lat. Hecke, Gebüsch

Merkmale: Stängel bis 3 m lang, hin und her gebogen; Blätter pfeil- oder schaufelförmig; Blüten 4 bis 6 mm im Durchmesser, mit 5 grünlichen Blütenblättern, in lockeren Blütenständen; Früchte (Nüsschen) ca. 3 mm lang, schwarz und glänzend, mit 1,5 mm breiten Flugblättchen

Fortpflanzung: Blüte Juli bis September; zwittrig; Selbstbestäubung; Windausbreitung

Vorkommen: Flussufer, Gebüsche, Hecken, Auenwälder, Waldlichtungen, Waldränder

Clematis vitalba L. Gewöhnliche Waldrebe

Pflanzenfamilie: Ranunculaceae – Hahnenfußgewächse

Name: *Clematis* griech. Zweig, Ranke; *vit-* lat. Rebe; *-alba* lat. weiß

Merkmale: Bis 10 m hoch kletternde und schlingende Liane; Blätter gegenständig, mit 3 oder 5 Teilblättern, Blattrand unregelmäßig gezähnt bis eingeschnitten; Blüten bis 25 mm im Durchmesser, mit 4 weißen Blütenblättern; zahlreiche Früchte (Nüsschen) pro Blüte, jede mit einem bis zu 30 mm langen, silbrig weiß behaarten Griffel (Flugorgan)

Fortpflanzung: Blüte Juli bis August; zwittrig; Insektenbestäubung; Windausbreitung

Vorkommen: Gebüsche, Wälder, Waldränder, Waldschläge

Wissenswertes: Die Blattstiele sind berührungsempfindlich, reagieren mit einer Wachstumskrümmung auf die berührte Seite hin und umwinden so ihre Stützen. Sie bleiben auch nach dem Absterben der Blätter erhalten. • Von der Waldrebe überwachsene Pflanzen können wegen der Beschattung durch das Waldrebenlaub in ihrer Entwicklung gehemmt werden. • Die ganze Pflanze ist giftig.

80 **a** Blattrand mit Zähnen ▶ *Humulus lupulus*
b Blattrand ohne Zähne ▶ *Lonicera periclymenum*

Humulus lupulus L. (Gewöhnlicher) Hopfen

Pflanzenfamilie: Cannabaceae – Hanfgewächse

Name: Hopfen: ahd.; *humulus* unklar; *lupulus* lat. Name dieser Art

Merkmale: Bis 7 m hoch kletternde Liane; Stängel mit feinen Widerhaken als Kletterhilfe; Blätter mit 3 oder seltener 5 Blattabschnitten, oberste Blätter oft nicht eingeschnitten, Blattoberseite rau behaart; männliche Blüten 4 bis 6 mm im Durchmesser, mit 5 grünlichen Blütenblättern, in lockeren Blütenständen, weibliche Blüten klein, in dichten, 15 bis 30 mm langen, zapfenartigen Blütenständen; Früchte (Nüsschen) ca. 3 mm lang

Fortpflanzung: Blüte Mai bis August; zweihäusig; Windbestäubung; Windausbreitung

Vorkommen: Gebüsche, Hecken, Auenwälder, Waldränder

Wissenswertes: Windet sich im Uhrzeigersinn um eine Stütze. • Raupenfutterpflanze u. a. des C-Falters *(Polygonia c-album)*. • Die Drüsen in den weiblichen Blüten enthalten Humulone und Lupulone, die dem Bier seinen charakteristischen bitteren Geschmack verleihen. • Die jungen, zarten Triebe können wie Spargel zubereitet werden («Hopfenspargel»).

Lonicera periclymenum L. Wald-Geißblatt, Deutsches Geißblatt

Pflanzenfamilie: Caprifoliaceae – Geißblattgewächse

Name: *Lonicera* nach Adam Lonitzer, dt. Botaniker (1528–1586); *peri-* griech. ringsum; *-clymenum* griech. winden

Merkmale: Bis 5 m hoch kletternde Liane; Blätter gegenständig, 3 bis 10 cm lang, oval bis eiförmig, Blattunterseite bläulich grün; Blüten spiegelsymmetrisch, 40 bis 50 mm lang, gelblich, duftend (besonders abends), oberer Teil der Blüte (Oberlippe) in 4 Zipfel eingeschnitten, Unterlippe nicht eingeschnitten, Blüten kreisförmig angeordnet; Früchte (Beeren) kugelig, rot, glänzend

Fortpflanzung: Blüte Juni bis August; zwittrig; Insektenbestäubung (Nachtfalter); Tierausbreitung (z. B. Mönchsgrasmücke)

Vorkommen: Gebüsche, Laubwälder, Waldränder

Wissenswertes: Windet sich im Uhrzeigersinn um eine Stütze. • Die Früchte sind giftig. Vergiftungssymptome sind u. a. Erbrechen, Durchfall, Herzrhythmus- und Atemstörungen.

91 **a** Pflanze ohne vollständig entwickelte Blätter, aber mit Blüten **92**
b Pflanze mit Blättern, mit oder ohne Blüten **106** (S. 36)

92 **a** Blüten mit 4 rosafarbenen Blütenblättern ▶ ***Daphne mezereum***
b Blüten anders **93**

93 **a** Blüten mit 5 weißen Blütenblättern **94**
b Blüten nicht weiß, klein, in länglichen oder büschelförmigen Blütenständen angeordnet **95**

Daphne mezereum L. Echter oder Gewöhnlicher Seidelbast

Pflanzenfamilie: Thymelaeaceae – Seidelbast- oder Spatzenzungengewächse

Name: Seidelbast: mhd.; *daphne* griech. für Lorbeer (lorbeerartige Blätter des verwandten Lorbeer-Seidelbasts); *mezereum* pers. Name dieser Art

Merkmale: Bis 1,2 m hoher Strauch; Blätter 2 bis 10 cm lang, länglich, vor allem in Büscheln an den Zweigenden; Blüten bis 10 mm im Durchmesser, mit 4 rosafarbenen Blütenblättern, duftend, im oberen Teil der Zweige, Blütezeit vor Blattentwicklung; Früchte (Steinfrüchte) kugelig, 6 bis 10 mm groß, rot, glänzend

Fortpflanzung: Blüte Februar bis April; zwittrig; Insektenbestäubung; Tierausbreitung (z. B. Mönchsgrasmücke)

Vorkommen: Laubwälder (besonders Buchenwälder), seltener in Nadelwäldern

Wissenswertes: Einzige mitteleuropäische Gehölzpflanze, bei der die Blüten und Früchte direkt dem Stämmchen entspringen. Dieses als Kauliflorie bezeichnete Phänomen ist sonst bei tropischen Gehölzen wie z. B. beim Kakaobaum *(Theobroma cacao)* verbreitet. • Alle Pflanzenteile und besonders Früchte und Rinde sind sehr stark giftig. Vergiftungssymptome sind u. a. Übelkeit, Krämpfe, Lähmungen, zuletzt Kreislaufkollaps. Für Erwachsene gelten 10 bis 12 Früchte als tödlich, für Kinder entsprechend weniger.

94 **a** Pflanze mit kurzen, dornenartigen Seitenzweigen ▶ ***Prunus spinosa***
b Pflanze ohne dornenartige Seitenzweige ▶ ***Prunus avium***

95 **a** Blüten in büschelförmigen Blütenständen angeordnet **96**
b Blüten in 1 bis 10 cm langen Blütenständen angeordnet (Kätzchen) **98** ...

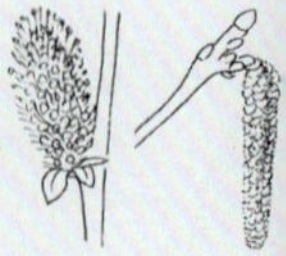

96 **a** Blüten gelbgrün, in lockeren Büscheln ▶ ***Acer platanoides*** (S. 73)
b Blüten andersfarbig, in dichten, kurzen Büscheln **97**

97 **a** Blüten in violetten, grünlichen oder schwärzlichen Büscheln; Blattknospen matt schwarz ▶ ***Fraxinus excelsior*** (S. 76)
b Blüten in rötlichen Büscheln; Blattknospen dunkelbraun ▶ ***Ulmus glabra*** (S. 54)

98 **a** Kätzchen steif (schräg) aufrecht stehend **99**
b Kätzchen schlaff hängend **103**

99 **a** Jüngere Zweige mehr oder weniger behaart **100**
b Jüngere Zweige meist unbehaart, glänzend, oft braunrot ▶ ***Salix purpurea*** (S. 51)

Prunus spinosa L. Schwarzdorn, Schlehe

Pflanzenfamilie: Rosaceae – Rosengewächse

Name: Schlehe: ahd.; *prunus* lat. Sammelbegriff für Steinobst; *spinosa* lat. dornig

Merkmale: Bis 4 m hoher Strauch; mit kurzen, dornenartigen Seitenzweigen; Blätter 2 bis 5 cm lang, oval, Blattrand fein gezähnt; Blüten 10 bis 15 mm im Durchmesser, mit 5 weißen Blütenblättern, Blütezeit vor Blattentwicklung; Früchte (Steinfrüchte) kugelig, 10 bis 15 mm groß, mit blauer, abwischbarer Farbe

Fortpflanzung: Blüte April; zwittrig; Insektenbestäubung; Tierausbreitung (z. B. Amsel, Wacholderdrossel, Mönchsgrasmücke)

Vorkommen: Gebüsche, Hecken, Waldränder

Wissenswertes: Der Neuntöter schätzt die spitzen Seitenzweige, um daran Insekten, selten auch Mäuse oder Amphibien, als Vorrat aufzuspießen. • Raupenfutterpflanze des Segelfalters *(Iphiclides podalirius)*, Baum-Weißlings *(Aporia crataegi)* sowie des Birken- *(Thecla betulae)* und Pflaumen-Zipfelfalters *(Fixsenia pruni)*. • Die Samen in den Steinen enthalten Blausäure-Glykoside und sind giftig. Vergiftungssymptome sind u. a. typischer Bittermandelgeruch der ausgeatmeten Luft, Speichelfluss, Erbrechen, Kopfschmerzen, Schwindel, Atemstörungen und -lähmung. • Die Früchte sind essbar, aber wegen des hohen Gerbstoffgehalts von begrenztem Genuss; sie können zu Gelee verarbeitet oder zum Aromatisieren von Joghurts verwendet werden.

100 a Höchstens 2 m hoher Strauch ▶ *Salix aurita* (S. 59)
b Strauch (oder kleiner Baum), meist höher als 2 m **101**

101 a Pflanze wächst auf sehr feuchten Böden: Ufer, Auenwälder, Moore **102**
b Pflanze wächst auf weniger feuchten Böden: Gebüsche, Waldlichtungen, Kahlschläge, Schuttplätze ▶ *Salix caprea* (S. 59)

102 a Jüngere Zweige dicht, filzartig behaart, eher graubraun ▶ *Salix cinerea* (S. 60)
b Jüngere Zweige mehr oder weniger behaart, eher gelblich ▶ *Salix viminalis* (S. 61)

103 a Pflanze strauchförmig, Kätzchen dünn und gelblich ▶ *Corylus avellana* (S. 49)
b Pflanze baumförmig, Kätzchen dick und meist andersfarbig **104**

104 a Jüngere Zweige dicht, filzartig behaart ▶ *Populus alba* (S. 71)
b Jüngere Zweige nicht oder schwach behaart **105**

105 a Rinde schwarzgrau, mit Rissen, Wülsten und Wucherungen ▶ *Populus nigra* (S. 48)
b Rinde hellgrau, eher glatt ▶ *Populus tremula* (S. 46)

Prunus avium L. Süßkirsche, Vogel-Kirsche

Pflanzenfamilie: Rosaceae – Rosengewächse

Name: Kirsche: von lat. *cerasus* für Kirsche; *prunus* lat. Sammelbegriff für Steinobst; *avium* lat. Vogel

Merkmale: Bis 25 m hoch und bis 120 Jahre alt werdender Baum; Blätter 6 bis 15 cm lang, oval, Blattrand gezähnt, Blattstiel mit 1 bis 4 Nektardrüsen (kugelige Knötchen, <1 mm); Blüten bis 28 mm im Durchmesser, mit 5 weißen Blütenblättern, Blütezeit vor Blattentwicklung; Früchte (Steinfrüchte, «Kirschen») kugelig, bis 20 mm groß, rot bis schwarz, glänzend

Fortpflanzung: Blüte April bis Mai; zwittrig; Insektenbestäubung; Tierausbreitung (z. B. Amsel, Mistel- und Singdrossel, Kernbeißer, Mittelspecht, Mönchsgrasmücke, Ringeltaube, Dachs, Fuchs, Steinmarder, Waldmaus)

Vorkommen: Laubwälder, Auenwälder, Waldränder

Wissenswertes: Wilde Stammform der kultivierten Kirschbäume. • Die Larven der Kirschfruchtfliege *(Rhagoletis cerasi)* fressen das Fruchtfleisch und verraten ihre Präsenz durch ein typisches Loch in der Kirsche. • Die Samen in den Steinen enthalten Blausäure-Glykoside und sind giftig. Vergiftungssymptome sind u. a. typischer Bittermandelgeruch der ausgeatmeten Luft, Speichelfluss, Erbrechen, Kopfschmerzen, Schwindel, Atemstörungen und -lähmung. • Die Früchte können ebenso verwendet werden wie diejenigen der kultivierten Kirschbäume. • Das mittelharte und elastische Holz wird insbesondere für Möbel, Musikinstrumente und im Innenausbau (Täfelung) eingesetzt.

106 a Blätter nadel- oder schuppenförmig, höchstens 3 mm breit **107**
b Blätter «normal», blattförmig, breiter als 3 mm **113** (S. 40)

107 a Blätter höchstens 5 mm lang ▶ *Calluna vulgaris*
b Blätter länger als 5 mm **108**

Calluna vulgaris (L.) Hull **Heidekraut, Besenheide**

Pflanzenfamilie: Ericaceae – Heidekrautgewächse

Name: *Calluna* griech. reinigen, putzen; *vulgaris* lat. gewöhnlich

Merkmale: Bis 1 m hoch werdender Zwergstrauch; Blätter nadel- bis schuppenförmig, 1 bis 3 mm lang, in 4 Reihen auf dem Zweig angeordnet, immergrün; Blüten ca. 4 mm lang, rosa bis hellviolett, in langen Blütenständen; Früchte (Kapseln) kugelig, 2 mm groß, braun

Fortpflanzung: Blüte August bis Oktober; zwittrig; Insektenbestäubung; Wind- und Tierausbreitung

Vorkommen: Nur auf stark sauren Böden; Moore, Weiden, Heiden, lichte Wälder

Wissenswertes: Die Blütenhülle setzt sich aus 4 rosafarbenen bis hellvioletten Kronblättern (innen) und 4 doppelt so langen und gleichfarbigen Kelchblättern (außen) zusammen. • Mit den voll erblühten Blütenständen kann ein würziges Bier gebraut werden. • Die Zweige wurden früher zur Herstellung von Besen verwendet.

Larix decidua Mill. **(Europäische) Lärche**

Pflanzenfamilie: Pinaceae – Föhren- oder Kieferngewächse

Name: Lärche: von *Larix*; *larix* lat. Name dieser Art; *decidua* lat. herunter fallend (Nadeln)

Merkmale: Bis 50 m hoch und bis 1100 Jahre alt werdender Baum; Nadeln in Büscheln, 15 bis 35 mm lang, im Frühjahr hellgrün, im Herbst goldgelb und dann abfallend; männliche Blüten in kugeligen, gelblichen, hängenden Blütenständen und weibliche Blüten in kurzen, roten, aufrecht stehenden Blütenständen; Samen in Zapfen

Fortpflanzung: Blüte Mai bis Juni; einhäusig; Windbestäubung; Wind- und Tierausbreitung (z. B. Buntspecht, Fichtenkreuzschnabel, Gimpel)

Vorkommen: Waldbildend in höheren Lagen; bildet die Waldgrenze in den Zentral- (mit Arve) und Südalpen; in tieferen Lagen nur gepflanzt

Wissenswertes: Die unscheinbaren Blüten der Föhren-/Kieferngewächse (Pinaceae) bestehen aus einer schuppenförmigen Hülle mit zahlreichen Staubblättern (männliche Blüten) bzw. aus einer holzigen Zapfenschuppe und zwei Samenanlagen

108 a Nadeln in Büscheln mit mehr als 10 Nadeln ▶ *Larix decidua*
b Nadeln einzeln oder zu zweit am Zweig stehend 109

109 a Nadeln immer zu zweit stehend ▶ *Pinus sylvestris*
b Nadeln einzeln stehend 110

(weibliche Blüten). Im Unterschied zur großen Mehrheit der Samenpflanzen entwickeln sich die Samen bei den Nadelhölzern nicht geschützt in einem Fruchtknoten, der später zur Frucht heranreift, sondern «nackt» in oft zapfenartigen Blütenständen. • Die jungen, hellgrünen, dichten Triebspitzen können in der Küche verwendet werden und verleihen warmen und kalten Speisen eine sauerherbe Geschmacksnote. • Das harzreiche, dauerhafte und relativ harte Holz wird für Konstruktionen, Möbel und den Innenausbau verwendet sowie aufgrund seiner ausgesprochenen Witterungsbeständigkeit für zahlreiche Spezialanwendungen im Außenbereich wie Fassaden, Fensterrahmen und -läden, Treppen, Gartenmöbel, Brücken oder Boote.

Pinus sylvestris L.
Wald-Föhre, Gewöhnliche Kiefer

Pflanzenfamilie: Pinaceae – Föhren- oder Kieferngewächse

Name: Föhre, Kiefer: ahd.; *pinus* lat. harzreich; *sylvestris* lat. wild wachsend

Merkmale: Bis 45 m hoch und bis 600 Jahre alt werdender Baum; Rinde im Kronenbereich orangerot; Äste nur im obersten Teil des Stammes; immergrün, Nadeln jeweils paarweise an den Zweigen, 40 bis 70 mm lang, deutlich länger als diejenigen der anderen Nadelbäume; männliche Blüten in gelblichen und weibliche in rötlichen Blütenständen; Samen in Zapfen

Fortpflanzung: Blüte Mai bis Juni; einhäusig; Windbestäubung; Wind- und Tierausbreitung (z. B. Buntspecht, Fichtenkreuzschnabel)

Vorkommen: einzeln oder waldbildend auf trockenen, steinigsandigen Böden (Erika-Föhrenwald) und auf nassen Böden (Auen, Moore)

Wissenswertes: Zum Blütenbau der Föhren-/Kieferngewächse (Pinaceae) ➤ Lärche (S. 36). • Getrocknete Neutriebe werden zur Inhalation gegen Schnupfen und als Badezusatz bei schlecht heilenden Wunden und Rheuma angewendet. • Die Nadeln können als Teekraut oder zum Aromatisieren von Speiseöl verwendet werden. • Das leichte Weichholz wird insbesondere für Konstruktionen, Fensterrahmen und -läden sowie Möbel eingesetzt. Bis ins 19. Jahrhundert dienten zudem lange, flach gespaltene Stücke aus dem harzreichen Holz der Wald-Föhre, sogenannte Kienspäne, als Beleuchtungsmittel.

110 a Nadeln vierkantig, im Querschnitt ungefähr quadratisch ▶ *Picea abies*

b Nadeln flach, breiter als hoch **111**▶

111 a Nadeln hart, stechend ▶ *Juniperus communis*

b Nadeln weich, nicht stechend **112**▶

112 a Nadelende stumpf, Nadeln ohne Stiel ▶ *Abies alba*

b Nadelende spitzig, Nadeln meist mit kurzem Stiel ▶ *Taxus baccata* (S. 40)

Picea abies (L.) H. Karst. **Fichte, Rot-Tanne**

Pflanzenfamilie: Pinaceae – Föhren- oder Kieferngewächse

Name: Fichte: ahd., *picea* lat. pech-, harzhaltig; *abies* lat. Name der Weiß-Tanne *(Abies)*

Merkmale: Bis 50 m hoch und bis 600 Jahre alt werdender Baum; Nadeln vierkantig, 10 bis 25 mm lang; Blüten in aufrecht stehenden Blütenständen, männliche rotgelb, weibliche rot; Samen in Zapfen, die an den Zweigen hängen und als Ganzes abfallen

Fortpflanzung: Blüte Mai; einhäusig; Windbestäubung; Wind- und Tierausbreitung (z. B. Buntspecht, Fichtenkreuzschnabel, Hauben- und Tannenmeise, Kernbeißer, Eichhörnchen)

Vorkommen: Waldbildend in höheren Lagen, bildet in den Nordalpen die Waldgrenze; in tieferen Lagen vielfach angepflanzt, oft in Monokulturen

Wissenswertes: Zum Blütenbau der Föhren-/Kieferngewächse (Pinaceae) ➤ Lärche (S. 36). • Auf der Fichte kann man häufig zapfenförmige Auswüchse, sog. Gallen, sehen, die von der Fichten-Gallenlaus *(Chermes abietis)* hervorgerufen werden. • Geschwächte Fichten werden oft von Borkenkäfern, insbesondere vom Buchdrucker *(Ips typographus)*, befallen. Die Larven dieser Rüsselkäfer ernähren sich von den saftführenden Schichten des Baums und bringen ihn bei starkem Befall zum Absterben. • Die jungen, hellgrünen Triebspitzen können für Sirups verwendet werden und verleihen warmen und kalten Speisen eine sauerherbe Geschmacksnote. • Das leichte und harzreiche Weichholz findet vielfältige Verwendung beispielsweise für Konstruktionen (z. B. Dachstühle), Möbel, Fensterrahmen und -läden, Türen, im Innenausbau (Täfelung) oder als Industrieholz (z. B. Zellstoff) sowie als Brennholz (1 m^3 luftgetrocknetes Fichtenholz hat einen Energiegehalt von 2000 kWh, was einem Brennwert von 200 L leichtem Heizöl entspricht). • In dichten Fichtenpflanzungen können wegen der Beschattung kaum andere Pflanzenarten wachsen. Zusätzlich führt die schlecht abbaubare Schicht von abgefallenen Nadeln zu einer Versauerung und Verschlechterung des Bodens, was wiederum das Aufkommen anderer Pflanzenarten verhindert.

Juniperus communis L. Gewöhnlicher Wacholder

Pflanzenfamilie: Cupressaceae – Zypressengewächse

Name: Wacholder: ahd.; *juni-* lat. früh; *-perus* lat. gebärend; *communis* lat. gemein, gewöhnlich

Merkmale: Strauch oder bis 10 m hoch und 400 Jahre alt werdender Baum; Nadeln flach, 8 bis 20 mm lang, hart, stechend, Oberseite mit weißem Streifen; männliche Blüten in länglichen, gelblichen bis bräunlichen Blütenständen, weibliche in kugeligen, grünlichen Blütenständen; Samen in 4 bis 9 mm großen, bläulichen, beerenartigen Zapfen («Wacholderbeeren»)

Fortpflanzung: Blüte April bis Mai; zweihäusig; Windbestäubung; Tierausbreitung (z. B. Amsel, Mistel-, Sing- und Wacholderdrossel, Rotkehlchen)

Vorkommen: Magerweiden, Heiden, lichte Wälder

Wissenswertes: Die unscheinbaren Blüten bestehen aus einer schuppenförmigen Hülle mit den Staubblättern (männliche Blüten) bzw. einer schuppenförmigen Hülle mit einer Samenanlage (weibliche Blüten). • Getrocknete Beeren werden als harntreibender und appetitanregender Tee sowie bei Rheuma getrunken; der Absud wird für Bäder und Umschläge bei schlecht heilenden Wunden verwendet und Wachholdergeist zum Einreiben bei Rheuma. • Wacholderbeeren werden als Geschmackszutat zu Fleisch oder Sauerkraut gegeben sowie zu alkoholischen Getränken verarbeitet (Gin, Genever).

Abies alba Mill. Weiß-Tanne

Pflanzenfamilie: Pinaceae – Föhren- oder Kieferngewächse

Name: Tanne: ahd.; *abies* lat. Name dieser Art; *alba* lat. weiß

Merkmale: Bis 60 m hoch und bis 600 Jahre alt werdender Baum; Nadeln flach, 20 bis 30 mm lang, ohne Stiel, Nadelende stumpf, Unterseite mit zwei weißen Streifen; männliche Blüten in länglichen, gelblichen Blütenständen und weibliche Blüten in kurzen, grünlichen, aufrecht stehenden Blütenständen; Samen in Zapfen, die aufrecht auf den Zweigen stehen und dort zerfallen

Fortpflanzung: Blüte Mai; einhäusig; Windbestäubung; Windausbreitung

Vorkommen: Waldbildend in höheren Lagen (Tannen-Buchen-Wald)

Wissenswertes: Zum Blütenbau der Föhren-/Kieferngewächse (Pinaceae) ➤ Lärche (S. 36). • Jede männliche Blüte produziert über 100 000 Pollenkörner, von denen nur die wenigsten auf einer weiblichen Blüte landen. Der große Rest findet sich als gelber, puderiger Belag auf Blättern, Autos und schwimmend in Pfützen. • Die Grüne Tannenhoniglaus *(Cinara pectinatae)* und die Große Schwarzbraune Tannenrindenlaus *(Cinara confinis)* zapfen die Leitbündel der Weiß-Tanne an, ernähren sich vom Pflanzensaft und sondern den überschüssigen Zucker als Honigtau wieder aus, der dann von Bienen gesammelt wird. • Das relativ weiche Holz wird verwendet für Konstruktionen, Masten, Schindeln, Fensterrahmen und -läden, Möbel, Musikinstrumente, im Innenausbau und als Industrieholz (Kisten, Papier).

113 a Blätter mit 5 bis 7 strahlenförmig angeordneten Teilblättern ▶ ***Aesculus hippocastanum***
b Blätter anders gestaltet **114**

114 a Blätter gefiedert, d. h., sie sind aus mindestens 3 Teilblättern zusammengesetzt **179** (S. 74) ....

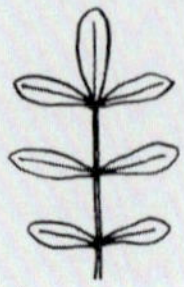

b Blätter nicht gefiedert **115**

115 a Blattrand mit 9 bis 15 abgerundeten Lappen («Eichenblatt») **116**
b Blattrand anders **117**

116 a Blattstiel höchstens 7 mm lang ▶ ***Quercus robur***
b Blattstiel mindestens 10 mm lang ▶ ***Quercus petraea*** (S. 42)

Taxus baccata L. (Gewöhnliche) Eibe

Pflanzenfamilie: Taxaceae – Eibengewächse

Name: Eibe: ahd., *taxus* griech. Pfeilbogen; *baccata* lat. mit Beeren

Merkmale: Bis 15 m hoch und bis 600 Jahre alt werdender Baum, oft mit mehreren Stämmen; Rinde rotbraun, abblätternd; Nadeln flach, 10 bis 35 mm lang, meist mit kurzem Stiel, Nadelende spitzig, Unterseite ohne weiße Streifen; Blüten einzeln, klein, kugelig, männliche gelblich, weibliche grünlich; Samen von einem roten, fleischigen Mantel umhüllt

Fortpflanzung: Blüte März bis April; zweihäusig; Windbestäubung; Tierausbreitung (z. B. Amsel, Rotdrossel, Mönchsgrasmücke, Rotkehlchen)

Vorkommen: Hangwälder; oft gepflanzt

Wissenswertes: Die unscheinbaren Blüten bestehen aus einer schuppenförmigen Hülle mit 6 bis 14 Staubblättern (männliche Blüten) bzw. aus einer Hülle mit mehreren Schuppen und einer Samenanlage (weibliche Blüten). • In zusammengezogenen Trieben, die kleinen Artischocken ähneln, entwickeln sich die Larven der Eibengallmücke *(Taxomyia taxi)*. • Alle Pflanzenteile außer dem roten Samenmantel sind stark giftig. Vergiftungssymptome sind u. a. Erbrechen, Leibschmerzen, Durchfall, Koliken, Schwindel, Atem- und Herzkreislaufstörungen, Tod durch Kreislauf- und Atemlähmung. Für Erwachsene können 50 bis 100 g Nadeln tödliche Wirkung haben. Besonders empfindlich sind Pferde. • Taxin bzw. Taxana sind Cytostatika, d. h. Substanzen, die die Zellteilung und damit das Tumorwachstum hemmen, und werden seit den 1990er-Jahren in der Krebsbehandlung eingesetzt. • Das schwere und elastische Hartholz wird für Furniere, Drechslerwaren und in der Bildhauerei verwendet. Früher wurde es auch für Pfeilbogen genutzt: So trug die 1991 entdeckte, gut 5000 Jahre alte Gletschermumie vom Hauslabjoch (Ötzi) einen Pfeilbogen aus Eibenholz bei sich.

Aesculus hippocastanum L. (Gewöhnliche) Rosskastanie

Pflanzenfamilie: Sapindaceae – Seifenbaumgewächse

Name: *Aesculus* lat. Name dieser Art; *hippo-* griech. Pferd; *-castanum* griech. Kastanie (Früchte)

Merkmale: Bis 30 m hoch und bis 200 Jahre alt werdender Baum; Blätter gegenständig, aus 5 bis 7 strahlenförmig angeordneten Teilblättern zusammengesetzt, Teilblätter bis 20 cm lang, länglich, Blattrand gezähnt; Blüten bis 20 mm im Durchmesser, mit 5 Blütenblättern, weiß mit gelben und roten Flecken, in aufrechten, kerzenförmigen Blütenständen; Früchte (Kapseln) kugelig, grün, stachlig; Samen («Kastanien») braun, glänzend

Fortpflanzung: Blüte April bis Mai; zwittrig; Insektenbestäubung (Bienen); Tierausbreitung

Vorkommen: Gepflanzt

Wissenswertes: Die Rosskastanie stammt aus dem südosteuropäisch-westasiatischen Raum und wurde im 16. Jahrhundert nach Mitteleuropa gebracht. • Die Flecke auf den weißen Blüten signalisieren den Blütenbesuchern die Nektarverfügbarkeit: gelb bedeutet Nektar vorhanden, rot kein Nektar mehr. • Die Früchte werden vom Wild und von Pferden gefressen. • Der Befall durch die stark in Ausbreitung begriffene Rosskastanien-Miniermotte *(Cameraria ohridella)* hat zur Folge, dass die Blätter bereits im Sommer braun werden und abfallen. • Samenpräparate werden bei Venenentzündungen, Krampfadern und Hämorrhoiden sowie als Badezusatz angewendet. • Das relativ leichte Holz findet Verwendung für Schnitz- und Drechslerwaren sowie für Furniere.

Quercus robur L. Stiel-Eiche

Pflanzenfamilie: Fagaceae – Buchengewächse

Name: Eiche: ahd.; *quercus* lat. Name dieser Art; *robur* lat. hartes Kernholz

Merkmale: Bis 50 m hoch und bis 1000 Jahre alt werdender Baum; Blätter 5 bis 16 cm lang, mit 9 bis 15 Lappen, Blattstiel höchstens 7 mm lang; männliche Blüten in länglichen, grüngelben, hängenden Blütenständen (Kätzchen), weibliche Blüten klein, rötlich, 2 bis 5 beisammen; Früchte (Nüsse, «Eicheln») mit 30 bis 80 mm langem Stiel

Fortpflanzung: Blüte April bis Mai; einhäusig; Windbestäubung; Tierausbreitung (z. B. Eichelhäher, Kernbeißer, Kleiber, Mittelspecht, Ringeltaube, Eichhörnchen, Dachs)

Vorkommen: Waldbildend in wärmeren Regionen (Eichen-Hainbuchen-Wald) und auf sauren Böden (Birken-Eichen-Mischwald)

Wissenswertes: Allgemeines zu den Eichen *(Quercus)* ➤Trauben-Eiche (S. 42)

117 a Blätter gelappt, d. h. mit 3 bis 9 Blattabschnitten (Lappen) **170** (S. 68) ......

b Blätter nicht gelappt **118**

118 a Blätter (wenigstens teilweise) gegenständig, d. h., sie stehen sich am Zweig auf gleicher Höhe gegenüber **163** (S. 64) ....

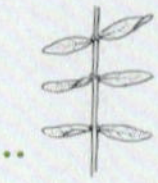

b Blätter wechselständig, d. h., sie stehen sich nicht gegenüber **119** ....

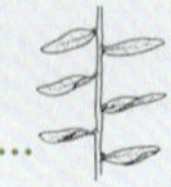

Quercus petraea L. Trauben-Eiche

Pflanzenfamilie: Fagaceae – Buchengewächse

Name: Eiche: ahd.; *quercus* lat. Name dieser Art; *petraea* lat. Fels

Merkmale: Bis 40 m hoch und bis 1500 Jahre alt werdender Baum; Blätter 6 bis 16 cm lang, mit 11 bis 15 Lappen, Blattstiel mindestens 10 mm lang; männliche Blüten in länglichen, grüngelben, hängenden Blütenständen (Kätzchen), weibliche Blüten klein, rötlich, 2 bis 6 beisammen; Früchte (Nüsse, «Eicheln») mit bis 15 mm langem Stiel

Fortpflanzung: Blüte April bis Mai; einhäusig; Windbestäubung; Tierausbreitung (z. B. Eichelhäher, Kernbeißer, Kleiber, Mittelspecht, Ringeltaube, Eichhörnchen, Dachs)

Vorkommen: Waldbildend in wärmeren Regionen (Eichen-Hainbuchen-Wald)

Wissenswertes: Die unscheinbaren Einzelblüten bestehen aus einer sechs- bis achtteiligen Blütenhülle und 6 bis 10 Staubblättern (männliche Blüten) bzw. aus einer sechsteiligen Blütenhülle und dem Fruchtknoten (weibliche Blüten). • Raupenfutterpflanze des Blauen Eichen-Zipfelfalters *(Quercusia quercus)*. • Oft findet man Eicheln mit einem kleinen Loch. Dieses stammt vom Eichelbohrer *(Curculio glandium)*. Das Weibchen dieses Rüsselkäfers legt ein Ei in die noch weiche Eichel, die Larve ernährt sich vom Eichelkern und verlässt die Frucht, indem sie ein Loch in die Schale bohrt. • Der Eichen-Prozessionsspinner *(Thaumetopoea processionea)*, ein Nachtfalter, dessen Raupe sich von den jungen Eichenblättern ernährt, fällt vor allem dann auf, wenn er in Massen auftritt und die Raupen im «Gänsemarsch» auf Nahrungssuche gehen. • Die Pollen sind stark allergen (Heuschnupfen). • Die getrocknete Rinde junger Pflanzen wird als Aufguss zum Gurgeln bei Entzündungen der Mund- und Rachenhöhle sowie als Badezusatz bei Verbrennungen und Hämorrhoiden verwendet. • Die Eicheln wurden früher als Schweinefutter («Auf den Eichen wachsen die besten Schinken.») sowie als Mehl und Kaffee genutzt, die Rinde aufgrund ihres hohen Gerbstoffgehalts in der Ledergerberei. • Das schwere und dauerhafte Hartholz wird für Konstruktionen, Parkett, Treppen, Möbel, Furniere sowie Fässer und früher Eisenbahnschwellen verwendet; es ist zudem ein sehr gutes Brennholz. • Weil es oft verbaut wurde und dank seiner hervorragenden Erhaltungsfähigkeit ist Eichenholz das Holz der Wahl in der Dendrochronologie (Altersbestimmung mithilfe von Jahrringen).

119 a Blattrand stachlig oder dornig, (leicht) stechend **120**
b Blattrand anders gestaltet **121**

120 a Äste mit Dornen ▶ ***Berberis vulgaris***
b Äste ohne Dornen ▶ ***Ilex aquifolium***

Berberis vulgaris L. (Gewöhnliche) Berberitze

Pflanzenfamilie: Berberidaceae – Berberitzen- oder Sauerdorngewächse

Name: Berberitze: von *Berberis*; *berberis* vom arab. Namen der Früchte; *vulgaris* lat. gewöhnlich

Merkmale: Bis 3 m hoher Strauch; Äste dornig; Blätter 2 bis 6 cm lang, oval, derb, Blattrand stachlig gezähnt; Blüten bis 15 mm im Durchmesser, mit 6 hellgelben Blütenblättern, in hängenden Blütenständen; Früchte (Beeren) 8 bis 11 mm lang, rot

Fortpflanzung: Blüte Mai bis Juni; zwittrig; Insektenbestäubung; Tierausbreitung (z. B. Amsel, Mönchsgrasmücke)

Vorkommen: Magerweiden, Gebüsche, Hecken, lichte Wälder

Wissenswertes: Getrocknete Wurzelrinde wird bei Leber- und Gallenleiden gebraucht; die Früchte werden roh oder als Saft bei Appetitlosigkeit und Verstopfung eingenommen. • Die Beeren können auch zu Gelee verarbeitet werden und passen gut zu weißem Fleisch.

Ilex aquifolium L. (Europäische) Stechpalme

Pflanzenfamilie: Aquifoliaceae – Stechpalmengewächse

Name: Palme: von lat. *palma*; *ilex* nach dem lat. Namen der Stein-Eiche *(Quercus ilex)* mit ähnlichen Blättern; *aqui-* lat. Nadel; *-folium* lat. Blatt

Merkmale: Strauch oder bis 10 m hoch und bis 300 Jahre alt werdender Baum; Blätter 3 bis 8 cm lang, oval, derb, Oberseite glänzend, immergrün, Blattrand wellig und meist stachlig; Blüten ca. 5 mm im Durchmesser, mit 4 weißen Blütenblättern; Früchte (Steinfrüchte) kugelig, 6 bis 8 mm groß, rot

Fortpflanzung: Blüte Mai; zweihäusig; Insektenbestäubung; Tierausbreitung (z. B. Amsel, Misteldrossel)

Vorkommen: Wälder

Wissenswertes: Die Blätter an den nicht blühenden (unteren) Zweigen sind meist gewellt und stachlig, diejenigen an den blühenden (oberen) Zweigen kaum gewellt und meist ohne Stacheln. Dieses seltene Phänomen wird als Heterophyllie (Verschiedenblättrigkeit) bezeichnet. • Früchte und Blätter sind stark giftig. Vergiftungssymptome sind u. a. Übelkeit, Erbrechen, Durchfall, Lähmungen, Herzrhythmusstörungen. Für Erwachsene gelten 20 bis 30 Früchte als tödlich, für Kinder entsprechend weniger. • Frische oder getrocknete Blätter werden als Tee bei Grippe und Bronchitis verwendet.

121 a Pflanze mit kurzen, dornenartigen Seitenzweigen **122**
b Pflanze ohne dornenartige Seitenzweige **123**

122 a Blattstiel höchstens 15 mm lang ▶ *Prunus spinosa* (S. 34)
b Blattstiel meist deutlich länger als 15 mm **147** (S. 56)

123 a Blattrand mit spitzen oder stumpfen Zähnen **124**
b Blattrand nicht gezähnt, glatt **151** (S. 58)

124 a Blattunterseite hellgrau bis weiß oder silbrig **125**
b Blattunterseite grün(lich) **127**

Salix alba L. Silber-Weide

Pflanzenfamilie: Salicaceae – Weidengewächse

Name: Weide: ahd.; *salix* indogerm. Name dieser Art; *alba* lat. weiß (Blätter)

Merkmale: Bis 30 m hoch und bis 200 Jahre alt werdender Baum; Blätter 5 bis 12 cm lang, länglich, Blattunterseite dicht silbrig weiß behaart; Blüten in 5 bis 10 cm langen Blütenständen (Kätzchen); Früchte (Kapseln) in Kätzchen, Samen mit weißen Haarbüscheln

Fortpflanzung: Blüte April bis Mai; zweihäusig; Insektenbestäubung; Windausbreitung

Vorkommen: Waldbildend in Gewässernähe (Silberweiden-Auenwald, Weichholzauenwald)

Wissenswertes: Die unscheinbaren Einzelblüten der Weiden *(Salix)* haben keine Blütenhülle und bestehen aus einem Vorblättchen und meist 2 Staubblättern (männliche Blüten) bzw. aus einem Vorblättchen und dem Fruchtknoten (weibliche Blüten). • Bei den Trauerweiden mit ihren hängenden Ästen handelt es sich um einen Mischling *(Salix × sepulcralis)* zwischen der Silber-Weide und der ostasiatischen Echten Trauerweide *(Salix babylonica)*.
• Weidenrinde enthält Salicin, das in Form von Salicylsäure als Präparat (z. B. Aspirin) oder als Tee eingenommen entzündungshemmend und schmerzlindernd wirkt.
• Das leichte Weichholz der Silber-Weide wird höchstens als Industrieholz (Sperrholz, Faserplatten, Kisten, Papier) oder etwa noch für Holzschuhe verwendet. • Die zähen, biegsamen Äste eignen sich zum Flechten und zum Aufbinden von Reben. Durch das regelmäßige Schneiden der Zweige erhält das obere Stammende eine kugelige Form («Kopfweide»).
• Da abgeschnittene Weidenäste sich rasch und stark wiederbewurzeln und neue Triebe bilden, werden manche Weiden-Arten im Grünverbau zur Befestigung von Ufern und rutschgefährdeten Hängen eingesetzt.

125 a Blätter mindestens 4-mal länger als breit ▶ *Salix alba*
b Blätter höchstens 2-mal länger als breit 126

126 a Blattrand regelmäßig und spitz gezähnt ▶ *Sorbus aria*
b Blattrand unregelmäßig und stumpf gezähnt ▶ *Populus alba* (S. 71)

127 a Blätter höchstens 1,5-mal so lang wie breit 128
b Blätter mindestens 1,5-mal so lang wie breit 137 (S. 50)

128 a Lücken zwischen den Zähnen am Blattrand breit abgerundet (Buchten) 129
b Lücken zwischen den Zähnen spitz (Kerben) 130

Sorbus aria (L.) Crantz **Gewöhnliche Mehlbeere**

Pflanzenfamilie: Rosaceae – Rosengewächse

Name: *Sorbus* lat. Name dieser Art; *aria* aus der Landschaft Aria (Afghanistan)

Merkmale: Strauch oder bis 15 m hoch und bis 200 Jahre alt werdender Baum; Blätter 6 bis 15 cm lang, oval, Blattunterseite dicht hellgrau bis weiß behaart, Blattrand gezähnt; Blüten 10 bis 16 mm im Durchmesser, mit 5 weißen Blütenblättern, in schirmförmigen Blütenständen; Früchte (Kernfrüchte) kugelig, 5 bis 10 mm groß, orange bis rot

Fortpflanzung: Blüte Mai; zwittrig; Insektenbestäubung; Tierausbreitung (z. B. Amsel, Wacholderdrossel, Gimpel, Grünfink, Mönchsgrasmücke)

Vorkommen: Lichte Wälder, Felsen

Wissenswertes: Die Früchte sind essbar, aber mehlig und fade. • Das schwere Hartholz hat nur geringe Bedeutung als Nutzholz und wird etwa für Werkzeuge und Drechslerwaren verwendet.

129 a Blätter rundlich, eher breiter als lang ▶ ***Populus tremula***
b Blätter meist etwas länger als breit ▶ ***Populus alba*** (S. 71)

130 a Blatt dreieckig oder rautenförmig **131**▶
b Blattform anders **133**▶

Populus tremula L. Zitter-Pappel, Espe

Pflanzenfamilie: Salicaceae – Weidengewächse

Name: Pappel: von *Populus*, Espe: ahd.; *populus* lat. Name dieser Art; *tremula* lat. zitternd (Blätter)

Merkmale: Bis 30 m hoch und bis 100 Jahre alt werdender Baum; Blätter 3 bis 9 cm lang, rundlich, oder auch dreieckig bis rautenförmig, Blattrand unregelmäßig stumpf gezähnt; Blüten in 5 bis 10 cm langen hängenden Blütenständen (Kätzchen), Blütezeit vor Blattentwicklung; Früchte (Kapseln) in Kätzchen, Samen mit weißen Haarbüscheln

Fortpflanzung: Blüte März bis April; zweihäusig; Windbestäubung; Windausbreitung

Vorkommen: Gebüsche, Laubmischwälder

Wissenswertes: Die unscheinbaren Einzelblüten der Pappeln *(Populus)* haben keine Blütenhülle und bestehen aus 1 Vorblättchen und meist zahlreichen Staubblättern (männliche Blüten) bzw. aus 1 Vorblättchen und dem Fruchtknoten (weibliche Blüten). • Die Blattstiele der Pappeln sind lang und abgeflacht, was dazu führt, dass die Blätter sich beim leisesten Lüftchen bewegen («Zittern wie Espenlaub»). Dadurch verlieren sie viel Wasser über die Blätter (Transpiration), was zur Folge hat, dass sie mehr Wasser und damit auch Nährstoffe über die Wurzeln aufnehmen müssen. Dementsprechend sind sie gut mit Nährstoffen versorgt und können rasch wachsen. • Raupenfutterpflanze des Großen Eisvogels *(Limenitis populi)* und des Kleinen Schillerfalters *(Apatura ilia)*. • Das leichte Weichholz findet als Industrieholz (Sperrholz, Faserplatten, Papier, Holzwolle, Streichhölzer, Zahnstocher) Verwendung.

Betula pendula Roth Hänge-Birke

Pflanzenfamilie: Betulaceae – Birkengewächse

Name: Birke: ahd.; *betula* kelt. Ursprung; *pendula* lat. hängend (Äste)

Merkmale: Bis 30 m hoch und bis 120 Jahre alt werdender Baum; Rinde mindestens teilweise glatt und weiß; immer mit hängenden Zweigen; Blätter 3 bis 7 cm lang, rautenförmig bis dreieckig, Blattrand unregelmäßig gezähnt; Blüten in bis 10 cm langen, hängenden Blütenständen (Kätzchen); Früchte (Nüsse) mit zwei Flugblättern

Fortpflanzung: Blüte April bis Mai; einhäusig; Windbestäubung; Wind- und Tierausbreitung (z. B. Gimpel, Girlitz, Grünfink)

131 a Junge Zweige immer hängend ▶ *Betula pendula*
b Junge Zweige nie hängend **132**

132 a Blattstiel 1 bis 2 cm lang, im Querschnitt rundlich ▶ *Betula pubescens*
b Blattstiel 3 bis 6 cm lang, im Querschnitt etwas zusammengedrück ▶ *Populus nigra* (S. 48)

Vorkommen: Waldbildend auf sauren Böden (Birken-Eichen-Mischwald), auch in Hecken und an Waldrändern; oft gepflanzt

Wissenswertes: Die unscheinbaren Einzelblüten bestehen aus 2 oder 0 Vorblättchen, einer vierteiligen Blütenhülle und 2 zweiteiligen Staubblättern (männliche Blüten) bzw. haben keine Blütenhülle und bestehen aus 1 Vorblättchen und dem Fruchtknoten (weibliche Blüten). • Raupenfutterpflanze des Trauermantels *(Nymphalis antiopa)*. • Die Pollen sind sehr stark allergen (Heuschnupfen). • Getrocknete Blätter werden als Tee bei Entzündungen der Harnwege, Rheuma und Gicht eingenommen. • Der Saft der Leitgewebe ist reich an Zucker und wird zur Herstellung eines Zuckeraustauschstoffs (Birkenzucker bzw. Xylitol oder Xylit) angezapft.
• Das leichte und elastische Weichholz wird für Möbel, Furniere, Drechslerwaren sowie im Innenausbau verwendet und ist zudem ein hervorragendes Brennholz.

Betula pubescens Ehrh. **Moor-Birke**

Pflanzenfamilie: Betulaceae – Birkengewächse

Name: Birke: ahd.; *betula* kelt. Ursprung; *pubescens* lat. flaumhaarig (junge Zweige)

Merkmale: Bis 25 m hoch und bis 100 Jahre alt werdender Baum; Rinde mehrheitlich glatt und weiß; ohne hängende Zweige; Blätter 3 bis 6 cm lang, dreieckig bis rautenförmig, Blattrand unregelmäßig gezähnt; Blüten in bis 10 cm langen, hängenden Blütenständen (Kätzchen); Früchte (Nüsse) mit zwei Flugblättern

Fortpflanzung: Blüte April bis Mai; einhäusig; Windbestäubung; Wind- und Tierausbreitung (z. B. Gimpel, Girlitz, Grünfink)

Vorkommen: Waldbildend auf sauren Böden (Birken-Eichen-Mischwald) und in Mooren (Föhren/Kiefern-Birken-Bruchwald), auch in Heiden

Wissenswertes: Die unscheinbaren Einzelblüten bestehen aus 2 oder 0 Vorblättchen, einer vierteiligen Blütenhülle und 2 zweiteiligen Staubblättern (männliche Blüten) bzw. haben keine Blütenhülle und bestehen aus 1 Vorblättchen und dem Fruchtknoten (weibliche Blüten). • Raupenfutterpflanze des Trauermantels *(Nymphalis antiopa)*. • Die Pollen sind sehr stark allergen (Heuschnupfen). • Getrocknete Blätter werden als Tee bei Entzündungen der Harnwege, Rheuma und Gicht getrunken. • Das mittelschwere, elastische und relative weiche Holz wird für Möbel, Furniere und Drechslerwaren sowie für Sperrholzplatten verwendet und ist zudem ein gutes Brennholz.

133 a Blattende ohne ausgeprägte Spitze ▶ *Alnus glutinosa*
b Blattende mit deutlicher Spitze **134**

134 a Blätter länglich ▶ *Alnus incana* (S. 55)
b Blätter herzförmig bis rundlich **135**

135 a Blattstiel höchstens 2 cm lang ▶ *Corylus avellana*
b Blattstiel länger als 2 cm **136**

Populus nigra L. Schwarz-Pappel

Pflanzenfamilie: Salicaceae – Weidengewächse

Name: Pappel: von *Populus*; *populus* lat. Name dieser Art; *nigra* lat. schwarz (Rinde)

Merkmale: Bis 30 m hoch und bis 300 Jahre alt werdender Baum; Blätter 4 bis 9 cm lang, dreieckig bis herz- oder rautenförmig, Blattrand fein gezähnt, Blattstiel zusammengedrückt; Blüten in bis 10 cm langen hängenden Blütenständen (Kätzchen), Blütezeit vor Blattentwicklung; Früchte (Kapseln) in Kätzchen, Samen mit weißen Haarbüscheln

Fortpflanzung: Blüte März bis April; zweihäusig; Windbestäubung; Windausbreitung

Vorkommen: In Gewässernähe, Auenwälder

Wissenswertes: Zum Blütenbau der Pappeln *(Populus)* ➤ Zitter-Pappel (S. 46). • Bei den häufig in Alleen gepflanzten, säulenförmigen Pappeln handelt es sich um eine Zuchtform der europäischen Schwarz-Pappel *(Populus nigra var. italica)*. • Raupenfutterpflanze des Kleinen Schillerfalters *(Apatura ilia)*. • Das leichte Weichholz der Schwarz-Pappeln findet insbesondere als Industrieholz (Sperrholz, Faserplatten, Kisten, Papier, Zellstoff) Verwendung. Häufig wird zur Holzproduktion die Kanadische Pappel *(Populus × canadensis)* angepflanzt, eine Kreuzung zwischen der europäischen *(Populus nigra)* und der Kanadischen Schwarz-Pappel *(Populus deltoides)*.

Alnus glutinosa (L.) Gaertn. Schwarz-Erle

Pflanzenfamilie: Betulaceae – Birkengewächse

Name: Erle: ahd.; *alnus* lat. Name dieser Art; *glutinosa* lat. klebrig (Blattknospen)

Merkmale: Bis 25 m hoch und bis 150 Jahre alt werdender Baum; Blätter 4 bis 10 cm lang, oval bis rundlich, Blattende stumpf oder ausgeschnitten, Blattrand unregelmäßig gezähnt; männliche Blüten in langen, hängenden, gelben Blütenständen (Kätzchen), weibliche in kurzen, roten Blütenständen; Früchte (Nüsse) in bis 2 cm langen Zapfen

Fortpflanzung: Blüte Februar bis April; einhäusig; Windbestäubung; Wind- und Tierausbreitung (z. B. Girlitz, Grünfink)

Vorkommen: Waldbildend in Sümpfen (Schwarzerlen-Bruchwald), sonst in Gewässernähe und in Auenwäldern

Wissenswertes: Die unscheinbaren Einzelblüten bestehen aus 1 oder 2 Vorblättchen, einer vierteiligen Blütenhülle und 4 Staubblättern (männliche Blüten) bzw. haben keine Blütenhülle und bestehen aus 2 Vorblättchen und dem Fruchtknoten (weibliche Blüten). • Die Wurzeln leben in Symbiose mit Bakterien *(Frankia alni)*, die Luftstickstoff (N_2) fixieren und die Bäume mit Stickstoffverbindungen versorgen. Das Laub fällt meist schon in grünem Zustand ab, zersetzt sich rasch und reichert so den Boden mit Stickstoff an. Die Schwarz-Erle ist deshalb geeignet zur Bodenverbesserung und -stabilisierung. • Die Pollen sind sehr stark allergen (Heuschnupfen). • Das mittelschwere Weichholz wird für Möbel, Drechsler- und Schnitzwaren sowie Faserplatten verwendet. Dauernd nass gehaltenes Erlenholz ist fast unverwüstlich; so ist Venedig auf Schwarz-Erlen- und Ulmen-Stämmen gebaut.

Corylus avellana L. (Gewöhnliche) Hasel

Pflanzenfamilie: Betulaceae – Birkengewächse

Name: Hasel: ahd.; *corylus* lat. Name dieser Art; *avellana* nach der Stadt Avella in Italien

Merkmale: Bis 6 m hoher Strauch; Rinde glatt, rötlich grau glänzend mit hellen Querstreifen; Blätter 5 bis 12 cm lang, rundlich bis herzförmig, auf beide Seiten weich behaart, Blattrand unregelmäßig gezähnt; männliche Blüten in bis 10 cm langen, hängenden Blütenständen (Kätzchen), weibliche Blüten klein, rot, 2 bis 6 beisammen, Blütezeit vor Blattentwicklung; Früchte («Haselnüsse») umgeben von Fruchthülle

Fortpflanzung: Blüte Februar bis April; einhäusig; Windbestäubung; Tierausbreitung (z. B. Bunt- und Mittelspecht, Kleiber, Eichelhäher, Eichhörnchen, Haselmaus, Dachs)

Vorkommen: Gebüsche, Hecken, Wälder, Waldränder

Wissenswertes Die unscheinbaren Einzelblüten bestehen aus 3 Vorblättchen und 4 zweiteiligen Staubblättern (männliche Blüten) bzw. aus 3 Vorblättchen, einer reduzierten Blütenhülle und dem Fruchtknoten (weibliche Blüten). • Raupenfutterpflanze des C-Falters *(Polygonia c-album)*. • Oft findet man Haselnüsse mit einem kleinen Loch in der Schale. Dieses stammt vom Haselnussbohrer *(Curculio nucum)*. Das Weibchen dieses Rüsselkäfers legt ein Ei in die noch weiche, grüne Nuss, die Larve ernährt sich von der Nuss und verlässt diese, indem sie ein Loch in die Schale bohrt. • Zigarrenförmig gerollte Haselblätter sind das Resultat der Tätigkeit des Haselblattrollers *(Apoderus coryli)*, eines bis 8 mm großen, roten Käfers, der auf diese Weise seinen Larven eine schützende Kinderstube bastelt. • Die Pollen sind sehr stark allergen (Heuschnupfen). • Haselnüsse werden frisch oder unterschiedlich verarbeitet insbesondere in Süßwaren genossen, sie liefern aber auch ein Speiseöl. Die meisten heute verkauften Haselnüsse stammen allerdings von der südeuropäischen Lamberts-Hasel *(Corylus maxima)*. • Die biegsamen Zweige werden in der Korberei oder für Flechtzäune verwendet.

136 a Blattunterseite behaart, mit weißlichen Haaren in den Verzweigungen der Blattnerven ▶ ***Tilia platyphyllos***
b Blattunterseite fast unbehaart, mit rötlichen Haaren in den Verzweigungen der Blattnerven ▶ ***Tilia cordata***

137 a Blätter mindestens 3-mal so lang wie breit **138**
b Blätter höchstens 3-mal so lang wie breit **140**

138 a Unterer Teil des Blattrandes ohne Zähne ▶ ***Salix purpurea***
b Blattrand über die ganze Länge gezähnt **139**

Tilia platyphyllos Scop. **Sommer-Linde**

Pflanzenfamilie: Malvaceae – Malvengewächse

Name: Linde: ahd.; *tilia* lat. Name dieser Art; *platy-* griech. flach, breit; *-phyllos* griech. Blatt

Merkmale: Bis 40 m hoch und bis 1000 Jahre alt werdender Baum; Blätter 5 bis 15 cm im Durchmesser, herzförmig, Blattunterseite mit weißlichen Haaren in den Verzweigungen der Blattnerven, Blattrand gezähnt; Blüten bis 15 mm im Durchmesser, mit 5 gelblich weißen Blütenblättern, duftend; Früchte (Nüsse) kugelig, hellbraun, Fruchtstiel mit einem bis 8 cm langen Flugblatt

Fortpflanzung: Blüte Juni; zwittrig; Insektenbestäubung (Bienen); Wind- und Tierausbreitung

Vorkommen: Waldbildend an Hängen in wärmeren Regionen (Linden-Mischwälder), auch in anderen Laubwäldern; oft gepflanzt

Wissenswertes: Stiftförmige, bis 15 mm lange, gelbliche bis rote Auswüchse auf den Lindenblättern sind die Gallen der Lindengallmilbe *(Eriophyes tiliae)*. Das Weibchen dieser Milbenart spritzt Speichel in eine Blattzelle. Unter dem Einfluss von Inhaltsstoffen des Speichels beginnt das Blattgewebe zu wachsen, und es entsteht die typisch geformte Galle. Das Weibchen legt Eier in das Gallgewebe, worauf die Larven sich geschützt im Inneren der Galle entwickeln und gleich die Innenwände als Nahrung konsumieren. • Getrocknete Blüten werden als Tee bei Erkältungskrankheiten getrunken. • Das mittelschwere, zähe Weichholz wird für Schnitz- und Drechslerwaren sowie für Spielwaren und im Modellbau verwendet.

Tilia cordata Miller **Winter-Linde**

Pflanzenfamilie: Malvaceae – Malvengewächse

Name: Linde: ahd.; *tilia* lat. Name dieser Art; *cordata* lat. herzförmig (Blätter)

Merkmale: Bis 30 m hoch und bis 1000 Jahre alt werdender Baum; Blätter 3 bis 7 cm im Durchmesser, herzförmig, Blattunterseite hell bläulich grün mit rötlich braunen Haaren in den Verzweigungen der Blattnerven, Blattrand gezähnt; Blüten bis 15 mm im Durchmesser, mit 5 gelblich weißen Blütenblättern, duftend, in Büscheln; Früchte (Nüsse) kugelig, hellbraun, Fruchtstiel mit einem bis 8 cm langen Flugblatt

Fortpflanzung: Blüte Juni bis Juli; zwittrig; Insektenbestäubung (Bienen); Wind- und Tierausbreitung

Vorkommen: Waldbildend an Hängen in wärmeren Regionen (Linden-Mischwälder), selten in anderen Laubwäldern; oft gepflanzt

Wissenswertes: Stiftförmige, bis 15 mm lange, gelbliche bis rote Auswüchse auf den Lindenblättern sind die Gallen der Lindengallmilbe *(Eriophyes tiliae)*. Das Weibchen dieser Milbenart spritzt Speichel in eine Blattzelle. Unter dem Einfluss von Inhaltsstoffen des Speichels beginnt das Blattgewebe zu wachsen, und es entsteht die typisch geformte Galle. Das Weibchen legt Eier in das Gallgewebe, worauf die Larven sich geschützt im Inneren der Galle entwickeln und gleich die Innenwände als Nahrung konsumieren. • Getrocknete Blüten werden als Tee bei Erkältungskrankheiten getrunken. • Junge Blätter eignen sich vorzüglich für Salat. • Das leichte Weichholz wird insbesondere für Schnitz- und Drechslerwaren sowie für Furniere, Spielwaren, Streichhölzer und im Modellbau verwendet.

Salix purpurea L. **Purpur-Weide**

Pflanzenfamilie: Salicaceae – Weidengewächse

Name: Weide: ahd.; *salix* indogerm. Name dieser Art; *purpurea* lat. purpurfarben (Zweige)

Merkmale: Bis 6 m hoher Strauch; junge Zweige dunkelrot oder gelblich braun glänzend; Blätter 4 bis 12 cm lang, länglich, unbehaart, Blattunterseite bläulich grün bis graugrün, Blattrand nur im vorderen Teil gezähnt; Blüten in 3 bis 5 cm langen Blütenständen (Kätzchen), Blütezeit vor Blattentwicklung; Früchte (Kapseln) in Kätzchen, Samen mit weißen Haarbüscheln

Fortpflanzung: Blüte März bis Mai; zweihäusig; Insektenbestäubung; Windausbreitung

Vorkommen: In Gewässernähe (auch im Überschwemmungsbereich), Gebüsche

Wissenswertes: Zum Blütenbau der Weiden *(Salix)* ➤ Silber-Weide (S. 44). • Die zähen, biegsamen Äste werden zum Flechten und zum Aufbinden von Reben verwendet.

139 a Blattstiel 5 bis 10 mm lang; Blätter 4 bis 10 cm lang ▶ ***Salix triandra***
b Blattstiel 10 bis 20 mm lang, größere Blätter bis 18 cm lang ▶ ***Salix fragilis***

140 a Größere Blätter höchstens 4 cm lang ▶ ***Vaccinium myrtillus***
b Größere Blätter länger als 4 cm 141▶

Salix triandra L. Mandel-Weide

Pflanzenfamilie: Salicaceae – Weidengewächse

Name: Weide: ahd.; *salix* indogerm. Name dieser Art; *tri-* lat. drei; *-andra* griech. Staubblätter

Merkmale: Bis 5 m hoher Strauch oder kleiner Baum; Rinde von älteren Ästen löst sich in Fetzen ab; Blätter 4 bis 10 cm lang, länglich, Blattrand fein gezähnt, Blattstiel 5 bis 10 mm lang; Blüten in 2 bis 10 cm langen Blütenständen (Kätzchen); Früchte (Kapseln) in Kätzchen, Samen mit weißen Haarbüscheln

Fortpflanzung: Blüte April bis Mai; zweihäusig; Insektenbestäubung; Windausbreitung

Vorkommen: In Gewässernähe (auch im Überschwemmungsbereich)

Wissenswertes: Zum Blütenbau der Weiden *(Salix)* ➤ Silber-Weide (S. 44). • Die männlichen Blüten besitzen 3 Staubblätter (anstelle von 2 wie die anderen Weiden-Arten). • Die zähen, biegsamen Äste werden zum Flechten und zum Aufbinden von Reben verwendet.

Salix fragilis L. Bruch-Weide

Pflanzenfamilie: Salicaceae – Weidengewächse

Name: Weide: ahd.; *salix* indogerm. Name dieser Art; *fragilis* lat. zerbrechlich (Zweige)

Merkmale: Bis 15 m hoch und bis 100 Jahre alt werdender Baum; Zweige gelb bis gelbbraun, lackartig glänzend, brechen an der Ansatzstelle auffallend leicht ab; Blätter 8 bis 18 cm lang, länglich, unbehaart, Blattrand gezähnt, Blattstiel 10 bis 20 mm lang; Blüten in 5 bis 10 cm langen Blütenständen (Kätzchen); Früchte (Kapseln) in Kätzchen, Samen mit weißen Haarbüscheln

Fortpflanzung: Blüte April bis Mai; zweihäusig; Insektenbestäubung; Windausbreitung

Vorkommen: In Gewässernähe, Auenwälder; für Flechtmaterial gepflanzt

Wissenswertes: Zum Blütenbau der Weiden *(Salix)* ➤ Silber-Weide (S. 44). • Die zähen, biegsamen Äste werden zum Flechten und zum Aufbinden von Reben verwendet. • Durch das regelmäßige Schneiden der Zweige erhält das obere Stammende eine kugelige Form («Kopfweide»). • Die oft angepflanzte Fahl-Weide oder Hohe Weide ist eine Kreuzung von Silber- und Bruch-Weide *(S. rubens = S. alba × S. fragilis)* und unterscheidet sich von der Bruch-Weide durch ihre behaarten Blätter.

Vaccinium myrtillus L. Heidelbeere

Pflanzenfamilie: Ericaceae – Heidekrautgewächse

Name: Heidel-: ahd.; *vaccinium* unklar; *myrtillus* von der Myrte (Früchte)

Merkmale: Kaum höher als 0,5 m werdender Zwergstrauch; jüngere Zweige grün und kantig; Blätter 1 bis 4 cm lang, oval, Blattrand fein gezähnt; Blüten ca. 5 mm im Durchmesser, glockenförmig, mit 4 oder 5 Zipfeln, grün bis rötlich; Früchte (Beeren) kugelig, 5 bis 8 mm groß, blauschwarz, Fruchtfleisch blauschwarz

Fortpflanzung: Blüte April bis Juni; zwittrig; Insektenbestäubung; Tierausbreitung (z. B. Hausrotschwanz, Sing- und Wacholderdrossel, Fuchs)

Vorkommen: Nur auf stark sauren Böden: Moore, Weiden, Heiden, Nadelwälder

Wissenswertes: Getrocknete Beeren werden bei Durchfall gekaut (besonders geeignet für Kinder) und als Tee zum Gurgeln bei Entzündungen der Mund- und Rachenhöhle verwendet. • Die Beeren werden frisch oder in vielfältig verarbeiteter Form meist als Süßspeise genossen. Die im Handel erhältlichen «Heidelbeeren» stammen aber meistens von amerikanischen Arten mit größeren Früchten und weißlichem Fruchtfleisch.

141 a Blatt stark behaart (fühlt sich an wie Schleifpapier), Blatthälften ungleich ▶ *Ulmus glabra*

b Blatt nicht oder weniger stark behaart, einigermaßen symmetrisch **142**

142 a Seitennerven bis zum Blattrand gerade und parallel verlaufend **143**

b Seitennerven wenigstens am Ende gebogen **144**

143 a Blattunterseite graugrün ▶ *Alnus incana*

b Blattunterseite nicht graugrün ▶ *Carpinus betulus*

Ulmus glabra Huds. **Berg-Ulme**

Pflanzenfamilie: Ulmaceae – Ulmengewächse

Name: Ulme: von *Ulmus*; *ulmus* indogerm. gelb (Holz); *glabra* lat. kahl (was wohl?)

Merkmale: Bis 40 m hoch und bis 400 Jahre alt werdender Baum; Blätter 5 bis 20 cm lang, länglich bis oval, sehr rau behaart, Blatthälften oft ungleich, größere Blätter oft mit 3 Spitzen, Blattrand scharf gezähnt; Blüten klein, rötlich, in Büscheln, Blütezeit vor Blattentwicklung; Früchte (Nüsse) umgeben von einem hellgrünen Flugblatt

Fortpflanzung: Blüte März; zwittrig; Windbestäubung; Wind- und Tierausbreitung (z. B. Girlitz, Grünfink, Kernbeißer)

Vorkommen: Waldbildend in Gewässernähe (Eschen-Ulmen-Auenwald, Hartholzauenwald)

Wissenswertes: Die unscheinbaren Einzelblüten bestehen aus einer fünfteiligen Blütenhülle, 5 Staubblättern und dem Fruchtknoten. • Im Frühjahr vor der Blattentwicklung betreiben die hellgrünen Flugblätter der Früchte Fotosynthese. • Raupenfutterpflanze von Ulmen-Zipfelfalter *(Satyrium w-album)* und C-Falter *(Polygonia c-album)*. • Die Ulme ist heute durch die Ulmenwelke, eine von einem Schlauchpilz *(Ophiostoma novo-ulmi)* verursachte und durch den Ulmensplintkäfer (*Scolytus* sp.) verbreitete Krankheit, stark bedroht. • Die getrocknete Rinde wird als Tee bei Durchfall, zum Gurgeln bei Entzündungen der Mund- und Rachenhöhle sowie als Badezusatz bei schlecht heilenden Wunden und Hämorrhoiden angewendet. • Das schwere und dauerhafte Hartholz findet insbesondere Verwendung für Parkett, Möbel, Furniere, Drechslerwaren und mechanisch stark beanspruchte Geräte.

Alnus incana (L.) Moench **Grau-Erle**

Pflanzenfamilie: Betulaceae – Birkengewächse

Name: Erle: ahd.; *alnus* lat. Name dieser Art; *incana* lat. ergraut, grau (Rinde)

Merkmale: Bis 20 m hoch und bis 100 Jahre alt werdender Baum; Rinde glatt und hellgrau; Blätter 4 bis 10 cm lang, oval, Blattunterseite graugrün, Blattrand unregelmäßig gezähnt; männliche Blüten in langen, hängenden, gelben Blütenständen (Kätzchen), weibliche in kurzen, roten Blütenständen; Früchte (Nüsse) in bis 2 cm langen Zapfen

Fortpflanzung: Blüte Februar bis April; einhäusig; Windbestäubung; Wind- und Tierausbreitung (z. B. Girlitz, Grünfink)

Vorkommen: Waldbildend in Auen (Grauerlen-Auenwald), sonst in Gewässernähe

Wissenswertes: Die unscheinbaren Einzelblüten bestehen aus 1 oder 2 Vorblättchen, einer vierteiligen Blütenhülle und 4 Staubblättern (männliche Blüten) bzw. haben keine Blütenhülle und bestehen aus 2 Vorblättchen und dem Fruchtknoten (weibliche Blüten). • Die Wurzeln leben in Symbiose mit Bakterien *(Frankia alni)*, die Luftstickstoff (N_2) fixieren und die Bäume mit Stickstoffverbindungen versorgen. Das Laub fällt meist schon in grünem Zustand ab, zersetzt sich rasch, reichert so den Boden mit Stickstoff an und erhöht seine Fruchtbarkeit. Wegen dieser bodenverbessernden Wirkung wird die Grau-Erle häufig bei der Wiederbegrünung von Abraumhalden und Kiesgruben gepflanzt. • Die Pollen sind sehr stark allergen (Heuschnupfen). • Das schwere Weichholz hat nur geringe Bedeutung als Nutzholz und findet etwa Verwendung für Faserplatten.

Carpinus betulus L. **Hagebuche, Hainbuche**

Pflanzenfamilie: Betulaceae – Birkengewächse

Name: Hage-: Hecke, Einfriedung; -buche: ahd.; *carpinus* lat. Name dieser Art; *betulus* lat. Name der Birke *(Betula)*

Merkmale: Bis 25 m hoch und bis 150 Jahre alt werdender Baum; Blätter 4 bis 12 cm lang, oval, mit deutlichen, parallelen Seitennerven, Blattrand spitz gezähnt; Blüten in 1 bis 6 cm langen, hängenden Blütenständen (Kätzchen); Früchte (Nüsse) mit dreiteiligem Flugblatt

Fortpflanzung: Blüte Mai; einhäusig; Windbestäubung; Wind- und Tierausbreitung (z. B. Grünfink, Kernbeißer)

Vorkommen: Waldbildend in wärmeren Regionen (Eichen-Hainbuchen-Wald); häufig in Form von Schnitthecken gepflanzt

Wissenswertes: Die unscheinbaren Einzelblüten bestehen aus 1 Vorblättchen und 4 bis 12 Staubblättern (männliche Blüten) bzw. aus 3 Vorblättchen, einer reduzierten Blütenhülle und dem Fruchtknoten (weibliche Blüten).
• Die Pollen sind sehr stark allergen (Heuschnupfen).
• Das schwere und dauerhafte Hartholz wird für Werkzeuge, Maschinenteile und Musikinstrumente (Klavierhämmer) verwendet und ist zudem ein hervorragendes Brennholz.

144 a Blattoberseite auffallend glänzend, Unterseite mit bräunlichen Haaren entlang des Mittelnervs ▶ *Prunus serotina*
b Blattoberseite kaum glänzend, Unterseite ohne bräunliche Haare **145**

145 a Blattstiel mit 1 bis 4 Nektardrüsen (kugelige Knötchen, < 1 mm) **146**
b Blattstiel ohne Nektardrüsen **147**

146 a Blattstiel 2 bis 4 cm lang; Blattunterseite grün ▶ *Prunus avium* (S. 35)
b Blattstiel höchstens 2 cm lang; Blattunterseite gräulich grün ▶ *Prunus padus*

147 a Blattstiel länger als 2 cm **148**
b Blattstiel höchstens 2 cm lang **149**

148 a Blattnerven auf der Blattunterseite deutlich spürbar hervortretend ▶ *Malus sylvestris*
b Blattnerven auf der Blattunterseite kaum hervortretend ▶ *Pyrus pyraster* (S. 58)

Prunus serotina Ehrh. Späte Trauben-Kirsche

Pflanzenfamilie: Rosaceae – Rosengewächse

Name: Kirsche: von lat. *cerasus* für Kirsche; *prunus* lat. Sammelbegriff für Steinobst; *serotina* lat. spät

Merkmale: Strauch oder bis 10 m hoch werdender Baum; Blätter 5 bis 10 cm lang, oval, derb, Blattoberseite glänzend, Blattrand fein gezähnt; Blüten bis 13 mm im Durchmesser, mit 5 weißen Blütenblättern, in traubenartigen Blütenständen; Früchte (Steinfrüchte) kugelig, 8 bis 10 mm groß, dunkelrot bis schwarz, glänzend

Fortpflanzung: Blüte Mai bis Juni; zwittrig; Insektenbestäubung; Tierausbreitung

Vorkommen: Gebüsche, lichte Wälder, Waldränder

Wissenswertes: Die ganze Pflanze und besonders Rinde und Samen sind giftig. Vergiftungssymptome sind u. a. verstärkte Atmung, Kopfschmerzen, Atem- und Herzstillstand.
• Stammt aus dem östlichen Nordamerika und wurde im 17. Jahrhundert nach Europa gebracht. Bildet in Wäldern dichte Bestände und behindert so das Aufkommen anderer Arten, die Waldverjüngung und auch die forstwirtschaftliche Nutzung. Bekämpfung: Blütenstände nach dem Verblühen abschneiden, kleine Pflanzen mit den Wurzeln ausreißen, größere ringeln, alle Pflanzenteile über die Kehrichtabfuhr entsorgen (nicht kompostieren!).

Prunus padus L. Trauben-Kirsche

Pflanzenfamilie: Rosaceae – Rosengewächse

Name: Kirsche: von lat. *cerasus* für Kirsche; *prunus* lat. Sammelbegriff für Steinobst; *padus* unklar

Merkmale: Strauch oder bis 15 m hoch und bis 80 Jahre alt werdender Baum; Blätter 5 bis 15 cm lang, oval, Blattrand fein gezähnt, Blattstiel mit 1 bis 4 Nektardrüsen (kugelige Knötchen, < 1 mm); Blüten bis 18 mm im Durchmesser, mit 5 weißen Blütenblättern, in traubenartigen Blütenständen; Früchte (Steinfrüchte) kugelig, 7 bis 8 mm groß, schwarz, glänzend

Fortpflanzung: Blüte April bis Juni; zwittrig; Insektenbestäubung; Tierausbreitung (z. B. Amsel, Hausrotschwanz, Kernbeißer, Mönchsgrasmücke, Star)

Vorkommen: Waldbildend auf feuchten Böden (Traubenkirschen-Eschen-Wald), sonst in Gebüschen und Auenwäldern

Wissenswertes: Bei den scheinbar von Christo verpackten Bäumen handelt es sich in Tat und Wahrheit um Traubenkirschen, die von der Traubenkirsch-Gespinstmotte *(Yponomeuta evonymella)* befallen sind. Hunderte von Raupen dieses kleinen Nachtfalters weben dichte Gespinste, sodass der Baum aussieht, als wäre er mit einer silbrig weißen Folie überzogen. Geschützt vor Vögeln können die gelben, schwarz gepunkteten Raupen in diesem Gespinst den Baum vollständig kahl fressen. • Die ganze Pflanze und besonders die Rinde und Samen sind giftig. Vergiftungssymptome sind u. a. verstärkte Atmung, Kopfschmerzen, Atem- und Herzstillstand. • Das leichte und elastische Weichholz hat nur geringe Bedeutung als Nutzholz und wird etwa für Kleinmöbel verwendet.

Malus sylvestris (L.) Mill. Wild- oder Holz-Apfel

Pflanzenfamilie: Rosaceae – Rosengewächse

Name: Apfel: ahd.; *malus* lat. Name dieser Art; *sylvestris* lat. wild wachsend

Merkmale: Bis 10 m hoch und bis 100 Jahre alt werdender Baum; Blätter 5 bis 9 cm lang, oval bis rundlich, Blattrand gezähnt; Blüten bis 40 mm im Durchmesser, mit 5 weißen bis rosafarbenen Blütenblättern; Früchte (Kernfrüchte, «Äpfel») kugelig, bis 4 cm groß, gelbrot

Fortpflanzung: Blüte Mai; zwittrig; Insektenbestäubung; Tierausbreitung (z. B. Amsel)

Vorkommen: Gebüsche und Wälder in warmen Lagen; Kultursorten gepflanzt und verwildert

Wissenswertes: Entgegen langjähriger Annahmen ist *Malus sylvestris* nicht die Stammform des Kulturapfelbaumes. Dieser ist ein direkter Abkömmling des Asiatischen Wildapfels *(Malus sieversii)* aus dem zentralasiatischen Tian-Shan-Gebirge. Dessen Früchte werden insbesondere von Bären gefressen, und die Samen keimen erst, nachdem sie den Darm eines Bären passiert haben. • Raupenfutterpflanze des Großen Fuchses *(Nymphalis polychloros)*. • Die Samen («Apfelkerne») enthalten Blausäure-Glykoside und sind giftig. Vergiftungssymptome sind u. a. typischer Bittermandelgeruch der ausgeatmeten Luft, Speichelfluss, Erbrechen, Kopfschmerzen, Schwindel, Atemstörungen und -lähmung. • Die Früchte der wilden Apfelbäume sind wegen des hohen Gerbstoffgehalts roh kaum essbar, können aber (evtl. zusammen mit anderen Wildfrüchten) zu Gelee, Marmelade oder Chutney verarbeitet werden. • Das harte Holz hat nur geringe Bedeutung als Nutzholz und wird etwa für Möbel verwendet.

149 a Größte Blattbreite im vorderen Teil des Blatts 150

b Größte Blattbreite ungefähr in der Mitte des Blatts ▶ *Salix caprea*

150 a Blätter 2 bis 6 cm lang; Ansatzstelle des Blattstiels am Zweig oft mit zwei kleinen Blättchen ▶ *Salix aurita*

b Größere Blätter bis 12 cm lang; Ansatzstelle des Blattstiels meist ohne Blättchen ▶ *Salix cinerea* (S. 60)

151 a Pflanze auf der Bodenoberfläche wachsend (oder an Bäumen, Mauern usw. kletternd) ▶ *Hedera helix* (S. 28)

b Pflanze strauch- oder baumförmig wachsend 152

152 a Zweige grün 153

b Zweige nicht grün 154

Pyrus pyraster Burgsd. Wild-Birne

Pflanzenfamilie: Rosaceae – Rosengewächse

Name: Birne: von *Pyrus*; *pyrus* lat. Name dieser Art; *pyraster* lat. birnenartig

Merkmale: Strauch oder bis 20 m hoch und bis 200 Jahre alt werdender Baum; Blätter 2 bis 8 cm lang, oval bis rundlich, Blattoberseite glänzend, Blattrand fein gezähnt oder glatt; Blüten bis 40 mm im Durchmesser, mit 5 weißen Blütenblättern; Früchte (Kernfrüchte, «Birnen») kugelig bis birnenförmig, bis 4 cm groß, gelblich

Fortpflanzung: Blüte April bis Mai; zwittrig; Insektenbestäubung; Tierausbreitung (z. B. Amsel)

Vorkommen: Gebüsche und Wälder in warmen Lagen; Kultursorten gepflanzt und verwildert

Wissenswertes: Wilde Stammform der kultivierten Birnbäume *(Pyrus communis)*. Die Kultursorten sind nicht dornig. • Raupenfutterpflanze des Großen Fuchses *(Nymphalis polychloros)*. • Die Früchte sind wegen des hohen Gerbstoffgehalts kaum essbar. • Das schwere und dauerhafte Hartholz wird insbesondere für Möbel und Musikinstrumente verwendet.

Salix caprea L. Sal-Weide

Pflanzenfamilie: Salicaceae – Weidengewächse

Name: Sal-Weide: ahd.; *salix* indogerm. Name dieser Art; *caprea* lat. Ziege

Merkmale: Strauch oder bis 10 m hoch und bis 60 Jahre alt werdender Baum; Blätter 3 bis 10 cm lang, oval bis rundlich, größte Blattbreite ungefähr in der Mitte des Blatts, Blattunterseite dicht graugrün behaart; Blüten in 2 bis 5 cm langen Blütenständen (Kätzchen), Blütezeit vor Blattentwicklung; Früchte (Kapseln) in Kätzchen, Samen mit weißen Haarbüscheln

Fortpflanzung: Blüte März bis April; zweihäusig; Insektenbestäubung; Windausbreitung

Vorkommen: Gebüsche, Waldlichtungen und -schläge, Schuttplätze

Wissenswertes: Zum Blütenbau der Weiden *(Salix)* ➤ Silber-Weide (S. 44). • Die Sal-Weide gehört zu den wichtigsten Raupenfutterpflanzen: Mehr als 110 verschiedene Schmetterlingsarten ernähren sich von ihr, unter ihnen der Große Schillerfalter *(Apatura iris)* und der Große Fuchs *(Nymphalis polychloros)* sowie der Trauermantel *(Nymphalis antiopa)* und der C-Falter *(Polygonia c-album)*. • Wichtige Bienenweide im Frühjahr. Nebst den Bienen schätzen aber etwa auch die Blaumeise oder der Zilpzalp das üppige Nektar- und Pollenangebot der Sal-Weide. • Geeignet zur Bodenverbesserung und -befestigung.

Salix aurita L. Ohr-Weide

Pflanzenfamilie: Salicaceae – Weidengewächse

Name: Weide: ahd.; *salix* indogerm. Name dieser Art; *aurita* lat. geöhrt (Blattstiel)

Merkmale: Bis 2 m hoher Strauch; Blätter 2 bis 6 cm lang, oval bis rundlich, größte Blattbreite im vorderen Teil des Blatts, Blattunterseite graugrün und dicht behaart, Blattrand grob und unregelmäßig gezähnt; Blüten in 1 bis 5 cm langen Blütenständen (Kätzchen); Blütezeit vor Blattentwicklung; Früchte (Kapseln) in Kätzchen, Samen mit weißen Haarbüscheln

Fortpflanzung: Blüte April bis Mai; zweihäusig; Insektenbestäubung; Windausbreitung

Vorkommen: Sümpfe, Moore, Feuchtwiesen, feuchte Waldränder

Wissenswertes: Zum Blütenbau der Weiden *(Salix)* ➤ Silber-Weide (S. 44)

153 a Blätter mindestens im unteren Teil der Pflanze mit 3 Teilblättern (kleeblattartig) ▶ *Cytisus scoparius* (S. 84)

b Alle Blätter einzeln, nicht mit 3 Teilblättern ▶ *Genista tinctoria*

154 a Blätter mindestens 3-mal so lang wie breit **155**▶

b Blätter höchstens 3-mal so lang wie breit **156**▶

155 a Blätter mindestens 10-mal so lang wie breit ▶ *Salix viminalis*

b Blätter höchstens 6-mal so lang wie breit ▶ *Daphne mezereum* (S. 33)

Salix cinerea L. Grau-Weide

Pflanzenfamilie: Salicaceae – Weidengewächse

Name: Weide: ahd.; *salix* indogerm. Name dieser Art; *cinerea* lat. aschgrau (junge Zweige)

Merkmale: Bis 6 m hoher Strauch; junge Zweige behaart; Blätter 4 bis 12 cm lang, oval, größte Blattbreite im vorderen Teil des Blatts, Blattunterseite besonders auf den Blattnerven behaart; Blüten in 3 bis 5 cm langen Blütenständen (Kätzchen); Blütezeit vor Blattentwicklung; Früchte (Kapseln) in Kätzchen, Samen mit weißen Haarbüscheln

Fortpflanzung: Blüte März bis April; zweihäusig; Insektenbestäubung; Windausbreitung

Vorkommen: In Gewässernähe, Moore, Gebüsche

Wissenswertes: Zum Blütenbau der Weiden *(Salix)* ➤ Silber-Weide (S. 44)

Genista tinctoria L. Färber-Ginster

Pflanzenfamilie: Fabaceae – Schmetterlingsblütler

Name: Ginster: von *Genista; genista* lat. Name dieser Art; *tinctoria* lat. eintauchen, färben

Merkmale: Bis 0,7 m hoher Strauch; Blätter 0,5 bis 5 cm lang, länglich bis oval; Blüten spiegelsymmetrisch, bis 15 mm lang, gelb, in länglichen Blütenständen am Ende der Zweige; Früchte (Hülsen) bohnenförmig, flach, bis 3 cm lang, schwarzbraun

Fortpflanzung: Blüte Mai bis Juni; zwittrig; Insektenbestäubung; Selbstausbreitung

Vorkommen: Magerweiden, lichte Wälder, Waldränder

Wissenswertes: Allgemeines zur Pflanzenfamilie der Schmetterlingsblütler ➤ S. 391. • Bei warmem Wetter springen die Hülsen auf und die darin enthaltenen Samen werden herausgeschleudert. • Die ganze Pflanze ist stark giftig. Vergiftungssymptome sind u. a. Erbrechen, Durchfall, Schwindel, Kopfschmerzen, Herzbeschwerden. • Zweige, Blätter und Blüten wurden früher wegen der gelben Farbstoffe zum Färben benutzt.

Salix viminalis L. Korb-Weide

Pflanzenfamilie: Salicaceae – Weidengewächse

Name: Weide: ahd.; *salix* indogerm. Name dieser Art; *viminalis* lat. rutenartig (Zweige)

Merkmale: Strauch oder bis 10 m hoher Baum; Blätter 6 bis 15 cm lang, schmal, Blattunterseite dicht silbrig weiß behaart, Blattrand nach unten gebogen; Blüten in 3 bis 10 cm langen Blütenständen (Kätzchen), Blütezeit vor Blattentwicklung; Früchte (Kapseln) in Kätzchen, Samen mit weißen Haarbüscheln

Fortpflanzung: Blüte März bis April; zweihäusig; Insektenbestäubung; Windausbreitung

Vorkommen: In Gewässernähe, Auenwälder; für Flechtmaterial gepflanzt

Wissenswertes: Zum Blütenbau der Weiden *(Salix)* ➤ Silber-Weide (S. 44). • Die zähen, biegsamen Äste werden zum Flechten und zum Aufbinden von Reben verwendet. • Durch das regelmäßige Schneiden der Zweige erhält das obere Stammende eine kugelige Form («Kopfweide»).

156 a Blätter höchstens 3 cm lang ▶ *Vaccinium vitis-idea*
b Größere Blätter meistens länger als 3 cm **157**

157 a Seitennerven bis zum Blattrand gerade und parallel verlaufend ▶ *Fagus sylvatica*
b Seitennerven wenigstens am Ende gebogen **158**

158 a Blattrand etwas nach unten gebogen ▶ *Prunus laurocerasus*
b Blattrand flach **159**

159 a Blattnerven auf der Blattunterseite deutlich spürbar hervortretend **160**
b Blattnerven auf der Blattunterseite kaum hervortretend **162**

160 a Blattunterseite behaart **161**
b Blattunterseite kaum oder nicht behaart ▶ *Frangula alnus* (S. 64)

161 a Größte Blattbreite im vorderen Teil des Blatts ▶ *Salix cinerea* (S. 60)
b Größte Blattbreite ungefähr in der Mitte des Blatts ▶ *Salix caprea* (S. 59)

Vaccinium vitis-idaea L. Preiselbeere

Pflanzenfamilie: Ericaceae – Heidekrautgewächse

Name: Preisel-: von slaw. Namen; *vaccinium* unklar; *vitis-* lat. Weinrebe; *-idaea* lat. Name der Himbeere *(Rubus idaeus)*

Merkmale: Kaum höher als 0,3 m werdender Zwergstrauch; Blätter 1 bis 3 cm lang, oval, derb, Blattoberseite glänzend, immergrün, Blattrand meist nach unten gebogen; Blüten bis 8 mm lang, glockenförmig, mit 4 Zipfeln, weiß bis rosa; Früchte (Beeren) kugelig, 5 bis 8 mm groß, rot

Fortpflanzung: Blüte Mai bis Juni; zwittrig; Insektenbestäubung; Tierausbreitung (z. B. Wacholderdrossel)

Vorkommen: Nur auf stark sauren Böden: Moore, Heiden, Nadelwälder

Wissenswertes: Getrocknete Blätter werden als Tee gegen Nierenbecken- und Blasenentzündungen getrunken und der Saft frischer Beeren wird zur Vorbeugung von Infekten der Harnwege und der Blase eingenommen. • Preiselbeermarmelade ist eine klassische Beilage zu Wildgerichten.

Fagus sylvatica L. Rot-Buche, Gewöhnliche Buche

Pflanzenfamilie: Fagaceae – Buchengewächse

Name: Buche: ahd.; *fagus* griech. essen (Früchte); *sylvatica* lat. Wald

Merkmale: Bis 40 m hoch und bis 400 Jahre alt werdender Baum; Rinde glatt und hellgrau; Blätter 4 bis 10 cm lang, oval, Blattrand oft wellig und behaart; männliche Blüten klein, in lang gestielten, hängenden Büscheln von 15 bis 20 mm Durchmesser, weibliche Blüten klein, immer 2 beisammen; jeweils 2 dreikantige Früchte (Nüsse,

«Bucheckern») befinden sich in einer vierteiligen Schale mit weichen Stacheln

Fortpflanzung: Blüte April bis Mai; einhäusig; Windbestäubung; Tierausbreitung (z.B. Buch- und Grünfink, Eichelhäher, Kernbeißer, Kleiber, Kohlmeise, Mittelspecht, Ringeltaube, Eichhörnchen, Dachs)

Vorkommen: Waldbildend in weiten Teilen Mitteleuropas (unterschiedliche Typen von Buchenwäldern); bildet die Waldgrenze im Jura

Wissenswertes: Die unscheinbaren Einzelblüten bestehen aus einer fünf- bis sechsteiligen Blütenhülle und 4 bis 15 Staubblättern (männliche Blüten) bzw. aus einer sechsteiligen Blütenhülle und dem Fruchtknoten (weibliche Blüten). • Bei den Blättern der sogenannten Blutbuchen wird das Blattgrün (Chlorophyll) vom hohen Gehalt an roten Farbstoffen (Anthocyane) überdeckt. • Die Pollen sind stark allergen (Heuschnupfen). • Aus gemahlenen Bucheckern lässt sich ein eiweißreiches Speiseöl pressen. • Das schwere, tragfähige Hartholz wird für Konstruktionen, Parkett, Treppen, Möbel, Furniere, Spiel- und andere Holzwaren sowie als Industrieholz (Zellstoff) verwendet; früher bestanden auch Eisenbahnschwellen daraus. Es ist zudem ein sehr gutes Brennholz.

Prunus laurocerasus L.
Kirschlorbeer, Pontische Lorbeer-Kirsche

Pflanzenfamilie: Rosaceae – Rosengewächse

Name: Kirsch-: von *cerasus*; -lorbeer: von *laurus*; *prunus* lat. Sammelbegriff für Steinobst; *lauro-* lat. Lorbeer; *-cerasus* lat. Kirsche

Merkmale: Bis 6 m hoher Strauch; Blätter 10 bis 15 cm lang, oval, lorbeerartig, derb, Blattoberseite glänzend, immergrün, Blattrand etwas nach unten gebogen; Blüten bis 6 mm im Durchmesser, mit 5 weißen Blütenblättern, in kerzenförmigen Blütenständen; Früchte (Steinfrüchte) kugelig, 4 bis 7 mm groß, schwarz, glänzend

Fortpflanzung: Blüte April bis Mai; zwittrig; Insektenbestäubung; Tierausbreitung

Vorkommen: Häufig gepflanzt und in Wäldern sowie an Waldrändern verwildert

Wissenswertes: Die ganze Pflanze und besonders Rinde und Samen sind giftig. Vergiftungssymptome sind u.a. verstärkte Atmung, Kopfschmerzen, Atem- und Herzstillstand. • Stammt aus Kleinasien. Bildet einen immergrünen Unterwuchs in Wäldern, verhindert damit das Aufkommen anderer Pflanzen und die Waldverjüngung. Bekämpfung: Blütenstände nach dem Verblühen abschneiden, kleine Pflanzen mit den Wurzeln ausreißen, größere ringeln, alle Pflanzenteile über die Kehrichtabfuhr entsorgen (nicht kompostieren!).

162 a Blattstiel höchstens 10 mm lang ▶ *Ilex aquifolium* (S. 43)
b Blattstiel meist länger als 10 mm ▶ *Pyrus pyraster* (S. 58)

163 a Blattrand mit spitzen oder stumpfen Zähnen **164**
b Blattrand nicht gezähnt, glatt **168**

164 a Blätter höchstens 2 cm breit ▶ *Salix purpurea* (S. 51)
b Größere Blätter breiter als 2 cm **165**

165 a Größere Blätter mindestens 15 cm lang ▶ ***Buddleja davidii***
b Größere Blätter kürzer als 15 cm **166**

166 a Blattoberseite deutlich behaart ▶ ***Viburnum lantana***
b Blattoberseite nicht behaart **167**

Frangula alnus Miller (Echter) Faulbaum

Pflanzenfamilie: Rhamnaceae – Kreuzdorngewächse

Name: *Frangula* lat. brechen (brüchiges Holz); *alnus* lat. Name der Erle *(Alnus)*

Merkmale: Bis 5 m hoher Strauch; Blätter 2 bis 7 cm lang, oval bis rundlich; Blüten ca. 6 mm im Durchmesser, mit 5 gelbgrünen Kronblättern; Früchte (Steinfrüchte) kugelig, 8 mm groß, zuerst rot, dann schwarz, glänzend

Fortpflanzung: Blüte Mai bis Juni; zwittrig; Insektenbestäubung; Tierausbreitung (z. B. Amsel, Sing- und Wacholderdrossel, Mönchsgrasmücke)

Vorkommen: Moore, Gebüsche, lichte Wälder auf feuchten Böden, Auenwälder, Waldränder

Wissenswertes: Raupenfutterpflanze von Zitronenfalter *(Gonepteryx rhamni)* und Faulbaum-Bläuling *(Celastrina argiolus)*. • Früchte, Blätter und Rinde sind giftig. Vergiftungssymptome sind u. a. Übelkeit, Erbrechen, Durchfall, Leibschmerzen. • Präparate aus der getrockneten Rinde werden als Abführmittel verwendet.

Buddleja davidii L. (Gewöhnlicher) Sommerflieder

Pflanzenfamilie: Scrophulariaceae – Braunwurzgewächse

Name: *Buddleja* nach Adam Buddle, engl. Botaniker (1660–1715); *davidii* nach Armand David, franz. Botaniker (1826–1900)

Merkmale: Bis 3 m hoher Strauch; Blätter gegenständig, 15 bis 25 cm lang, länglich bis oval, Blattunterseite dicht grau behaart, Blattrand gezähnt; Blüten bis 5 mm im Durchmesser, mit 4 violetten Blütenblättern, duftend, in dichten, länglichen Blütenständen; Früchte (Kapseln) rotbraun, bis 10 mm lang

Fortpflanzung: Blüte Juli bis August; zwittrig; Insektenbestäubung (Schmetterlinge); Windausbreitung

Vorkommen: Gepflanzt und oft verwildert: Bachbette, Ufer, Waldschläge, Schuttplätze

Wissenswertes: Stammt aus China. Der Strauch bildet insbesondere auf steinigen Flächen im Uferbereich von Gewässern hohe und dichte Gebüsche, die das Aufkommen anderer Pflanzenarten verhindern. Obwohl die Blüten eine reichhaltige Nektarquelle für Insekten und insbesondere Schmetterlinge darstellen, hat der Sommerflieder keine positive Wirkung auf die Artenvielfalt und das Vorkommen von Schmetterlingen, da von ihm nur ohnehin häufige Arten profitieren und er nicht als Futterpflanze für Schmetterlingsraupen dient. Bekämpfung: Blütenstände nach dem Verblühen abschneiden, kleine Pflanzen mit den Wurzeln ausreißen, größere vollständig ausgraben, alle Pflanzenteile über die Kehrichtabfuhr entsorgen (nicht kompostieren!).

Viburnum lantana L. Wolliger Schneeball

Pflanzenfamilie: Adoxaceae – Bisamkraut- oder Moschuskrautgewächse

Name: *Viburnum* indogerm./lat. biegsames Holz; *lantana* lat. biegsam (Zweige), auch langsam

Merkmale: Bis 5 m hoher Strauch; Blätter gegenständig, 4 bis 12 cm lang, oval, Blattunterseite dicht, -oberseite locker behaart, Blattrand gezähnt; Blüten ca. 7 mm im Durchmesser, mit 5 weißen Zipfeln, in schirmförmigen Blütenständen; Früchte (Steinfrüchte) 7 bis 9 mm lang, zuerst leuchtend rot, dann schwarz

Fortpflanzung: Blüte Mai; zwittrig; Insektenbestäubung; Tierausbreitung (z. B. Amsel, Mistel-, Sing- und Wacholderdrossel, Rotkehlchen)

Vorkommen: Gebüsche, Hecken, lichte Wälder, Waldränder

Wissenswertes: Blätter, Rinde und möglicherweise die Früchte sind giftig. Vergiftungssymptome sind u. a. Übelkeit, Erbrechen, Durchfall, Atemnot, Herzrhythmusstörungen, Krämpfe. • Die Äste werden für die Herstellung von Pfeilbogen verwendet. Auch die 1991 entdeckte, gut 5000 Jahre alte Gletschermumie vom Hauslabjoch (Ötzi) trug 14 Pfeile aus Holz des Wolligen Schneeballs bei sich.

167 a Blattstiel höchstens 10 mm lang ▶ *Euonymus europaeus*
b Blattstiel länger als 10 mm ▶ *Rhamnus cathartica*

168 a Blätter etwa 3-mal so lang wie breit ▶ *Ligustrum vulgare*
b Blätter höchstens 2,5-mal so lang wie breit 169

Euonymus europaeus L.
Europäisches Pfaffenhütchen

Pflanzenfamilie: Celastraceae – Spindelstrauchgewächse

Name: *Euonymus* griech. guter Ruf; *europaeus* lat. europäisch

Merkmale: Bis 6 m hoher Strauch; jüngere Zweige grün und vierkantig; Blätter gegenständig, 3 bis 8 cm lang, oval, Blattrand sehr fein gezähnt; Blüten bis 10 mm im Durchmesser, mit 4 grünlich weißen Blütenblättern; Früchte (Kapseln) vierteilig, rot, mit 4 orangefarbenen Samen

Fortpflanzung: Blüte Mai bis Juni; zwittrig; Insektenbestäubung (Fliegen); Tierausbreitung (z. B. Amsel, Rotkehlchen)

Vorkommen: Gebüsche, Hecken, Wälder, Waldränder

Wissenswertes: Auf die jungen Blätter haben es die Raupen der Pfaffenhütchen-Gespinstmotte *(Yponomeuta cagnagella)* abgesehen, die einen Strauch im Frühling meist gleich kahl fressen. Die Raupen überziehen dabei den Strauch mit einem Fadengewirr, wodurch sie vor dem Gefressenwerden durch Vögel geschützt sind. • Alle Pflanzenteile und besonders die Früchte sind stark giftig. Vergiftungssymptome sind u. a. Übelkeit, Durchfall, Krämpfe, Lähmungen, Herzrhythmusstörungen. Für Erwachsene gelten 30 bis 40 Früchte als tödlich, für Kinder entsprechend weniger. • Der deutsche Name bezieht sich auf die Form der Früchte.

Rhamnus cathartica L. Gewöhnlicher Kreuzdorn, Purgier-Kreuzdorn

Pflanzenfamilie: Rhamnaceae – Kreuzdorngewächse

Name: *Rhamnus* griech. Name dieser Art; *cathartica* griech. reinigend, abführend

Merkmale: Bis 3 m hoher Strauch; Zweigende oft dornenartig spitz; Blätter ± gegenständig, 4 bis 8 cm lang, oval bis rundlich, Blattrand fein gezähnt; Blüten ca. 8 mm im Durchmesser, mit 4 oder 5 gelbgrünen Blütenblättern; Früchte (Steinfrüchte) kugelig, 6 bis 8 mm groß, schwarz, glänzend

Fortpflanzung: Blüte Mai; zweihäusig; Insektenbestäubung; Tierausbreitung (z. B. Amsel, Sing- und Wacholderdrossel)

Vorkommen: Moore, Hecken, Waldränder

Wissenswertes: Raupenfutterpflanze des Zitronenfalters *(Gonepteryx rhamni)* sowie von Brombeer- *(Callophrys rubi)* und Kreuzdorn-Zipfelfalter *(Satyrium spini)*. • Die unreifen Früchte und die Rinde sind giftig. Vergiftungssymptome sind u. a. Übelkeit, Erbrechen, Durchfall. • Frische oder getrocknete reife Früchte werden bei Verstopfung gekaut.

Ligustrum vulgare L. (Gewöhnlicher) Liguster

Pflanzenfamilie: Oleaceae – Ölbaumgewächse

Name: Liguster: von *Ligustrum*; *ligustrum* lat. binden; *vulgare* lat. gewöhnlich

Merkmale: Bis 5 m hoher Strauch; Blätter gegenständig, 2 bis 7 cm lang, länglich, derb, oft erst im Frühling abfallend; Blüten 6 bis 9 mm im Durchmesser, mit 4 weißen Blütenblättern, duftend, in kegelförmigen Blütenständen; Früchte (Beeren) kugelig, 5 bis 10 mm groß, schwarz

Fortpflanzung: Blüte Mai bis Juli; zwittrig; Insektenbestäubung; Tierausbreitung (z. B. Amsel, Grünfink, Rotkehlchen, Mönchsgrasmücke)

Vorkommen: Gebüsche, Hecken, lichte Wälder, Waldränder

Wissenswertes: Der Eschenwickler *(Pseudargyrotoza conwagana)* legt seine Eier unter anderem in die Samen des Ligusters ab, wo die Raupe sich vom Samengewebe ernährt. Die Brackwespe *Bracon otiosus* legt ihrerseits ihr Ei in die Eschenwicklerraupe, worauf sich die Larve der Brackwespe von der Raupe ernährt. Wenn ein Vogel eine solcherart befallene Frucht verspeist und später den Samen wieder ausscheidet, ist es möglich, dass aus dem Samen voll entwickelte Brackwespen schlüpfen. Somit helfen die Vögel sowohl der Ausbreitung der Pflanze selber wie auch der Ausbreitung des Feindes des Liguster-Schädlings. • Früchte, Blätter und Rinde sind giftig. Vergiftungssymptome sind u. a. Übelkeit, Erbrechen, Durchfall, Benommenheit, Kopfschmerzen. • Häufig als Gartenhecke gepflanzt.

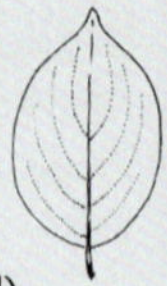

169 a Blätter mit auffällig stark gebogenen Seitennerven; Blatt kaum behaart
▶ *Cornus sanguinea* ....

b Seitennerven nur leicht gebogen; Blatt deutlich behaart ▶ *Lonicera xylosteum*

170 a Pflanze auf der Bodenoberfläche wachsend (oder an Bäumen, Mauern usw. kletternd)
▶ *Hedera helix* (S. 28)

b Pflanze strauch- oder baumförmig wachsend 171▶

171 a Zweige mit Dornen oder Stacheln 172▶

b Zweige ohne Dornen oder Stacheln 174▶

172 a Blätter deutlich behaart ▶ *Ribes uva-crispa*

b Blätter nicht behaart 173▶

Cornus sanguinea L.
Roter oder Blutroter Hartriegel

Pflanzenfamilie: Cornaceae – Hornstrauch- oder Hartriegelgewächse

Name: *Cornus* lat. Horn (Holz); *sanguinea* lat. blutrot (Zweige)

Merkmale: Bis 4 m hoher Strauch; jüngere Zweige oft rot; Blätter gegenständig, 4 bis 8 cm lang, oval bis eiförmig, mit auffällig stark gebogenen Seitennerven; Blüten bis 9 mm im Durchmesser, mit 4 weißen Blütenblättern, in schirmförmigen Blütenständen; Früchte (Steinfrüchte) kugelig, 6 bis 8 mm groß, blauschwarz

Fortpflanzung: Blüte Mai; zwittrig; Insektenbestäubung; Tierausbreitung (z. B. Amsel, Mönchsgrasmücke, Rotkehlchen, Star)

Vorkommen: Gebüsche, Hecken, Laubwälder, Waldränder

Wissenswertes: Raupenfutterpflanze des Faulbaum-Bläulings *(Celastrina argiolus)*. • Die Vitamin-C-reichen Früchte können zu Marmelade gekocht werden. • Das harte Holz wurde früher für Drechslerwaren verwendet.

Lonicera xylosteum L. Rote Heckenkirsche

Pflanzenfamilie: Caprifoliaceae – Geißblattgewächse

Name: *Lonicera* nach Adam Lonitzer, dt. Botaniker (1528–1586); *xylo-* griech. Holz; *-steum* griech. Knochen

Merkmale: Bis 2 m hoher Strauch; Blätter gegenständig, 2 bis 6 cm lang, oval, auf beiden Seiten weich behaart; Blüten spiegelsymmetrisch, bis 15 mm lang, weißlich bis hellgelb, oberer Teil der Blüte (Oberlippe) in 4 Zipfel eingeschnitten, Unterlippe nicht eingeschnitten, jeweils 2 Blüten auf einem gemeinsamen Stiel; Früchte (Beeren) kugelig, rot, jeweils 2 teilweise miteinander verwachsene Früchte auf einem gemeinsamen Stiel

Fortpflanzung: Blüte April bis Mai; zwittrig; Insektenbestäubung; Tierausbreitung (z. B. Mönchsgrasmücke)

Vorkommen: Gebüsche, Hecken, Laubwälder, Waldränder

Wissenswertes: Bei den oft anzutreffenden hellen Linien in den Blättern handelt es sich um die Fraßgänge (Minen) der Larven der Minierfliege *(Phytomyza luteoscutellata)* oder der Raupen der Zwergminiermotte *(Stigmella loniceranum)*. • Raupenfutterpflanze des Kleinen Eisvogels *(Limenitis camilla)*. • Die Früchte sind giftig. Vergiftungssymptome sind u. a. Übelkeit, Erbrechen, Durchfall, Erregung, Herzrhythmus- und Atemstörungen.

Ribes uva-crispa L. Stachelbeere

Pflanzenfamilie: Grossulariaceae – Stachelbeer- oder Johannisbeergewächse

Name: *Ribes* unklar; *uva-* lat. Weintraube; *-crispa* lat. kraus

Merkmale: Bis 1,5 m hoher Strauch; Blätter bis 3 cm im Durchmesser, mit 3 bis 5 Lappen, behaart, Blattrand grob und stumpf gezähnt; Blüten bis 15 mm im Durchmesser, mit 5 weißlichen oder rötlichen Blütenblättern; Früchte (Beeren) bis 20 mm groß, grünlich bis rötlich, glatt oder borstig

Fortpflanzung: Blüte April; zwittrig; Insektenbestäubung; Tierausbreitung (z. B. Amsel, Hausrotschwanz, Mönchsgrasmücke)

Vorkommen: Gebüsche, Hecken, Wälder, Waldränder; häufig gepflanzt und verwildert

Wissenswertes: Raupenfutterpflanze des C-Falters *(Polygonia c-album)*. • Die Früchte können zu Kompott, Gelee, Saft oder Wein verarbeitet werden.

173 a Blätter fast bis auf den Mittelnerv eingeschnitten ▶ *Crataegus monogyna*
b Blätter höchstens bis zur Mitte der Blatthälfte eingeschnitten ▶ *Crataegus laevigata*

Crataegus monogyna Jacq.
Eingriffliger Weißdorn

Pflanzenfamilie: Rosaceae – Rosengewächse

Name: *Crataegus* griech. hart, stark; *mono-* lat. ein; *-gyna* lat. Griffel

Merkmale: Bis 8 m hoch und 300 Jahre alt werdender Strauch; Blätter 2 bis 6 cm lang, tief in 3 bis 7 Abschnitte unterteilt, Blattrand gezähnt; Blüten bis 12 mm im Durchmesser, mit 5 weißen Blütenblättern, meist 1 Griffel; Früchte (Kernfrüchte) kugelig, 5 bis 8 mm groß, rot

Fortpflanzung: Blüte Mai bis Juni; zwittrig; Insektenbestäubung; Tierausbreitung (z. B. Amsel, Mistel- und Wacholderdrossel, Hausrotschwanz, Mönchsgrasmücke, Star)

Vorkommen: Gebüsche, Hecken, Waldlichtungen, Waldränder

Wissenswertes: Raupenfutterpflanze des Baum-Weißlings *(Aporia crataegi)*. • Präparate aus getrockneten Blättern und Blüten werden bei Herzproblemen angewendet oder als Tinktur bei Herzrhythmusstörungen. • Die Früchte werden zum Aromatisieren von Joghurts verwendet.

Crataegus laevigata (Poiret) DC.
Zweigriffliger Weißdorn

Pflanzenfamilie: Rosaceae – Rosengewächse

Name: *Crataegus* griech. hart, stark; *laevigata* lat. glatt

Merkmale: Bis 8 m hoher Strauch; Blätter 2 bis 5 cm lang, mit 3 oder 5 Lappen, Blattrand gezähnt; Blüten bis 16 mm im Durchmesser, mit 5 weißen Blütenblättern, meist 2 Griffel; Früchte (Kernfrüchte) kugelig, 5 bis 8 mm groß, rot

Fortpflanzung: Blüte Mai; zwittrig; Insektenbestäubung; Tierausbreitung (z. B. Amsel, Mistel- und Wacholderdrossel, Hausrotschwanz, Mönchsgrasmücke, Star)

Vorkommen: Gebüsche, Hecken, Waldlichtungen, Waldränder

Wissenswertes: Raupenfutterpflanze des Baum-Weißlings *(Aporia crataegi)*. • Präparate aus getrockneten Blättern und Blüten werden bei Herzproblemen angewendet oder als Tinktur bei Herzrhythmusstörungen.

174 a Blattunterseite hellgrau bis weiß ▶ *Populus alba*

b Blattunterseite grün(lich) 175▶

Populus alba L. Silber-Pappel

Pflanzenfamilie: Salicaceae – Weidengewächse

Name: Pappel: von *Populus; populus* lat. Name dieser Art; *alba* lat. weiß (Blätter)

Merkmale: Bis 35 m hoch und bis 400 Jahre alt werdender Baum; Blätter 4 bis 12 cm lang, meist mit 3 bis 5 Lappen, Blattunterseite dicht hellgrau bis weiß behaart, Blattrand unregelmäßig stumpf gezähnt; Blüten in 5 bis 10 cm langen hängenden Blütenständen (Kätzchen), Blütezeit vor Blattentwicklung; Früchte (Kapseln) in Kätzchen, Samen mit weißen Haarbüscheln

Fortpflanzung: Blüte März bis April; zweihäusig; Windbestäubung; Windausbreitung

Vorkommen: In Gewässernähe, Auenwälder

Wissenswertes: Zum Blütenbau der Pappeln *(Populus)* ➤ Zitter-Pappel (S. 46). • Das sehr leichte Weichholz findet als Industrieholz (Sperrholz, Faserplatten, Papier, Holzwolle) Verwendung.

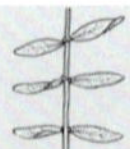
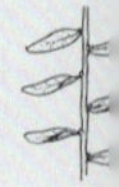

175 a Blätter gegenständig, d. h., sie stehen sich am Zweig auf gleicher Höhe gegenüber **176** ....

b Blätter wechselständig, d. h., sie stehen sich nicht gegenüber ▶ ***Platanus × hispanica*** ......

176 a Enden der Blattabschnitte (Lappen) in lange Spitzen ausgezogen ▶ ***Acer platanoides***

b Enden der Blattabschnitte (Lappen) nicht in lange Spitzen ausgezogen **177**

177 a Ränder der Blattabschnitte ± regelmäßig gezähnt **178**

b Ränder der Blattabschnitte ohne oder nur mit einzelnen Zähnen ▶ ***Acer campestre***

Platanus × hispanica Miller ex Münchh. Bastard-Platane, Gewöhnliche Platane

Pflanzenfamilie: Platanaceae – Platanengewächse

Name: Platane; von *Platanus; platanus* griech. groß, flach; *hispanica* lat. spanisch

Merkmale: Bis 35 m hoch und bis 600 Jahre alt werdender Baum; Rinde abblätternd und dadurch auffällig gefleckt; Blätter wechselständig, bis 25 cm breit, mit 3 oder 5 Lappen, Blattrand mit wenigen Zähnen; Blüten in lang gestielten, kugeligen Blütenständen, männliche gelblich, weibliche rot; Früchte (Nüsse) in lang gestielten, kugeligen Fruchtständen

Fortpflanzung: Blüte Mai; einhäusig; Windbestäubung; Windausbreitung

Vorkommen: Nur gepflanzt

Wissenswertes Die unscheinbaren Einzelblüten bestehen aus einer doppelten, meist vierteiligen Blütenhülle und meist 4 Staubblättern (männliche Blüten) bzw. haben keine Blütenhülle und bestehen aus 5 bis 9 Fruchtknoten (weibliche Blüten). • Kreuzung zwischen der Asiatischen und der Amerikanischen Platane *(P. × hispanica = P. orientalis × P. occidentalis)*. • Vorzeitig abfallende, verschrumpelte Blätter sind auf die Tätigkeit der Platanennetzwanze *(Corythucha ciliata)* zurückzuführen, die den Inhalt der Blattzellen heraussaugt. • Die Pollen sind stark allergen (Heuschnupfen). • Das elastische Hartholz wird etwa für Furniere und Drechslerwaren verwendet.

Acer platanoides L. Spitz-Ahorn

Pflanzenfamilie: Sapindaceae – Seifenbaumgewächse

Name: Ahorn: ahd.; *acer* lat. spitz, scharf; *platan-* Platane; *-oides* griech. artig

Merkmale: Bis 30 m hoch und bis 200 Jahre alt werdender Baum; Blätter gegenständig, 8 bis 20 cm im Durchmesser, mit 3 bis 7 Lappen, Lappenende lang zugespitzt, Buchten zwischen den Lappen rund, Blattrand mit wenigen, lang zugespitzten Zähnen; Blüten ca. 10 mm im Durchmesser, mit 5 gelbgrünen Blütenblättern, in dichten Blütenständen, Blütezeit vor Blattentwicklung; jeweils 2 zusammengewachsene Früchte (Nüsse) mit je einem Flugblatt, Winkel zwischen den Flugblättern über 90 Grad

Fortpflanzung: Blüte April; zwittrig und einhäusig;- Insektenbestäubung (Bienen); Wind- und Tierausbreitung (z. B. Kleiber, Kernbeißer)

Vorkommen: Laubwälder auf eher feuchten Böden

Wissenswertes: Das elastische, mittelschwere Hartholz wird im Innenausbau sowie für Möbel, Musikinstrumente, Küchengeräte und Drechslerwaren verwendet.

Acer campestre L. Feld-Ahorn

Pflanzenfamilie: Sapindaceae – Seifenbaumgewächse

Name: Ahorn: ahd.; *acer* lat. spitz, scharf; *campestre* lat. Feld

Merkmale: Bis 20 m hoch und bis 150 Jahre alt werdender Baum; Blätter gegenständig, 3 bis 10 cm im Durchmesser, mit 3 oder 5 Lappen; Blüten ca. 7 mm im Durchmesser, mit 5 hellgrünen Blütenblättern; jeweils 2 zusammengewachsene Früchte (Nüsse) mit je einem Flugblatt, Winkel zwischen den Flugblättern fast 180 Grad

Fortpflanzung: Blüte Mai; zwittrig und einhäusig; Insektenbestäubung; Wind- und Tierausbreitung (z. B. Kleiber, Kernbeißer)

Vorkommen: Gebüsche, Hecken, Wälder, Waldränder

Wissenswertes: Das harte Holz hat nur geringe Bedeutung als Nutzholz und wird etwa für Drechslerwaren verwendet.

178 a Blattstiel meist länger als 3 cm; größere Blätter bis 20 cm lang
▶ ***Acer pseudoplatanus***

b Blattstiel höchstens 3 cm lang; größere Blätter höchstens 12 cm lang
▶ ***Viburnum opulus***

179 a Rand der Teilblätter regelmäßig gezähnt **180**

b Rand der Teilblätter ohne Zähne oder höchstens mit einzelnen Zähnen **195** (S. 84)

180 a Blätter gegenständig, d. h., sie stehen sich am Zweig auf gleicher Höhe gegenüber **181** ....

b Blätter wechselständig, d. h., sie stehen sich nicht gegenüber **184** ....

Acer pseudoplatanus L. Berg-Ahorn

Pflanzenfamilie: Sapindaceae – Seifenbaumgewächse

Name: Ahorn: ahd.; *acer* lat. spitz, scharf; *pseudo-* griech. falsch; *-platanus* Platane

Merkmale: Bis 30 m hoch und bis 600 Jahre alt werdender Baum; Blätter gegenständig, 8 bis 20 cm im Durchmesser, mit 3 oder 5 Lappen, Buchten zwischen den Lappen spitz, Blattrand grob gezähnt, Blattstiel meist länger als 3 cm; Blüten bis 8 mm im Durchmesser, mit 5 gelbgrünen Blütenblättern, in hängenden Blütenständen; jeweils 2 zusammengewachsene Früchte (Nüsse) mit je einem Flugblatt, Winkel zwischen den Flugblättern kleiner als 90 Grad

Fortpflanzung: Blüte April bis Mai; zwittrig und einhäusig; Insektenbestäubung (Bienen); Wind- und Tierausbreitung (z. B. Kernbeißer)

Vorkommen: Waldbildend auf feuchten Böden: Ahorn-Eschenwald, Hartholzauenwälder (Eschen-Ulmen-Auenwald), Hangwälder (Ahorn-Schluchtwald)

Wissenswertes: Die Ahorngallwespe *(Pediaspis aceris)* verursacht auf den Blättern die Bildung von roten, kugeligen, etwa 8 mm großen Gallen. Darin entwickelt sich die Larve der Gallwespe. Von dieser Galle profitiert die Erzwespe *Dichatomus acerinus*, die ihrerseits ihre Eier in sie legt. Darauf bilden sich Kammern für jede Erzwespenlarve, was äußerlich an der veränderten Form der Galle erkennbar ist. Für die Larve der Ahorngallwespe ist dies fatal: Sie wird durch die Wucherung des Gewebes erdrückt. • Schwarz glänzende Flecke auf den Blättern stammen von einem Pilz, dem Ahorn-Runzelschorf *(Rhytisma acerinum)*. • Der Saft der Leitgewebe ist besonders im Frühjahr reich an Zucker und wurde früher zur Zuckergewinnung angezapft. • Das mittelschwere und dauerhafte Hartholz wird im Innenausbau (Parkett) sowie für Möbel (Tischplatten), Musikinstrumente, Küchengeräte und Drechslerwaren verwendet.

181 a Blätter mit 7 bis 15 Teilblättern ▶ *Fraxinus excelsior* (S. 76)
b Blätter mit höchstens 7 Teilblättern **182**

182 a Pflanze auf der Bodenoberfläche wachsend (oder lianenartig kletternd) ▶ *Clematis vitalba* (S. 31)
b Pflanze strauch- oder baumförmig wachsend **183**

Viburnum opulus L. Gewöhnlicher Schneeball

Pflanzenfamilie: Adoxaceae – Bisamkraut- oder Moschuskrautgewächse

Name: *Viburnum* indogerm./lat. biegsames Holz; *opulus* nach dem lat. Namen des Schneeballblättrigen Ahorns *(Acer opalus)* mit ähnlichen Blättern

Merkmale: Bis 4 m hoher Strauch; Blätter gegenständig, 3 bis 12 cm im Durchmesser, mit meist 3 Lappen, Blattrand grob gezähnt, Blattstiel meist kürzer als 3 cm; Blüten ca. 7 mm im Durchmesser, mit 5 weißen Zipfeln, in schirmförmigen Blütenständen, Blüten am Rand der Blütenstände deutlich größer (bis 25 mm im Durchmesser) als diejenigen in der Mitte; Früchte (Steinfrüchte) kugelig, 8 bis 10 mm groß, leuchtend rot, glänzend

Fortpflanzung: Blüte Mai bis Juni; zwittrig; Insektenbestäubung; Tierausbreitung (z. B. Amsel, Mistel-, Sing- und Wacholderdrossel, Rotkehlchen)

Vorkommen: Gebüsche, Auenwälder, Waldränder

Wissenswertes: Bei den oft anzutreffenden durchlöcherten Blättern handelt es sich um die Fraßspuren der Larven des Schneeballblattkäfers *(Pyrrhalta viburni)*. • Blätter, Rinde und möglicherweise die Früchte sind giftig. Vergiftungssymptome sind u. a. Übelkeit, Erbrechen, Durchfall, Atemnot, Herzrhythmusstörungen, Krämpfe.

183 a Blattoberseite dunkelgrün, -unterseite blaugrün; Blüten gelblich weiß, reife Früchte schwarz ▶ *Sambucus nigra*

b Beide Blattseiten hellgrün; Blüten grünlich gelb, reife Früchte rot ▶ *Sambucus racemosa*

Fraxinus excelsior L. Gewöhnliche Esche

Pflanzenfamilie: Oleaceae – Ölbaumgewächse

Name: Esche: ahd.; *fraxinus* lat. Name dieser Art; *excelsior* lat. höher, erhabener

Merkmale: Bis 40 m und bis 300 Jahre alt werdender Baum; auffällig schwarze Blattknospen; Blätter gegenständig, 20 bis 40 cm lang, mit 7 bis 15 Teilblättern, Rand der Teilblätter gezähnt; Blüten klein, grün und violett, in Büscheln, Blütezeit vor Blattentwicklung; Früchte (Nüsse) mit bis 4 cm langem Flugblatt, in dichten, hängenden Büscheln

Fortpflanzung: Blüte April bis Mai; zwittrig, ein- oder zweihäusig; Windbestäubung; Wind- und Tierausbreitung (z. B. Kernbeißer, Mönchsgrasmücke)

Vorkommen: Waldbildend auf feuchten Böden («Wassereschen»): Eschen-Mischwald, Ahorn-Eschenwald, Eschen-Ulmen-Auenwald (Hartholzauenwald), Bach-Eschenwald (entlang kleiner Wasserläufe); seltener auf steinigen und trockenen Kalkböden («Kalkeschen»)

Wissenswertes: Die unscheinbaren Einzelblüten haben keine Blütenhülle und bestehen aus 2 Staubblättern und dem Fruchtknoten. • Büschel verschrumpelter Blätter sind die Nester der Eschenzweigläuse *(Prociphilus bumeliae)* oder der Eschenblattnestläuse *(Prociphilus fraxini)*. • Die Eschengallmilbe *(Aceria fraxinivora)* verursacht bräunliche Wucherungen in den Blüten- und Fruchtbüscheln. • Seit zwei Jahrzehnten tritt in Mitteleuropa vermehrt die von einem Schlauchpilz *(Hymenoscyphus pseudoalbidus)* hervorgerufene Eschenwelke auf, von der insbesondere junge Bäume betroffen sind. Die Rinde der befallenen Zweige stirbt ab und verfärbt sich oft orangebraun, die Blätter oberhalb der Infektionsstelle sterben ebenfalls ab, verfärben sich braunschwarz und verbleiben oft bis im Spätherbst an den Zweigen. • Die Pollen sind stark allergen (Heuschnupfen). • Getrocknete Blätter werden als Tee bei Nieren- und Blasenerkrankungen, Wasserstauungen und Rheuma getrunken. • Eschenlaub ist ein gutes Viehfutter. • Eschen eignen sich für die Ufer- und Hangstabilisierung. • Das elastische und zugfeste Hartholz wird für Parkett, Möbel, Furniere, Sportgeräte (früher Skier und Schlitten), Werkzeugstiele sowie im Wagenbau verwendet.

184 a Zweige mit Stacheln oder Dornen **185**
b Zweige ohne Stacheln oder Dornen **194** (S. 82)

185 a Blattunterseite hellgrau bis weiß oder silbrig **186**
b Blattunterseite grün(lich) **187**

Sambucus nigra L. Schwarzer Holunder

Pflanzenfamilie: Adoxaceae – Bisamkraut- oder Moschuskrautgewächse

Name: Holunder: ahd.; *sambucus* unklar; *nigra* lat. schwarz (Früchte)

Merkmale: Strauch oder bis 10 m hoch und bis 100 Jahre alt werdender Baum; Blätter gegenständig, mit meist 5 Teilblättern, Oberseite dunkelgrün, Unterseite blaugrün, Rand der Teilblätter gezähnt; Blüten ca. 7 mm im Durchmesser, gelblich weiß, mit 5 Zipfeln, duftend, in einem schirmförmigen Blütenstand; Früchte (Steinfrüchte) kugelig, 5 bis 7 mm groß, schwarz, glänzend, an roten Stielen

Fortpflanzung: Blüte Mai bis Juni; zwittrig; Insektenbestäubung; Tierausbreitung (z. B. Amsel, Mistel-, Rot- und Singdrossel, Garten- und Hausrotschwanz, Ringeltaube, Rotkehlchen, Mönchsgrasmücke, Star, Sumpfmeise)

Vorkommen: Gebüsche, Hecken, Wälder, Waldränder; oft gepflanzt

Wissenswertes: Der Aufguss von getrockneten Blüten wird bei Fieber und Grippe getrunken, die Konfitüre der Früchte dient als Abführmittel. • Die Blüten können zu Sirup verarbeitet, frittiert oder Desserts beigemischt werden; aus den Früchten kann Sirup oder Konfitüre hergestellt werden.

Sambucus racemosa L. Roter Holunder

Pflanzenfamilie: Adoxaceae – Bisamkraut- oder Moschuskrautgewächse

Name: Holunder: ahd.; *sambucus* unklar; *racemosa* lat. traubig (Blütenstand)

Merkmale: Bis 4 m hoher Strauch; Blätter gegenständig, mit 3 bis 7 Teilblättern, beide Blattseiten hellgrün, Rand der Teilblätter gezähnt; Blüten ca. 5 mm im Durchmesser, grünlich gelb, mit 5 Zipfeln, duftend, in kegelförmigen Blütenständen; Früchte (Steinfrüchte) kugelig, 4 bis 5 mm groß, rot, glänzend

Fortpflanzung: Blüte April bis Mai; zwittrig; Insektenbestäubung; Tierausbreitung (z. B. Amsel, Misteldrossel, Garten- und Hausrotschwanz, Ringeltaube, Rotkehlchen, Mönchsgrasmücke, Star, Sumpfmeise)

Vorkommen: Gebüsche, Hecken, Wälder, Waldlichtungen, Waldränder

Wissenswertes: Die Blüten können zu Sirup verarbeitet, frittiert oder Desserts beigemischt werden; aus den Früchten kann Sirup oder Konfitüre hergestellt werden.

186 a Unterer Teil der Stacheln rot ▶ ***Rubus armeniacus***
b Unterer Teil der Stacheln nicht rot ▶ ***Rubus idaeus***

187 a Größere Teilblätter meist breiter als 3 cm; Blüten höchstens 30 mm im Durchmesser **188**
b Teilblätter höchstens 3 cm breit; Blüten meist mehr als 30 mm im Durchmesser **190**

Rubus armeniacus Focke **Armenische Brombeere**

Pflanzenfamilie: Rosaceae – Rosengewächse

Name: Brom-: ahd.; *rubus* indogerm. reißen; *armeniacus* lat. armenisch

Merkmale: Bis 3 m hoher Strauch mit kräftigen, 8 bis 25 mm dicken, glänzenden Ästen, teilweise mit auffälligen, roten Kanten; Blätter mit meist 5 Teilblättern, Blattunterseite dicht weißgrau behaart, Rand der Teilblätter gezähnt; Blüten bis 40 mm im Durchmesser, mit 5 blass rosafarbenen Blütenblättern; Früchte (Sammel-Steinfrüchte) schwarz

Fortpflanzung: Blüte Juni bis August; zwittrig; Insektenbestäubung; Tierausbreitung

Vorkommen: Böschungen, Waldlichtungen, -schläge und -ränder, Ödland, Wegränder, Bahnareale

Wissenswertes: Stammt aus dem Kaukasus und wurde im 19. Jahrhundert wegen der schmackhaften Früchte nach Europa gebracht und in Gärten kultiviert. Die Art bildet durch die Bewurzelung der Äste mächtige Dickichte und verhindert das Aufkommen anderer Pflanzen. Bekämpfung: Alle Früchte ernten, jährlich im Juni oder Juli mähen, alle Pflanzenteile über die Kehrichtabfuhr entsorgen (nicht kompostieren!).

Rubus idaeus L. **Himbeere**

Pflanzenfamilie: Rosaceae – Rosengewächse

Name: Him-: ahd.; *rubus* indogerm. reißen; *idaeus* evtl. nach dem Idagebirge auf Kreta

Merkmale: Bis 1,5 m hoher Strauch mit aufrechten oder überhängenden Ästen, mit feinen Stacheln; Blätter mit meist 5 oder 7 Teilblättern, Blattunterseite dicht weiß behaart, Rand der Teilblätter gezähnt; Blüten bis 25 mm im Durchmesser, mit 5 weißen Blütenblättern; Früchte (Sammel-Steinfrüchte, «Himbeeren») rot

Fortpflanzung: Blüte Mai bis Juni; zwittrig; Insektenbestäubung; Tierausbreitung (z. B. Amsel, Misteldrossel, Garten- und Hausrotschwanz, Mönchsgrasmücke)

Vorkommen: Waldschläge, Steinhaufen, Felsschutt

Wissenswertes: Raupenfutterpflanze des Brombeer-Perlmutterfalters *(Brenthis daphne)*. • Die Früchte werden u. a. zu Konfitüre verarbeitet oder zum Aromatisieren von Joghurts verwendet.

188 a Untere Pflanzenteile holzig; reife Früchte blau oder schwarz **189**
b Ganze Pflanze nicht holzig; reife Früchte rot ▶ ***Rubus saxatilis***

189 a Größere Blätter mit 5 oder 7 Teilblättern; reife Früchte glänzend schwarz ▶ ***Rubus fruticosus***
b Alle Blätter mit nur 3 Teilblättern; reife Früchte matt blau ▶ ***Rubus caesius*** (S. 80)

Rubus saxatilis L. Steinbeere

Pflanzenfamilie: Rosaceae – Rosengewächse

Name: *Rubus* indogerm. reißen; *saxatilis* lat. Fels

Merkmale: Bis 0,3 m hoch werdende, nicht holzige Pflanze; Blätter mit 3 Teilblättern, Blattunterseite grün, Rand der Teilblätter unregelmäßig gezähnt; Blüten bis 18 mm im Durchmesser, mit 5 weißen Blütenblättern; Früchte (Sammel-Steinfrüchte) leuchtend rot

Fortpflanzung: Blüte Mai bis Juni; zwittrig; Insektenbestäubung (Bienen); Tierausbreitung

Vorkommen: Gebüsche, Wälder, Felsschutt

Wissenswertes: Die Früchte sind essbar, aber fade und wässerig.

Rubus fruticosus L. Echte Brombeere

Pflanzenfamilie: Rosaceae – Rosengewächse

Name: Brom-: ahd.; *rubus* indogerm. reißen; *fruticosus* lat. strauchig

Merkmale: Bis 2 m hoher Strauch mit wirr durcheinander wachsenden Ästen oder Äste auch einfach über den Boden wachsend, mit kräftigen Stacheln; Blätter mit 3 bis 7 Teilblättern, Rand der Teilblätter gezähnt; Blüten bis 30 mm im Durchmesser, mit 5 weißen oder rosafarbenen Blütenblättern; Früchte (Sammel-Steinfrüchte, «Brombeeren») blauschwarz, glänzend

Fortpflanzung: Blüte Mai bis September; zwittrig; Insektenbestäubung; Tierausbreitung (z. B. Amsel, Misteldrossel, Garten- und Hausrotschwanz, Mönchsgrasmücke, Rotkehlchen)

Vorkommen: Weiden, Gebüsche, Hecken, Wälder

Wissenswertes: Die Brombeeren zeigen unterschiedliche Formen der Fortpflanzung, was zu einer unüberblickbaren Formenvielfalt und zahlreichen schlecht unterscheidbaren Kleinarten führt. So wurden allein in Deutschland über 300 Kleinarten beschreiben. • Raupenfutterpflanze des Brombeer-Perlmutterfalters *(Brenthis daphne)*. • Getrocknete Blätter werden als Tee bei Durchfall, zum Gurgeln bei Entzündungen der Mund- und Rachenhöhle sowie als Aufguss zum Baden von schlecht heilenden Wunden verwendet. • Die Früchte werden u. a. zu Konfitüre, Wein, Likör verarbeitet oder zum Aromatisieren von Joghurts verwendet.

190 a Pflanze aufrecht wachsend mit z. T. überhängenden Ästen **191**
b Pflanze höchstens 1 m hoch, in Bodennähe kriechend, z. T. kletternd ▶ ***Rosa arvensis***

191 a Blätter wenigstens teilweise behaart **192**
b Blätter auf beiden Seiten unbehaart ▶ ***Rosa canina***

Rubus caesius L. Blaue Brombeere, Kratzbeere

Pflanzenfamilie: Rosaceae – Rosengewächse

Name: Brom-: ahd.; *rubus* indogerm. reißen; *caesius* lat. blaugrau

Merkmale: Bis 0,8 m hoher, über den Boden wachsender Strauch; Blätter mit 3 Teilblättern, Rand der Teilblätter gezähnt; Blüten bis 20 mm im Durchmesser, mit 5 weißen Blütenblättern; Früchte (Sammel-Steinfrüchte) mit blauer, abwischbarer Farbe

Fortpflanzung: Blüte Juni bis September, zwittrig, Insektenbestäubung, Tierausbreitung

Vorkommen: Gebüsche, Hecken, Wälder, oft in Gewässernähe

Wissenswertes: Die Früchte sind essbar, aber fade und säuerlich, zudem aufgrund des hohen Gerbstoffgehalts adstringierend (zusammenziehend).

Rosa arvensis Hudson Feld-Rose, Kriechende Rose

Pflanzenfamilie: Rosaceae – Rosengewächse

Name: Rose: von *Rosa*; *rosa* lat. Name dieser Art; *arvensis* lat. Acker

Merkmale: Bis 1 m hoher, teilweise liegender Strauch; Blätter meist mit 7 Teilblättern, meist unbehaart, Rand der Teilblätter gezähnt; Blüten bis 50 mm im Durchmesser, mit 5 weißen Blütenblättern; Früchte (Sammel-Nüsse, «Hagebutten») dunkelrot, unbehaart

Fortpflanzung: Blüte Juni bis Juli; zwittrig; Insektenbestäubung; Tierausbreitung

Vorkommen: Hecken, lichte Wälder, Waldränder

192 a Blätter auf beiden Seiten dicht behaart ▶ *Rosa tomentosa*

b Blattoberseite kahl oder nur leicht behaart 193

Rosa canina L. Hunds-Rose

Pflanzenfamilie: Rosaceae – Rosengewächse

Name: Rose: von *Rosa; rosa* lat. Name dieser Art; *canina* lat. Hund (im Sinne von gewöhnlich)

Merkmale: Bis 3 m hoher Strauch; Blätter mit 5 oder 7 Teilblättern, unbehaart, Rand der Teilblätter gezähnt; Blüten bis 50 mm im Durchmesser, mit 5 rosafarbenen oder weißen Blütenblättern; Früchte (Sammel-Nüsse, «Hagebutten») rot, unbehaart

Fortpflanzung: Blüte Juni bis Juli; zwittrig; Insektenbestäubung; Tierausbreitung (z. B. Amsel, Wacholderdrossel, Grünfink, Baummarder)

Vorkommen: Magerweiden, Gebüsche, Hecken, Waldränder, Steinhaufen

Wissenswertes: Auf der Hunds-Rose kann man oft stark behaarte Auswüchse, sog. Gallen, sehen. Dabei handelt es sich um das schützende Gehäuse für die Larven der Rosengallwespe *(Diplolepis rosae)*. • Auffällig exakt ausgeschnittene Blattränder sind das Resultat der Tätigkeit von Blattschneiderbienen (*Megachile* sp.), die mit den Blattstückchen ihre Brutröhren tapezieren. • Frische oder getrocknete Früchte werden als Tee bei Wasserstauungen, Verstopfung und zur Vorbeugung und Behandlung von Erkältungen getrunken. • Die Früchte können zu Konfitüre verarbeitet werden.

Rosa tomentosa Sm. Filzige Rose, Filz-Rose

Pflanzenfamilie: Rosaceae – Rosengewächse

Name: Rose: von *Rosa; rosa* lat. Name dieser Art; *tomentosa* lat. filzig, gepolstert

Merkmale: Bis 2 m hoher Strauch; Zweige zickzackartig gebogen; Blätter mit 5 oder 7 Teilblättern, auf beiden Blattseiten behaart, Rand der Teilblätter gezähnt; Blüten bis 45 mm im Durchmesser, mit 5 rosafarbenen Blütenblättern; Früchte (Sammel-Nüsse, «Hagebutten») leuchtend rot, borstig

Fortpflanzung: Blüte Juni bis Juli; zwittrig; Insektenbestäubung; Tierausbreitung

Vorkommen: Gebüsche, Hecken, Waldränder

193 a Blattunterseite mit rötlichen Haaren ▶ ***Rosa rubiginosa***
b Blattunterseite ohne rötliche Haare ▶ ***Rosa corymbifera***

194 a Blätter höchstens 20 cm lang ▶ ***Sorbus aucuparia***
b Blätter meist über 20 cm lang ▶ ***Rhus typhina***

Rosa rubiginosa L. Wein-Rose

Pflanzenfamilie: Rosaceae – Rosengewächse

Name: Rose: von *Rosa*; *rosa* lat. Name dieser Art; *rubiginosa* lat. rostrot

Merkmale: Bis 3 m hoher Strauch; Blätter mit 5 oder 7 Teilblättern, Blattunterseite mit roten Haaren (Drüsen), Blätter duften beim Reiben zwischen den Fingern nach Äpfeln oder Wein (besonders bei warmem Wetter), Rand der Teilblätter gezähnt; Blüten bis 40 mm im Durchmesser, mit 5 rosafarbenen bis roten Blütenblättern; Früchte (Sammel-Nüsse, «Hagebutten») rot, beim Stiel borstig

Fortpflanzung: Blüte Juni bis Juli; zwittrig; Insektenbestäubung; Tierausbreitung (Vögel)

Vorkommen: Magerweiden, Gebüsche, Hecken, Waldränder

Rosa corymbifera Borkh. Busch- oder Hecken-Rose

Pflanzenfamilie: Rosaceae – Rosengewächse

Name: Rose: von *Rosa*; *rosa* lat. Name dieser Art; *corymbi-* griech. Doldentrauben; *-fera* lat. tragend (Blütenstand)

Merkmale: Bis 3 m hoher Strauch; Blätter mit 5 oder 7 Teilblättern, (teilweise) behaart, Rand der Teilblätter gezähnt; Blüten bis 50 mm im Durchmesser mit 5 rosafarbenen oder weißen Blütenblättern; Früchte (Sammel-Nüsse, «Hagebutten») rot, unbehaart

Fortpflanzung: Blüte Juni; zwittrig; Insektenbestäubung; Tierausbreitung

Vorkommen: Gebüsche, Waldränder, Steinhaufen

Sorbus aucuparia L. Gewöhnliche Vogelbeere, Eberesche

Pflanzenfamilie: Rosaceae – Rosengewächse

Name: *Sorbus* lat. Name dieser Art; *aucuparia* lat. für den Vogelfang

Merkmale: Strauch oder bis 20 m hoch und bis 120 Jahre alt werdender Baum; Blätter 8 bis 20 cm lang, mit 9 bis 19 Teilblättern, Rand der Teilblätter gezähnt; Blüten bis 12 mm im Durchmesser, mit 5 weißen Blütenblättern, in schirmförmigen Blütenständen; Früchte (Kernfrüchte) kugelig, 5 bis 10 mm groß, leuchtend rot

Fortpflanzung: Blüte Mai bis Juni; zwittrig; Insektenbestäubung; Tierausbreitung (z. B. Amsel, Mistel-, Rot- und Singdrossel, Gimpel, Grünfink, Mönchsgrasmücke, Star, Sumpfmeise, Baummarder)

Vorkommen: Weiden, lichte Laub- und Nadelwälder

Wissenswertes: Raupenfutterpflanze des Baum-Weißlings *(Aporia crataegi)*. • Die Früchte schmecken ungekocht sauer bis bitter; zu Gelee gekocht passen sie zu Wild oder Lamm. • Die Früchte sind reich an Zucker und wurden zur Herstellung eines Zuckeraustauschstoffs (Sorbitol oder Sorbit) verwendet. • Das mittelschwere Hartholz hat nur geringe Bedeutung als Nutzholz und wird etwa für Schnitz- und Drechslerwaren verwendet.

Rhus typhina L. Essigbaum, Kolben-Sumach

Pflanzenfamilie: Anacardiaceae – Sumachgewächse

Name: *Rhus* unklar; *typhina* dem Rohrkolben *(Typha)* ähnlich (Blütenstand)

Merkmale: Strauch oder bis 6 m hoch und bis 100 Jahre alt werdender Baum mit mehreren Stämmen; Blätter 30 bis 50 cm lang, mit 11 bis 31 Teilblättern, Rand der Teilblätter gezähnt; Blüten ca. 5 mm im Durchmesser, grünlich, in einem langen verzweigten Blütenstand; Früchte (Steinfrüchte) kugelig, rot behaart, in einem dichten Fruchtstand

Fortpflanzung: Blüte Mai bis Juni; zweihäusig; Insektenbestäubung; Windausbreitung

Vorkommen: Gepflanzt und verwildert

Wissenswertes: Im Herbst färbt sich das Laub leuchtend rot («Indian Summer»). • Saft kann Hautirritationen verursachen. • Stammt aus Nordamerika. Der Essigbaum bildet dichte Bestände, die das Aufkommen anderer Arten behindern. Bekämpfung: Kleine Pflanzen mit den Wurzeln ausreißen, größere ringeln, Stockausschläge über mehrere Jahre ausreißen, alle Pflanzenteile über die Kehrichtabfuhr entsorgen (nicht kompostieren!).

195 a Blätter bis 2 cm lang, dreiteilig (kleeblattartig) ▶ *Cytisus scoparius*
b Blätter mindestens 15 cm lang, mit mindestens 5 Teilblättern **196**

196 a Zweige mit Dornen ▶ *Robinia pseudacacia*
b Zweige ohne Dornen **197**

197 a Blätter mit 9 bis 37 Teilblättern ▶ *Ailanthus altissima*
b Blätter mit höchstens 11 Teilblättern ▶ *Juglans regia* (S. 86)

Cytisus scoparius (L.) Link (Gewöhnlicher) Besenginster

Pflanzenfamilie: Fabaceae – Schmetterlingsblütler

Name: Ginster: ahd.; *cytisus* unklar; *scoparius* lat. Auskehrer, Besen

Merkmale: Bis 2 m hoher Strauch; untere Blätter dreiteilig (kleeartig), obere Blätter einfach, 2 cm lang, oval bis länglich; Blüten spiegelsymmetrisch, bis 25 mm lang, gelb; Früchte (Hülsen) bohnenförmig, flach, bis 6 cm lang, schwarzbraun

Fortpflanzung: Blüte Juni bis August; zwittrig; Insektenbestäubung; Selbstausbreitung

Vorkommen: Magerweiden, Heiden, lichte Wälder, Waldränder

Wissenswertes: Allgemeines zur Pflanzenfamilie der Schmetterlingsblütler ➤ S. 391. • Die grünen Zweige betreiben Fotosynthese. • Bei warmem Wetter springen die Hülsen auf und die darin enthaltenen Samen werden mehrere Meter weit herausgeschleudert. • Die ganze Pflanze ist giftig. Vergiftungssymptome sind u. a. Erbrechen, Durchfall, Schwindel, Kopfschmerzen, Herzbeschwerden. • Die rutenförmigen Zweige wurden zur Besenherstellung verwendet.

Robinia pseudoacacia L. Robinie, Falsche Akazie

Pflanzenfamilie: Fabaceae – Schmetterlingsblütler

Name: *Robinia* nach Jean Robin, franz. Hofgärtner (1550–1629), der die Art erstmals nach Europa eingeführt hat; *pseudo-* griech. falsch; *-acacia* lat. Akazie (Blätter)

Merkmale: Bis 25 m hoch und 300 Jahre alt werdender Baum; Zweige mit Dornen; Blätter 15 bis 30 cm lang, mit 7 bis 21 Teilblättern; Blüten spiegelsymmetrisch, bis 20 mm lang, weiß, in hängenden Blütenständen; Früchte (Hülsen) bohnenförmig, bis 10 cm lang, braun

Fortpflanzung: Blüte Mai bis Juni; zwittrig; Insektenbestäubung (Bienen); Wind- und Tierausbreitung

Vorkommen: Gepflanzt und häufig verwildert: lichte Wälder, Dämme, Schuttplätze

Wissenswertes: Allgemeines zur Pflanzenfamilie der Schmetterlingsblütler ➤ S. 391. • Die Wurzeln sondern Hemmstoffe in den Boden ab, die das Wachstum anderer Pflanzen verhindern (Allelopathie). • Alle Pflanzenteile, besonders Rinde und Früchte, sind stark giftig. Vergiftungssymptome sind u. a. Übelkeit, Erbrechen, Bauchschmerzen, Schwindel, Sehstörungen. • Die süßlichen Blüten mit dem bohnenartigen Geschmack können roh, gekocht oder auch frittiert genossen werden. • Das sehr dauerhafte und elastische Hartholz findet Verwendung für Konstruktionen, Parkett und Möbel sowie aufgrund seiner ausgesprochenen Witterungsbeständigkeit für zahlreiche Spezialanwendungen im Außenbereich wie Gartenmöbel, Zäune, Pfähle, Spielgeräte oder Boote. • Die Robinie stammt aus Nordamerika und wurde um 1600 in Europa eingeführt. Durch Wurzelausläufer bildet sie dichte Bestände; dadurch und wegen der Stickstoffanreicherung und der allelopathischen Wirkung wird das Aufkommen anderer Pflanzenarten gehemmt, insbesondere in nährstoffarmen Lebensräumen wie z. B. in den selten gewordenen Magerrasen. Bekämpfung: Kleine Pflanzen mit Wurzeln ausreißen, größere Bäume ringeln, Stockausschläge über mehrere Jahre ausreißen, alle Pflanzenteile über die Kehrichtabfuhr entsorgen (nicht kompostieren!).

Ailanthus altissima (Miller) Swingle
(Drüsiger) Götterbaum

Pflanzenfamilie: Simaroubaceae – Bitterholz- oder Bittereschengewächse

Name: *Ailanthus* chin. Name dieser Art; *altissima* lat. am höchsten

Merkmale: Bis 25 m hoch und bis 120 Jahre alt werdender Baum; Blätter 40 bis 90 cm lang, mit 9 bis 37 Teilblättern; Blüten bis 8 mm im Durchmesser, mit 5 gelblich weißen Kronblättern, in länglichen, verzweigten Blütenständen; Früchte (Nüsse) von einem bis 5 cm langen Flugblatt umgeben

Fortpflanzung: Blüte Juni bis Juli; zweihäusig; Insektenbestäubung; Windausbreitung

Vorkommen: Gepflanzt und oft verwildert: Schuttplätze, Bahn- und Industrieareale

Wissenswertes: Die Wurzeln sondern Hemmstoffe in den Boden ab, die das Wachstum anderer Pflanzen verhindern (Allelopathie). • Rinde und Blätter können Hautallergien verursachen. • Stammt aus China und wird in Europa seit dem 18. Jahrhundert gepflanzt. Der Götterbaum bildet dichte Bestände, die das Aufkommen anderer Pflanzenarten erschweren. Zudem dringen seine Wurzeln und Ausläufer leicht in Mauerwerk ein und verursachen entsprechende Schäden. Bekämpfung: Kleine Pflanzen mit den Wurzeln ausreißen, größere ringeln, Stockausschläge über mehrere Jahre ausreißen, alle Pflanzenteile über die Kehrichtabfuhr entsorgen (nicht kompostieren!).

Juglans regia L. Walnussbaum, Echte Walnuss

Pflanzenfamilie: Juglandaceae – Walnussgewächse

Name: Wal: welsch; *ju-* Jupiter; *-glans* lat. Eichel, Frucht; *regia* lat. königlich

Merkmale: Bis 25 m hoch und bis 400 Jahre alt werdender Baum; Blätter 15 bis 50 cm lang, mit 5 bis 11 Teilblättern; männliche Blüten in bis 10 cm langen hängenden Blütenständen, weibliche Blüten klein, 2 oder 3 beisammen; Früchte (Steinfrüchte, «Walnüsse») mit innerer holziger und äußerer fleischiger Fruchtwand

Fortpflanzung: Blüte Mai; einhäusig; Windbestäubung; Tierausbreitung (z. B. Bunt- und Mittelspecht)

Vorkommen: Meistens gepflanzt, verwildert in Laubmischwäldern warmer Regionen

Wissenswertes: Die unscheinbaren Einzelblüten bestehen aus 3 Vorblättchen, einer dreiteiligen Blütenhülle und zahlreichen Staubblättern (männliche Blüten) bzw. 3 Vorblättchen, einer vierteiligen Blütenhülle und dem Fruchtknoten (weibliche Blüten). • Der Walnussbaum war vor den Eiszeiten in Mitteleuropa heimisch und wurde spätestens in der Römerzeit, möglicherweise aber bereits in der Jungsteinzeit, vom Menschen aus seinen Eiszeitrefugien (Vorderasien, evtl. Balkan) wiederum nach Mitteleuropa gebracht. • Aus den Blättern und Früchten werden Substanzen ausgewaschen, die im Boden zu keimungshemmenden Verbindungen umgewandelt werden, was zur Folge hat, dass unter Walnussbäumen nur wenige andere Pflanzen aufkommen können (Allelopathie). • Die getrockneten Blätter werden als Tee gegen Durchfall und äußerlich bei Hautirritationen angewendet. • Walnüsse werden frisch oder unterschiedlich verarbeitet genossen und liefern auch Likör und Speiseöl. • Das schwere Hartholz gilt als das wertvollste der mitteleuropäischen Baumarten und wird für Parkett, Möbel, Furniere, im Innenausbau (Täfelung) und auch für Gewehrschäfte verwendet. Die untersten, knollenartig verdickten und oft in der Erde steckenden Stammteile liefern das wertvollste Holz für die Herstellung von Maserfurnieren.

201 a Pflanze mit auf der Wasseroberfläche schwimmenden Blättern (Schwimmblätter) 202

b Pflanze ohne Schwimmblätter 208 (S.90)

202 a Größere Blätter über 20 cm im Durchmesser bzw. in der Länge 203

b Blätter höchstens 20 cm im Durchmesser bzw. in der Länge 204

203 a Blätter rundlich; Blüten weiß ▶ *Nymphaea alba*

b Blätter oval; Blüten gelb ▶ *Nuphar lutea*

Nymphaea alba L. Weiße Seerose

Pflanzenfamilie: Nymphaeaceae – Seerosengewächse

Name: *Nymphaea* griech. Braut, Jungfrau; *alba* lat. weiß

Merkmale: Schwimmblätter rundlich, bis 30 cm lang; Blüten bis 90 mm im Durchmesser, mit 12 bis 30 weißen Blütenblättern und bis über 100 gelben Staubblättern; Früchte (Kapseln) kugelig, mit bis zu 1700 Samen

Fortpflanzung: Blüte Juni bis August; zwittrig; Insektenbestäubung (Käfer); Wasserausbreitung

Vorkommen: Stehende und langsam fließende, bis 3 m tiefe Gewässer

Wissenswertes: Blatt- und Blütenstiele mit Durchlüftungsgewebe (Aerenchym), das dem Gasaustausch dient und der Pflanze Auftrieb verleiht. • Größte Blüte in der Pflanzenwelt Mitteleuropas. • Kontinuierlicher Übergang von Blütenblättern zu Staubblättern. • Die Samen haben Luftsäcke und können daher schwimmen. • Die ganze Pflanze ist giftig. Vergiftungssymptome sind u. a. Erregungszustände, Atemlähmung. • Zahlreiche Zuchtformen mit unterschiedlich farbigen Blüten.

Nuphar lutea (L.) Sm. Große Teichrose

Pflanzenfamilie: Nymphaeaceae – Seerosengewächse

Name: *Nuphar* arab. Name dieser Art; *lutea* lat. gelb

Merkmale: Schwimmblätter breit oval, bis 30 cm lang; Blüten 30 bis 50 mm im Durchmesser, mit 5 gelben Blütenblättern und bis über 100 gelben Staubblättern; Früchte (Kapseln) birnenförmig, 20 bis 40 mm lang, mit bis zu 400 Samen

Fortpflanzung: Blüte Juni bis August; zwittrig; Insektenbestäubung; Wasserausbreitung

Vorkommen: Stehende und langsam fließende, bis 3 m tiefe Gewässer

Wissenswertes: Blatt- und Blütenstiele mit Durchlüftungsgewebe (Aerenchym), das dem Gasaustausch dient und der Pflanze Auftrieb verleiht. • Die ganze Pflanze ist giftig.

204 a Größere Blätter über 2 cm im Durchmesser bzw. in der Länge **205**
b Blätter höchstens 2 cm lang **207**

205 a Blätter rundlich, eingeschnitten; Blüten einzeln, weiß ▶ *Ranunculus aquatilis*
b Blätter oval bis länglich, nicht eingeschnitten; zahlreiche Blüten in länglichen Blütenständen, rosa oder grünlich **206**

Ranunculus aquatilis L. Gewöhnlicher Wasser-Hahnenfuß

Pflanzenfamilie: Ranunculaceae – Hahnenfußgewächse

Name: *Ranunculus* lat. Fröschchen; *aquatilis* lat. Wasser

Merkmale: Schwimmblätter (sofern vorhanden) rundlich und eingeschnitten, untergetauchte Blätter tief in fadenförmige Zipfel zerschlitzt; Blüten 10 bis 30 mm im Durchmesser, mit 5 weißen Blütenblättern und zahlreichen gelben Staubblättern; zahlreiche, ca. 2 mm lange Früchte (Nüsschen) pro Blüte

Fortpflanzung: Blüte Mai bis September; zwittrig; Insektenbestäubung; Wasser- und Tierausbreitung

Vorkommen: Stehende und langsam fließende Gewässer

Wissenswertes: Stängel mit einem Durchlüftungsgewebe (Aerenchym), das dem Gasaustausch dient und der Pflanze Auftrieb verleiht. • Ausgeprägte Heterophyllie (Verschiedenblättrigkeit), d. h., die untergetauchten und die schwimmenden Blätter sind unterschiedlich geformt (siehe oben). • Die Pflanze ist giftig.

Polygonum amphibium L. Sumpf- oder Wasser-Knöterich

Pflanzenfamilie: Polygonaceae – Knöterichgewächse

Name: Knöterich: Pflanze mit Knoten am Stängel; *poly-* griech. viel; *-gonum* griech. Ecke, Kante; *amphi-* griech. auf beiden Seiten; *-bium* griech. lebend

Merkmale: Pflanzen im Wasser mit bis 30 cm langen Schwimmblättern, Pflanzen an Land bis 60 cm hoch, mit kleineren Blättern; Blüten in einem dichten Blütenstand am Ende des Stängels, 4 bis 5 mm lang, rot bis grünlich; Früchte (Nüsschen) werden selten gebildet

Fortpflanzung: Blüte Juni bis September; zwittrig; Insektenbestäubung; Tierausbreitung

Vorkommen: Seen, Teiche, Gräben, Tümpel, nasse Wiesen und Ackerböden

Wissenswertes: Zum Blütenbau der Knöteriche *(Polygonum)* ➤ Kleiner Knöterich (S. 315) • Stängel mit einem Durchlüftungsgewebe (Aerenchym), das dem Gasaustausch dient und der Pflanze Auftrieb verleiht.

206 a Blüten rosa; Blätter länglich, Blattnerven vom Mittelnerv abzweigend
▶ ***Polygonum amphibium***

b Blüten grünlich; Blätter oval, Blattnerven bogenförmig verlaufend ▶ ***Potamogeton natans*** ....

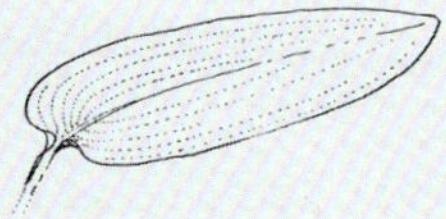

207 a Pflanze mit sternförmig angeordneten Blättern; Blätter bis 20 mm lang ▶ ***Callitriche palustris***

b Pflanzen mit 2 bis 6 aneinander liegenden Blättern; Blätter höchstens 6 mm lang
▶ ***Lemna minor*** (S. 90)

Potamogeton natans L.
Schwimmendes Laichkraut

Pflanzenfamilie: Potamogetonaceae – Laichkrautgewächse

Name: *Potamo-* griech. Fluss; *-geton* griech. benachbart; *natans* lat. schwimmend

Merkmale: Schwimmblätter oval, bis 12 cm lang, etwas derb; Blütenstand 5 bis 8 cm lang, dicht, mit zahlreichen kleinen, grünlichen Blüten; Früchte (Nüsschen) 3 bis 4 mm lang

Fortpflanzung: Blüte Juni bis August; zwittrig; Windbestäubung; Wasser- und Tierausbreitung

Vorkommen: Stehende und langsam fließende Gewässer

Wissenswertes: Die unscheinbaren Einzelblüten bestehen aus 4 Staubblättern mit Anhängseln, die die fehlende Blütenhülle ersetzen, und 4 Fruchtknoten. • Vegetative Vermehrung durch Bruchteile des Stängels, die sich zu neuen Pflanzen entwickeln. • Überwinterung in Form von Turionen: Stängelstücke, die im Herbst auf den Grund des Gewässers sinken und im Frühling aufgrund der ansteigenden Wassertemperatur und der damit erhöhten Atmungsaktivität und Gasbildung wieder nach oben steigen.

Callitriche palustris L. Sumpf-Wasserstern

Pflanzenfamilie: Plantaginaceae – Wegerichgewächse

Name: *Calli-* griech. schön; *-triche* griech. Haar; *palustris* lat. Sumpf

Merkmale: Pflanze mit sternförmig angeordneten, bis 2 cm langen Schwimmblättern und einem fadenförmigen, untergetauchten Stängel, manchmal aber ohne Schwimmblätter und dann vollständig im Wasser oder im Schlamm liegend; Blüten sehr klein und unscheinbar; Früchte (Klausen) ca. 1 mm lang, schwärzlich

Fortpflanzung: Blüte Mai bis September; einhäusig; Wasser-, Wind- und Selbstbestäubung; Wasser- und Tierausbreitung

Vorkommen: Tümpel

Wissenswertes: Die unscheinbaren Blüten haben keine Blütenhülle und bestehen aus 2 Vorblättchen und 1 Staubblatt (männliche Blüten) bzw. aus 2 Vorblättchen und dem Fruchtknoten (weibliche Blüten).

208 a Blätter gefiedert, d. h., sie sind aus 2 bis 10 ± senkrecht zum Mittelnerv stehenden Paaren von Teilblättern zusammengesetzt ▶ *Berula erecta* (S. 110) ......

b Blätter anders **209**

209 a Blätter am Stängel quirlständig angeordnet, d. h., 3 oder 4 Blätter stehen auf gleicher Höhe am Stängel (Quirl) **210** ....

b Blätter anders angeordnet **211**

210 a Quirl mit 4 Blättern; Blätter in fadenförmige Zipfel zerschlitzt ▶ *Myriophyllum spicatum*

b Quirl mit 3 Blättern; Blätter nicht zerschlitzt ▶ *Elodea canadensis*

211 a Blätter gegenständig, d. h., sie stehen sich am Stängel auf gleicher Höhe gegenüber ▶ *Callitriche palustris* (S. 89) ....

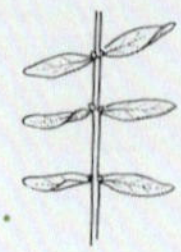

b Blätter wechselständig, d. h., sie stehen sich nicht gegenüber **212** ....

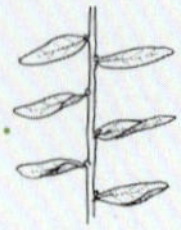

Lemna minor L. Kleine Wasserlinse

Pflanzenfamilie: Araceae – Aronstabgewächse

Name: Linse: von lat. *lens*; *lemna* griech. stehendes Wasser; *minor* lat. klein

Merkmale: Kleine Wasserpflanze mit 2 bis 6 aneinander haftenden, 2 bis 6 mm langen, flachen Schwimmblättchen; jedes Schwimmblättchen hat nur eine Wurzel; Blüten sehr klein und unscheinbar, die Pflanze blüht aber ohnehin praktisch nie und entwickelt deshalb auch keine Früchte (Nüsschen)

Fortpflanzung: Blüte Mai bis September; zwittrig; Wasserbestäubung; Wasser- und Tierausbreitung

Vorkommen: Stehende und langsam fließende Gewässer

Wissenswertes: Die unscheinbaren Blüten haben keine Blütenhülle und bestehen aus einem Vorblättchen sowie 2 Staubblättern und dem Fruchtknoten. • Sehr schnelle vegetative Vermehrung durch Sprossung, d. h. durch Auswüchse, die sich von der Mutterpflanze lösen. Dadurch kann die Pflanze bei günstigen Bedingungen die bewachsene Wasserfläche innerhalb von zwei Tagen verdoppeln und ein Gewässer oft ± vollständig bedecken. • Hohe Aufnahme- und Speicherkapazität für Radium, Iod und Brom.

Myriophyllum spicatum L. Ähriges Tausendblatt, Ähren-Tausendblatt

Pflanzenfamilie: Haloragaceae – Tausendblattgewächse

Name: *Myrio-* griech. unzählig; *-phyllum* griech. Blatt; *spicatum* lat. ährig

Merkmale: Stängel 30 bis 300 cm lang, untergetaucht oder im Wasser treibend; Blätter bis 5 cm lang; Blüten in einem 5 bis 20 cm langen Blütenstand, stockwerkartig angeordnet, mit vier bis 2,5 mm langen Blütenblättern, rötlich oder grünlich; Früchte (Nüsschen) sehr klein

Fortpflanzung: Blüte Juni bis September; zwittrig; Windbestäubung; Wasserausbreitung

Vorkommen: Stehende und langsam fließende Gewässer

Wissenswertes: Stängel mit einem Durchlüftungsgewebe (Aerenchym), das dem Gasaustausch dient und der Pflanze Auftrieb verleiht. • Überwinterung in Form von Turionen: Stängelstücke, die im Herbst auf den Grund des Gewässers sinken und im Frühling aufgrund der ansteigenden Wassertemperatur und der damit erhöhten Atmungsaktivität und Gasbildung wieder nach oben steigen.

Elodea canadensis Michx. Kanadische Wasserpest

Pflanzenfamilie: Hydrocharitaceae – Froschbissgewächse

Name: *Elodea* griech. sumpfig; *canadensis* lat. kanadisch

Merkmale: Untergetauchte Pflanze mit gleichmäßig und dicht beblätterten Stängeln; Blätter bis 2 cm lang und 1 bis 5 mm breit; Blüten an langen Stielen, ca. 5 mm im Durchmesser, mit 6 weißen oder rosafarbenen Blütenblättern (aber höchstens in außerordentlich warmen Sommern blühend); Früchte (Beeren) ca. 6 mm lang und ca. 3 mm dick

Fortpflanzung: Blüte Mai bis September; zweihäusig; Wasserbestäubung; Wasserausbreitung

Vorkommen: Stehende und langsam fließende Gewässer

Wissenswertes: Stammt aus Nordamerika. Wanderte über Schottland (1835) nach Mitteleuropa ein. Da sich auch kurze Bruchteile des Stängels zu neuen Pflanzen entwickeln, kann sich die Wasserpest sehr rasch vegetativ vermehren. Ihre explosive Ausbreitung blockierte in Großbritannien das Kanalsystem vollständig und beschleunigte damit den Ausbau des Eisenbahnnetzes. Seit Anfang des 20. Jahrhunderts ist die Art im Rückgang begriffen und wird heute kaum noch als Problempflanze betrachtet; wohl aber ihre Verwandte, die Schmalblättrige oder Nutall-Wasserpest *(Elodea nuttallii)*, die sich durch die nur 1 cm langen Blätter von der Kanadischen Wasserpest unterscheidet.

212 a Blätter in fadenförmige Zipfel zerschlitzt ▶ ***Ranunculus aquatilis*** (S. 88)

b Blätter nicht zerschlitzt, mit gewelltem Blattrand ▶ ***Potamogeton crispus***

Potamogeton crispus L. **Krauses Laichkraut**

Pflanzenfamilie: Potamogetonaceae – Laichkrautgewächse

Name: *Potamo-* griech. Fluss; *-geton* griech. benachbart; *crispus* lat. kraus

Merkmale: Untergetauchte Blätter schmal oval, bis 10 cm lang, Blattrand fein gezähnt und gewellt; Blütenstand 10 bis 20 mm lang, locker, mit wenigen kleinen, grünlichen Blüten; Früchte (Nüsschen) 3 bis 4 mm lang, mit einem ca. 2 mm langen Haken

Fortpflanzung: Blüte Juni bis August; zwittrig; Windbestäubung; Wasser- und Tierausbreitung

Vorkommen: Stehende und langsam fließende Gewässer

Wissenswertes: Die unscheinbaren Einzelblüten bestehen aus 4 Staubblättern mit Anhängseln, die die fehlende Blütenhülle ersetzen, und 4 Fruchtknoten. • Vegetative Vermehrung durch Bruchteile des Stängels, die sich zu neuen Pflanzen entwickeln. • Überwinterung in Form von Turionen: Stängelstücke, die im Herbst auf den Grund des Gewässers sinken und im Frühling aufgrund der ansteigenden Wassertemperatur und der damit erhöhten Atmungsaktivität und Gasbildung wieder nach oben steigen.

221 a Pflanze ohne Blüten, aber mit einem zapfenartigen, 1 bis 4 cm langen Sporangienstand am Ende des Stängels ▶ *Equisetum arvense* (S. 18)

b Pflanze mit Blüten 222

222 a Blüten gelb ▶ *Tussilago farfara* (S. 135)

b Blüten weißlich ▶ *Petasites albus* (S. 160)

c Blüten rötlich ▶ *Petasites hybridus* (S. 150)

d Blüten hellbraun ▶ *Neottia nidus-avis*

223 a Blüten gelb 224

b Blüten nicht gelb 226

Neottia nidus-avis (L.) Rich.
Nestwurz, Vogel-Nestwurz

Pflanzenfamilie: Orchidaceae – Knabenkraut- oder Orchideengewächse

Name: *Neottia* griech. Vogelnest (Form des Rhizoms); *nidus-* lat. Nest; *-avis* lat. Vogel

Merkmale: 20 bis 40 cm hoch; Stängel mit schuppenförmigen Blättern; Blütenstand 5 bis 15 cm lang, mit 20 bis 60 Blüten, diese spiegelsymmetrisch, bis 25 mm lang, hellbraun, Lippe zweiteilig; Früchte (Kapseln) ca. 10 mm lang

Fortpflanzung: Blüte Mai bis Juli; zwittrig; Insektenbestäubung (Fliegen); Windausbreitung

Vorkommen: Laubwälder

Wissenswertes: Allgemeines zur Pflanzenfamilie der Orchideen ➤ S. 390 • Die Nestwurz bildet zu wenig Chlorophyll, um Fotosynthese betreiben zu können. Sie lebt als Vollparasit auf einem Pilz *(Rhizoctonia neottiae)*, dessen Pilzfäden in die Zellen ihrer Wurzeln eindringen (endotrophe Mykorrhiza). Der Pilz versorgt die Pflanze mit Wasser, Nährstoffen und Stoffwechselprodukten.

224 a Blüten(stand) löwenzahnartig, d. h., aus zahlreichen strahlenförmig stehenden Blüten(blättern) bestehend ▶ *Tragopogon orientalis* (S. 129)

b Blüten nicht löwenzahnartig 225

225 a Blüten auffällig groß, mit 3 gebogenen, bis 80 mm langen Blütenblättern ▶ *Iris pseudacorus*

b Blüten mit 6 Blütenblättern, 15 bis 30 mm im Durchmesser ▶ *Gagea lutea* (S. 278)

Iris pseudacorus L. Gelbe Schwertlilie, Wasser-Schwertlilie

Pflanzenfamilie: Iridaceae – Schwertliliengewächse

Name: Lilie: von lat. *Lilium*; *iris* griech. Regenbogen; *pseuda-* griech. falsch; *-corus* von *Acorus* (Kalmus)

Merkmale: 50 bis 120 cm hoch; Blätter schwertförmig, bis 90 cm lang und 1 bis 3 cm breit; Blüten mit drei 40 bis 80 mm langen, herabgebogenen und 3 kürzeren, aufrecht stehenden Blütenblättern, gelb; Früchte (Kapseln) groß, dreiteilig, mit zahlreichen aufeinander gestapelten Samen

Fortpflanzung: Blüte Mai bis Juni; zwittrig; Insektenbestäubung; Wasserausbreitung

Vorkommen: Ufer, Röhrichte, Gräben, Sümpfe, nasse Wälder

Wissenswertes: Die ganze Pflanze und besonders die unterirdischen Organe sind giftig. Vergiftungssymptome sind u. a. Schluckbeschwerden, Reizungen der Schleimhäute, Erbrechen, Durchfall.

Allium oleraceum L. Ross-Lauch, Gemüse-Lauch

Pflanzenfamilie: Amaryllidaceae – Narzissengewächse

Name: Lauch: ahd.; *allium* unklar; *oleraceum* lat. kohl-, gemüseartig

Merkmale: 30 bis 80 cm hoch; Blätter ± flach oder im Querschnitt rinnenförmig, bis 5 mm breit; Blüten mit sechs 5 bis 8 mm langen, grünlichen, rötlichen oder weißlichen Blütenblättern, hängend, in einem lockeren Blütenstand, meist mit dunkelroten Brutzwiebeln; Früchte (Kapseln) dreiteilig

Fortpflanzung: Blüte Juli bis August; zwittrig; Ausbreitung durch Brutzwiebeln

Vorkommen: Wiesen, Gebüsche, Äcker, steinige Orte

Wissenswertes: Die Brutzwiebeln fallen aus den Blütenständen, bilden am Boden Wurzeln und treiben zu neuen Pflanzen aus. • Junge Blätter können wie Schnittlauch, die Zwiebelchen wie Frühlingszwiebeln und die Brutzwiebeln wie Knoblauch verwendet werden.

226 a Blüten mindestens 15 mm lang oder im Durchmesser 681 (S. 272)
b Blüten kleiner 227

227 a Blätter hohl, röhrenförmig 228
b Blätter kaum hohl, flach oder rinnenförmig ▶ ***Allium oleraceum***

228 a Blattoberseite oft mit Rinne; Knoblauchgeruch ▶ ***Allium vineale***
b Blattoberseite nie mit Rinne; Schnittlauchgeruch ▶ ***Allium schoenoprasum***

Allium vineale L. Weinberg-Lauch

Pflanzenfamilie: Amaryllidaceae – Narzissengewächse

Name: Lauch: ahd.; *allium* unklar; *vineale* lat. Weinberg

Merkmale: 30 bis 80 cm hoch; Blätter hohl, im Querschnitt oft rinnenförmig, nie flach; Blüten (falls vorhanden) gestielt, mit sechs 4 bis 5 mm langen, rötlichen oder grünlichen Blütenblättern, in einem kugeligen Blütenstand mit zahlreichen kleinen, rötlichen Brutzwiebeln; Früchte (Kapseln) dreiteilig

Fortpflanzung: Blüte Juni bis August; zwittrig; Insektenbestäubung; Windausbreitung

Vorkommen: Gebüsche, Obstgärten, Parkanlagen, Weinberge

Wissenswertes: Die Brutzwiebeln fallen aus den Blütenständen, bilden am Boden Wurzeln und treiben zu neuen Pflanzen aus. Gelegentlich treiben sie bereits auf der Pflanze aus und bilden dann dünne, grüne Stängel. • Junge Blätter können wie Schnittlauch, die Zwiebelchen wie Frühlingszwiebeln und die Brutzwiebeln wie Knoblauch verwendet werden.

Allium schoenoprasum L. Schnittlauch

Pflanzenfamilie: Amaryllidaceae – Narzissengewächse

Name: Lauch: ahd.; *allium* unklar; *schoeno-* griech. Binse (Blätter); *-prasum* griech. Lauch

Merkmale: 10 bis 50 cm hoch; Blätter im Querschnitt röhrenförmig; Blüten mit sechs 8 bis 15 mm langen, roten Blütenblättern, in einem kugeligen Blütenstand; Früchte (Kapseln) dreiteilig

Fortpflanzung: Blüte Mai bis August; zwittrig; Insektenbestäubung; Windausbreitung

Vorkommen: Ufer, Moore, feuchte Wiesen

Wissenswertes: Wildform des gebräuchlichen Schnittlauchs, Verwendung wie dieser.

231 a Pflanze mit 4 (seltener 5 oder 6) fast waagrecht stehenden Blättern und einer Blüte in der Mitte ▶ *Paris quadrifolia*

b Pflanze anders aussehend 232

232 a Vorherrschende Blütenfarbe weißlich bis rein weiß 233

b Vorherrschende Blütenfarbe gelb oder grünlich gelb 245 (S. 101)

c Vorherrschende Blütenfarbe rosa, rot, lila oder violett 249 (S. 102)

233 a Blüten an dünnen Stielen unterhalb der Blätter herabhängend ▶ *Polygonatum verticillatum*

b Blüten nicht hängend 234

Paris quadrifolia L. Vierblättrige Einbeere

Pflanzenfamilie: Melanthiaceae – Germergewächse

Name: *Paris* unklar; *quadri-* lat. vier; *-folia* lat. Blatt

Merkmale: 10 bis 40 cm hoch; Quirle mit meist 4 Blättern; Blätter oval, bis 15 cm lang; Blüte 20 bis 40 mm im Durchmesser, mit je 4 abwechslungsweise stehenden breiteren und schmäleren, grünen Blütenblättern; Früchte (Beeren) kugelig, bis 10 mm im Durchmesser, schwarz mit dunkelblauer Farbschicht

Fortpflanzung: Blüte April bis Mai; zwittrig; Fliegenbestäubung; Tierausbreitung

Vorkommen: Wälder

Wissenswertes: Die ganze Pflanze und besonders die Beeren sind giftig. Vergiftungssymptome sind u. a. Übelkeit, verengte Pupillen.

Polygonatum verticillatum (L.) All. Quirlblättriges Salomonssiegel, Quirl-Weißwurz

Pflanzenfamilie: Asparagaceae – Spargelgewächse

Name: *Poly-* griech. viel; *-gonatum* griech. Knie; *verticillatum* lat. quirlblättrig

Merkmale: 30 bis 90 cm hoch; Stängel kantig; Quirle mit 3 bis 8 Blättern; Blätter schmal, bis 15 cm lang, Blattoberseite hellgrün, -unterseite graugrün; Blüten an dünnen Stielen unterhalb der Blätter herabhängend, 7 bis 10 mm lang, mit 6 Blütenzipfeln mit grünlichen Spitzen; Früchte (Beeren) kugelig, bis 10 mm im Durchmesser, zuerst rot, später dunkelblau

Fortpflanzung: Blüte Mai bis Juli; zwittrig; Insektenbestäubung; Tierausbreitung

Vorkommen: Wälder

Wissenswertes: Die ganze Pflanze und besonders die Beeren sind giftig. Vergiftungssymptome sind u. a. Übelkeit, Durchfall, Erbrechen.

234 a Blüten mindestens 15 mm im Durchmesser ▶ *Anemone nemorosa*
b Blüten höchstens 10 mm im Durchmesser 235

235 a Blüten mit 5 strahlenförmig angeordneten Blütenblättern ▶ *Spergula arvensis* (S. 258)
b Blüten mit 4 Blütenblättern 236

236 a Quirle im mittleren Teil des Stängels meist mit 4 Blättern 237
b Quirle im mittleren Teil des Stängels meist mit mehr als 4 Blättern 239

237 a Stängel im Querschnitt rundlich ▶ *Galium rotundifolium*
b Stängel im Querschnitt viereckig 238

Anemone nemorosa L. Busch-Windröschen

Pflanzenfamilie: Ranunculaceae – Hahnenfußgewächse

Name: *Anemone* evtl. griech. Wind; *nemorosa* lat. Hain, Wald

Merkmale: 10 bis 30 cm hoch; Quirle mit 3 Blättern, Blätter tief in 3 Teilblätter geteilt, Teilblätter bis 6 cm lang, Rand gezähnt; meist nur eine Blüte pro Pflanze, Blüten 20 bis 40 mm im Durchmesser, mit 6 bis 8 weißen Blütenblättern, Blütenblätter auf der Unterseite oft rosa; zahlreiche Früchtchen (Nüsschen) pro Blüte

Fortpflanzung: Blüte März bis Mai; zwittrig; Insektenbestäubung; Ameisenausbreitung

Vorkommen: Schattige Wiesen, Hecken, Wälder, Obstgärten

Wissenswertes: Busch-Windröschen treten oft in Herden auf. Dies ist auf ihre vegetative Fortpflanzung – d. h. Fortpflanzung ohne vorausgegangene Befruchtung und damit Durchmischung der genetischen Information – in Form von unterirdischen Ausläufern (Rhizome) zurückzuführen.
In solchen Fällen stammen alle Pflanzen von einer einzigen Mutterpflanze ab, sind deshalb genetisch identisch und bilden zusammen einen Klon. • Die ganze Pflanze ist giftig. Vergiftungssymptome sind u. a. Übelkeit, Durchfall, Blutungen. Die tödliche Dosis beträgt 30 Pflanzen.

Galium rotundifolium L. Rundblättriges Labkraut, Rundblatt-Labkraut

Pflanzenfamilie: Rubiaceae – Krappgewächse

Name: *Galium* evtl. griech. Milch; *rotundi-* lat. rund; *-folium* lat. Blatt

Merkmale: 10 bis 30 cm hoch; Quirle im mittleren Teil des Stängels mit 4 Blättern; Blätter oval bis rundlich, bis 2 cm lang; Blüten 1,5 bis 3 mm im Durchmesser, mit 4 weißen bis grünlich weißen Blütenblättern; Früchte (Nüsschen) paarweise, mit Widerhaken besetzt

Fortpflanzung: Blüte Mai bis Juli; zwittrig; Insektenbestäubung; Tierausbreitung

Vorkommen: Nadelwälder, Waldschläge

238 a Pflanze an nassen oder feuchten Orten wachsend ▶ ***Galium palustre***
b Pflanze an sehr trockenen Orten wachsend ▶ ***Asperula cynanchica***

239 a Stängel im Querschnitt rundlich ▶ ***Galium sylvaticum***
b Stängel im Querschnitt viereckig **240**

Galium palustre L. Sumpf-Labkraut

Pflanzenfamilie: Rubiaceae – Krappgewächse

Name: *Galium* evtl. griech. Milch; *palustre* lat. Sumpf

Merkmale: 10 bis 30 cm hoch; Stängel vierkantig, etwas rau (von unten nach oben streichen); Quirle im mittleren Teil des Stängels mit 4 (seltener 5 bis 6) Blättern; Blätter schmal, bis 12 mm lang; Blüten 2 bis 3,5 mm im Durchmesser, mit 4 weißen Blüten- und roten Staubblättern; Früchte (Nüsschen) paarweise, ± glatt

Fortpflanzung: Blüte Mai bis August; zwittrig; Insektenbestäubung; Wasserausbreitung

Vorkommen: Röhrichte, Gräben, Sümpfe, Moore, feuchte Wiesen

Asperula cynanchica L. Hügel-Waldmeister, Hügel-Meier

Pflanzenfamilie: Rubiaceae – Krappgewächse

Name: *Asperula* lat. etwas rau; *cynan-* griech. Hund; *-chica* griech. würgen

Merkmale: 10 bis 40 cm hoch; Stängel vierkantig; Quirle im mittleren Teil des Stängels mit 4 Blättern, darüber Blätter gegenständig; Blätter sehr schmal, bis 4 cm lang; Blüten 3 bis 5 mm im Durchmesser, mit 4 rosa- oder lilafarbenen Blütenblättern; Früchte (Nüsschen) paarweise, rau

Fortpflanzung: Blüte Juni bis August; zwittrig; Insektenbestäubung; Tierausbreitung (Ameisen)

Vorkommen: Trockenrasen, Weiden, lichte Föhrenwälder

240 a Stängel sehr rau (von unten nach oben streichen) 241

b Stängel glatt 242

241 a Blätter am Rand und auf dem Mittelnerv der Unterseite sehr rau ▶ *Galium aparine*

b Blätter nicht rau ▶ *Galium uliginosum* (S. 100)

Galium sylvaticum L. Wald-Labkraut

Pflanzenfamilie: Rubiaceae – Krappgewächse

Name: *Galium* evtl. griech. Milch; *sylvaticum* lat. Wald

Merkmale: 40 bis 120 cm hoch; Quirle im mittleren Teil des Stängels mit 6 bis 8 Blättern; Blätter schmal, bis 4 cm lang, Blattrand rau, Blattunterseite graugrün; Blüten 1,5 bis 2,5 mm im Durchmesser, mit 4 weißen Blütenblättern; Früchte (Nüsschen) paarweise, runzlig

Fortpflanzung: Blüte Juli bis September; zwittrig; Insektenbestäubung; Tierausbreitung

Vorkommen: Gebüsche, lichte Laubwälder, Waldränder

Galium aparine L. Kletten-Labkraut

Pflanzenfamilie: Rubiaceae – Krappgewächse

Name: *Galium* evtl. griech. Milch; *aparine* unklar

Merkmale: 30 bis 150 cm hohe, einjährige Pflanze; Stängel vierkantig, sehr rau, am Boden liegend oder kletternd; Quirle im mittleren Teil des Stängels mit 6 bis 8 Blättern; Blätter schmal, bis 5 cm lang, sehr rau; Blüten ca. 2 mm im Durchmesser, mit 4 weißen bis grünlich weißen Blütenblättern; Früchte (Nüsschen) paarweise, mit Widerhaken besetzt

Fortpflanzung: Blüte Mai bis Oktober; zwittrig; Selbstbestäubung; Tierausbreitung

Vorkommen: Hecken, Gebüsche, Waldränder, Äcker, Schuttplätze

Wissenswertes: Wegen der borstigen und hakenartigen Haare an Stängeln, Blättern und Früchten bleiben diese an Fell und Kleidern haften und werden so ausgebreitet. • Die zarten, obersten Stängelabschnitte (ca. 15 cm) werden gekocht als leicht bitteres Gemüse für Suppen, Risotto oder Gemüsekuchen verwendet.

242 a Blüten trichterförmig, 4 bis 7 mm im Durchmesser ▶ *Galium odoratum*
b Blüten ± flach, höchstens 4 mm im Durchmesser **243**

243 a Pflanze meist über 30 cm hoch ▶ *Galium album*
b Pflanze meist kaum höher als 30 cm **244**

Galium uliginosum L. Moor-Labkraut

Pflanzenfamilie: Rubiaceae – Krappgewächse

Name: *Galium* evtl. griech. Milch; *uliginosum* lat. Sumpf, Moor

Merkmale: 10 bis 40 cm hoch; Stängel vierkantig, rau (von unten nach oben streichen); Quirle im mittleren Teil des Stängels mit 6 bis 8 Blättern; Blätter schmal, bis 2 cm lang; Blüten 1,5 bis 2,5 mm im Durchmesser, mit 4 weißen Blüten- und gelben Staubblättern; Früchte (Nüsschen) paarweise, körnig, rau

Fortpflanzung: Blüte Mai bis August; zwittrig; Insektenbestäubung; Tierausbreitung

Vorkommen: Röhrichte, Gräben, Sümpfe, Moore, feuchte Wiesen

Galium odoratum (L.) Scop. Echter Waldmeister

Pflanzenfamilie: Rubiaceae – Krappgewächse

Name: *Galium* evtl. griech. Milch; *odoratum* lat. wohlriechend

Merkmale: 5 bis 30 cm hoch; Stängel vierkantig; Quirle im mittleren Teil des Stängels mit 6 bis 9 Blättern; Blätter schmal bis oval, bis 4 cm lang; Blüten in einem schirmförmigen Blütenstand, trichterförmig, 4 bis 7 mm im Durchmesser, mit 4 weißen Blütenblättern; Früchte (Nüsschen) paarweise, mit Widerhaken besetzt

Fortpflanzung: Blüte April bis Juni; zwittrig; Insektenbestäubung; Tierausbreitung

Vorkommen: Wälder, besonders Buchenwälder (Waldmeister-Buchenwald)

Wissenswertes: Die Früchte mit den Widerhaken bleiben an Tierfellen (und Kleidern) haften und werden auf diese Weise ausgebreitet. • Der Waldmeister enthält Cumarin (1,2-Benzopyron) und wird zur Herstellung der traditionellen Waldmeister- oder Maibowle verwendet: Zwei bis drei Pflanzen in einem Liter Weißwein ziehen lassen, einige Esslöffel in Wasser aufgelösten Zucker beigeben und kühl stellen. Obacht: Größere Mengen Cumarin können heftige Kopfschmerzen, Erbrechen und Schwindel verursachen und noch höhere Dosen Lähmungen und Atemstillstand.

244 a Quirle im mittleren Teil des Stängels mit 8 bis 9 Blättern; Blätter bis 20 mm lang ▶ *Galium pumilum*

b Quirle im mittleren Teil des Stängels mit 6 bis 7 Blättern; Blätter höchstens 10 mm lang ▶ *Galium saxatile* (S. 102)

245 a Blüten höchstens 6 mm im Durchmesser **246**

b Blüten mindestens 15 mm im Durchmesser **247**

Galium album Mill. Weißes Wiesen-Labkraut, Weißes Labkraut

Pflanzenfamilie: Rubiaceae – Krappgewächse

Name: *Galium* evtl. griech. Milch; *album* lat. weiß

Merkmale: 30 bis 150 cm hoch; Stängel vierkantig; Quirle im mittleren Teil des Stängels mit 6 bis 9 Blättern; Blätter schmal, bis 3 cm lang, etwas derb, Blattrand rau; Blüten 3 bis 4 mm im Durchmesser, mit 4 weißen Blütenblättern; Früchte (Nüsschen) paarweise, ± glatt

Fortpflanzung: Blüte Juni bis Oktober; zwittrig; Insektenbestäubung; Tierausbreitung

Vorkommen: Wiesen, Gebüsche, lichte Laubwälder, Waldränder, Wegränder

Wissenswertes: Sowohl die Larve des Tatzenkäfers oder Labkraut-Blattkäfers *(Timarcha tenebricosa)* als auch der Käfer selber ernähren sich vom Weißen Labkraut und von anderen Labkraut-Arten. Beim Schwarzen Tatzenkäfer handelt es sich um den mit 15 bis 20 mm Körperlänge größten Blattkäfer Mitteleuropas. Dieser ist flugunfähig, bewegt sich langsam und gravitätisch vorwärts und sondert bei Gefahr eine blutrote, giftige Flüssigkeit ab. • Die zarten, obersten Stängelabschnitte (3 bis 5 cm) können Salaten beigemischt werden.

Galium pumilum Murray Niedriges Labkraut, Heide-Labkraut

Pflanzenfamilie: Rubiaceae – Krappgewächse

Name: *Galium* evtl. griech. Milch; *pumilum* lat. Zwerg

Merkmale: 10 bis 30 cm hoch; Stängel vierkantig; Quirle im mittleren Teil des Stängels mit 8 bis 9 Blättern; Blätter sehr schmal, bis 2 cm lang; Blüten 2 bis 3 mm im Durchmesser, mit 4 weißen Blütenblättern; Früchte (Nüsschen) paarweise, ± glatt

Fortpflanzung: Blüte Mai bis Juli; zwittrig; Insektenbestäubung; Tierausbreitung

Vorkommen: Trockenwiesen, lichte Laubwälder

246 a Blätter höchstens 2 mm breit; Quirle mit 8 bis 12 Blättern ▶ *Galium verum*
b Blätter mindestens 3 mm breit; Quirle mit 4 Blättern ▶ *Cruciata laevipes*

247 a Blätter tief in 3 Abschnitte mit gezähntem Rand geteilt ▶ *Anemone ranunculoides*
b Blätter anders gestaltet **248▶**

248 a Blätter 10 bis 35 mm breit ▶ *Lysimachia vulgaris* (S. 242)
b Blätter am Stängel meist schmäler als 10 mm ▶ *Ranunculus auricomus* (S. 256)

249 a Blüten höchstens 6 mm im Durchmesser ▶ *Asperula cynanchica* (S. 98)
b Blüten mindestens 15 mm im Durchmesser oder in der Länge **250▶**

Galium saxatile L. Felsen-Labkraut, Harzer Labkraut

Pflanzenfamilie: Rubiaceae – Krappgewächse

Name: *Galium* evtl. griech. Milch; *saxatile* lat. Felsen

Merkmale: 10 bis 35 cm hoch; Stängel vierkantig; Quirle im mittleren Teil des Stängels mit 6 bis 7 Blättern; Blätter länglich, bis 1 cm lang, mit einer stachelartigen Spitze; Blüten 2,5 bis 4 mm im Durchmesser, mit 4 weißen Blütenblättern; Früchte (Nüsschen) paarweise, rau

Fortpflanzung: Blüte Juni bis Juli; zwittrig; Insektenbestäubung; Tierausbreitung

Vorkommen: Moore, Heiden

Wissenswertes: In der Schweiz sehr selten.

Galium verum L. Echtes Labkraut

Pflanzenfamilie: Rubiaceae – Krappgewächse

Name: *Galium* evtl. griech. Milch; *verum* lat. echt

Merkmale: 10 bis 80 cm hoch; Quirle im mittleren Teil des Stängels mit 8 bis 12 Blättern; Blätter nadelförmig, bis 2,5 cm lang, steif, glänzend; Blüten 2 bis 4 mm im Durchmesser, mit 4 gelben Blütenblättern, duftend; Früchte (Nüsschen) paarweise, ± glatt

Fortpflanzung: Blüte Juni bis September; zwittrig; Insektenbestäubung; Tierausbreitung (Ameisen)

Vorkommen: Feuchte und trockene Magerwiesen, Föhren-/Kiefernwälder, Waldränder, Wegränder

Wissenswertes: Das getrocknete Kraut wird als harntreibender Tee bei Wasserstauungen und Rheumatismus getrunken. • Auszüge aus dem Echten Labkraut (sowie anderen Labkraut-Arten) wurden früher als pflanzliches Lab zur Gerinnung der Milch genutzt.

250 a Blüten ± hängend, mit 6 nach oben gekrümmten Blütenblättern ▶ *Lilium martagon* (S. 277)

b Blüten anders gestaltet 251▶

251 a Blüten mit 6 (seltener 5) strahlenförmig angeordneten Blütenblättern ▶ *Lythrum salicaria* (S. 277)

b Blüten spiegelsymmetrisch, d. h. oberer und unterer Teil der Blüte unterschiedlich ▶ *Impatiens glandulifera* (S. 282) ....

Cruciata laevipes Opiz
Behaartes oder Gewimpertes Kreuzlabkraut

Pflanzenfamilie: Rubiaceae – Krappgewächse

Name: *Cruciata* lat. Marter, Folter; *laevi-* lat. glatt; *-pes* lat. Fuß

Merkmale: 15 bis 70 cm hoch; Stängel vierkantig; Quirle mit 4 Blättern; Blätter oval, bis 2 cm lang; Blüten 1,5 bis 3 mm im Durchmesser, mit 4 gelben Blütenblättern; Früchte (Nüsschen) paarweise, runzlig, befinden sich unter den Blättern

Fortpflanzung: Blüte April bis Juni; zwittrig; Insektenbestäubung; Tierausbreitung

Vorkommen: Gebüsche, Hecken, Waldränder, Wegränder

Anemone ranunculoides L. Gelbes Windröschen

Pflanzenfamilie: Ranunculaceae – Hahnenfußgewächse

Name: *Anemone* evtl. griech. Wind; *ranuncul-* Hahnenfuß *(Ranunculus); -oides* griech. artig

Merkmale: 10 bis 25 cm hoch; Quirle mit 3 Blättern; Blätter tief in 3 Teilblätter geteilt, Teilblätter bis 8 cm lang, Rand gezähnt; meistens zwei Blüten pro Pflanze, Blüten 20 bis 25 mm im Durchmesser, mit 5 bis 8 (meistens 5) gelben Blütenblättern; zahlreiche Früchtchen (Nüsschen) pro Blüte

Fortpflanzung: Blüte April; zwittrig; Insektenbestäubung; Ameisenausbreitung

Vorkommen: Hecken, Wälder, besonders Buchenwälder, Obstgärten

Wissenswertes: Die ganze Pflanze ist giftig. Vergiftungssymptome sind u. a. Übelkeit, Durchfall, Blutungen.

261 a Pflanze auffällig groß: Stängel bis 3 m hoch und (zuunterst) bis 10 cm dick; Blätter bis 1 m lang; Blütenstand im Durchmesser bis 50 cm ▶ *Heracleum mantegazzianum*

b Pflanze kleiner 262

262 a Blätter rundlich, in 3 oder 5 Abschnitte unterteilt ▶ *Sanicula europaea*

b Blätter nicht rundlich, deutlich länger als breit 263

Heracleum mantegazzianum Sommier & Levier
Riesen-Bärenklau

Pflanzenfamilie: Apiaceae – Doldenblütler, Doldengewächse

Name: *Heracleum* nach dem griech. Helden Herakles (Herkules); *mantegazzianum* nach Paolo Mantegazza, ital. Anthropologe und Drogenforscher (1831–1910)

Merkmale: 150 bis 350 cm hoch; Blätter tief in 3 bis 9 scharf gezähnte Abschnitte unterteilt; Blütenstände mit 15 bis 30 Hauptästen, 30 bis 50 cm im Durchmesser; Blüten 4 bis 20 mm im Durchmesser, mit 5 weißen oder gelbgrünen, oft unterschiedlich großen Blütenblättern; Früchte (Nüsschen) flach und oval, 10 bis 14 mm lang

Fortpflanzung: Blüte Juli bis September; zwittrig; Insektenbestäubung; Wind- und Wasserausbreitung

Vorkommen: Ufer, Gebüsche, Waldschläge, Ödland

Wissenswertes: Größte nicht verholzte, wild wachsende Pflanzenart in Europa, die im Ausnahmefall bis 5 m hoch werden kann. • Ausbreitung nur über Samen, wobei eine Pflanze mehrere 10 000 Samen pro Jahr produzieren kann, die bis zu 10 Jahre lang keimfähig bleiben. Sie stirbt nach dem erstmaligen Blühen ab. • Die ganze Pflanze und insbesondere der Saft ist giftig und enthält fototoxische Inhaltsstoffe: Bei Berührung und gleichzeitiger oder nachfolgender Sonneneinstrahlung kommt es zu stark juckenden Hautentzündungen mit intensiver Blasenbildung (Verbrennungen 3. Grades), die erst nach Wochen verheilen und Narben sowie Hautflecken hinterlassen. • Stammt aus den Hochlagen des Kaukasus und wurde im 19. Jahrhundert als Zierpflanze nach Mitteleuropa gebracht. • In dichten Beständen ist das Aufkommen anderer Pflanzenarten stark erschwert. Bekämpfung: Blütenstände nach dem Verblühen abschneiden, bei nicht blühenden Pflanzen die Pfahlwurzel 15 bis 20 cm unter der Erdoberfläche durchtrennen, alle Pflanzenteile über die Kehrichtabfuhr entsorgen (nicht kompostieren!). Bei der Arbeit mit dieser Pflanze muss die Haut stets vollständig bedeckt sein (Handschuhe, lange Hosen, langärmlige Oberbekleidung) und eine Schutzbrille getragen werden. Erfolgreich ist auch die wiederholte Beweidung der jungen Pflanzen mit Rindern oder Schafen.

263 a Blätter bis (fast) auf den Mittelnerv eingeschnitten und in zahlreiche Teilblätter oder schmale Zipfel unterteilt **264** ......

b Blätter nicht eingeschnitten und nicht in Teilblätter und Zipfel unterteilt **288** (S. 117)

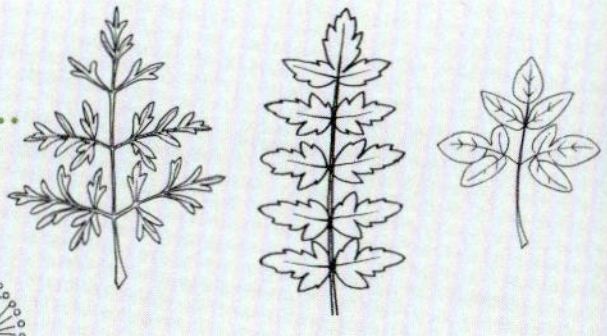

264 a Alle Hauptäste des Blütenstands gehen vom exakt gleichen Punkt aus **265** ....

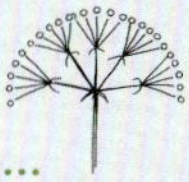

b Hauptäste des Blütenstands gehen nicht alle vom gleichen Punkt aus **281** (S. 114) ....

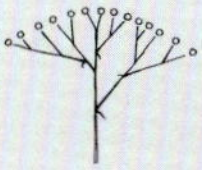

Sanicula europaea L. Sanikel, Wald-Sanikel

Pflanzenfamilie: Apiaceae – Doldenblütler, Doldengewächse

Name: Sanikel: ahd.; *sanicula* von lat. heilen; *europaea* lat. europäisch

Merkmale: 15 bis 50 cm hoch; Blätter rundlich, in 3 oder 5 Abschnitte unterteilt, Rand der Blattabschnitte mit dünn ausgezogenen Zähnen, Blattunterseite glänzend; Blütenstände mit 3 bis 5 Hauptästen; Blüten 2 bis 3 mm im Durchmesser, mit 5 weißen oder rosafarbenen Blütenblättern; Früchte (Nüsschen) kugelig, 4 bis 5 mm im Durchmesser, mit hakigen Stacheln

Fortpflanzung: Blüte Mai bis Juli; zwittrig; Insektenbestäubung; Tierausbreitung

Vorkommen: Wälder, besonders Laubwälder

Wissenswertes: Die Früchte mit den hakigen Stacheln bleiben an Tierfellen (und Kleidern) haften und werden auf diese Weise ausgebreitet. • Das blühende Kraut und/oder die Wurzeln werden als Badezusatz zur Förderung der Wundheilung oder zu Spülungen bei Entzündungen der Mund- und Rachenhöhle angewendet.

265 a Blätter mit 3 Teilblättern, die bei großen Blättern noch einmal in 3 Teile unterteilt sind ▶ ***Aegopodium podagraria*** ....

b Blätter anders gestaltet **266**

266 a Größere Blütenstände meist mit mehr als 20 Hauptästen **267**

b Blütenstände mit höchstens 20 Hauptästen **269**

267 a Blätter in sehr feine Zipfel zerschlitzt ▶ ***Daucus carota*** ....

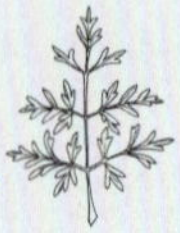

b Blätter in breite Teilblätter unterteilt **268**

268 a Stängel und Blätter behaart ▶ ***Heracleum sphondylium***

b Pflanze kahl oder kaum behaart ▶ ***Angelica sylvestris*** (S. 108)

269 a Untere Blätter gefiedert, d. h., aus mindestens 4 ± senkrecht zum Mittelnerv stehenden Teilblättern zusammengesetzt **270** ....

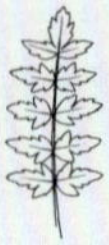

b Blätter anders gestaltet **273**

Aegopodium podagraria L.
Geißfuß, Gewöhnlicher Giersch

Pflanzenfamilie: Apiaceae – Doldenblütler, Doldengewächse

Name: *Aego-* griech. Ziege; *-podium* griech. Fuß; *podagraria* lat. Fußgicht

Merkmale: 30 bis 90 cm hoch; ganze Pflanze unbehaart; Blätter dreiteilig oder mit mehreren dreiteiligen Teilblättern; Blütenstände mit 10 bis 25 Hauptästen; Blüten ca. 3 mm im Durchmesser, mit 5 weißen, seltener rosafarbenen Blütenblättern; Früchte (Nüsschen) länglich bis oval, ca. 3 mm lang

Fortpflanzung: Blüte Mai bis September; zwittrig; Insektenbestäubung; Ameisenausbreitung

Vorkommen: Hecken, Auenwälder, unter Bäumen, Gärten

Wissenswertes: Pflanze mit sehr langen, tief in die Erde eindringenden Ausläufern, deshalb oft in sehr dichten Beständen. • Die jungen, zarten Blätter können roh und fein geschnitten Salaten beigemischt oder als ganze Blätter gedämpft einer Suppe oder einem Risotto beigegeben werden.

Daucus carota L. Wilde oder Gewöhnliche Möhre

Pflanzenfamilie: Apiaceae – Doldenblütler, Doldengewächse

Name: Möhre: ahd.; *daucus* unklar; *carota* lat. Name

Merkmale: 30 bis 100 cm hohe, ein- oder zweijährige Pflanze; Blätter in sehr feine Zipfel zerschlitzt; Blütenstände mit 15 bis 50 Hauptästen, Ausgangspunkt der Hauptäste mit mehreren eingeschnittenen Blättchen; Blüten ca. 3 mm im Durchmesser, mit 5 weißen oder gelblichen, oft unterschiedlich großen Blütenblättern, Blüten in der Mitte des Blütenstands oft dunkelrot; Blütenstand nach der Blüte in der Mitte ein-gesenkt («Vogelnest»); Früchte (Nüsschen) ca. 4 mm lang, stachlig

Fortpflanzung: Blüte Juni bis August; zwittrig; Insektenbestäubung; Tierausbreitung

Vorkommen: Wiesen, Böschungen, Wegränder

Wissenswertes: Stammform der kultivierten Karotte. • Die Äste des Blütenstands biegen sich in der Nacht nach innen. • In der Mitte der Blütenstände befinden sich oft eine oder mehrere dunkelrote bis fast schwarze Blüten. Diese halten die parasitisch lebende Möhrengallmücke *(Kiefferia pericarpiicola)* davon ab, sich auf den Blütenständen niederzulassen, da sie meinen, diese seien bereits von Artgenossen besetzt. • Raupenfutterpflanze des Schwalbenschwanzes *(Papilio machaon)*. • Die Pflanze ist fototoxisch, d. h., die Berührung kann unter Sonneneinstrahlung Hautveränderungen hervorrufen. • Die jungen Rüben der Wildpflanzen sind essbar, aber bleich (arm an Carotin) und wenig ertragreich.

Heracleum sphondylium L. Wiesen-Bärenklau, Gewöhnlicher Bärenklau

Pflanzenfamilie: Apiaceae – Doldenblütler, Doldengewächse

Name: *Heracleum* nach dem griech. Helden Herakles (Herkules); *sphondylium* unklar

Merkmale: 50 bis 150 cm hoch; Stängel behaart; Blätter mit 3 bis 9 eingeschnittenen Teilblättern; Blütenstände mit 15 bis 30 Hauptästen; Blüten ca. 5 mm im Durchmesser, mit 5 weißen, seltener grünlich weißen oder rosafarbenen, oft unterschiedlich großen Blütenblättern; Früchte (Nüsschen) scheibenförmig, 6 bis 10 mm lang

Fortpflanzung: Blüte Juni bis September; zwittrig; Insektenbestäubung; Wind- und Tierausbreitung

Vorkommen: Fettwiesen, Wälder, Waldschläge

Wissenswertes: Nektar und Pollen sind in den Blüten des Bärenklaus für Insekten gut zugänglich, was zur Folge hat, dass auf seinen Blütenständen eine große Vielfalt an unterschiedlichen Blütenbesuchern wie Fliegen, Mücken, Wespen, Käfer oder Wanzen beobachtet werden kann. • Die Pflanze ist fototoxisch, d. h., die Berührung kann unter Sonneneinstrahlung Hautveränderungen hervorrufen. • Die im Dampf gegarten jungen Blätter können als Salat oder Gemüse, die noch nicht erblühten Blütenstände wie Broccoli und die jungen Stängel wie Spargel zubereitet werden. Außerdem eignen sich die Samen zum Würzen.

270 a Blüten gelb ▶ *Pastinaca sativa*
b Blüten weißlich, weiß, rosa, rötlich oder lila 271

271 a Teilblätter der unteren Blätter nur wenig länger als breit ▶ *Pimpinella saxifraga*
b Teilblätter deutlich länger als breit 272

Angelica sylvestris L.
Wilde Brustwurz, Wilde Engelwurz

Pflanzenfamilie: Apiaceae – Doldenblütler, Doldengewächse

Name: *Angelica* lat. Engel; *sylvestris* lat. wild wachsend

Merkmale: 50 bis 200 cm hoch; meist ganze Pflanze unbehaart; Blätter mit zahlreichen Teilblättern, Rand der Teilblätter fein gezähnt; Blütenstände mit 20 bis 40 Hauptästen, stark gewölbt; Blüten ca. 2,5 mm im Durchmesser, mit 5 weißen oder grünlichen, seltener rötlichen Blütenblättern; Früchte (Nüsschen) oval, 4 bis 6 mm lang

Fortpflanzung: Blüte Juli bis September; zwittrig; Insektenbestäubung; Wind- und Tierausbreitung

Vorkommen: Moore, feuchte Wiesen, Wälder, Waldlichtungen

Pastinaca sativa L.
Pastinak, Gewöhnlicher Pastinak

Pflanzenfamilie: Apiaceae – Doldenblütler, Doldengewächse

Name: Pastinak: mhd.; *pastinaca* lat. zweizinkige Hacke; *sativa* lat. angepflanzt

Merkmale: 30 bis 120 cm hohe, zweijährige Pflanze; Blätter mit 5 bis 15 Teilblättern, Rand der Teilblätter grob und ungleichmäßig gezähnt; Blütenstände mit 5 bis 20 Hauptästen; Blüten ca. 2 mm im Durchmesser, mit 5 gelben, oft eingerollten Blütenblättern; Früchte (Nüsschen) scheibenförmig, 5 bis 7 mm lang

Fortpflanzung: Blüte Juli bis August; zwittrig; Insektenbestäubung; Windausbreitung

Vorkommen: Wiesen, Ödland, Wegränder, Bahnareale; auch als Wurzelgemüse angebaut

Wissenswertes: Die Pflanze ist fototoxisch, d. h., die Berührung kann unter Sonneneinstrahlung Hautveränderungen hervorrufen. • Die Wurzeln der Wildpflanzen sind essbar, aber geschmacklich nicht gerade eine Offenbarung.

272 a Pflanze an feuchten bis trockenen Orten wachsend ▶ *Pimpinella major*
b Pflanze im Wasser oder an sumpfigen Orten wachsend ▶ *Berula erecta* (S. 110)

273 a Stängel und/oder Blätter behaart 274
b Pflanze kahl oder kaum behaart 278 (S. 112)

Pimpinella saxifraga L.
Kleine Bibernelle, Kleine Pimpinelle

Pflanzenfamilie: Apiaceae – Doldenblütler, Doldengewächse

Name: Bibernelle, Pimpinelle: von *Pimpinella; pimpinella* evtl. von lat. Pfeffer abgeleitet; *saxi-* lat. Fels, Stein; *-fraga* lat. brechen

Merkmale: 15 bis 60 cm hoch; unterste, grundständige Blätter mit 5 bis 11 Teilblättern, Rand der Teilblätter gezähnt, Blätter am Stängel mit sehr schmalen Zipfeln; Blütenstände mit 10 bis 15 Hauptästen; Blüten ca. 2 mm im Durchmesser, mit 5 weißen, seltener rötlichen Blütenblättern; Früchte (Nüsschen) 2 bis 2,5 mm lang

Fortpflanzung: Blüte Juni bis Oktober; zwittrig; Insektenbestäubung; Tierausbreitung (Ameisen)

Vorkommen: Trockenwiesen, Böschungen, trockene Wälder, besonders Föhren-/Kiefernwälder

Wissenswertes: Die getrocknete Wurzel wird als Tee bei Katarrhen der Luftwege oder als Badezusatz zur Förderung der Wundheilung verwendet.

Pimpinella major (L.) Huds.
Große Bibernelle, Große Pimpinelle

Pflanzenfamilie: Apiaceae – Doldenblütler, Doldengewächse

Name: Bibernelle, Pimpinelle: von *Pimpinella; pimpinella* evtl. von lat. Pfeffer abgeleitet; *major* lat. größer

Merkmale: 30 bis 100 cm hoch; ganze Pflanze meist unbehaart; Blätter mit 3 bis 9 Teilblättern, Rand der Teilblätter gezähnt, Blattunterseite glänzend; Blütenstände mit 10 bis 15 Hauptästen; Blüten ca. 2,5 mm im Durchmesser, mit 5 weißen oder rosafarbenen Blütenblättern; Früchte (Nüsschen) eiförmig, 2,5 bis 3 mm lang

Fortpflanzung: Blüte Juni bis September; zwittrig; Insektenbestäubung; Wind- und Tierausbreitung

Vorkommen: Wiesen, Weiden

Wissenswertes: Die getrocknete Wurzel wird als Tee bei Katarrhen der Luftwege oder als Badezusatz zur Förderung der Wundheilung gebraucht.

274 a Blütenstand mit mindestens 4 sehr schmalen Blättern, die den Hauptästen des Blütenstands anliegen ▶ *Torilis japonica*

b Blütenstand ohne solche Blätter 275

Berula erecta (Huds.) Coville **Kleiner Merk, Berle**

Pflanzenfamilie: Apiaceae – Doldenblütler, Doldengewächse

Name: Merk: ahd.; Berle: von *Berula*; *berula* gallisch Brunnenkresse; *erecta* lat. aufrecht

Merkmale: 20 bis 80 cm hoch; Blätter mit 3 bis 21 Teilblättern, Rand der Teilblätter gezähnt; Blütenstände mit 10 bis 20 Hauptästen, Ausgangspunkt der Hauptäste mit eingeschnittenen Blättchen; Blüten ca. 2 mm im Durchmesser, mit 5 weißen Blütenblättern; Früchte (Nüsschen) abgeflacht, ca. 2 mm lang

Fortpflanzung: Blüte Juni bis August, zwittrig, Insektenbestäubung, Wasserausbreitung

Vorkommen: Bäche, Gräben, Sümpfe

Wissenswertes: Wurzeln und Früchte sind giftig. Vergiftungssymptome sind u. a. Erbrechen, Durchfall, Schwindel und Muskellähmungen.

Torilis japonica (Houtt.) DC. **Wald-Borstendolde, Gewöhnlicher Klettenkerbel**

Pflanzenfamilie: Apiaceae – Doldenblütler, Doldengewächse

Name: Kerbel: ahd.; *torilis* unklar; *japonica* lat. japanisch

Merkmale: 30 bis 120 cm hohe, ein- oder zweijährige Pflanze; Blätter mit tief eingeschnittenen Teilblättern; Blütenstände mit 4 bis 12 Hauptästen, Ausgangspunkt der Hauptäste mit 4 bis 12 schmalen Blättchen, die den Hauptästen des Blütenstands anliegen; Blüten ca. 2,5 mm im Durchmesser, mit 5 weißen oder rosafarbenen Blütenblättern; Früchte (Nüsschen) 2 bis 4 mm lang, borstig

Fortpflanzung: Blüte Juli bis August; zwittrig; Insektenbestäubung; Tierausbreitung

Vorkommen: Gebüsche, Hecken, Waldschläge, Wegränder

Wissenswertes: Die borstigen Früchte bleiben in Tierfellen (und Kleidern) haften und werden auf diese Weise ausgebreitet.

275 a Blattunterseite glänzend ▶ *Chaerophyllum hirsutum*

b Blattunterseite nicht oder nur schwach glänzend 276

276 a Stängel nicht gefleckt, hohl ▶ *Anthriscus sylvestris*

b Stängel meist gefleckt, nicht hohl 277

Chaerophyllum hirsutum L. Gebirgs-Kälberkropf, Rauhaariger Kälberkropf

Pflanzenfamilie: Apiaceae – Doldenblütler, Doldengewächse

Name: *Chaero-* unklar; *-phyllum* griech. Blatt; *hirsutum* lat. rauhaarig

Merkmale: 30 bis 120 cm hoch; Blätter mit tief eingeschnittenen Teilblättern, Unterseite glänzend; Blütenstände mit 10 bis 20 Hauptästen; Blüten ca. 3 mm im Durchmesser, mit 5 weißen oder rötlichen, oft unterschiedlich großen Blütenblättern, diese am Rand mit kurzen Haaren (Lupe); Früchte (Nüsschen) 8 bis 12 mm lang

Fortpflanzung: Blüte Mai bis August; zwittrig; Insektenbestäubung; Wind- und Tierausbreitung

Vorkommen: Bachufer, Wiesen, Wälder

Anthriscus sylvestris (L.) Hoffm. Wiesen-Kerbel

Pflanzenfamilie: Apiaceae – Doldenblütler, Doldengewächse

Name: Kerbel: ahd.; *anthriscus* griech. Ähre, Halm; *sylvestris* lat. wild wachsend

Merkmale: 40 bis 150 cm hoch; Stängel hohl; Blätter in feine Zipfel zerschlitzt, Blattoberseite glänzend; Blütenstände mit 8 bis 16 Hauptästen; Blüten ca. 4 mm im Durchmesser, mit 5 weißen, oft unterschiedlich großen Blütenblättern; Früchte (Nüsschen) 6 bis 10 mm lang

Fortpflanzung: Blüte April bis August; zwittrig; Insektenbestäubung; Tierausbreitung

Vorkommen: Fettwiesen, Obstgärten

Wissenswertes: Die Pflanze ist fototoxisch, d. h., die Berührung kann unter Sonneneinstrahlung Hautveränderungen hervorrufen. • Tee oder Aufgüsse des frischen oder getrockneten Krautes werden bei Wasserstauungen, Verdauungsbeschwerden oder Hautausschlägen verwendet. • Die jungen Pflanzenteile kann man roh essen und Salaten beimischen.

277 a Blütenstand mit 8 bis 20 Ästen, vor dem Aufblühen aufrecht ▶ ***Chaerophyllum aureum***
b Blütenstand mit 6 bis 12 Ästen, vor dem Aufblühen etwas hängend ▶ ***Chaerophyllum temulum***

278 a Blattunterseite glänzend 279
b Blattunterseite nicht oder nur schwach glänzend 280

Chaerophyllum aureum L. Gelbfrüchtiger Kälberkropf, Gold-Kälberkropf

Pflanzenfamilie: Apiaceae – Doldenblütler, Doldengewächse

Name: *Chaero-* unklar; *-phyllum* griech. Blatt; *aureum* lat. goldgelb

Merkmale: 50 bis 130 cm hoch; Stängel meist gefleckt; Blätter in feine Zipfel zerschlitzt; Blütenstände mit 8 bis 20 Hauptästen; Blüten ca. 3 mm im Durchmesser, mit 5 weißen, oft unterschiedlich großen Blütenblättern; Früchte (Nüsschen) 8 bis 12 mm lang, gelbbraun

Fortpflanzung: Blüte Juni bis August; zwittrig; Insektenbestäubung; Wind- und Tierausbreitung

Vorkommen: Ufer, Gebüsche, Hecken, Waldränder

Chaerophyllum temulum L. Hecken-Kälberkropf, Betäubender Kälberkropf

Pflanzenfamilie: Apiaceae – Doldenblütler, Doldengewächse

Name: *Chaero-* unklar; *-phyllum* griech. Blatt; *temulum* lat. berauschen

Merkmale: 30 bis 100 cm hohe, ein- oder zweijährige Pflanze; Stängel meist gefleckt; Blätter mit tief eingeschnittenen Teilblättern; Blütenstände mit 6 bis 12 Hauptästen; Blüten ca. 2,5 mm im Durchmesser, mit 5 weißen, seltener rosafarbenen oder gelblichen, oft unterschiedlich großen Blütenblättern; Früchte (Nüsschen) 5 bis 7 mm lang

Fortpflanzung: Blüte Mai bis Juli; zwittrig; Insektenbestäubung; Wind- und Tierausbreitung

Vorkommen: Gebüsche, Hecken, lichte Waldstellen, Schuttplätze

Wissenswertes: Die Pflanze ist wenig giftig und kann bei Tieren Gleichgewichtsstörungen (Taumeln) verursachen.

279 a Blütenblätter am Rand mit Haaren (bewimpert; Lupe); Stängel mindestens im unteren Teil oft behaart ▶ *Chaerophyllum hirsutum* (S. 111)

b Blütenblätter am Rand nicht bewimpert; Stängel unbehaart ▶ *Aethusa cynapium*

280 a Blätter im Umriss eher länglich; Blattzipfel höchstens 1,5 mm breit ▶ *Carum carvi*

b Blätter im Umriss dreieckig; Blattzipfel breiter als 1,5 mm ▶ *Anthriscus sylvestris* (S. 111)

Aethusa cynapium L. Hundspetersilie

Pflanzenfamilie: Apiaceae – Doldenblütler, Doldengewächse

Name: Petersilie: ahd.; *aethusa* griech. Brennende, Leuchtende; *cyn-* griech. Hund; *-apium* lat. Sellerie

Merkmale: 10 bis 100 cm hohe, ein- oder zweijährige Pflanze; ganze Pflanze unbehaart; Blätter in feine Zipfel zerschlitzt, beim Zerreiben mit unangenehmem Geruch; Blütenstände mit 5 bis 15 Hauptästen; Blüten 2 bis 3 mm im Durchmesser, mit 5 weißen, oft unterschiedlich großen Blütenblättern; Früchte (Nüsschen) eiförmig, 2,5 bis 4 mm lang

Fortpflanzung: Blüte Juni bis Oktober; zwittrig; Insektenbestäubung; Windausbreitung

Vorkommen: Gärten, Äcker, Ödland

Wissenswertes: Die ganze Pflanze ist sehr stark giftig. Vergiftungssymptome sind u. a. Brennen im Mund, Erbrechen, Auftreibung und Dunkelfärbung des Leibs, Krämpfe, Bewusstseinstrübung, Atemlähmung.

Carum carvi L. Kümmel, Wiesen-Kümmel

Pflanzenfamilie: Apiaceae – Doldenblütler, Doldengewächse

Name: *Carum* griech. Name dieser Art; *carvi* arab. Name dieser Art

Merkmale: 30 bis 70 cm hohe, zweijährige Pflanze; ganze Pflanze unbehaart; Blätter in sehr feine Zipfel zerschlitzt; Blütenstände mit 8 bis 16 Hauptästen; Blüten ca. 3 mm im Durchmesser, mit 5 weißen oder rötlichen Blütenblättern; Früchte (Nüsschen) oval, 3 bis 3,5 mm lang, beim Zerreiben duftend

Fortpflanzung: Blüte Mai bis August; zwittrig; Insektenbestäubung; Tierausbreitung

Vorkommen: Wiesen, Weiden

Wissenswertes: Der Geschmack der Früchte stammt von einem ätherischen Öl, dem Carvon. Dieses gilt als verdauungsfördernd. Dementsprechend werden die reifen Früchte gekaut, als Tee oder Likör bzw. Branntwein (Kümmel) bei Verdauungsbeschwerden eingenommen.

281 a Blätter strahlenförmig in 3 bis 5 Teilblätter unterteilt ▶ *Eupatorium cannabinum*
b Blätter anders gestaltet 282

282 a Einzelblüten bestehen aus zahlreichen halbkugeligen Büscheln von Staubblättern ▶ *Thalictrum aquilegiifolium*
b Blüten anders gestaltet 283

Eupatorium cannabinum L. (Gewöhnlicher) Wasserdost

Pflanzenfamilie: Asteraceae – Korbblütler

Name: Dost: ahd.; *eupatorium* evtl. von griech. Leber; *cannabinum* griech. dem Hanf *(Cannabis)* ähnlich (Blätter)

Merkmale: 50 bis 150 cm hoch; Blätter gegenständig, strahlenförmig in 3 bis 5 Teilblätter unterteilt, Rand der Teilblätter gezähnt; Blüten(stände) 5 bis 6 mm lang, mit 3 bis 10 rosafarbenen bis hellroten Blüten(blättern); Früchte (Nüsschen) 2 bis 3 mm lang, mit 3 bis 5 mm langen Haaren

Fortpflanzung: Blüte Juli bis September; zwittrig; Insektenbestäubung; Wind- und Tierausbreitung

Vorkommen: Ufer, nasse Wiesen, Auenwälder, feuchte Waldstellen

Wissenswertes: Die ganze Pflanze ist giftig. Vergiftungssymptome sind u. a. Hautreizung und allergische Reaktionen. Evtl. krebserregende Wirkung.

Thalictrum aquilegiifolium L. Akeleiblättrige Wiesenraute, Akelei-Wiesenraute

Pflanzenfamilie: Ranunculaceae – Hahnenfußgewächse

Name: *Thalictrum* unklar; *aquilegii-* lat. Akelei *(Aquilegia)*; *-folium* lat. Blatt

Merkmale: 40 bis 140 cm hoch; Blätter in Teilblätter unterteilt, Teilblätter rundlich bis oval, grob und stumpf gezähnt, etwas blaugrün; halbkugelige Blüten 15 bis 25 mm im Durchmesser, aus Büscheln der lila- bis rosafarbenen, manchmal fast weißen Staubblättern bestehend; mehrere gestielte, hängende, 5 bis 7 mm lange Früchtchen (Nüsschen) pro Blüte

Fortpflanzung: Blüte Mai bis Juli; zwittrig; Insektenbestäubung; Windverbreitung

Vorkommen: Ufer, schattige Wiesen, Auenwälder, Wälder

Wissenswertes: Die 4 oder 5 Blütenblätter fallen beim Öffnen der Blüten ab, sodass die zahlreichen Staubblätter den Schauapparat bilden, d. h. die Bestäuberinsekten anlocken.

283 a Blätter in feinste Zipfel geschlitzt ▶ *Achillea millefolium*

b Blätter am Stängel gefiedert, d. h., aus mindestens 4 ± senkrecht zum Mittelnerv stehenden Teilblättern zusammengesetzt 284

284 a Blüten gelb ▶ *Tanacetum vulgare*

b Blüten weiß oder rosa 285

Achillea millefolium L. Wiesen-Schafgarbe, Gewöhnliche Schafgarbe

Pflanzenfamilie: Asteraceae – Korbblütler

Name: Garbe: ahd.; *Achillea* nach Achilles, Held von Troja; *mille-* lat. tausend; *-folium* lat. Blatt

Merkmale: 15 bis 60 cm hoch; Blätter schmal, in feinste Zipfel zerschlitzt, beim Zerreiben duftend; Blüten(stände) 4 bis 10 mm im Durchmesser, am Rand mit 4 bis 6 ausgebreiteten, weißen oder rosafarbenen Blüten(blätter), in der Mitte weißlich bis gelblich; Früchte (Nüsschen) 1,5 bis 2 mm lang

Fortpflanzung: Blüte Juni bis September; zwittrig; Insektenbestäubung; Wind- und Tierausbreitung

Vorkommen: Wiesen, Weiden, Wegränder

Wissenswertes: Das blühende Kraut wird getrocknet und als Tee, Tinktur oder Badezusatz bei Menstruations- und Verdauungsbeschwerden sowie zur Förderung der Wundheilung angewendet. • Die jungen Blätter können Salaten und Suppen beigegeben werden oder gegart und gedünstet als Gemüse gegessen werden.

Tanacetum vulgare L. Rainfarn

Pflanzenfamilie: Asteraceae – Korbblütler

Name: *Tanacetum* unklar; *vulgare* lat. gewöhnlich

Merkmale: 40 bis 150 cm hoch; Blätter mit 15 bis 31 schmalen Teilblättern, Rand der Teilblätter gezähnt bis eingeschnitten, Blätter beim Zerreiben stark duftend; Blüten(stände) 5 bis 12 mm im Durchmesser, mit gelben Blüten(blättern); Früchte (Nüsschen) 1,5 bis 2 mm lang

Fortpflanzung: Blüte Juni bis September; zwittrig; Insektenbestäubung; Wind- und Tierausbreitung (Ameisen)

Vorkommen: Ufer, Gebüsche, Waldschläge, Ödland

Wissenswertes: Bei starker Sonneneinstrahlung richten sich die Blätter parallel zur Strahlungsrichtung aus («Kompasspflanze»).

285 a Blätter gegenständig, d.h., sie stehen sich am Stängel auf gleicher Höhe gegenüber 286 ....

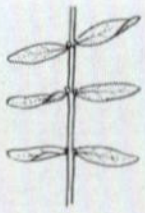

b Blätter wechselständig, d.h., sie stehen sich nicht gegenüber ▶ *Filipendula ulmaria* ....

286 a Pflanze höchstens 40 cm hoch ▶ *Valeriana dioica*

b Pflanze 40 bis 200 cm hoch 287

Filipendula ulmaria (L.) Maxim. Moor-Spierstaude, Echtes Mädesüß

Pflanzenfamilie: Rosaceae – Rosengewächse

Name: *Fili-* lat. Faden; *-pendula* lat. hängend; *ulmaria* lat. ulmenartig (Blätter)

Merkmale: 50 bis 200 cm hoch; Blätter mit 5 bis 11 großen Teilblättern und dazwischen kleine Blättchen, Rand der Teilblätter gezähnt, Blattoberseite dunkelgrün, Unterseite hellgrün oder fast weiß; Blüten 6 bis 9 mm im Durchmesser, mit meist 5 weißen Blütenblättern; mehrere gedrehte Früchtchen (Nüsschen) pro Blüte

Fortpflanzung: Blüte Juni bis August; zwittrig; Insektenbestäubung; Wind- und Tierausbreitung

Vorkommen: Bachufer, Gräben, Sümpfe, feuchte Wiesen, Auenwälder

Wissenswertes: Raupenfutterpflanze des Schwarzen Trauerfalters *(Neptis rivularis)*. • Das getrocknete Kraut oder die getrockneten Blüten werden als Tee bei Erkältungen oder Grippe eingenommen. • Mit den Blättern können Getränke aromatisiert werden, so u.a. Bier. Daher stammt wohl auch der Name: Süße des Mets.

Valeriana dioica L. Sumpf-Baldrian, Kleiner Baldrian

Pflanzenfamilie: Caprifoliaceae – Geißblattgewächse

Name: Baldrian: von *Valeriana*; *valeriana* unklar; *di-* griech. zwei; *-oica* griech. Haus

Merkmale: 15 bis 30 cm hoch; Blätter gegenständig, Stängelblätter mit 5 bis 9 Blattabschnitten, die untersten, grundständigen Blätter nicht unterteilt; Blüten 2 bis 5 mm im Durchmesser, mit 5 Zipfeln, weiß oder rosa; Früchte (Nüsschen) 2,5 bis 3,5 mm lang

Fortpflanzung: Blüte April bis Juni; zweihäusig; Insektenbestäubung; Windverbreitung

Vorkommen: Bachufer, Moore, nasse Wiesen

Wissenswertes: Raupenfutterpflanze des Silberscheckenfalters *(Melitaea diamina)*.

287 a Rand der Teilblätter nur mit einzelnen Zähnen ▶ *Valeriana officinalis*

b Rand der Teilblätter gleichmäßig fein gezähnt ▶ *Sambucus ebulus*

288 a Blüten weiß 290

b Blüten andersfarbig 289

Valeriana officinalis L. Arznei-Baldrian

Pflanzenfamilie: Caprifoliaceae – Geißblattgewächse

Name: Baldrian: von *Valeriana*; *valeriana* unklar; *officinalis* lat. für Arzneimittel verwendet

Merkmale: 40 bis 150 cm hoch; Blätter gegenständig, Stängelblätter und unterste Blätter mit 5 bis 27 Teilblättern, Rand der Teilblätter mit einigen Zähnen; Blüten 2 bis 4,5 mm im Durchmesser, mit 5 Zipfeln, weiß bis rosa; Früchte (Nüsschen) 2 bis 5 mm lang

Fortpflanzung: Blüte Juni bis August; zwittrig; Insektenbestäubung; Windausbreitung

Vorkommen: Ufer, Gräben, feuchte Wiesen, Gebüsche, feuchte Wälder

Wissenswertes: Raupenfutterpflanze des Silberscheckenfalters *(Melitaea diamina)*. • Die Inhaltsstoffe des Baldrians haben auf Katzen eine ähnlich anregende Wirkung wie Sexuallockstoffe. • Die frischen oder getrockneten Wurzeln werden als Tee oder Tinktur bei Nervosität, leichter Schlaflosigkeit und nervösen Herzstörungen angewendet.

Sambucus ebulus L. Zwerg-Holunder

Pflanzenfamilie: Adoxaceae – Bisamkraut- oder Moschuskrautgewächse

Name: Holunder: ahd.; *sambucus* unklar; *ebulus* lat. Name dieser Art

Merkmale: 50 bis 200 cm hoch; Blätter gegenständig, mit 7 bis 11 Teilblättern, Rand der Teilblätter regelmäßig fein gezähnt; Blüten bis 8 mm im Durchmesser, mit 5 Zipfeln, weiß oder rosa, duftend, Staubblätter rot; Frucht (Steinfrucht) kugelig, 5 bis 7 mm groß, schwarz

Fortpflanzung: Blüte Juli bis August; zwittrig; Insektenbestäubung; Tierausbreitung

Vorkommen: Gebüsche, Hecken, Waldschläge, Ödland

Wissenswertes: Die ganze Pflanze und besonders die Samen sind giftig. Vergiftungssymptome sind u. a. Übelkeit, Erbrechen, Durchfall, Schwindelgefühl, Pupillenerweiterung, Sehstörungen, Herzbeschwerden.

289 a Blätter deutlich dick (fleischig) ▶ *Sedum telephium*
b Blätter normal 796 (S. 323)

290 a Blattrand mit feinen Zähnen ▶ *Achillea ptarmica*
b Blattrand ohne Zähne ▶ *Allium ursinum* (S. 276)

Sedum telephium L., *Hylotelephium telephium* (L.) Ohba Großes Fettkraut, Purpur-Waldfetthenne

Pflanzenfamilie: Crassulaceae – Dickblattgewächse

Name: *Sedum* unklar; *hylo-* griech. Wald; *telephium* evtl. nach Telephos, Gründer der Stadt Pergamon (Türkei)

Merkmale: 20 bis 70 cm hoch; ganze Pflanze unbehaart; Stängel bis 10 mm dick; Blätter gegen- oder wechselständig, oberste manchmal quirlständig, oval, dick (fleischig), Blattrand unregelmäßig gezähnt; Blüten 5 bis 9 mm im Durchmesser, mit 5 gelblichen, grünlichen oder roten Blütenblättern; 5 Früchte (Balgfrüchte) pro Blüte

Fortpflanzung: Blüte Juni bis September; zwittrig; Insektenbestäubung; Windausbreitung

Vorkommen: Rasen, steinige, buschige Orte, Mauern, Felsen und Felsschutt

Wissenswertes: Die frischen Blätter wurden als Auflage bei schlecht heilenden Wunden verwendet. • Die Blätter können als saftige, leicht fruchtig-säuerliche Salatzugabe verwendet werden.

Achillea ptarmica L. Sumpf-Schafgarbe

Pflanzenfamilie: Asteraceae – Korbblütler

Name: Garbe: ahd.; *Achillea* nach Achilles, Held von Troja; *ptarmica* griech. Niesreiz erregend

Merkmale: 30 bis 80 cm hoch; Blätter schmal, Blattrand fein und gleichmäßig gezähnt; Blüten(stände) 12 bis 17 mm im Durchmesser, am Rand mit 8 bis 13 ausgebreiteten, weißen Blüten(blättern), in der Mitte weißlich bis gelblich; Früchte (Nüsschen) 1,5 bis 2 mm lang

Fortpflanzung: Blüte Juli bis August; zwittrig; Insektenbestäubung; Windausbreitung

Vorkommen: Ufer, Gräben, nasse Wiesen

301 a Blätter aus 3 bis 7 Teilblättern mit gezähntem Blattrand zusammengesetzt **185** (S. 77) ....

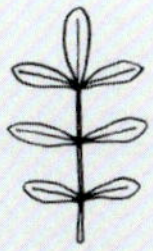

b Blätter anders gestaltet **302**

302 Bei den meisten Pflanzenarten dieser Gruppe sind die Organe, die wie Blüten aussehen, in Tat und Wahrheit Blütenstände, die aus meist zahlreichen einzelnen Blüten bestehen, die ihrerseits wiederum wie Blütenblätter aussehen (Allgemeines zur Pflanzenfamilie der Korbblütler siehe S. 390). Dies ist im Folgenden zu beachten. **303**

303 a Blütenstände von zahlreichen, strahlenförmig angeordneten, glänzenden Blättern (Hüllblätter) umgeben **304**

b Blütenstände ohne glänzende Hüllblätter **305**

304 a Hüllblätter silbrig weiß glänzend; Pflanze meistens nur wenige cm hoch und nur mit 1 Blütenstand ▶ *Carlina acaulis*

b Hüllblätter braungelb glänzend; Pflanze meistens bis 50 cm hoch und mit mehreren Blütenständen ▶ *Carlina vulgaris* (S. 120)

Carlina acaulis L. Silberdistel, Große Eberwurz

Pflanzenfamilie: Asteraceae – Korbblütler

Name: Distel: ahd.; *carlina* evtl. lat. kratzend; *acaulis* lat. stängellos

Merkmale: 3 bis 40 cm hoch; Blätter tief eingeschnitten, deutlich stechend; Blütenstände von silbrig weiß glänzenden Hüllblättern umgeben, mit diesen 50 bis 120 mm im Durchmesser, mit zahlreichen weißen oder rötlichen Blüten; Früchte (Nüsschen) 4 bis 5 mm lang, mit 10 bis 15 mm langen, weißen Haaren

Fortpflanzung: Blüte Juli bis September; zwittrig; Insektenbestäubung; Wind- und Tierausbreitung

Vorkommen: Magerwiesen, Weiden, lichte Wälder

Wissenswertes: Bei hoher Luftfeuchtigkeit schließen sich die Blütenstände, indem die Unterseiten der Hüllblätter stärker aufquellen als die Oberseiten. • Die getrocknete Wurzel wurde bei Verdauungsbeschwerden, als harn- und schweißtreibendes Mittel sowie zur Förderung der Wundheilung eingesetzt.

305 a Blüten rosa, rot, lila oder violett **306**

b Blüten weißlich gelb bis goldgelb **313** (S. 124)

306 a Blüten spiegelsymmetrisch, d.h., oberer und unterere Blütenteil sind unterschiedlich ▶ *Ononis spinosa* (S. 172) ....

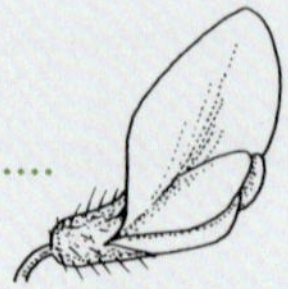

b Blüten anders gestaltet **307**

Carlina vulgaris L.
Gewöhnliche Golddistel, Kleine Eberwurz

Pflanzenfamilie: Asteraceae – Korbblütler

Name: Distel: ahd.; *carlina* evtl. lat. kratzend; *vulgaris* lat. gewöhnlich

Merkmale: 10 bis 50 cm hoch; Blätter unterschiedlich tief eingeschnitten, deutlich stechend; Blütenstände von braungelb glänzenden Hüllblättern umgeben, mit diesen 25 bis 50 mm im Durchmesser, mit zahlreichen gelblichen bis rötlichen Blüten; Früchte (Nüsschen) 2 bis 4 mm lang, mit 7 bis 8 mm langen, gelblichen Haaren

Fortpflanzung: Blüte Juli bis September; zwittrig; Insektenbestäubung; Windausbreitung

Vorkommen: Magerwiesen, lichte Föhren/Kiefern- und Eichenwälder

Wissenswertes: Bei hoher Luftfeuchtigkeit schließen sich die Blütenstände, indem die Unterseiten der Hüllblätter stärker aufquellen als die Oberseiten.

Cirsium acaule Scop. Stängellose Kratzdistel

Pflanzenfamilie: Asteraceae – Korbblütler

Name: Distel: ahd.; *cirsium* evtl. indogerm. schneiden; *acaule* lat. stängellos

Merkmale: Stängel meist nicht vorhanden oder nur wenige cm hoch; Blätter tief eingeschnitten, steif, behaart, deutlich stechend; meist nur 1 Blütenstand, 20 bis 45 mm im Durchmesser, mit zahlreichen purpurroten Blüten; Früchte (Nüsschen) 3 bis 4 mm lang, mit 20 bis 30 mm langen, weißlichen Haaren

Fortpflanzung: Blüte Juli bis September; zwittrig oder zweihäusig; Insektenbestäubung; Wind- und Ameisenausbreitung

Vorkommen: Magerwiesen, Weiden

307 a Stängel meistens nur wenige cm hoch ▶ *Cirsium acaule*
b Stängel mindestens 30 cm hoch 308

308 a Stängelblätter einander gegenüberstehend und paarweise verwachsen ▶ *Dipsacus fullonum*
b Stängelblätter einzeln stehend und nicht verwachsen 309

309 a Stängel nicht stachlig ▶ *Cirsium arvense*
b Stängel mindestens im unteren Teil stachlig 310

Dipsacus fullonum L. Wilde Karde

Pflanzenfamilie: Caprifoliaceae – Geißblattgewächse

Name: Karde: ahd.; *dipsacus* griech. Durst; *fullonum* lat. Tuchmacher

Merkmale: 50 bis 200 cm hohe, zweijährige Pflanze; Stängel mit 1 bis 5 mm langen Stacheln; Blätter gegenständig, Mittelnerv der Blätter mit Stacheln auf der Unterseite; Blütenstand eiförmig, 30 bis 80 mm lang und 25 bis 45 mm im Durchmesser, mit zahlreichen vierzipfligen, lilafarbenen Blüten und schmalen, stechenden Blättern; Früchte (Nüsschen) gefurcht, ca. 5 mm lang

Fortpflanzung: Blüte Juli bis August; zwittrig; Insektenbestäubung; Tierausbreitung (z. B. Distelfink)

Vorkommen: Ufer, Brachen, Schuttplätze

Wissenswertes: Die verwachsenen Blätter bilden ein Wassersammelbecken. • Das Aufblühen der Blüten geschieht von der Mitte des Blütenstands aus nach oben und unten. • Die trockenen Blütenstände der Karde wurden zum Kämmen von Wolle (Kardieren) verwendet.

Cirsium arvense (L.) Scop. Acker-Kratzdistel

Pflanzenfamilie: Asteraceae – Korbblütler

Name: Distel: ahd.; *cirsium* evtl. indogerm. schneiden; *arvense* lat. Acker

Merkmale: 30 bis 150 cm hoch; Blätter unterschiedlich tief eingeschnitten, Blattrand mit Zähnen, nur wenig stechend; Blütenstände 8 bis 18 mm in Durchmesser, mit zahlreichen rotlilafarbenen Blüten; Früchte (Nüsschen) ca. 3 bis 4 mm lang, mit 20 bis 30 mm langen, weißlichen Haaren

Fortpflanzung: Blüte Juli bis September; zweihäusig; Insektenbestäubung; Wind- und Tierausbreitung (z. B. Distelfink)

Vorkommen: Waldschläge, Äcker, Ödland, Wegränder

Wissenswertes: Vegetative Vermehrung durch Wurzelsprosse. Auch aus kurzen Wurzelstücken können sich wieder neue Pflanzen entwickeln. • Raupenfutterpflanze von Distelfalter *(Cynthia cardui)* und Flockenblumen-Scheckenfalter *(Melitaea phoebe)*.

310 a Blütenstände meist einzeln am Ende des Stängels und der Seitenäste **311**

b Mehrere Blütenstände eng beisammen am Ende des Stängels und der Seitenäste **312**

311 a Blattoberseite rau; Blütenstände aufrecht ▶ ***Cirsium vulgare***

b Blattoberseite behaart, aber nicht rau; Blütenstände etwas hängend ▶ ***Carduus nutans***

Cirsium vulgare (Savi) Ten. Gewöhnliche Kratzdistel, Lanzett-Kratzdistel

Pflanzenfamilie: Asteraceae – Korbblütler

Name: Distel: ahd.; *cirsium* evtl. indogerm. schneiden; *vulgare* lat. gewöhnlich

Merkmale: 50 bis 200 cm hohe, zweijährige Pflanze; Stängel stachlig; Blätter tief eingeschnitten, steif, deutlich stechend; Blütenstände 30 bis 45 mm im Durchmesser, mit zahlreichen hellroten bis violetten Blüten; Früchte (Nüsschen) 3 bis 4 mm lang, mit 20 bis 30 mm langen, weißlichen Haaren

Fortpflanzung: Blüte Juli bis September; zwittrig oder zweihäusig; Insektenbestäubung; Wind- und Tierausbreitung (z. B. Distelfink)

Vorkommen: Weiden, Waldschläge, Ödland, Wegränder

Wissenswertes: Die Gelbe Bohrfliege *(Urophora stylata)* legt ihre Eier in den unteren Teil der Blütenstände, wobei dieser verholzt und fühlbar härter wird. In diesem Gehäuse (Galle) können die Larven geschützt fressen, sich verpuppen, und im Frühjahr darauf schlüpft die nächste Fliegengeneration. • Raupenfutterpflanze des FlockenblumenScheckenfalters *(Melitaea phoebe)*.

Carduus nutans L. Nickende Distel

Pflanzenfamilie: Asteraceae – Korbblütler

Name: Distel: ahd.; *carduus* lat. Distel; *nutans* lat. nickend

Merkmale: 30 bis 120 cm hohe, zweijährige Pflanze; Stängel stachlig; Blätter eingeschnitten, deutlich stechend; Blütenstände 30 bis 50 mm im Durchmesser, meist etwas hängend (nickend), mit zahlreichen purpurroten Blüten; Früchte (Nüsschen) 3 bis 5 mm lang, mit 15 bis 20 mm langen Haaren

Fortpflanzung: Blüte Juli bis August; zwittrig; Insektenbestäubung; Wind- und Tierausbreitung (z. B. Distelfink)

Vorkommen: Weiden, Ödland, Schuttplätze, Wegränder

312 a Blütenstände 8 bis 15 mm im Durchmesser; Pflanze an eher feuchten bis nassen Orten wachsend ▶ *Cirsium palustre*

b Blütenstände 15 bis 25 mm im Durchmesser; Pflanze an eher trockenen Orten wachsend ▶ *Carduus crispus*

Cirsium palustre (L.) Scop. Sumpf-Kratzdistel

Pflanzenfamilie: Asteraceae – Korbblütler

Name: Distel: ahd.; *cirsium* evtl. indogerm. schneiden; *palustre* lat. Sumpf

Merkmale: 40 bis 200 cm hohe, zweijährige Pflanze; Stängel stachlig; Blätter tief eingeschnitten, steif, deutlich stechend; Blütenstände 8 bis 15 mm im Durchmesser, mit zahlreichen purpurroten Blüten; Früchte (Nüsschen) 2 bis 3 mm lang, mit 7 bis 10 mm langen, weißlichen Haaren

Fortpflanzung: Blüte Juli bis Oktober; zwittrig oder zweihäusig; Insektenbestäubung; Wind- und Tierausbreitung (z. B. Distelfink)

Vorkommen: Moore, nasse Wiesen, Waldschläge

Wissenswertes: Die jungen Triebe werden geschält, von Stacheln befreit und roh als Salat oder gekocht als Gemüse zubereitet.

Carduus crispus L. Krause Distel

Pflanzenfamilie: Asteraceae – Korbblütler

Name: Distel: ahd.; *carduus* lat. Distel; *crispus* lat. kraus

Merkmale: 50 bis 150 cm hohe, zweijährige Pflanze; Stängel stachlig; Blätter eingeschnitten, stechend; Blütenstände 15 bis 25 mm im Durchmesser, mit zahlreichen purpurroten Blüten; Früchte (Nüsschen) 3 bis 4 mm lang, mit 10 bis 18 mm langen Haaren

Fortpflanzung: Blüte Juli bis September; zwittrig; Insektenbestäubung; Windausbreitung

Vorkommen: Schuttplätze, Wegränder

313 a Blattunterseite mit kurzen Stacheln auf dem Mittelnerv ▶ *Lactuca serriola* (S. 128)

b Blattunterseite ohne Stacheln **314**

314 a Blütenstände von gelbgrünen Blättern umgeben ▶ *Cirsium oleraceum*

b Blütenstände nicht von gelbgrünen Blättern umgeben **315**

Cirsium oleraceum (L.) Scop. Kohldistel, Kohl-Kratzdistel

Pflanzenfamilie: Asteraceae – Korbblütler

Name: Distel: ahd.; *cirsium* evtl. indogerm. schneiden; *oleraceum* lat. kohl-, gemüseartig

Merkmale: 50 bis 150 cm hoch; Blätter unterschiedlich tief eingeschnitten, kaum stechend; größere Blütenstände 15 bis 25 mm im Durchmesser, mit zahlreichen hellgelben Blüten; Früchte 4 bis 5 mm lang, mit ca. 15 mm langen, weißlichen Haaren

Fortpflanzung: Blüte Juni bis September; zwittrig oder zweihäusig; Insektenbestäubung; Wind- und Tierausbreitung (z. B. Distelfink)

Vorkommen: Ufer, Gräben, feuchte Wiesen, Auenwälder

Wissenswertes: Die Blätter können als Gemüse zubereitet werden.

Sonchus arvensis L. Acker-Gänsedistel

Pflanzenfamilie: Asteraceae – Korbblütler

Name: Distel: ahd.; *sonchus* unklar; *arvensis* lat. Acker

Merkmale: 50 bis 150 cm hoch; Blätter unterschiedlich tief eingeschnitten, Blattrand stachelig gezähnt; Blütenstände 25 bis 45 mm im Durchmesser, mit zahlreichen ausgebreiteten, (gold)gelben Blüten; Früchte (Nüsschen) 2 bis 4 mm lang, mit 10 bis 13 mm langen, weißen Haaren

Fortpflanzung: Blüte Juli bis Oktober; zwittrig; Insektenbestäubung; Wind- und Tierausbreitung (z. B. Girlitz)

Vorkommen: Äcker, Schuttplätze

Wissenswertes: Blütenstände nur bei sonnigem Wetter und besonders vormittags geöffnet.

315 a Blütenstände mindestens 25 mm im Durchmesser, (gold)gelb ▶ *Sonchus arvensis*
b Blütenstände höchstens 25 mm im Durchmesser, (hell)gelb **316**

316 a Blätter weich, kaum glänzend, spitz gezähnt (kaum stechend) ▶ *Sonchus oleraceus*
b Blätter etwas hart, glänzend, stachlig gezähnt (etwas stechend) ▶ *Sonchus asper*

Sonchus oleraceus L. Kohl-Gänsedistel

Pflanzenfamilie: Asteraceae – Korbblütler

Name: Distel: ahd.; *sonchus* unklar; *oleraceus* lat. kohl-, gemüseartig

Merkmale: 30 bis 100 cm hohe, ein- oder zweijährige Pflanze; Blätter unterschiedlich tief eingeschnitten; Blütenstände 15 bis 25 mm im Durchmesser, mit zahlreichen ausgebreiteten, (hell)gelben Blüten; Früchte (Nüsschen) 2,5 bis 3 mm lang, mit 5 bis 8 mm langen, weißen Haaren

Fortpflanzung: Blüte Juni bis Oktober; zwittrig; Insektenbestäubung; Wind- und Tierausbreitung (z. B. Girlitz)

Vorkommen: Gärten, Äcker, Schuttplätze

Wissenswertes: Die Blütenstände sind bei nassem Wetter geschlossen. • Die jungen Blätter und Sprosse können als Salat oder gekocht als Gemüse zubereitet werden.

Sonchus asper (L.) Hill Raue Gänsedistel

Pflanzenfamilie: Asteraceae – Korbblütler

Name: Distel: ahd.; *sonchus* unklar; *asper* lat. rau

Merkmale: 30 bis 100 cm hohe, ein- oder zweijährige Pflanze; Blätter unterschiedlich tief eingeschnitten; Blütenstände 15 bis 25 mm im Durchmesser, mit zahlreichen ausgebreiteten, gelben Blüten; Früchte (Nüsschen) 2,5 bis 3 mm lang, mit 5 bis 8 mm langen, weißen Haaren

Fortpflanzung: Blüte Juni bis Oktober; zwittrig; Insektenbestäubung; Wind- und Tierausbreitung (z. B. Girlitz)

Vorkommen: Gärten, Äcker, Schuttplätze

Wissenswertes: Die Blütenstände sind bei nassem Wetter geschlossen. • Die jungen Blätter und Sprosse können als Salat oder gekocht als Gemüse zubereitet werden.

321 Bei dieser Pflanzengruppe sind die Organe, die wie Blüten aussehen, in Tat und Wahrheit Blütenstände, die aus meist zahlreichen einzelnen Blüten bestehen, die ihrerseits wiederum wie Blütenblätter aussehen (Allgemeines zur Pflanzenfamilie der Korbblütler siehe S. 390). Dies ist im Folgenden zu beachten. 322

322 a Vorherrschende Blütenfarbe grünlich gelb, gelblich, (hell)gelb, orangegelb oder bräunlich 323

b Vorherrschende Blütenfarbe rosa, rötlich, rot, rotbraun, lila, violett oder (hell)blau 368 (S. 146)

c Vorherrschende Blütenfarbe weißlich bis rein weiß; Blütenstände oft mit gelb(lich)er Mitte 390 (S. 156)

323 a Stängel mit mindestens einem normal ausgebildeten Blatt 324

b Stängel ohne Blätter, d. h., alle Blätter stehen an der Basis des Stängels (höchstens wenige kleine, schuppenförmige Blätter am Stängel) 363 (S. 144)

Ambrosia artemisiifolia L.
Aufrechtes Traubenkraut, Beifuß-Ambrosie

Pflanzenfamilie: Asteraceae – Korbblütler

Name: *Ambrosia* griech. unsterblich; *artemisii-* lat. Name des Beifußes *(Artemisia); -folia* lat. Blatt

Merkmale: 20 bis 120 cm hohe, einjährige Pflanze; Blätter im unteren Teil des Stängels gegenständig, im oberen wechselständig, tief bis (fast) auf den Mittelnerv eingeschnitten, Blattrand gezähnt; Blütenstände 4 bis 5 mm im Durchmesser, hängend in langen Gesamtblütenständen, Blüten grünlich bis gelblich; Früchte (Nüsschen) 4 bis 5 mm lang

Fortpflanzung: Blüte August bis Oktober; einhäusig; Windbestäubung; Wind- und Tierausbreitung

Vorkommen: Äcker, Schuttplätze, Wegränder

Wissenswertes: Die Art breitet sich nur über Samen aus, wobei eine Pflanze über 50 000 Samen pro Jahr produzieren kann, die über 10 Jahre lang keimfähig bleiben. • Die Pollen sind sehr stark allergen. Eine Pflanze kann täglich bis zu zwei Milliarden Pollen produzieren, wobei bereits fünf bis zehn Pollen pro m^3 Luft bei empfindlichen Menschen eine Allergie oder Asthma auslösen können. • Stammt aus Nordamerika und gelangte unbeabsichtigt ab der zweiten Hälfte des 19. Jahrhunderts als Verunreinigung in Lieferungen von Getreide- und Sonnenblumensamen nach Europa. Bekämpfung: Einzelne Pflanzen vor dem Blühen ausreißen, größere Bestände Mitte Juli und Ende August mähen, alle Pflanzenteile über die Kehrichtabfuhr entsorgen (nicht kompostieren!). Bei der Arbeit mit dieser Pflanze muss die Haut stets vollständig bedeckt sein (Handschuhe, lange Hosen, langärmlige Oberbekleidung) und eine Schutzbrille getragen werden.

324 a Blätter mindestens im unteren Teil des Stängels gegenständig, d. h., sie stehen sich auf gleicher Höhe am Stängel gegenüber **325** ....

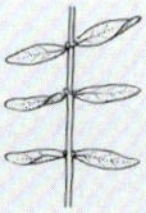

b Blätter wechselständig, d. h., sie stehen sich nicht gegenüber **327** ....

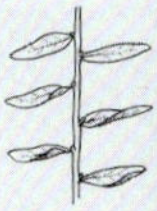

325 a Blütenstände 4 bis 5 mm im Durchmesser ▶ *Ambrosia artemisiifolia*

b Blütenstände mindestens 10 mm im Durchmesser **326**

326 a Größere Blätter in 3 bis 5 Abschnitte unterteilt ▶ *Bidens tripartita*

b Größere Blätter nicht unterteilt ▶ *Bidens cernua*

Bidens tripartita L. Dreiteiliger Zweizahn

Pflanzenfamilie: Asteraceae – Korbblütler

Name: *Bi-* lat. zwei; *-dens* lat. Zahn; *tri-* lat. drei; *-partita* lat. Teil

Merkmale: 15 bis 120 cm hohe, einjährige Pflanze; Blätter mindestens im unteren Teil des Stängels gegenständig, in 3 bis 5 längliche Abschnitte unterteilt, Blattrand gezähnt; Blütenstände 10 bis 20 mm im Durchmesser, meist ohne ausgebreitete Blüten, Blüten bräunlich gelb; Früchte (Nüsschen) 4,5 bis 8,5 mm lang, mit zwei oder drei 2 bis 3 mm langen Borsten

Fortpflanzung: Blüte Juli bis Oktober; zwittrig; Insektenbestäubung; Tierausbreitung

Vorkommen: Ufer, Sümpfe, Schuttplätze

Bidens cernua L. Nickender Zweizahn

Pflanzenfamilie: Asteraceae – Korbblütler

Name: *Bi-* lat. zwei; *-dens* lat. Zahn; *cernua* lat. kopfüber, sich überschlagend

Merkmale: 15 bis 120 cm hohe, einjährige Pflanze; Blätter mindestens im unteren Teil des Stängels gegenständig, länglich, Blattrand gezähnt; Blütenstände 10 bis 50 mm im Durchmesser, am Rand mit 6 bis 9 ausgebreiteten, gelben Blüten, Blüten in der Mitte bräunlich gelb; Früchte (Nüsschen) 4 bis 7,5 mm lang, mit vier 2 bis 4 mm langen Borsten

Fortpflanzung: Blüte Juli bis September; zwittrig; Insektenbestäubung; Tierausbreitung

Vorkommen: Ufer, Sümpfe, Schuttplätze

327 a Blattunterseite mit kurzen Stacheln auf dem Mittelnerv ▶ *Lactuca serriola*

b Blattunterseite ohne Stacheln 328

328 a Blattrand stachlig gezähnt, d.h. mit kurzen Stacheln auf den Zähnen (leicht stechend) 314 (S. 124)

b Blattrand nicht stachlig gezähnt (nicht stechend) 329

329 a Größere Blätter tief eingeschnitten oder in mehrere Teilblätter oder Zipfel unterteilt 351 (S. 138)

b Größere Blätter nicht oder höchstens ein wenig eingeschnitten und nicht unterteilt 330

Lactuca serriola L. Wilder Lattich, Kompass-Lattich

Pflanzenfamilie: Asteraceae – Korbblütler

Name: Lattich: von *Lactuca*; *lactuca* griech. Milch (weißer Milchsaft); *serriola* evtl. lat. kleine Säge

Merkmale: 30 bis 150 cm hohe, ein- oder zweijährige Pflanze; Blätter oft ± senkrecht gestellt, unterschiedlich tief eingeschnitten, steif, blaugrün, Blattunterseite mit kurzen Stacheln auf dem Mittelnerv, Blattrand fein gezähnt; Blütenstände 10 bis 15 mm im Durchmesser, mit zahlreichen, ausgebreiteten, (hell)gelben Blüten; Früchte (Nüsschen) 5 bis 7 mm lang, mit weißen Haaren

Fortpflanzung: Blüte Juli bis September; zwittrig; Insektenbestäubung; Wind- und Tierausbreitung

Vorkommen: Böschungen, Schuttplätze, Wegränder

Wissenswertes: Stammform des Kopfsalats *(Lactuca sativa)*. • Bei starker Sonneneinstrahlung richten sich die Blätter parallel zur Strahlungsrichtung aus («Kompasspflanze»).

Gnaphalium uliginosum L. Sumpf-Ruhrkraut

Pflanzenfamilie: Asteraceae – Korbblütler

Name: *Gnaphalium* griech. Wollflocken, Kissen; *uliginosum* lat. Sumpf, Moor

Merkmale: 5 bis 25 cm hohe, einjährige Pflanze; Stängel dicht hellgrau bis weiß behaart; Blätter länglich, dicht hellgrau bis weiß behaart; Blütenstände 2 bis 3 mm im Durchmesser, in dichten Büscheln, mit gelblichen Blüten; Früchte (Nüsschen) 0,5 bis 0,6 mm lang, mit 1 bis 1,5 mm langen Borsten

Fortpflanzung: Blüte Juli bis September; zwittrig; Insektenbestäubung; Wind- und Ameisenausbreitung

Vorkommen: Ufer, feuchte Äcker und Feldwege

330 a Stängel und Blätter (mindestens auf der Unterseite) sehr dicht, anliegend, hellgrau bis weiß behaart 331
b Stängel und Blätter nicht oder anders behaart 332

331 a Größere Blätter am Stängel höchstens 4 cm lang, Blattoberseite dicht und anliegend behaart ▶ *Gnaphalium uliginosum*
b Größere Blätter am Stängel bis 7 cm lang, Blattoberseite fast unbehaart ▶ *Gnaphalium sylvaticum*

332 a Blätter grasartig, viel länger als breit, bis zu 50 cm lang ▶ *Tragopogon pratensis*
b Blätter nicht grasartig 333

Gnaphalium sylvaticum L. Wald-Ruhrkraut

Pflanzenfamilie: Asteraceae – Korbblütler

Name: *Gnaphalium* griech. Wollflocken, Kissen; *sylvaticum* lat. Wald

Merkmale: 10 bis 50 cm hoch; Stängel dicht hellgrau bis weiß behaart; Blätter schmal, vor allem Blattunterseite dicht hellgrau bis weiß behaart; Blütenstände 5 bis 7 mm lang, mit gelblichen bis bräunlichen Blüten; Früchte (Nüsschen) 1 bis 1,5 mm lang, mit 3 bis 3,5 mm langen Borsten

Fortpflanzung: Blüte Juni bis August; zwittrig; Insektenbestäubung; Windausbreitung

Vorkommen: Weiden, Waldschläge

Wissenswertes: Das getrocknete, blühende Kraut wurde als Tee bei Durchfallerkrankungen (z. B. Ruhr) und Gallenleiden getrunken.

Tragopogon pratensis L. Wiesen-Bocksbart

Pflanzenfamilie: Asteraceae – Korbblütler

Name: *Trago-* griech. Bock; *-pogon* griech. Bart; *pratensis* lat. Wiese

Merkmale: 30 bis 70 cm hoch; ganze Pflanze unbehaart; Blätter sehr schmal und lang (grasartig); Blütenstände 30 bis 70 mm im Durchmesser, mit zahlreichen ausgebreiteten, gelben Blüten; Früchte (Nüsschen) 15 bis 25 mm lang, mit langen, gelblich weißen Haaren

Fortpflanzung: Blüte Mai bis Juli; zwittrig; Insektenbestäubung; Windausbreitung

Vorkommen: Wiesen, Wegränder

Wissenswertes: Die Blüten sind nur vormittags und bei sonnigem Wetter geöffnet. • Die Blütenstände des Wiesen-Bockbarts sind manchmal zipfelmützenförmig und enthalten ein staubfeines, braunes Pulver. Dabei handelt es sich um die Sporen des Brandpilzes *Microbotrium tragopogonis-pratensis*, der die Pflanze infiziert hat und sie zu seiner Verbreitung missbraucht. • Der geschlossene Fruchtstand erinnert mit seinen Haaren an einen Bocksbart, daher der Name. • Die Wurzeln sind wie diejenigen der nahverwandten Schwarzwurzel *(Scorzonera hispanica)* essbar.

333 a Blütenstände höchstens 13 mm im Durchmesser, ohne ausgebreitete Blüten **334**

b Blütenstände mindestens 10 mm im Durchmesser, mit ausgebreiteten Blüten **337** ....

334 a Blüten weißlich gelb ▶ *Petasites albus* (S. 160)

b Blüten gelb, gelblich oder hellbräunlich **335**

335 a Blüten gelb; sehr zahlreiche Blütenstände, die zusammen einen schweifförmigen, auf eine Seite neigenden Gesamtblütenstand bilden **336**

b Blüten gelblich bis hellbräunlich; Gesamtblütenstand anders gestaltet ▶ *Inula conyzae*

Inula conyzae (Griess.) Meikle **Dürrwurz-Alant**

Pflanzenfamilie: Asteraceae – Korbblütler

Name: Alant: ahd.; *inula* evtl. nach der griech. Göttin Helena; *conyzae* evtl. von griech. Nisse oder Krätze

Merkmale: 40 bis 100 cm hoch; Blätter oval bis länglich, Blattrand meist fein gezähnt; Blütenstände 5 bis 10 mm im Durchmesser, ohne ausgebreitete Blüten, Blüten gelblich, rötlich, hellbräunlich; Früchte (Nüsschen) ca. 2 mm lang, mit 5 bis 7 mm langen Haaren

Fortpflanzung: Blüte Juli bis Oktober; zwittrig; Insektenbestäubung; Windausbreitung

Vorkommen: Gebüsche, lichte Wälder, Waldränder

Solidago canadensis L. **Kanadische Goldrute**

Pflanzenfamilie: Asteraceae – Korbblütler

Name: *Solid-* lat. fest, zusammenfügen; *-ago* häufige Endung (Suffix) von lat. Pflanzennamen; *canadensis* lat. kanadisch

Merkmale: 50 bis 200 cm hoch; Blätter länglich, Blattrand gezähnt; Blütenstände 3 bis 5 mm im Durchmesser, sehr zahlreich in einem verzweigten, schweifförmigen, auf eine Seite geneigten Gesamtblütenstand am Ende der Stängel, Blüten gelb; Früchte (Nüsschen) 0,5 bis 1 mm lang, mit 2 bis 3 mm langen, weißen Haaren

Fortpflanzung: Blüte August bis Oktober; zwittrig; Insektenbestäubung; Windausbreitung

Vorkommen: Ufergebüsche, Böschungen, Waldlichtungen, Ödland

Wissenswertes: Die ganz jungen Pflanzen können gekocht als Salat oder wie Spargel gegessen werden. • Stammt aus Nordamerika und wurde bereits im 17. Jahrhundert in England als Zierpflanze gezogen. Die Pflanze breitet sich schnell durch unterirdische Ausläufer (Rhizome) aus und kann aus kurzen Ausläuferstückchen wieder neue Pflanzen entwickeln. In dichten Beständen ist das Aufkommen anderer Pflanzenarten stark erschwert. Bekämpfung: Blütenstände nach dem

336 a Stängel mindestens im oberen Teil kurz behaart, überall grün; Blattunterseite meistens dicht und kurz behaart ▶ *Solidago canadensis*

b Stängel nur im Bereich des Blütenstands behaart, unterer Teil oft rötlich; Blätter höchstens am Rand kurz behaart ▶ *Solidago gigantea*

337 a Stängel mit höchstens 3 Blättern **338**

b Stängel mit mehr als 3 Blättern **340**

Verblühen abschneiden, einzelne Pflanzen mit den unterirdischen Teilen ausreißen, größere Bestände zweimal jährlich über mehrere Jahre mähen, alle Pflanzenteile über die Kehrichtabfuhr entsorgen (nicht kompostieren!).

Solidago gigantea Aiton
Spätblühende Goldrute, Riesen-Goldrute

Pflanzenfamilie: Asteraceae – Korbblütler

Name: *Solid-* lat. fest, zusammenfügen; *-ago* häufige Endung (Suffix) von lat. Pflanzennamen; *gigantea* lat. riesig

Merkmale: 50 bis 200 cm hoch; Blätter länglich, Blattrand gezähnt; Blütenstände 4 bis 8 mm im Durchmesser, sehr zahlreich in einem verzweigten, schweifförmigen, auf eine Seite geneigten Gesamtblütenstand am Ende der Stängel, Blüten gelb; Früchte (Nüsschen) ca. 1 mm lang, mit 3 bis 4 mm langen, weißen Haaren

Fortpflanzung: Blüte August bis Oktober; zwittrig; Insektenbestäubung; Windausbreitung

Vorkommen: Ufergebüsch, Wiesen, Böschungen, Waldlichtungen, Ödland

Wissenswertes: Die ganz jungen Pflanzen können gekocht als Salat oder wie Spargel gegessen werden. • Stammt aus Nordamerika und wurde im 18. Jahrhundert als Zierpflanze nach Europa eingeführt. Die Pflanze breitet sich schnell durch unterirdische Ausläufer (Rhizome) aus und kann aus kurzen Ausläuferstückchen wieder neue Pflanzen entwickeln.
In dichten Beständen ist das Aufkommen anderer Pflanzenarten stark erschwert. Bekämpfung: Blütenstände nach dem Verblühen abschneiden, einzelne Pflanzen mit den unterirdischen Teilen ausreißen, größere Bestände zweimal jährlich über mehrere Jahre mähen, alle Pflanzenteile über die Kehrichtabfuhr entsorgen (nicht kompostieren!).

338 a Blattrand gezähnt ▸ *Hieracium murorum*
b Blattrand (fast) ohne Zähne **339**

339 a Blüten hellgelb; Stängel (fast) ohne Haare ▸ *Hieracium lactucella*
b Blüten orangegelb; Stängel mit langen dunklen Haaren ▸ *Hieracium aurantiacum*

340 a Blütenstände mit höchstens 18 ausgebreiteten Blüten **341**
b Blütenstände mit meist mehr als 18 ausgebreiteten Blüten **345**

Hieracium murorum L. Wald-Habichtskraut

Pflanzenfamilie: Asteraceae – Korbblütler

Name: *Hieracium* griech. Falke, Habicht; *murorum* lat. Mauer

Merkmale: 20 bis 60 cm hoch; Stängel meist mit 1 Blatt; grundständige Blätter oval, Blattrand mit wenigen Zähnen; Blütenstände 20 bis 35 mm im Durchmesser, mit zahlreichen ausgebreiteten, gelben Blüten; Früchte (Nüsschen) 3 bis 4 mm lang, schwarz, mit gelblich weißen Haaren

Fortpflanzung: Blüte Mai bis September; zwittrig; Insektenbestäubung; Windausbreitung

Vorkommen: Schattige Wiesen, Wälder, Waldränder, Mauern

Wissenswertes: Bei der Gattung *Hieracium* werden die Samen oft auch ohne Befruchtung gebildet (Agamospermie). Das bedeutet, dass durch genetische Mutationen entstandene Merkmalsveränderungen über Generationen konstant erhalten bleiben. Dies wiederum führt zu einer Vielzahl leicht unterschiedlicher Formen, die schwierig voneinander abzutrennen sind. • Die Blüten des Wald-Habichtskrauts schließen sich am Abend und bei fehlendem Sonnenschein, indem die Außenseite der Blütenblätter schneller wächst als die Innenseite.

Hieracium lactucella Wallr. Öhrchen-Habichtskraut, Geöhrtes Habichtskraut

Pflanzenfamilie: Asteraceae – Korbblütler

Name: *Hieracium* griech. Falke, Habicht; *lactucella* lat. kleiner Lattich *(Lactuca)*

Merkmale: 5 bis 30 cm hoch; mit langen beblätterten Ausläufern; Stängel meist mit 1 Blatt im unteren Teil; grundständige Blätter länglich, blaugrün, meist mit bis 4 mm langen Haaren; Blütenstände 17 bis 28 mm im Durchmesser, mit zahlreichen ausgebreiteten, (hell)gelben Blüten; Früchte (Nüsschen) 1,5 bis 2,5 mm lang, schwarz, mit gelblich weißen Haaren

Fortpflanzung: Blüte Mai bis Oktober; zwittrig; Insektenbestäubung; Windausbreitung

Vorkommen: Moore, Wiesen, Weiden

Wissenswertes: Allgemeines zu den Habichtskräutern *(Hieracium)* ➤ Wald-Habichtskraut (s. o.)

341 a Blätter höchstens 8 mm breit ▶ *Senecio inaequidens*
b Blätter meist deutlich breiter 342

342 a Blütenstände mit den ausgebreiteten Blüten höchstens 15 mm im Durchmesser 343
b Blütenstände über 20 mm im Durchmesser 344

Hieracium aurantiacum L.
Orangerotes Habichtskraut

Pflanzenfamilie: Asteraceae – Korbblütler

Name: *Hieracium* griech. Falke, Habicht; *aurantiacum* lat. orangerot

Merkmale: 20 bis 60 cm hoch; Stängel mit 2 bis 7 mm langen, dunklen Haaren und 1 bis 3 Blättern; Blätter länglich, mit 1 bis 3 mm langen Haaren; Blütenstände 20 bis 30 mm im Durchmesser, mit zahlreichen ausgebreiteten gelborangen bis braunroten Blüten; Früchte (Nüsschen) 1,5 bis 2,5 mm lang, schwarz, mit gelblich weißen Haaren

Fortpflanzung: Blüte Juni bis August; zwittrig; Insektenbestäubung; Windausbreitung

Vorkommen: Wiesen, Weiden; auch aus Gärten verwildert

Wissenswertes: Allgemeines zu den Habichtskräutern (*Hieracium*) ➤ Wald-Habichtskraut (S. 132)

Senecio inaequidens DC.
Südafrikanisches oder Schmalblättriges Greiskraut

Pflanzenfamilie: Asteraceae – Korbblütler

Name: *Senecio* lat. Greis; *inaequi-* lat. ungleich; *-dens* lat. Zahn

Merkmale: 30 bis 100 cm hohe, zweijährige Pflanze; Blätter sehr schmal, 2 bis 7 cm lang und 1 bis 5 mm breit, Blattrand meist ohne Zähne, oft nach unten gerollt; Blütenstände 10 bis 25 mm im Durchmesser, am Rand mit 10 bis 15 ausgebreiteten Blüten, alle Blüten gelb; Früchte (Nüsschen) ca. 3 mm lang, mit ca. 5 mm langen, weißen Haaren

Fortpflanzung: Blüte August bis Oktober; zwittrig; Insektenbestäubung; Windausbreitung

Vorkommen: Böschungen, Ödland, Wegränder, Bahnareale

Wissenswertes: Giftig. • Die Pflanze breitet sich aufgrund ihrer großen Samenproduktion sehr schnell aus. • Stammt aus Südafrika und gelangte unbeabsichtigt Ende des 19. Jahrhunderts mit Schafwolle nach Europa. Bildet besonders entlang von Autobahnen und auf Bahnarealen riesige Bestände. Bekämpfung: Einzelne Pflanzen vor der Samenbildung ausreißen, größere Bestände mähen, alle Pflanzenteile über die Kehrichtabfuhr entsorgen (nicht kompostieren!).

343 a Untere Blätter eingeschnitten; Blüten eher hellgelb ▶ *Lapsana communis* (S. 143)
b Untere Blätter nicht eingeschnitten; Blüten eher goldgelb ▶ *Solidago virgaurea*

344 a Blattrand regelmäßig gezähnt; Zähne zur Blattspitze gerichtet ▶ *Senecio ovatus*
b Blattrand unregelmäßig gezähnt; Zähne in verschiedene Richtungen weisend ▶ *Senecio vernalis* (S. 139)

Solidago virgaurea L. Gewöhnliche Goldrute

Pflanzenfamilie: Asteraceae – Korbblütler

Name: *Solid-* lat. fest, zusammenfügen; *-ago* häufige Endung (Suffix) von lat. Pflanzennamen; *virg-* lat. Rute, Zweig, Gerte; *-aurea* lat. goldfarben

Merkmale: 20 bis 120 cm hoch; Blätter oval bis länglich, Blattrand meist gezähnt; Blütenstände 10 bis 15 mm im Durchmesser, am Rand mit 5 bis 12 ausgebreiteten Blüten, alle Blüten gelb; Früchte (Nüsschen) 3 bis 4 mm lang, mit ca. 4 mm langen Haaren

Fortpflanzung: Blüte August bis Oktober; zwittrig; Insektenbestäubung; Wind- und Tierausbreitung

Vorkommen: Weiden, Heiden, lichte Wälder, Waldränder

Wissenswertes: Das getrocknete, blühende Kraut wird als Tee bei Entzündungen von Niere und Blase getrunken sowie als Badezusatz oder für Umschläge bei schlecht heilenden Wunden verwendet.

Senecio ovatus (P. Gaertn. & al.) Willd. Fuchs' oder Fuchssches Greiskraut

Pflanzenfamilie: Asteraceae – Korbblütler

Name: *Senecio* lat. Greis; *ovatus* lat. eiförmig

Merkmale: 50 bis 150 cm hoch; Blätter länglich, Blattrand gleichmäßig gezähnt; Blütenstand 25 bis 30 mm im Durchmesser, am Rand mit 3 bis 8 ausgebreiteten Blüten, alle Blüten gelb; Früchte (Nüsschen) ca. 4 mm lang, mit 10 bis 12 mm langen Haaren

Fortpflanzung: Blüte Juli bis September; zwittrig; Insektenbestäubung; Windausbreitung

Vorkommen: Gebüsche, lichte Wälder, Waldschläge

Wissenswertes: Giftig

345 a Stängel verzweigt, mit mehreren Blütenständen **346**

b Stängel nicht verzweigt, nur mit einem Blütenstand ▶ *Tussilago farfara*

346 a Größere Blätter mit 2 spitzen Zipfeln beidseits des Stängels ▶ *Crepis paludosa* ....

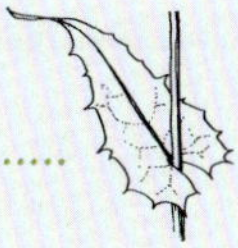

b Blätter ohne spitze Zipfel **347**

Tussilago farfara L. Huflattich

Pflanzenfamilie: Asteraceae – Korbblütler

Name: Lattich: von *lactuca* für Milchsaft führend; *tussil-* lat. Husten; *-ago* häufige Endung (Suffix) von lat. Pflanzennamen; *far-* evtl. lat. Mehl; *-fara* evtl. lat. tragend (Blattunterseite)

Merkmale: 5 bis 30 cm hoch; Stängelblätter schuppenartig dem Stängel ± anliegend, grundständige Blätter entwickeln sich erst nach der Blüte, herzförmig, bis 25 cm lang, Blattunterseite grau bis weiß behaart, Blattrand gezähnt, Blattzähne mit dunkler Spitze; Blütenstände 20 bis 30 mm im Durchmesser, mit zahlreichen ausgebreiteten Blüten, alle Blüten gelb; Früchte (Nüsschen) 3 bis 5 mm lang, mit ca. 10 mm langen, weißen Haaren

Fortpflanzung: Blüte März bis Mai; einhäusig; Insektenbestäubung; Windausbreitung

Vorkommen: Kiesbänke, Rutschhänge, Ödland, Kiesgruben

Wissenswertes: Die ganze Pflanze ist giftig und kann leberschädigend und krebserregend wirken. • Ein Aufguss der getrockneten Blätter wurde als Badezusatz bei schlecht heilenden Wunden eingesetzt. • Die jungen Triebe mit den noch geschlossenen Blütenständen können roh, gekocht oder frittiert gegessen werden – aber wegen ihrer potenziellen Giftigkeit nicht in zu großen Mengen. Die jungen Blätter ergeben gekocht ein schmackhaftes Gemüse.

Crepis paludosa (L.) Moench Sumpf-Pippau

Pflanzenfamilie: Asteraceae – Korbblütler

Name: Pippau: ahd.; *crepis* griech. leichter Schuh, Grundlage; *paludosa* lat. Sumpf

Merkmale: 20 bis 120 cm hoch; Blätter oval bis länglich, Blattrand gezähnt oder eingeschnitten; Blütenstand 25 bis 35 mm im Durchmesser, mit zahlreichen ausgebreiteten, gelben Blüten; Früchte (Nüsschen) 4,5 bis 5,5 mm lang, mit 6 bis 7 mm langen, gelblich weißen Haaren

Fortpflanzung: Blüte Mai bis Juli; zwittrig; Insektenbestäubung; Wind- und Tierausbreitung

Vorkommen: Sümpfe, nasse Wiesen

347 a Stängelbasis mit grünen Blättern 348

b Stängelbasis ohne grüne Blätter 349

348 a Blätter borstig behaart (fühlen sich wie Schleifpapier an) ▶ *Picris hieracioides*

b Blätter kaum behaart ▶ *Hieracium lachenalii*

Picris hieracioides L. Habichtskrautartiges oder Gewöhnliches Bitterkraut

Pflanzenfamilie: Asteraceae – Korbblütler

Name: *Picris* griech. bitter; *hieraci-* Habichtskraut *(Hieracium); -oides* griech. artig

Merkmale: 30 bis 90 cm hoch; Blätter oval bis länglich, Blattrand meist leicht gezähnt; Blütenstände 30 bis 45 mm im Durchmesser, mit zahlreichen ausgebreiteten, gelben Blüten; Früchte (Nüsschen) 2,5 bis 5 mm lang, mit ca. 5 mm langen, weißen Haaren

Fortpflanzung: Blüte Juli bis Oktober; zwittrig; Insektenbestäubung; Wind- und Tierausbreitung

Vorkommen: Wiesen, Schuttplätze, Wegränder

Hieracium lachenalii C.C. Gmel. Gewöhnliches Habichtskraut

Pflanzenfamilie: Asteraceae – Korbblütler

Name: *Hieracium* griech. Falke, Habicht; *lachenalii* nach Werner de Lachenal, schweiz. Botaniker (1736–1800)

Merkmale: 20 bis 60 cm hoch; Stängel mit mindestens 3 Blättern; untere Blätter oval, Blattrand mit wenigen Zähnen; Blütenstände 20 bis 35 mm im Durchmesser, mit zahlreichen ausgebreiteten, gelben Blüten; Früchte (Nüsschen) 3 bis 4 mm lang, schwarz, mit gelblich weißen Haaren

Fortpflanzung: Blüte Mai bis September; zwittrig; Insektenbestäubung; Windausbreitung

Vorkommen: Rasen, Wälder, Waldränder

Wissenswertes: Allgemeines zu den Habichtskräutern *(Hieracium)* ➤ Wald-Habichtskraut (S. 132)

349 a Größere Blätter schmal; Blattrand ohne oder nur mit einzelnen Zähnen ▶ ***Hieracium umbellatum***

b Größere Blätter oval bis länglich; Blattrand gezähnt **350**

350 a Stängel rau behaart, dicht beblättert ▶ ***Hieracium sabaudum***

b Stängel kaum behaart, locker beblättert ▶ ***Hieracium laevigatum*** (S. 138)

Hieracium umbellatum L. Doldiges Habichtskraut

Pflanzenfamilie: Asteraceae – Korbblütler

Name: *Hieracium* griech. Falke, Habicht; *umbellatum* lat. schirmförmig

Merkmale: 20 bis 120 cm hoch; Blätter länglich, schmal, Blattrand meist mit wenigen Zähnen; Blütenstände 18 bis 30 mm im Durchmesser, mit zahlreichen ausgebreiteten, gelben Blüten; Früchte (Nüsschen) 2,5 bis 3 mm lang, schwarz, mit gelblich weißen Haaren

Fortpflanzung: Blüte August bis Oktober; zwittrig; Insektenbestäubung; Wind- und Tierausbreitung

Vorkommen: Heiden, Gebüsche, lichte Wälder, Waldränder

Wissenswertes: Allgemeines zu den Habichtskräutern *(Hieracium)* ➤ Wald-Habichtskraut (S. 132)

Hieracium sabaudum L. Savoyer Habichtskraut

Pflanzenfamilie: Asteraceae – Korbblütler

Name: *Hieracium* griech. Falke, Habicht; *sabaudum* lat. Savoyen

Merkmale: 20 bis 120 cm hoch; Stängel rau behaart; Blätter oval bis länglich, Blattrand gezähnt; Blütenstände 18 bis 30 mm im Durchmesser, mit zahlreichen ausgebreiteten, gelben Blüten; Früchte (Nüsschen) 2,5 bis 3 mm lang, dunkelbraun bis schwarz, mit gelblich weißen Haaren

Fortpflanzung: Blüte August bis Oktober; zwittrig; Insektenbestäubung; Windausbreitung

Vorkommen: Gebüsche, lichte Wälder, Waldränder

Wissenswertes: Allgemeines zu den Habichtskräutern *(Hieracium)* ➤ Wald-Habichtskraut (S. 132)

351 a Ganze Pflanze silbrig grau behaart ▶ ***Artemisia absinthium***
b Pflanze zum größten Teil grün **352**

352 a Blattunterseite hellgrau bis weiß ▶ ***Artemisia vulgaris*** (S. 148)
b Blattunterseite nicht hellgrau bis weiß **353**

353 a Blütenstände mit den ausgebreiteten Blüten mindestens 15 mm im Durchmesser **354**
b Blütenstände höchstens 15 mm im Durchmesser **357**

Hieracium laevigatum Willd. Glattes Habichtskraut

Pflanzenfamilie: Asteraceae – Korbblütler

Name: *Hieracium* griech. Falke, Habicht; *laevigatum* lat. glatt

Merkmale: 30 bis 120 cm hoch; Blätter oval bis länglich, Blattrand mit wenigen langen Zähnen; Blütenstände 20 bis 35 mm im Durchmesser, mit zahlreichen ausgebreiteten, gelben Blüten; Früchte (Nüsschen) 2,5 bis 4 mm lang, schwarz, mit gelblich weißen Haaren

Fortpflanzung: Blüte Juni bis August; zwittrig; Insektenbestäubung; Windausbreitung

Vorkommen: Rasen, Heiden, lichte Wälder, Waldränder

Wissenswertes: Allgemeines zu den Habichtskräutern *(Hieracium)* ➤ Wald-Habichtskraut (S. 132)

Artemisia absinthium L. (Echter) Wermut

Pflanzenfamilie: Asteraceae – Korbblütler

Name: Wermut: ahd.; *Artemisia* nach der griech. Göttin Artemis; *absinthium* griech. Name dieser Art

Merkmale: 30 bis 80 cm hoch; ganze Pflanze dicht silbergrau behaart und deutlich riechend; Blätter tief eingeschnitten und in Teilblätter unterteilt; Blütenstände 3 bis 4 mm im Durchmesser, sehr zahlreich in einem langen, verzweigten Gesamtblütenstand, mit gelblichen Blüten; Früchte (Nüsschen) 0,8 bis 2 mm lang

Fortpflanzung: Blüte Juli bis August; zwittrig; Wind- und Insektenbestäubung; Tierausbreitung (z.B. Girlitz)

Vorkommen: Steinige Böschungen, Felder, Ödland, Wegränder

Wissenswertes: Die blühenden und getrockneten Stängelspitzen sowie die Blätter werden als Tee bei Appetitlosigkeit und Verdauungsstörungen getrunken. • Der aus Wermut und anderen Kräutern gebrannte Absinth («Grüne Fee») war während Jahrzehnten verboten und ist erst seit einigen Jahren (zumindest in der Schweiz) wieder verkäuflich, da nachgewiesen werden konnte, dass der Gehalt an gesundheitsschädlichem Thujon bedeutend geringer ist als bisher angenommen.

354 a Blütenstände mit höchstens 15 ausgebreiteten Blüten 355
b Blütenstände mit meist mehr als 15 ausgebreiteten Blüten 356

355 a Blütenstände 15 bis 25 mm im Durchmesser; ausgebreitete Blüten ca. 12 mm lang ▶ *Senecio jacobaea*
b Blütenstände 20 bis 30 mm im Durchmesser; ausgebreitete Blüten 8 bis 12 mm lang ▶ *Senecio vernalis*

Senecio jacobaea L. Jakobs-Greiskraut

Pflanzenfamilie: Asteraceae – Korbblütler

Name: *Senecio* lat. Greis; *jacobaea* lat. nach dem Apostel Jacobus der Ältere

Merkmale: 30 bis 100 cm hoch; Blätter unterschiedlich tief eingeschnitten, Blattrand gezähnt; Blütenstände 15 bis 25 mm im Durchmesser, am Rand mit 11 bis 15, ca. 12 mm langen, ausgebreiteten Blüten, alle Blüten gelb; Früchte (Nüsschen) ca. 2 mm lang, mit 4 bis 5 mm langen, weißen Haaren

Fortpflanzung: Blüte Juni bis August; zwittrig; Insektenbestäubung; Windausbreitung

Vorkommen: Wiesen, Weiden, Gebüsche, Waldränder, Wegränder

Wissenswertes: Die ganze Pflanze ist für Wirbeltiere (Vieh) giftig, wobei die Giftstoffe auch im Heu und siliertem Futter noch wirksam sind. • Die Raupen des Jakobkraut-Bärs *(Tyria jacobaea)* sind aber nicht nur resistent gegenüber dem Gift, sie speichern es sogar zu ihrer Verteidigung in ihrem Körper. Mit ihrem gelb-schwarzen Ringelmuster warnen sie ihre Fressfeinde. Auch der ausgewachsene Nachtfalter ist (noch) giftig und signalisiert mit seinem schwarz-roten Farbmuster seinen Feinden die Gefahr.

Senecio vernalis Waldst. & Kit. Frühlings-Greiskraut

Pflanzenfamilie: Asteraceae – Korbblütler

Name: *Senecio* lat. Greis; *vernalis* lat. Frühling

Merkmale: 10 bis 60 cm hohe, ein- oder zweijährige Pflanze; Blätter unterschiedlich tief eingeschnitten, Blattrand gezähnt; Blütenstände 20 bis 30 mm im Durchmesser, am Rand mit 11 bis 15, 8 bis 12 mm langen, ausgebreiteten Blüten, alle Blüten gelb; Früchte (Nüsschen) 2 bis 4 mm lang, mit 5 bis 7 mm langen, weißen Haaren

Fortpflanzung: Blüte Mai bis September; zwittrig; Insektenbestäubung; Windausbreitung

Vorkommen: Äcker, Ödland, Schuttplätze, Wegränder

Wissenswertes: Giftig

356 a Blütenstände 25 bis 35 mm im Durchmesser ▶ ***Crepis biennis***
b Blütenstände 15 bis 22 mm im Durchmesser ▶ ***Crepis capillaris***

357 a Blütenstände ohne ausgebreitete Blüten **358**
b Blütenstände mit ausgebreiteten Blüten **362** ....

358 a Blüten grünlich gelb ▶ ***Matricaria discoidea***
b Blüten gelb **359**

Crepis biennis L. Wiesen-Pippau

Pflanzenfamilie: Asteraceae – Korbblütler

Name: Pippau: ahd.; *crepis* griech. leichter Schuh, Grundlage; *bi-* lat. zwei; *-ennis* lat. Jahr

Merkmale: 30 bis 120 cm hohe, zweijährige Pflanze; Blätter länglich, Blätter meist eingeschnitten; Blütenstand 25 bis 35 mm im Durchmesser, mit zahlreichen ausgebreiteten, gelben Blüten; Früchte (Nüsschen) 4 bis 7,5 mm lang, mit 5 bis 7 mm langen, weißen Haaren

Fortpflanzung: Blüte Mai bis Juli; zwittrig; Insektenbestäubung; Wind- und Tierausbreitung

Vorkommen: Wiesen

Wissenswertes: Die jungen Blätter können als Salat, die jungen Blütenstängel roh oder gekocht als Gemüse zubereitet werden.

Crepis capillaris Wallr. Kleinköpfiger Pippau

Pflanzenfamilie: Asteraceae – Korbblütler

Name: Pippau: ahd.; *crepis* griech. leichter Schuh, Grundlage; *capillaris* lat. Haar

Merkmale: 10 bis 90 cm hohe, ein- oder zweijährige Pflanze; Blätter länglich, Blätter meist eingeschnitten; Blütenstand 15 bis 22 mm im Durchmesser, mit zahlreichen ausgebreiteten, gelben Blüten; Früchte (Nüsschen)
1,5 bis 2,5 mm lang, mit 3 bis 4 mm langen, weißen Haaren

Fortpflanzung: Blüte Juni bis September; zwittrig; Insektenbestäubung; Windausbreitung

Vorkommen: Rasen, Schuttplätze, Wegränder

Wissenswertes: Die jungen Blätter können als Salat, die jungen Blütenstängel roh oder gekocht als Gemüse zubereitet werden.

359 a Blütenstände scheibenförmig, breiter als lang ▶ *Tanacetum vulgare* (S. 115)

b Blütenstände nicht scheibenförmig, länger als breit **360**

360 a Größere Stängelblätter (fast) bis auf den Mittelnerv eingeschnitten, normal dick **361**

b Größere Stängelblätter weniger tief eingeschnitten, etwas dicklich ▶ *Senecio vulgaris*

Matricaria discoidea DC. **Strahlenlose Kamille**

Pflanzenfamilie: Asteraceae – Korbblütler

Name: Kamille: von lat. *chamomilla* (Kamille); *matricaria* lat. Gebärmutter; *discoidea* lat. scheibenartig

Merkmale: 5 bis 40 cm hohe, einjährige Pflanze; ganze Pflanze unbehaart und deutlich (nach Kamille) riechend; Blätter in schmale Zipfel zerschlitzt; Blütenstände 5 bis 10 mm im Durchmesser, ohne ausgebreitete Blüten am Rand, alle Blüten grünlich gelb; Früchte (Nüsschen) 1 bis 1,5 mm lang

Fortpflanzung: Blüte Mai bis Oktober; zwittrig; Insektenbestäubung; Tierausbreitung (z. B. Girlitz)

Vorkommen: Äcker, Ödland, Wegränder, Bahnareale

Wissenswertes: Stammt aus Nordasien und Nordamerika, hat sich ab der Mitte des 19. Jahrhunderts sehr schnell in Mitteleuropa ausgebreitet. • Die Art wird in Nordamerika als Heilpflanze verwendet.

Senecio vulgaris L. **Gewöhnliches Greiskraut**

Pflanzenfamilie: Asteraceae – Korbblütler

Name: *Senecio* lat. Greis; *vulgaris* lat. gewöhnlich

Merkmale: 5 bis 40 cm hohe, ein- oder zweijährige Pflanze; Blätter länglich, etwas dicklich, Blattrand gezähnt bis tief eingeschnitten; Blütenstände 5 bis 8 mm im Durchmesser, ohne ausgebreitete Blüten am Rand, alle Blüten gelb; Früchte (Nüsschen) 2 bis 3 mm lang, mit ca. 5 mm langen, weißen Haaren

Fortpflanzung: Blüte Januar bis Dezember; zwittrig; Insektenbestäubung; Windausbreitung

Vorkommen: Gärten, Äcker, Schuttplätze

Wissenswertes: Giftig. • Die Fruchtstände mit ihren weißen Haaren erinnern an den Kopf eines Greises, daher der Name.

361 a Pflanze klebrig und mit eher unangenehmem Geruch ▶ ***Senecio viscosus***
b Pflanze nicht klebrig und ohne Geruch ▶ ***Senecio sylvaticus***

Senecio viscosus L. Klebriges Greiskraut

Pflanzenfamilie: Asteraceae – Korbblütler

Name: *Senecio* lat. Greis; *viscosus* lat. klebrig, dickflüssig

Merkmale: 15 bis 60 cm hohe, ein- oder zweijährige Pflanze; Blätter tief eingeschnitten, etwas klebrig, Blattrand gezähnt; Blütenstände 8 bis 13 mm im Durchmesser, am Rand mit 11 bis 15 nach unten gerollten Blüten, alle Blüten gelb; Früchte (Nüsschen) 3 bis 4 mm lang, mit ca. 7 mm langen, weißen Haaren

Fortpflanzung: Blüte Juni bis September; zwittrig; Insektenbestäubung; Windausbreitung

Vorkommen: Waldschläge, Bahnareale, steinige Orte

Senecio sylvaticus L. Wald-Greiskraut

Pflanzenfamilie: Asteraceae – Korbblütler

Name: *Senecio* lat. Greis; *sylvaticus* lat. Wald

Merkmale: 15 bis 80 cm hohe, ein- oder zweijährige Pflanze; Blätter tief eingeschnitten, Blattrand gezähnt; Blütenstände 4 bis 10 mm im Durchmesser, am Rand mit 11 bis 15 nach unten gerollten Blüten, alle Blüten gelb; Früchte (Nüsschen) 2 bis 3 mm lang, mit ca. 5 mm langen, weißen Haaren

Fortpflanzung: Blüte Juni bis August; zwittrig; Insektenbestäubung; Windausbreitung

Vorkommen: Lichte Waldstellen, Waldschläge

362 a Blütenstände meistens nur mit 5 ausgebreiteten Blüten ▶ *Mycelis muralis*
b Blütenstände mit 8 bis 18 ausgebreiteten Blüten ▶ *Lapsana communis*

Mycelis muralis (L.) Dumort. (Gewöhnlicher) Mauerlattich

Pflanzenfamilie: Asteraceae – Korbblütler

Name: Lattich: von lat. *lactuca* für Milchsaft führend; *mycelis* unklar; *muralis* lat. Mauer

Merkmale: 25 bis 100 cm hoch; Blätter tief eingeschnitten, Blattrand gezähnt; Blütenstände 10 bis 15 mm im Durchmesser, mit meistens 5 ausgebreiteten, gelben Blüten; Früchte (Nüsschen) 3 bis 4 mm lang, mit weißen Haaren

Fortpflanzung: Blüte Juli bis September; zwittrig; Insektenbestäubung; Windausbreitung

Vorkommen: Gebüsche, Wälder, Waldschläge, Felsen, Mauern

Lapsana communis L. (Gewöhnlicher) Rainkohl

Pflanzenfamilie: Asteraceae – Korbblütler

Name: Kohl: von lat. *caulis* für Stängel; *lapsana* evtl. griech. Gemüse; *communis* lat. gemein, gewöhnlich

Merkmale: 15 bis 120 cm hoch; untere Blätter in Abschnitte unterteilt, obere Blätter oval bis länglich, Blattrand mit wenigen Zähnen; Blütenstände 10 bis 15 mm im Durchmesser, mit 8 bis 18 ausgebreiteten, (hell)gelben Blüten; Früchte (Nüsschen) 3 bis 4 mm lang, braun

Fortpflanzung: Blüte Juni bis Oktober; zwittrig; Insektenbestäubung; Windausbreitung

Vorkommen: Waldschläge, Gärten, Felder, Schuttplätze, Wegränder

Wissenswertes: Die Blüten sind bei sonnigem Wetter nur vormittags geöffnet. • Die jungen Blätter können als Salat gegessen werden oder gekocht als spinatähnliches Gemüse.

363 a Stängel glatt, hohl, dünnwandig, leicht zusammendrückbar ▶ *Taraxacum officinale*
b Stängel anders gestaltet 364

364 a Blattrand gezähnt 365
b Blattrand nicht oder undeutlich gezähnt 367

Taraxacum officinale Weber
Gewöhnlicher Löwenzahn, Wiesen-Kuhblume

Pflanzenfamilie: Asteraceae – Korbblütler

Name: *Taraxacum* unklar, wahrscheinlich arab. Herkunft; *officinale* lat. für Arzneimittel verwendet

Merkmale: 5 bis 40 cm hoch; Stängel glatt, hohl, dünnwandig und leicht zusammendrückbar, grundständige Blätter länglich, Blattrand eingeschnitten oder gezähnt; Blütenstand 25 bis 50 mm im Durchmesser, mit zahlreichen, ausgebreiteten, gelben Blüten; Früchte 3 bis 4 mm lang, hellbraun, mit weißen Haaren

Fortpflanzung: Blüte April bis September; zwittrig; Insekten- und Windbestäubung; Wind- und Tierausbreitung (z. B. Distelfink, Girlitz)

Vorkommen: Wiesen, Weiden, Rasen, Felder, Schuttplätze, Wegränder

Wissenswertes: Die Samen werden oft auch ohne Befruchtung gebildet (Agamospermie). Das bedeutet, dass durch genetische Mutationen entstandene Merkmalsveränderungen über Generationen konstant erhalten bleiben. Dies wiederum führt zu einer Vielzahl leicht unterschiedlicher Formen (Kleinarten), die schwierig voneinander abzutrennen sind. So können allein in Deutschland ca. 200 Kleinarten unterschieden werden. • Die Blüten schließen sich am Abend und bei fehlendem Sonnenschein, indem die Außenseite der Blütenblätter schneller wächst als die Innenseite. • Die Pollen sind sehr stark allergen (Heuschnupfen). • Die jungen Blätter sind ziemlich bitter und können als Salat gegessen werden oder auch gekocht als Gemüse. Die geschlossenen Blütenknospen können zudem auf verschiedene Arten eingelegt und zubereitet werden.

365 a Zähne stumpf; Blattoberfläche rau (warzig); Stängel elastisch (drahtig), blaugrün ▶ *Hypochaeris radicata*

b Zähne spitz; Blätter nicht warzig; Stängel grün 366

366 a Blätter behaart; Stängel meistens mit nur 1 Blütenstand ▶ *Leontodon hispidus*

b Blätter (fast) unbehaart; Stängel meistens verzweigt und mit mehreren Blütenständen ▶ *Leontodon autumnalis* (S. 146)

Hypochaeris radicata L.
Wiesen-Ferkelkraut, Gewöhnliches Ferkelkraut

Pflanzenfamilie: Asteraceae – Korbblütler

Name: *Hypo-* griech. unten, unterhalb; *-chaeris* griech. Ferkel; *radicata* lat. Wurzel treibend

Merkmale: 20 bis 60 cm hoch; Stängel drahtig, blaugrün; grundständige Blätter dem Boden anliegend, oval bis länglich, warzig, Blattrand gezähnt oder eingeschnitten; Blütenstände 25 bis 40 mm im Durchmesser, mit zahlreichen ausgebreiteten, gelben Blüten; Früchte (Nüsschen) 13 bis 16 mm lang, mit ca. 10 mm langen, gelblich weißen Haaren

Fortpflanzung: Blüte Juni bis Oktober; zwittrig; Insektenbestäubung; Windausbreitung

Vorkommen: Wiesen, Weiden, Rasen

Wissenswertes: Die jungen Blätter können als Salat gegessen, die geschlossenen Blütenknospen zudem auf verschiedene Arten eingelegt und zubereitet werden.

Leontodon hispidus L.
Raues Milchkraut, Steifhaariger Löwenzahn

Pflanzenfamilie: Asteraceae – Korbblütler

Name: *Leont-* griech. Löwe; *-odon* griech. Zahn; *hispidus* lat. steifhaarig, borstig

Merkmale: 10 bis 60 cm hoch; Stängel meist unverzweigt, ohne oder mit höchstens 3 Blattschuppen; grundständige Blätter länglich, Blattrand meistens gezähnt bis eingeschnitten; Blütenstand 25 bis 40 mm im Durchmesser, mit zahlreichen ausgebreiteten, gelben Blüten; Früchte (Nüsschen) 4 bis 8 mm lang, mit gelblich weißen Haaren

Fortpflanzung: Blüte Juni bis August; zwittrig; Insektenbestäubung; Windausbreitung

Vorkommen: Wiesen, Weiden

Wissenswertes: Die jungen Blätter sind bitter und können als Salat gegessen werden oder auch gekocht als Gemüse. Die geschlossenen Blütenknospen können zudem auf verschiedene Arten eingelegt und zubereitet werden.

367 a Blattunterseite hellgrau bis weiß; Stängel meistens mit nur 1 Blütenstand ▶ ***Hieracium pilosella***

b Blattunterseite blaugrün; Stängel meistens mit 2 oder mehr Blütenständen ▶ ***Hieracium lactucella*** (S. 132)

368 a Blätter mit Stacheln **307** (S. 121)

b Blätter ohne Stacheln **369**

Leontodon autumnalis L., *Scorzoneroides autumnalis* (L.) Moench
Herbst-Milchkraut, Herbst-Schuppenlöwenzahn

Pflanzenfamilie: Asteraceae – Korbblütler

Name: *Leont-* griech. Löwe; *-odon* griech. Zahn; *scorzoner-* Schwarzwurzel *(Scorzonera)*; *-oides* griech. artig; *autumnalis* lat. Herbst

Merkmale: 15 bis 50 cm hoch; Stängel meistens verzweigt, mit mehreren kleinen Blattschuppen; grundständige Blätter länglich, Blattrand eingeschnitten oder gezähnt; Blütenstände 25 bis 35 mm im Durchmesser, mit zahlreichen ausgebreiteten, gelben Blüten; Früchte (Nüsschen) 3 bis 6 mm lang, mit gelblich weißen Haaren

Fortpflanzung: Blüte Juli bis September; zwittrig; Insektenbestäubung; Wind- und Tierausbreitung

Vorkommen: Wiesen, Weiden, Rasen, Wegränder

Wissenswertes: Die jungen Blätter sind bitter und können als Salat gegessen werden oder auch gekocht als Gemüse. Die geschlossenen Blütenknospen können zudem auf verschiedene Arten eingelegt und zubereitet werden.

Hieracium pilosella L.
Langhaariges oder Kleines Habichtskraut

Pflanzenfamilie: Asteraceae – Korbblütler

Name: *Hieracium* griech. Falke, Habicht; *pilosella* lat. behaart

Merkmale: 5 bis 30 cm hoch; mit langen beblätterten Ausläufern; Stängel ohne Blätter; grundständige Blätter länglich, mit 3 bis 7 mm langen Haaren, Blattunterseite dicht, hellgrau bis weiß behaart; Blütenstand 20 bis 30 mm im Durchmesser, mit zahlreichen ausgebreiteten, (hell)gelben Blüten; Früchte (Nüsschen) 1,5 bis 2,5 mm lang, schwarz, mit gelblich weißen Haaren

Fortpflanzung: Blüte Mai bis Oktober; zwittrig; Insektenbestäubung; Windausbreitung

Vorkommen: Wiesen, Weiden, Rasen, Felsen

Wissenswertes: Allgemeines zu den Habichtskräutern *(Hieracium)* ➤ Wald-Habichtskraut (S. 132)

369 a Blätter gegenständig, d. h., sie stehen sich am Stängel auf gleicher Höhe gegenüber **386** (S. 154) ....

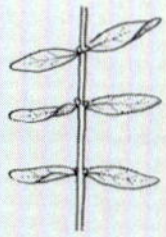

b Blätter wechselständig, d. h., sie stehen sich nicht gegenüber **370** ....

370 a Blattunterseite hellgrau bis weiß **371**

b Blattunterseite grün **372**

371 a Blattrand der oberen Blätter nicht gezähnt, oft nach unten gerollt ▶ *Artemisia verlotiorum*

b Blattrand der oberen Blätter gezähnt, flach ▶ *Artemisia vulgaris* (S. 148)

Artemisia verlotiorum Lamotte
Verlotscher Beifuß, Verlot-Beifuß

Pflanzenfamilie: Asteraceae – Korbblütler

Name: Beifuß: ahd.; *Artemisia* nach der griech. Göttin Artemis; *verlotiorum* nach Pierre-Bernard-Lazare Verlot, franz. Botaniker (1836–1897) und Jean-Baptiste Verlot, franz. Florist (1816–1891)

Merkmale: 30 bis 200 cm hoch; ganze Pflanze deutlich riechend; Blätter tief eingeschnitten und in Teilblätter unterteilt, Blattunterseite dicht weiß bis grau behaart, Rand der oberen Blätter nicht gezähnt, oft nach unten gerollt; Blütenstände 2 bis 4 mm im Durchmesser, sehr zahlreich in einem langen, verzweigten Gesamtblütenstand, mit rötlich braunen Blüten; Früchte (Nüsschen) 0,8 bis 2 mm lang

Fortpflanzung: Blüte September bis November; zwittrig, Windbestäubung; Wind- und Tierausbreitung

Vorkommen: Ufer, Ödland, Schuttplätze, Wegränder, Bahnareale

Wissenswertes: Stammt aus China und gelangte unbeabsichtigt nach Europa. Die Pflanze breitet sich schnell durch unterirdische Ausläufer (Rhizome) aus und kann aus kurzen Ausläuferstückchen wieder neue Pflanzen entwickeln. In dichten Beständen ist das Aufkommen anderer Pflanzenarten stark erschwert. Bekämpfung: Mehrmals jährlich über mehrere Jahre hinweg mähen, alle Pflanzenteile über die Kehrichtabfuhr entsorgen (nicht kompostieren!).

372 a Grüne Blätter der Blütenstände (Hüllblätter) mit zahlreichen abstehenden Haken 373 ....

b Blütenstände ohne Haken 375

373 a Blütenstände dicht mit spinnwebartigen Fäden zwischen den Haken versehen ▶ *Arctium tomentosum*

b Blütenstände ohne oder nur mit wenigen Fäden 374

Artemisia vulgaris L. Gewöhnlicher Beifuß

Pflanzenfamilie: Asteraceae – Korbblütler

Name: Beifuß: ahd.; *Artemisia* nach der griech. Göttin Artemis; *vulgaris* lat. gewöhnlich

Merkmale: 30 bis 150 cm hoch; ganze Pflanze deutlich riechend; Blätter tief eingeschnitten und in Teilblätter unterteilt, Blattunterseite dicht weiß bis grau behaart, Rand der oberen Blätter gezähnt; Blütenstände 2 bis 4 mm im Durchmesser, sehr zahlreich in einem langen, verzweigten Gesamtblütenstand, mit gelblichen oder rötlich braunen Blüten; Früchte (Nüsschen) 0,8 bis 2 mm lang

Fortpflanzung: Blüte Juli bis September; zwittrig; Windbestäubung; Wind- und Tierausbreitung (z. B. Girlitz)

Vorkommen: Ufer, Schuttplätze, Wegränder

Wissenswertes: Die Pollen sind sehr stark allergen (Heuschnupfen). • Die blühenden und getrockneten Stängelspitzen sowie die Blätter werden als Tee bei Appetitlosigkeit und Verdauungsstörungen getrunken. • Die jungen Blätter können fein gehackt als Zugabe zu Salaten oder Frischkäse oder getrocknet zum Würzen verwendet werden.

Arctium tomentosum Mill. Filzige Klette, Filz-Klette

Pflanzenfamilie: Asteraceae – Korbblütler

Name: Klette: ahd.; *arctium* evtl. von griech. Bär; *tomentosum* lat. filzig, gepolstert

Merkmale: 50 bis 120 cm hohe, zweijährige Pflanze; Blätter ei- bis herzförmig, bis 40 cm lang (ohne Stiel), Blattrand meist mit einigen Zähnen; Blütenstände 15 bis 30 mm im Durchmesser, dicht mit spinnwebartigen Fäden zwischen den Haken versehen, zahlreiche purpurrote Blüten; Früchte (Nüsschen) 5 bis 5,5 mm lang, mit 1 bis 3 mm langen, gelblichen Borsten

Fortpflanzung: Blüte Juli bis September; zwittrig; Insektenbestäubung; Tierausbreitung

Vorkommen: Ufer, Schuttplätze, Wegränder

Wissenswertes: Allgemeines zu den Kletten *(Arctium)* ➤ Kleine Klette (S. 149)

374 a Blühende Blütenstände höchstens 25 mm im Durchmesser ▶ *Arctium minus*
b Blühende Blütenstände mindestens 30 mm im Durchmesser ▶ *Arctium lappa*

375 a Stängel mit höchstens 3 Blättern ▶ *Hieracium aurantiacum* (S. 133)
b Stängel mit meist mehr als 3 Blättern 376

Arctium minus Bernh. Kleine Klette

Pflanzenfamilie: Asteraceae – Korbblütler

Name: Klette: ahd.; *arctium* evtl. von griech. Bär; *minus* lat. klein

Merkmale: 50 bis 120 cm hohe, zweijährige Pflanze; Blätter ei- bis herzförmig, bis 60 cm lang (ohne Stiel), Blattrand meist mit einigen Zähnen; Blütenstände 15 bis 25 mm im Durchmesser, mit zahlreichen purpurroten Blüten; Früchte (Nüsschen) 5 bis 6 mm lang, mit 1 bis 3 mm langen, gelblichen Borsten

Fortpflanzung: Blüte Juli bis September; zwittrig; Insektenbestäubung; Tierausbreitung

Vorkommen: Schuttplätze, Wegränder

Wissenswertes: Die Fruchtstände bleiben mit ihren hakenförmig gebogenen Hüllblättern an Tierfellen (und Kleidern) hängen, wobei die reifen Früchte nach und nach herausfallen. • Die frische oder getrocknete Wurzel wird als Tee bei leichten Gallenstörungen oder als schwach wassertreibendes Mittel getrunken sowie als Öl zum Einreiben oder Baden bei rheumatischen Muskel- und Gelenkerkrankungen oder gegen Kopfschuppen und Haarausfall verwendet. • Die jungen Pflanzenteile können gekocht und auf vielfältige Weise zubereitet werden, sie schmecken nach Artischocke.

Arctium lappa L. Große Klette

Pflanzenfamilie: Asteraceae – Korbblütler

Name: Klette: ahd.; *arctium* evtl. von griech. Bär; *lappa* lat. Name dieser Art

Merkmale: 60 bis 150 cm hohe, zweijährige Pflanze; Blätter ei- bis herzförmig, bis 50 cm lang (ohne Stiel), Blattrand meist mit einigen Zähnen; Blütenstände 30 bis 45 mm im Durchmesser, mit zahlreichen purpurroten Blüten; Früchte (Nüsschen) 6 bis 8 mm lang, mit 1 bis 3 mm langen, gelblichen Borsten

Fortpflanzung: Blüte Juli bis September; zwittrig; Insektenbestäubung; Tierausbreitung

Vorkommen: Ufer, Schuttplätze, Wegränder

Wissenswertes: Allgemeines zu den Kletten *(Arctium)*
➤ Kleine Klette (s. o.)

376 a Blütenstände mit den ausgebreiteten Blüten höchstens 25 mm im Durchmesser **377**
b Blütenstände mindestens 25 mm im Durchmesser **382**

377 a Blätter in sehr schmale Zipfel zerschlitzt ▶ *Achillea millefolium* (S. 115)
b Blätter nicht zerschlitzt; Blattrand (teilweise) gezähnt **378**

378 a Blütezeit März bis April ▶ *Petasites hybridus*
b Blühbeginn frühestens Mitte Mai **379**

Petasites hybridus (L.) P. Gaertn. & al.
Rote Pestwurz, Gewöhnliche Pestwurz

Pflanzenfamilie: Asteraceae – Korbblütler

Name: *Petasites* griech. Hut mit breiter Krempe; *hybridus* lat. Bastard

Merkmale: 10 bis 50 cm, nach der Blüte bis 100 cm hoch; Stängelblätter schuppenartig dem Stängel ± anliegend, grundständige Blätter entwickeln sich erst nach der Blüte, etwa so lang wie breit (bis 60 cm breit), Blattunterseite grau behaart, Blattrand gezähnt; Blütenstände 5 bis 10 mm im Durchmesser, mit rötlichen Blüten; Früchte (Nüsschen) 2 bis 3 mm lang, mit 6 bis 8 mm langen, gelblich weißen Haaren

Fortpflanzung: Blüte März bis April; zwittrig oder zweihäusig; Insektenbestäubung; Windausbreitung

Vorkommen: Bach- und Flussufer, nasse Wiesen

Wissenswertes: Besonders die Wurzeln und Blätter sind giftig und können leberschädigend und krebserregend wirken. • Die getrockneten Wurzeln und Blätter werden in Form von Fertigpräparaten als Migräneprophylaxe, bei Krämpfen der Harnwege und im Schulter/Nacken-Bereich sowie bei Asthma eingesetzt. Im Mittelalter glaubte man, dass der starke Geruch der Pestwurz die Pest fernhalten könne. • Die jungen Blattstiele können gekocht als Salat oder frittiert gegessen werden, aber wegen ihrer potenziellen Giftigkeit nicht in zu großen Mengen. Die jungen Blätter eignen sich zudem gekocht für gefüllte Wickel.

Prenanthes purpurea L.
Hasenlattich, Purpur-Hasenlattich

Pflanzenfamilie: Asteraceae – Korbblütler

Name: Lattich: von *lactuca* für Milchsaft führend; *pren-* griech. vornüber geneigt; *-anthes* griech. Blüte, Blume; *purpurea* lat. purpurrot

Merkmale: 30 bis 200 cm hoch; ganze Pflanze unbehaart; Blätter länglich, Blattunterseite graugrün, Blattrand mit einigen

379 a Größere Stängelblätter mindestens 15 mm breit 380
b Größere Stängelblätter schmäler als 15 mm 381

380 a Blütenstände mit meistens nur 5 ausgebreiteten Blüten ▶ *Prenanthes purpurea*
b Blütenstände mit zahlreichen ausgebreiteten Blüten ▶ *Erigeron annuus* (S. 161)

381 a Blüten blau; Blattrand wellig ▶ *Jasione montana*
b Blüten lila bis rötlich; Blätter mit flachem Rand ▶ *Erigeron acer*

Zähnen; Blütenstände 12 bis 15 mm im Durchmesser, mit meistens 5 ausgebreiteten, blauvioletten bis purpurroten Blüten; Früchte (Nüsschen) ca. 5 mm lang, mit ca. 5 mm langen, weißen Haaren

Fortpflanzung: Blüte Juli bis September; zwittrig; Insektenbestäubung; Windausbreitung

Vorkommen: Wälder

Jasione montana L.
Berg-Sandrapunzel, Berg-Jasione

Pflanzenfamilie: Campanulaceae – Glockenblumengewächse

Name: *Jasione* griech. Heilung; *montana* lat. Berg

Merkmale: 10 bis 80 cm hohe, zweijährige Pflanze; Blätter schmal, Blattrand wellig; Blütenstände beinahe kugelig, 12 bis 25 mm im Durchmesser, mit zahlreichen blauen Blüten mit 5 Zipfeln; Früchte (Kapseln) eiförmig

Fortpflanzung: Blüte Juni bis August; zwittrig; Insektenbestäubung; Windausbreitung

Vorkommen: Magerwiesen, sandige und steinige Orte

Erigeron acer L. Scharfes Berufkraut

Pflanzenfamilie: Asteraceae – Korbblütler

Name: *Eri-* griech. früh; *-geron* griech. Greis; *acer* lat. scharf

Merkmale: 10 bis 60 cm hoch; Blätter länglich, Blattrand oft mit einzelnen Zähnen; Blütenstände 5 bis 15 mm im Durchmesser, am Rand mit lilafarbenen bis violetten Blüten, Blüten in der Mitte gelblich bis rötlich; Früchte (Nüsschen) 2 bis 3 mm lang, mit 5 bis 7 mm langen Haaren

Fortpflanzung: Blüte Juni bis September; zwittrig; Insektenbestäubung; Windausbreitung

Vorkommen: Trockenrasen, Wegränder, Kiesgruben

Wissenswertes: Der Name «Berufkraut» bezieht sich auf diese Art. Sie wurde früher z. B. als Schutz gegen das «Verhext-werden» («Berufen»-werden) Kindern in die Wiege gelegt.

382 a Mindestens die unteren Blätter tief eingeschnitten **383**
b Blätter nicht tief eingeschnitten **384**

383 a Blüte hellblau; Pflanze mit weißem Saft, der beim Einreißen eines Blattes austritt ▶ ***Cichorium intybus***
b Blüte rot bis rotviolett; Pflanze ohne weißen Saft ▶ ***Centaurea scabiosa***

Cichorium intybus L. (Gewöhnliche) Wegwarte

Pflanzenfamilie: Asteraceae – Korbblütler

Name: *Cichorium* griech. Name dieser Art; *intybus* lat. Name dieser Art

Merkmale: 20 bis 120 cm hoch; untere Blätter tief eingeschnitten, obere Blätter länglich mit gezähntem Blattrand; Blütenstände 30 bis 50 mm im Durchmesser, mit zahlreichen ausgebreiteten, hellblauen Blüten; Früchte (Nüsschen) 2 bis 3 mm lang, hellbraun

Fortpflanzung: Blüte Juli bis September; zwittrig; Insektenbestäubung; Wind- und Tierausbreitung (z. B. Girlitz)

Vorkommen: Weiden, Schuttplätze, Wegränder

Wissenswertes: Bei Pflanzen an sehr trockenen Standorten sterben die Blätter früh ab. • Bei warmem Wetter sind die Blüten nur bis ca. 10 Uhr geöffnet und bleichen zusehends aus. • Die getrocknete Wurzel oder das Kraut werden als Tee bei Verdauungsstörungen getrunken. • Die jungen Blätter können als Salat zubereitet werden. • Nah verwandt ist die Endivie *(Cichorium endivia)*, die den Endivien- bzw. Zuckerhutsalat liefert. • Während des zweiten Weltkriegs wurden die gerösteten und gemahlenen Wurzeln als Ersatz oder Zusatz für Bohnenkaffee verwendet.

Centaurea scabiosa L. Skabiosen-Flockenblume

Pflanzenfamilie: Asteraceae – Korbblütler

Name: *Centaurea* griech. Kentaur; *scabiosa* lat. Name der Skabiose *(Scabiosa)*

Merkmale: 30 bis 120 cm hoch; Blätter unterschiedlich tief eingeschnitten; Blütenstände 30 bis 50 mm im Durchmesser, am Rand mit ausgebreiteten, trichterförmigen Blüten, alle Blüten purpurrot; Früchte (Nüsschen) 3,5 bis 5 mm lang, mit 4 bis 5 mm langen Borsten

Fortpflanzung: Blüte Juni bis August; zwittrig; Insektenbestäubung; Tierausbreitung (Ameisen)

Vorkommen: Magerwiesen, Weiden

Wissenswertes: Raupenfutterpflanze von Flockenblumen-Scheckenfalter *(Melitaea phoebe)* und Rotem Scheckenfalter *(Melitaea didyma)*.

384 a Alle Blüten rosa, rot oder rotviolett ▶ *Centaurea jacea*

b Äußere, ausgebreitete Blüten blau 385

385 a Blätter im oberen Teil des Stängels höchstens 6 mm breit ▶ *Centaurea cyanus*

b Blätter im oberen Teil des Stängels deutlich breiter ▶ *Centaurea montana* (S. 154)

Centaurea jacea L. Wiesen-Flockenblume

Pflanzenfamilie: Asteraceae – Korbblütler

Name: *Centaurea* griech. Kentaur; *jacea* unklar

Merkmale: 10 bis 70 cm hoch; Blätter oval bis länglich, Blattrand meist gezähnt oder eingeschnitten; Blütenstände 25 bis 40 mm im Durchmesser, am Rand mit ausgebreiteten, trichterförmigen Blüten, alle Blüten rosa bis purpurrot; Früchte (Nüsschen) ca. 3 mm lang

Fortpflanzung: Blüte Juni bis September; zwittrig; Insektenbestäubung; Tierausbreitung

Vorkommen: Wiesen, Weiden

Wissenswertes: Der obere Teil des Stängels ist oft dicht von der Großen Distelblattlaus *(Uroleucon jaceae)* besiedelt. Diese sticht mit ihrem Saugrüssel die Leitbündel der Pflanzen an und saugt Pflanzensaft heraus, wobei sie einen Teil des darin enthaltenen Zuckers wieder als Honigtau ausscheidet. Am Honigtau verlustieren sich dann wiederum Ameisen.

Centaurea cyanus L.
Kornblume, Korn-Flockenblume

Pflanzenfamilie: Asteraceae – Korbblütler

Name: *Centaurea* griech. Kentaur; *cyanus* griech. dunkelblau

Merkmale: 20 bis 80 cm hohe, einjährige Pflanze; Blätter schmal, Blattrand meist mit einigen Zähnen oder eingeschnitten; Blütenstände 25 bis 35 mm im Durchmesser, am Rand mit ausgebreiteten, trichterförmigen Blüten, alle Blüten blau; Früchte (Nüsschen) ca. 3,5 mm lang, mit bis 3 mm langen, rostbraunen Borsten

Fortpflanzung: Blüte Juni bis Oktober; zwittrig; Insektenbestäubung; Wind- und Ameisenausbreitung

Vorkommen: Getreideäcker

Wissenswertes: Als typische Vertreterin der Ackerbegleitflora ist die Kornblume infolge der Intensivierung der Landwirtschaft und wegen des zunehmenden Herbizideinsatzes in den letzten Jahrzehnten stark zurückgegangen.

386 a Blütenstände höchstens 5 mm im Durchmesser ▶ *Eupatorium cannabinum* (S. 114)
b Blütenstände mindestens 10 mm im Durchmesser 387

387 a Größere Blätter am Stängel eingeschnitten 388
b Größere Blätter am Stängel nicht eingeschnitten 389

Centaurea montana L. Berg-Flockenblume

Pflanzenfamilie: Asteraceae – Korbblütler

Name: *Centaurea* griech. Kentaur; *montana* lat. Berg

Merkmale: 10 bis 70 cm hoch; Blätter oval bis länglich; Blütenstand 35 bis 50 mm im Durchmesser, am Rand mit ausgebreiteten, trichterförmigen, blauen Blüten, Blüten in der Mitte rotviolett; Früchte (Nüsschen) 4,5 bis 5,5 mm lang, mit ca. 1 mm langen, bräunlichen Borsten

Fortpflanzung: Blüte Mai bis August; zwittrig; Insektenbestäubung; Wind- und Ameisenausbreitung

Vorkommen: Wiesen, Gebüsche, Wälder; auch als Zierpflanze in Gärten und verwildert

Scabiosa columbaria L. Tauben-Skabiose

Pflanzenfamilie: Caprifoliaceae – Geißblattgewächse

Name: Skabiose: von lat. *scabiosa*; *scabiosa* lat. räudig, krätzig, schorfig; *columbaria* lat. Taube

Merkmale: 20 bis 80 cm hoch; Stängelblätter gegenständig, in mehrere schmale Abschnitte geteilt, grundständige Blätter meist nicht unterteilt, Blattrand mit stumpfen Zähnen; Blütenstände scheibenförmig bis halbkugelig, 20 bis 35 mm im Durchmesser, mit zahlreichen fünfzipfligen, lilafarbenen bis violetten Blüten und dunklen Borsten, Blüten am Rand der Blütenstände meist größer als diejenigen in der Mitte; Früchte (Nüsschen) 2,5 bis 3 mm lang, gefurcht

Fortpflanzung: Blüte Juni bis September; zwittrig; Insektenbestäubung; Wind- und Tierausbreitung

Vorkommen: Magerwiesen, lichte Föhren-/Kiefernwälder

Wissenswertes: Die Früchte werden mithilfe eines pergamentartigen Schirmes durch den Wind transportiert. • Raupenfutterpflanze von Flockenblumen-Scheckenfalter *(Melitaea phoebe)* und Skabiosen-Scheckenfalter *(Eurodryas aurinia)*.

388 a Blütenstände mit dunklen Borsten; Blätter nur am Rand und auf den Nerven behaart ▶ *Scabiosa columbaria*

b Blütenstände ohne Borsten; Blätter ± überall behaart ▶ *Knautia arvensis*

389 a Blütenstände scheibenförmig, gewölbt; Blattrand teilweise gezähnt ▶ *Knautia dipsacifolia*

b Blütenstände (fast) kugelig; Blattrand kaum gezähnt ▶ *Succisa pratensis* (S.156)

Knautia arvensis (L.) Coult. Feld- oder Wiesen-Witwenblume

Pflanzenfamilie: Caprifoliaceae – Geißblattgewächse

Name: *Knautia* nach Christoph (1638–1694) und Christian Knaut (1654–1716), dt. Ärzte und Botaniker; *arvensis* lat. Acker

Merkmale: 30 bis 100 cm hoch; Stängelblätter gegenständig, in meist 7 bis 13 Abschnitte geteilt, grundständige Blätter meist nicht unterteilt; Blütenstände scheibenförmig bis halbkugelig, 20 bis 40 mm im Durchmesser, mit zahlreichen vierzipfligen, blau- bis rotvioletten Blüten, Blüten am Rand der Blütenstände meist größer als diejenigen in der Mitte; Früchte (Nüsschen) 4,5 bis 5,5 mm lang, mit bis zu 1,5 mm langen Haaren

Fortpflanzung: Blüte Mai bis September; zwittrig; Insektenbestäubung; Tierausbreitung (Ameisen)

Vorkommen: Wiesen, Wegränder

Knautia dipsacifolia Kreutzer Wald-Witwenblume

Pflanzenfamilie: Caprifoliaceae – Geißblattgewächse

Name: *Knautia* nach Christoph (1638–1694) und Christian Knaut (1654–1716), dt. Ärzte und Botaniker; *dipsaci-* lat. Name für Karde *(Dipsacus)*; *-folia* lat. Blatt

Merkmale: 20 bis 100 cm hoch; Blätter gegenständig, oval bis länglich, Blattrand meist etwas gezähnt; Blütenstände scheibenförmig bis halbkugelig, 25 bis 40 mm im Durchmesser, mit zahlreichen vierzipfligen, violetten Blüten, Blüten am Rand der Blütenstände meist größer als diejenigen in der Mitte; Früchte (Nüsschen) 5 bis 6,5 mm lang, mit bis 2 mm langen Haaren

Fortpflanzung: Blüte Juni bis September; zwittrig; Insektenbestäubung; Ameisenausbreitung

Vorkommen: Wiesen, Wälder, Waldränder

390 a Stängel ohne Blätter, d. h., alle Blätter stehen an der Basis des Stängels ▶ ***Bellis perennis***
b Stängel mit Blättern **391**

391 a Blätter gegenständig, d. h., sie stehen sich am Stängel auf gleicher Höhe gegenüber **392** ....

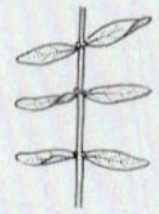

b Blätter wechselständig, d. h., sie stehen sich nicht gegenüber **393** ....

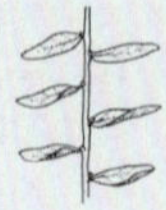

Succisa pratensis Moench
Abbisskraut, Gewöhnlicher Teufelsabbiss

Pflanzenfamilie: Caprifoliaceae – Geißblattgewächse

Name: *Succisa* lat. unten abgeschnitten; *pratensis* lat. Wiese

Merkmale: 20 bis 90 cm hoch; Blätter gegenständig, oval; Blütenstände vor dem Aufblühen halbkugelig, später fast kugelig, 15 bis 25 mm im Durchmesser, mit zahlreichen vierzipfligen, lilafarbenen bis blauvioletten Blüten; Früchte (Nüsschen) vierkantig, 5 bis 7 mm lang

Fortpflanzung: Blüte Juli bis September; zwittrig oder zweihäusig; Insektenbestäubung; Windausbreitung

Vorkommen: Moore, nasse Wiesen, Heiden

Wissenswertes: Die Hauptwurzel erscheint an ihrem unteren Ende wie abgebissen, daher der Name. • Raupenfutterpflanze des Skabiosen-Scheckenfalters *(Eurodryas aurinia)*.

Bellis perennis L.
Maßliebchen, Ausdauerndes Gänseblümchen

Pflanzenfamilie: Asteraceae – Korbblütler

Name: *Bellis* lat. hübsch; *perennis* lat. ausdauernd

Merkmale: 5 bis 15 cm hoch; Blätter oval bis rundlich, Blattrand stumpf gezähnt; Blütenstand 10 bis 30 mm im Durchmesser, am Rand mit zahlreichen ausgebreiteten, weißen bis rötlichen Blüten, Blüten in der Mitte gelb; Früchte (Nüsschen) ca. 1 mm lang

Fortpflanzung: Blüte Februar bis November; zwittrig; Insektenbestäubung; Wind- und Tierausbreitung

Vorkommen: Wiesen, Weiden, Rasen

Wissenswertes: Die jungen Blätter können wie Feld- bzw. Nüsslisalat verwendet werden. Die geschlossenen Blütenstände werden wie Kapern in Essig oder Öl eingelegt, während die geöffneten Blüten zum Aromatisieren von Suppen oder Quark und zur Dekoration von Speisen dienen können.

392 a Stängel abstehend behaart; Stängelblätter überall behaart ▶ *Galinsoga ciliata*

b Stängel unbehaart; Stängelblätter nur am Rand etwas behaart ▶ *Galinsoga parviflora*

393 a Blätter in sehr schmale Zipfel zerschlitzt 394

b Blätter nicht zerschlitzt 397

Galinsoga ciliata (Raf.) S. F. Blake
Bewimpertes Knopfkraut, Zottiges Franzosenkraut

Pflanzenfamilie: Asteraceae – Korbblütler

Name: *Galinsoga* nach Mariano Martinez de Galinsoga, span. Arzt (1766–1797); *ciliata* lat. bewimpert

Merkmale: 10 bis 60 cm hohe, einjährige Pflanze; Stängel abstehend behaart; Blätter gegenständig, oval bis länglich, Blattrand gezähnt; Blütenstände 4 bis 8 mm im Durchmesser, am Rand mit 4 bis 5 ausgebreiteten, weißen Blüten, Blüten in der Mitte gelb; Früchte (Nüsschen) 1 bis 2 mm lang, schwarz

Fortpflanzung: Blüte Juli bis Oktober; zwittrig; Selbstbestäubung; Tierausbreitung (Ameisen)

Vorkommen: Gärten, Äcker, Schuttplätze

Wissenswertes: Stammt aus Süd- und Mittelamerika, seit ca. 1850 in Europa. • Die jungen Blätter können als Salat und die ganze Pflanze gekocht als spinatähnliches Gemüse verwendet werden.

Galinsoga parviflora Cav.
Kleinblütiges Knopfkraut, Kleinblütiges Franzosenkraut

Pflanzenfamilie: Asteraceae – Korbblütler

Name: *Galinsoga* nach Mariano Martinez de Galinsoga, span. Arzt (1766–1797); *parvi-* lat. klein; *-flora* lat. Blüte

Merkmale: 10 bis 60 cm hohe, einjährige Pflanze; Blätter gegenständig, oval bis länglich, Blattrand gezähnt; Blütenstände 4 bis 7 mm im Durchmesser, am Rand mit 4 bis 5 ausgebreiteten, weißen Blüten, Blüten in der Mitte gelb; Früchte (Nüsschen) 1 bis 1,5 mm lang

Fortpflanzung: Blüte Juli bis Oktober; zwittrig; Selbstbestäubung; Tierausbreitung (Ameisen)

Vorkommen: Gärten, Äcker, Schuttplätze

Wissenswertes: Stammt aus Peru, seit ca. 1800 in Europa. • Die jungen Blätter können als Salat und die ganze Pflanze gekocht als spinatähnliches Gemüse verwendet werden.

394 a Einzelne Blütenstände höchstens 10 mm im Durchmesser ▶ *Achillea millefolium* (S. 115)
b Blütenstände mindestens 15 mm im Durchmesser 395

395 a Pflanze mit starkem, würzigem Geruch (Kamille) ▶ *Matricaria chamomilla*
b Pflanze ohne oder nur mit schwachem Geruch 396

Matricaria chamomilla L. Echte Kamille

Pflanzenfamilie: Asteraceae – Korbblütler

Name: Kamille: von lat. *chamomilla* (Kamille); *matricaria* lat. Gebärmutter; *chamomilla* lat. Name dieser Art

Merkmale: 15 bis 45 cm hohe, einjährige Pflanze; ganze Pflanze unbehaart und deutlich (nach Kamille) riechend; Blätter in schmale Zipfel zerschlitzt; Blütenstände 15 bis 25 mm im Durchmesser, am Rand mit 10 bis 20 ausgebreiteten, weißen Blüten, Blüten in der Mitte gelb; Früchte (Nüsschen) 1 bis 1,5 mm lang

Fortpflanzung: Blüte Mai bis September; zwittrig; Insektenbestäubung; Tierausbreitung (z. B. Girlitz)

Vorkommen: Äcker, Ödland, Wegränder

Wissenswertes: Die getrockneten Blütenstände werden als Tee bei Magen- und Darmstörungen getrunken sowie äußerlich bei schlecht heilenden Wunden, Hautinfektionen und Entzündungen im Mund- und Rachenraum angewandt.

Tripleurospermum inodorum (L.) Sch. Bip. Geruchlose oder Falsche Strandkamille

Pflanzenfamilie: Asteraceae – Korbblütler

Name: Kamille: von lat. *chamomilla* (Kamille); *tri-* lat. drei; *-pleuro-* griech. Rippe; *-spermum* griech. Same; *inodorum* lat. geruchlos

Merkmale: 15 bis 80 cm hohe, ein- oder zweijährige Pflanze; ganze Pflanze unbehaart; Blätter in lange, sehr schmale Zipfel zerschlitzt; Blütenstände 25 bis 50 mm im Durchmesser, am Rand mit 15 bis 30 ausgebreiteten, weißen Blüten, Blüten in der Mitte gelb; Früchte (Nüsschen) 1,5 bis 2 mm lang

Fortpflanzung: Blüte Juni bis Oktober; zwittrig; Insektenbestäubung; Wind- und Tierausbreitung

Vorkommen: Äcker, Schuttplätze, Wegränder

396 a Blattzipfel auffallend lang und dünn (fast fadenförmig), mit einer stachligen Spitze ▶ ***Tripleurospermum inodorum***

b Blattzipfel nicht fadenförmig und ohne Stachelspitze ▶ ***Anthemis arvensis***

397 a Blütenstände mit den ausgebreiteten Blüten mindestens 30 mm im Durchmesser ▶ ***Leucanthemum vulgare***

b Blütenstände mit den ausgebreiteten Blüten höchstens 25 mm im Durchmesser **398**

Anthemis arvensis L. Acker-Hundskamille

Pflanzenfamilie: Asteraceae – Korbblütler

Name: Kamille: von lat. *chamomilla*; *anthemis* griech. Blüte, Blume; *arvensis* lat. Acker

Merkmale: 10 bis 50 cm hohe, einjährige Pflanze; Blätter in schmale Zipfel zerschlitzt; Blütenstände 20 bis 40 mm im Durchmesser, am Rand mit 8 bis 13 ausgebreiteten, weißen Blüten, Blüten in der Mitte gelb; Früchte (Nüsschen) 1,5 bis 3 mm lang

Fortpflanzung: Blüte Mai bis Oktober; zwittrig; Insektenbestäubung, Tierausbreitung

Vorkommen: Äcker, Schuttplätze, Wegränder

Leucanthemum vulgare Lam. Wiesen-Margerite

Pflanzenfamilie: Asteraceae – Korbblütler

Name: Margerite: griech. Perle; *leuc-* griech. weiß; *-anthemum* griech. Blüte, Blume; *vulgare* lat. gewöhnlich

Merkmale: 20 bis 80 cm hoch; Blätter länglich, Blattrand gezähnt; Blütenstände 35 bis 60 mm im Durchmesser, am Rand mit ausgebreiteten, weißen Blüten, Blüten in der Mitte gelb; Früchte (Nüsschen) 1,5 bis 2,5 mm lang

Fortpflanzung: Blüte Mai bis Oktober; zwittrig; Insektenbestäubung, Wind- und Tierausbreitung

Vorkommen: Wiesen, Weiden, Rasen

Wissenswertes: Die jungen Blätter ergeben eine schmackhafte Salatzugabe, die jungen Triebe mit den Blütenknospen können gebraten als Gemüse genossen und die geschlossenen Blütenknospen wie Kapern in Essig und Öl eingelegt werden.

398 a Blütezeit März bis Mai ▶ *Petasites albus*

b Blühbeginn frühestens anfangs Juni **399**

399 a Blütenstände höchstens 5 mm im Durchmesser ▶ *Conyza canadensis*

b Blütenstände mit den ausgebreiteten Blüten mindestens 10 mm im Durchmesser **400**

400 a Blätter im oberen Teil des Stängels (fast) ohne Zähne ▶ *Erigeron annuus*

b Alle Blätter am Stängel fein und scharf gezähnt ▶ *Achillea ptarmica* (S. 118)

Petasites albus (L.) Gaertn. **Weiße Pestwurz**

Pflanzenfamilie: Asteraceae – Korbblütler

Name: *Petasites* griech. Hut mit breiter Krempe; *albus* lat. weiß

Merkmale: 10 bis 30 cm, nach der Blüte bis 80 cm hoch; Stängelblätter schuppenartig dem Stängel ± anliegend, grundständige Blätter entwickeln sich erst nach der Blüte, breiter als lang (bis 40 cm breit), Blattunterseite dicht grau bis weiß behaart, Blattrand gezähnt; Blütenstände 6 bis 13 mm im Durchmesser, mit gelblich weißen Blüten; Früchte (Nüsschen) 2 bis 3 mm lang, mit ca. 12 mm langen, weißen Haaren

Fortpflanzung: Blüte März bis Mai; zwittrig oder zweihäusig; Insektenbestäubung; Windausbreitung

Vorkommen: Feuchte Wälder, Wegränder

Wissenswertes: Die jungen Blattstiele können gekocht als Salat oder frittiert gegessen werden. Die jungen Blätter eignen sich zudem gekocht für gefüllte Wickel.

Conyza canadensis (L.) Cronquist, *Erigeron canadensis* L. Kanadisches Berufkraut

Pflanzenfamilie: Asteraceae – Korbblütler

Name: *Conyza* evtl. von griech. Nisse oder Krätze; *eri-* griech. früh; *-geron* griech. Greis; *canadensis* lat. kanadisch

Merkmale: 10 bis 120 cm hohe, ein- oder zweijährige Pflanze; Blätter länglich, Blattrand mit oder ohne Zähne; Blütenstände 2 bis 5 mm im Durchmesser, sehr zahlreich, mit weißlichen, gelblichen oder rötlichen Blüten; Früchte (Nüsschen) 1 bis 1,5 mm lang, mit 2 bis 3 mm langen, gelblichen Haaren

Fortpflanzung: Blüte Juli bis September; zwittrig; Insektenbestäubung; Windausbreitung

Vorkommen: Waldschläge, Äcker, Schuttplätze, Wegränder, Bahnareale

Wissenswertes: Die Art breitet sich nur über Samen aus, wobei eine Pflanze bis zu 25 000 Samen pro Jahr produzieren kann, die im Extremfall bis zu 500 km weit mit Luftströmungen transportiert werden können. • Stammt aus Nordamerika und trat bereits im 17. Jahrhundert in Europa auf. Sie kann lokal das Aufkommen anderer Pflanzenarten verunmöglichen. Bekämpfung: Pflanzen ausreißen, größere Bestände mähen, alle Pflanzenteile über die Kehrichtabfuhr entsorgen (nicht kompostieren!).

Erigeron annuus (L.) Desf. Einjähriges Berufkraut, Feinstrahl-Berufkraut

Pflanzenfamilie: Asteraceae – Korbblütler

Name: *Eri-* griech. früh; *-geron* griech. Greis; *annuus* lat. einjährig

Merkmale: 30 bis 150 cm hohe, ein- oder zweijährige Pflanze; Blätter oval bis länglich, hellgrün, Blattrand gezähnt; Blütenstände 15 bis 25 mm im Durchmesser, am Rand mit zahlreichen ausgebreiteten, schmalen, lilafarbenen bis weißen Blüten, Blüten in der Mitte gelb; Früchte (Nüsschen) ca. 1 mm lang, mit ca. 2 mm langen, weißen Borsten

Fortpflanzung: Blüte Juni bis Oktober; zwittrig; Insektenbestäubung; Windausbreitung

Vorkommen: Ufer, Wiesen, Böschungen, Waldschläge, Schuttstellen

Wissenswertes: Stammt aus Nordamerika und wurde bereits im 17. Jahrhundert als Zierpflanze nach Europa gebracht. Die Pflanze dringt zunehmend in Magerrasen vor und kann dadurch die selten werdenden Pflanzenarten dieser Lebensräume verdrängen. Bekämpfung: Pflanzen vor der Samenbildung ausreißen, alle Pflanzenteile über die Kehrichtabfuhr entsorgen (nicht kompostieren!).

411 a Pflanze mit Ranken; d.h. fadenförmigen Verlängerungen des Blattmittelnervs, die sich schraubenförmig um eine Stütze wickeln (können) **447** (S. 179) .... 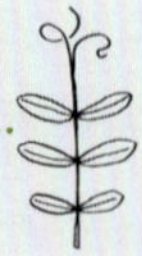

b Pflanze ohne Ranken **412**

412 a Blätter dreiteilig, d.h., sie sind aus 3 ± gleichen Teilblättern zusammengesetzt ....  **429** (S. 169)

b Größere Blätter gefiedert, d.h., sie sind aus mindestens 4 ± senkrecht zum Mittelnerv stehenden Teilblättern zusammengesetzt **413** ....  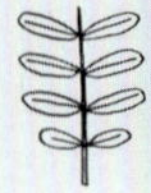

413 a Blüten an gebogenen Stielen ± hängend; Blütenblätter hellgelb bis rötlich; Kelchblätter braunrot ▶ ***Geum rivale***

b Blüten anders gestaltet **414**

414 a Zahlreiche kleine Blüten in einem sehr dichten (harten), kugel- bis zylinderförmigen Blütenstand angeordnet **415**

b Blüten anders angeordnet **416**

415 a Blüten grünlich bis rötlich ▶ ***Sanguisorba minor***

b Blüten dunkelrot bis rotbraun ▶ ***Sanguisorba officinalis***

Geum rivale L. Bach-Nelkenwurz

Pflanzenfamilie: Rosaceae – Rosengewächse

Name: *Geum* unklar; *rivale* lat. Bach

Merkmale: 20 bis 60 cm hoch; größere Blätter in mindestens 3 unterschiedlich große Teilblätter unterteilt, Rand der Teilblätter gezähnt; Blüten ± hängend, 10 bis 15 mm lang, mit 5 oder 6 lachsfarbenen oder gelben bis rötlichen Blütenblättern, umgeben von rotbraunen Kelchblättern; pro Blüte zahlreiche Früchte (Nüsschen) mit geknickter und behaarter Borste (Griffel)

Fortpflanzung: Blüte April bis Juli; zwittrig; Insektenbestäubung; Tierausbreitung

Vorkommen: Bachufer, feuchte Wiesen

Wissenswertes: Die Früchte bleiben mithilfe des mit Widerhäkchen besetzten Griffels an Tierfellen (oder Kleidern) haften. • Der Tee aus dem getrockneten Wurzelstock wird bei Durchfall und Magenschmerzen getrunken, als Badezusatz bei schlecht heilenden Wunden sowie zum Gurgeln bei Entzündungen von Zahnfleisch, Mund- und Rachenschleimhaut verwendet. Der Gehalt an Wirkstoffen ist allerdings geringer als bei der Echten Nelkenwurz *(Geum urbanum)*.

Sanguisorba minor Scop. Kleiner Wiesenknopf

Pflanzenfamilie: Rosaceae – Rosengewächse

Name: *Sangui-* lat. Blut; *-sorba* lat. Flüssigkeit aufnehmen; *minor* lat. klein

Merkmale: 20 bis 60 cm hoch; größere Blätter in 11 bis 31 Teilblätter unterteilt, Blattunterseite graugrün, Rand der Teilblätter gezähnt; Blüten klein, grün oder rötlich, in dichten, kugeligen bis eiförmigen, 7 bis 18 mm langen und 8 bis 12 mm breiten Blütenständen; Früchte (Nüsschen) vom Kelch umschlossen

Fortpflanzung: Blüte Mai bis August; zwittrig; Windbestäubung; Windausbreitung

Vorkommen: Trockenwiesen, Böschungen

Wissenswertes: In den Blütenständen befinden sich oben weibliche Blüten mit roten, pinselförmigen Narben, darunter zwittrige Blüten und zuunterst die zuerst reifenden, männlichen Blüten mit lang gestielten Staubbeuteln. • In der Familie der Rosengewächse stellt die Windbestäubung des Kleinen Wiesenknopfes eine Ausnahme dar; die anderen Arten dieser Familie werden von Insekten bestäubt. • Die jungen Blätter können als Salatzutat verwendet werden.

Sanguisorba officinalis L. Großer Wiesenknopf

Pflanzenfamilie: Rosaceae – Rosengewächse

Name: *Sangui-* lat. Blut; *-sorba* lat. Flüssigkeit aufnehmen; *officinalis* lat. für Arzneimittel verwendet

Merkmale: 30 bis 120 cm hoch; größere Blätter in 7 bis 31 Teilblätter unterteilt, Blattunterseite grau- bis blaugrün, Rand der Teilblätter gezähnt; Blüten klein, dunkelrot, in dichten, kugeligen bis eiförmigen, 10 bis 30 mm langen und 10 bis 15 mm breiten Blütenständen; Früchte (Nüsschen) vom Kelch umschlossen

Fortpflanzung: Blüte Juni bis September; zwittrig; Insektenbestäubung; Windausbreitung

Vorkommen: Bachufer, Gräben, Moore, feuchte Wiesen

Wissenswertes: Raupenfutterpflanze von Großem Moorbläuling *(Maculinea teleius)* und Dunklem Moorbläuling *(Maculinea nausithous)*. Das Schmetterlingsweibchen legt die Eier in die Blütenköpfchen, wo die Raupen schlüpfen und sich nach einigen Häutungen auf den Boden fallen lassen. Bestimmte Ameisenarten – *Myrmica scabrinoides* beim Großen und *Myrmica rubra* beim Dunklen Moorbläuling – tragen sie in ihr Nest, wobei sie mit einem zuckerhaltigen Saft, den die Raupen absondern, belohnt werden. Dort ernähren sich die Raupen von der Ameisenbrut und verpuppen sich. Im folgenden Frühjahr verlassen sie das Nest als Schmetterling.

416 a Blüten auffällig zweifarbig: oberer Teil der Blüte rötlich bis violett, unterer Teil weiß ▶ *Securigera varia*
b Blüten anders gestaltet 417

417 a Einzelblüten bestehen aus zahlreichen halbkugeligen Büscheln von Staubblättern ▶ *Thalictrum aquilegiifolium* (S. 114)
b Blüten anders gestaltet 418

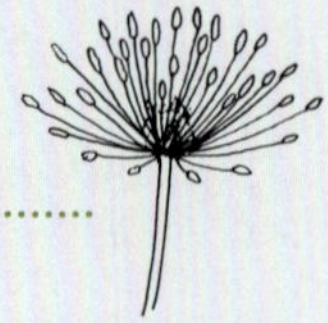

418 a Vorherrschende Blütenfarbe (hell)gelb bis grüngelb 419
b Vorherrschende Blütenfarbe rosa, rot, lila, violett oder bläulich 424
c Vorherrschende Blütenfarbe weißlich bis rein weiß 427 (S. 168)

419 a Blüten mit 4 kreuzförmig angeordneten Blütenblättern 532 (S. 212)
b Blüten mit 5 strahlenförmig angeordneten Blütenblättern 632 (S. 252)
c Blüten anders gestaltet (spiegelsymmetrisch) 420

420 a Teilblatt an der Blattspitze meist größer als die seitlichen Teilblätter ▶ *Anthyllis vulneraria*
b Teilblatt an der Blattspitze ± gleich groß wie die seitlichen Teilblätter 421

421 a Blätter mit mehr als 5 Teilblättern 422
b Blätter mit insgesamt 5 Teilblättern 423

422 a Teilblätter mindestens 2 cm lang; Blüten grüngelb ▶ *Astragalus glycyphyllos*
b Teilblätter höchstens 2 cm lang; Blüten gelb ▶ *Hippocrepis comosa* (S. 166)

Securigera varia (L.) Lassen
Bunte Kronwicke, Bunte Beilwicke

Pflanzenfamilie: Fabaceae – Schmetterlingsblütler

Name: Wicke: von lat. *vicia*; *securi-* lat. Axt; *-gera* lat. tragen; *varia* lat. verschiedenartig, bunt

Merkmale: 30 bis 120 cm hoch bzw. lang; Stängel oft liegend; Blätter in 11 bis 25 Teilblätter unterteilt; Blüten 8 bis 15 mm lang, oberes Blütenblatt rosa bis violett, die unteren Blütenblätter weiß bis hellrosa, Blütenstände mit 5 bis 20 kreisförmig angeordnete Blüten; Früchte (Hülsen) 2 bis 8 cm lang

Fortpflanzung: Blüte Juni bis August; zwittrig; Bienenbestäubung; Windausbreitung

Vorkommen: Wiesen, Böschungen, Gebüsche, Wegränder

Wissenswertes: Allgemeines zur Pflanzenfamilie der Schmetterlingsblütler ➤ S. 391. • Raupenfutterpflanze von Hufeisenklee-Gelbling *(Colias alfacariensis)*, Himmelblauem Steinklee-Bläuling *(Glaucopsyche alexis)*, Gemeinem Bläuling *(Lycaeides argyrognomon)*, Silbergrünem Bläuling *(Lysandra coridon)* und Zahnflügel-Bläuling *(Meleageria daphnis)*. • Die ganze Pflanze und besonders die Samen sind giftig. Vergiftungssymptome sind u. a. Übelkeit, Erbrechen, Durchfall und Krämpfe.

Anthyllis vulneraria L. Gewöhnlicher Wundklee

Pflanzenfamilie: Fabaceae – Schmetterlingsblütler

Name: Klee: ahd.; *anthyllis* griech. Blümchen; *vulneraria* lat. wund

Merkmale: 10 bis 60 cm hoch; größere Blätter in 5 bis 13 Teilblätter unterteilt, Teilblatt an der Blattspitze deutlich größer als die seitlichen Teilblätter; Blüten 10 bis 20 mm lang, (hell) gelb, manchmal etwas rötlich, in einem kurzen Blütenstand mit Blättern an der Basis; Früchte (Hülsen) 4 bis 6 mm lang

Fortpflanzung: Blüte Mai bis Juni; zwittrig; Bienenbestäubung; Wind- und Tierausbreitung

Vorkommen: Trockenwiesen, Gebüsche, lichte Wälder

Wissenswertes: Allgemeines zur Pflanzenfamilie der Schmetterlingsblütler ➤ S. 391. • Raupenfutterpflanze von Brombeer-Zipfelfalter *(Callophrys rubi)*, Zwerg-Bläuling *(Cupido minimus)* und Steinklee-Bläuling *(Plebicula dorylas)*. • Der Aufguss des getrockneten, blühenden Krauts oder der getrockneten Blüten wird als Badezusatz bei schlecht heilenden Wunden verwendet.

Astragalus glycyphyllos L. Süßer Tragant

Pflanzenfamilie: Fabaceae – Schmetterlingsblütler

Name: Tragant: von griech. Bocksdorn; *astragalus* griech. Sprungbein; *glycy-* griech. süß; *-phyllos* griech. Blatt

Merkmale: 20 bis 120 cm hoch bzw. lang; Stängel liegend, manchmal über andere Pflanzen wachsend; Blätter in 9 bis 13 Teilblätter unterteilt; Blüten 13 bis 15 mm lang, grüngelb, in einem kurzen Blütenstand; Früchte (Hülsen) 3 bis 4 cm lang und ca. 5 mm dick

Fortpflanzung: Blüte Juni bis August; zwittrig; Bienenbestäubung; Wind- und Tierausbreitung

Vorkommen: Gebüsche, lichte Wälder, Waldränder

Wissenswertes: Allgemeines zur Pflanzenfamilie der Schmetterlingsblütler ➤ S. 391. • Raupenfutterpflanze von Gemeinem Bläuling *(Lycaeides argyrognomon)*, Silbergrünem Bläuling *(Lysandra coridon)* und Zahnflügel-Bläuling *(Meleageria daphnis)*. • Blätter und Wurzeln schmecken süßlich.

423 a Blüten in Blütenständen mit höchstens 8 Blüten; Stängel im Querschnitt vierkantig ▶ *Lotus corniculatus*

b Blüten in Blütenständen mit mindestens 6 Blüten; Stängel im Querschnitt rundlich ▶ *Lotus pedunculatus*

Hippocrepis comosa L. (Schopfiger) Hufeisenklee

Pflanzenfamilie: Fabaceae – Schmetterlingsblütler

Name: Klee: ahd.; *hippo-* griech. Pferd; *-crepis* griech. Schuh; *comosa* lat. schopfig, stark behaart

Merkmale: 5 bis 25 cm hoch; Blätter in 5 bis 17 Teilblätter unterteilt; Blüten 8 bis 12 mm lang, gelb, Blütenstände mit 5 bis 12 kreisförmig angeordnete Blüten; Früchte (Hülsen) geschlängelt, 10 bis 30 mm lang

Fortpflanzung: Blüte Mai bis Juni; zwittrig; Insektenbestäubung; Tier- und Windausbreitung

Vorkommen: Trockenrasen, Böschungen, lichte Wälder, Felsen

Wissenswertes: Allgemeines zur Pflanzenfamilie der Schmetterlingsblütler ➤ S. 391. • Raupenfutterpflanze von Hufeisenklee-Gelbling *(Colias alfacariensis)*, Geißklee-Bläuling *(Plebejus argus)*, Silbergrünem Bläuling *(Lysandra coridon)* und Himmelblauem Bläuling *(Lysandra bellargus)*.

Lotus corniculatus L. Gewöhnlicher Hornklee

Pflanzenfamilie: Fabaceae – Schmetterlingsblütler

Name: Klee: ahd.; *lotus* unklar; *corniculatus* lat. gehörnt

Merkmale: 10 bis 30 cm hoch; Blätter mit 5 Teilblättern, Blattunterseite oft bläulich grün; Blüten 8 bis 16 mm lang, gelb, Blütenstände mit 3 bis 8 kreisförmig angeordneten Blüten; Früchte (Hülsen) 15 bis 30 mm lang

Fortpflanzung: Blüte Mai bis Juli; zwittrig; Insektenbestäubung; Tierausbreitung (Ameisen)

Vorkommen: Wiesen, Böschungen, Wegränder

Wissenswertes: Allgemeines zur Pflanzenfamilie der Schmetterlingsblütler ➤ S. 391. • Bei warmem Wetter springen die Hülsen auf und die darin enthaltenen Samen werden bis zu 2 m weit herausgeschleudert. • Raupenfutterpflanze des Sechsfleck-Widderchens *(Zygaena filipendulae)*. Wenn die Raupen die Pflanze anknabbern, produziert diese Blausäure, um sich vor ihnen zu schützen. Die Raupe dieser Blutströpfchen-Art schreckt dies aber nicht ab, sie frisst weiter und reichert das Gift in ihrem Körper an. Dadurch wird sie ihrerseits ungenießbar für Vögel und andere Fressfeinde.

424 a Blüten mit 4 kreuzförmig angeordneten Blütenblättern **524** (S. 208)
b Blüten mit 5 strahlenförmig angeordneten Blütenblättern **588** (S. 231)
c Blüten anders gestaltet (spiegelsymmetrisch) **425**

425 a Blätter mit einem Teilblatt an der Blattspitze ▶ *Onobrychis viciifolia*
b Blätter mit einem Stachel an der Blattspitze **426**

Lotus pedunculatus Cav. Sumpf-Hornklee

Pflanzenfamilie: Fabaceae – Schmetterlingsblütler

Name: Klee: ahd.; *lotus* unklar; *pedunculatus* lat. gestielt

Merkmale: 30 bis 90 cm hoch; Blätter mit 5 Teilblättern, Blattunterseite oft bläulich grün; Blüten 12 bis 15 mm lang, gelb, Blütenstände mit 6 bis 14 kreisförmig angeordneten Blüten; Früchte (Hülsen) 15 bis 30 mm lang

Fortpflanzung: Blüte Juni bis Juli; zwittrig; Insektenbestäubung; Ameisen- und Selbstausbreitung

Vorkommen: Sümpfe, feuchte Wiesen, feuchte Wälder

Wissenswertes: Allgemeines zur Pflanzenfamilie der Schmetterlingsblütler ➤ S. 391. • Bei warmem Wetter springen die Hülsen auf und die darin enthaltenen Samen werden bis zu 2 m weit herausgeschleudert.

Onobrychis viciifolia Scop. Saat-Esparsette

Pflanzenfamilie: Fabaceae – Schmetterlingsblütler

Name: Esparsette: von frz. esparcette; *ono-* evtl. von griech. Esel; *-brychis* evtl. von griech. gierig fressen; *vicii-* Wicken *(Vicia)*; *-folia* lat. Blatt

Merkmale: 20 bis 70 cm hoch; Blätter in 13 bis 27 Teilblätter unterteilt; Blüten 10 bis 15 mm lang, rosa bis hellrot mit dunkleren Streifen, in langen Blütenständen; Früchte (Hülsen) 6 bis 8 mm lang, mit 0,5 bis 1 mm langen Zähnen

Fortpflanzung: Blüte Mai bis August; zwittrig; Bienenbestäubung; Tier- und Windausbreitung

Vorkommen: Kiesbänke, Wiesen, Böschungen; oft auch als Futterpflanze angebaut

Wissenswertes: Allgemeines zur Pflanzenfamilie der Schmetterlingsblütler ➤ S. 391. • Raupenfutterpflanze von Postillon *(Colias crocea)*, Himmelblauem Steinklee-Bläuling *(Glaucopsyche alexis)*, Grünblauem Bläuling *(Agrodiaetus damon)* und Hauhechel-Bläuling *(Polyommatus icarus)*.

426 a Stängel mit 2 längsverlaufenden, abstehenden Streifen (geflügelt) ▶ *Lathyrus linifolius*

b Stängel nicht geflügelt ▶ *Lathyrus vernus*

427 a Blüten mit 4 kreuzförmig angeordneten Blütenblättern 482 (S. 189)

b Blüten anders gestaltet 428

Lathyrus linifolius (Reichard) Bässler
Berg-Platterbse

Pflanzenfamilie: Fabaceae – Schmetterlingsblütler

Name: Erbse: mhd.; *lathyrus* griech. abgeplattet; *lini-* lat. Lein *(Linum)*; *-folius* lat. Blatt

Merkmale: 15 bis 30 cm hoch; Stängel oft liegend; Blätter in 4 bis 8 Teilblätter unterteilt, mit einem Stachel an der Spitze, Blattunterseite blaugrün; Blüten 10 bis 18 mm lang, beim Aufblühen hell purpurrot, später bläulich bis grünlich, in Blütenständen mit 2 bis 6 Blüten; Früchte (Hülsen) 3 bis 4 cm lang und 4 bis 5 mm breit

Fortpflanzung: Blüte April bis Juni; zwittrig; Bienenbestäubung; Ameisen- und Selbstausbreitung

Vorkommen: Wiesen, Heiden, Wälder, Waldränder

Wissenswertes: Allgemeines zur Pflanzenfamilie der Schmetterlingsblütler ➤ S. 391. • Bei warmem Wetter springen die Hülsen auf und die darin enthaltenen Samen werden herausgeschleudert.

Lathyrus vernus (L.) Bernh. Frühlings-Platterbse

Pflanzenfamilie: Fabaceae – Schmetterlingsblütler

Name: Erbse: mhd.; *lathyrus* griech. abgeplattet; *vernus* lat. Frühling

Merkmale: 20 bis 50 cm hoch; Blätter in 4 bis 8 Teilblätter unterteilt, mit einem Stachel an der Spitze; Blüten 14 bis 20 mm lang, beim Aufblühen purpurrot, dann blau und beim Verblühen blaugrün, in Blütenständen mit 3 bis 8 Blüten; Früchte (Hülsen) 4 bis 6 cm lang und 5 bis 7 mm breit

Fortpflanzung: Blüte April bis Mai; zwittrig; Bienenbestäubung; Selbstausbreitung

Vorkommen: Wälder, besonders Buchenwälder

Wissenswertes: Allgemeines zur Pflanzenfamilie der Schmetterlingsblütler ➤ S. 391. • Bei warmem Wetter springen die Hülsen auf und die darin enthaltenen Samen werden herausgeschleudert.

428 a Sehr viele kleine Blüten in mehreren langen, gleichmäßig dünnen Blütenständen ▶ *Aruncus dioicus*

b Mehrere kleine Blüten in einem kurzen, ovalen Blütenstand ▶ *Actaea spicata*

429 a Blüten an gebogenen Stielen ± hängend **430**▶

b Blüten nicht hängend **431**▶

Aruncus dioicus (Walter) Fernald **Wald-Geißbart**

Pflanzenfamilie: Rosaceae – Rosengewächse

Name: *Aruncus* unklar; *di-* griech. zwei; *-oicus* griech. Haus

Merkmale: 100 bis 200 cm hoch; große, lang gestielte, in Teilblätter unterteilte Blätter, Rand der Teilblätter gezähnt; Blüten in einem bis 50 cm langen, verzweigten Blütenstand, klein, mit fünf 1 bis 2 mm langen, rein weißen oder gelblich weißen Blütenblättern; Früchte (Balgfrüchte) 1 bis 3 mm lang

Fortpflanzung: Blüte Juni bis Juli; zweihäusig oder zwittrig; Insektenbestäubung; Windausbreitung

Vorkommen: Wälder, Schluchten

Wissenswertes: Raupenfutterpflanze des Schwarzen Trauerfalters *(Neptis rivularis)*. • Die jungen Sprosse werden geschält und wie Spargel zubereitet und genossen.

Actaea spicata L. **Christophskraut**

Pflanzenfamilie: Ranunculaceae – Hahnenfußgewächse

Name: *Actaea* unklar; *spicata* lat. ährig

Merkmale: 30 bis 80 cm hoch; große, in Teilblätter unterteilte Blätter, Rand der Teilblätter gezähnt, Blattstiel bis 15 cm lang; Blüten in einem kurzen, lockeren Blütenstand, 4 bis 6 mm im Durchmesser, weiß, mit 4 äußeren, 2 bis 3 mm langen, früh abfallenden Blütenblättern und 4 inneren, 1 bis 1,5 mm langen Blütenblättern; Früchte (Beeren) schwarz, ca. 10 mm im Durchmesser

Fortpflanzung: Blüte Mai bis Juli; zwittrig; Insektenbestäubung; Tierausbreitung

Vorkommen: Gebüsche, Wälder, Schluchten

430 a Blüten mindestens 30 mm im Durchmesser; Blütenblätter blauviolett ▶ *Aquilegia vulgaris*

b Blüten höchstens 15 mm im Durchmesser; Blütenblätter hellgelb bis rötlich; Kelchblätter braunrot ▶ *Geum rivale* (S. 162)

431 a Pflanze mit 5 grünlichen Blüten in einem würfelförmigen Blütenstand mit ca. 5 mm Durchmesser ▶ *Adoxa moschatellina*

b Blüten anders angeordnet und gestaltet 432 ▶

432 a Blüten mit 4 kreuzförmig angeordneten Blütenblättern 531 ▶ (S. 211)

b Blüten mit 5 strahlenförmig angeordneten Blütenblättern 551 ▶ (S. 219)

c Blüten anders gestaltet (spiegelsymmetrisch) 433 ▶

Aquilegia vulgaris L. Gewöhnliche Akelei

Pflanzenfamilie: Ranunculaceae – Hahnenfußgewächse

Name: Akelei: ahd.; *aquilegia* unklar; *vulgaris* lat. gewöhnlich

Merkmale: 30 bis 90 cm hoch; Blätter in 3 dreiteilige Teilblätter unterteilt; Blüten ± hängend, 30 bis 50 mm im Durchmesser, blauviolett oder seltener rosa bis weiß, mit 5 ausgebreiteten Blütenblättern, dazwischen 5 senkrecht stehende Blütenblätter mit einem hakenförmig gekrümmten, oberen Ende (Nektarblätter); meist fünf 2 bis 3 cm lange Früchte (Balgfrüchte) pro Blüte

Fortpflanzung: Blüte Mai bis Juli; zwittrig; Bienenbestäubung; Windausbreitung

Vorkommen: Wiesen, Gebüsche, lichte Wälder, besonders Buchenwälder

Wissenswertes: In der gekrümmten Spitze der Nektarblätter befindet sich eine nektarabsondernde Drüse. Auf der Suche nach diesem Nektar bestäuben Hummeln und Bienen die Blüte. • Die ganze Pflanze und besonders die Samen sind giftig. Vergiftungssymptome sind u. a. Durchfall, Atemnot, Benommenheit bis Ohnmacht.

Adoxa moschatellina L. Bisam- oder Moschuskraut

Pflanzenfamilie: Adoxaceae – Bisamkraut- oder Moschuskrautgewächse

Name: *Adoxa* griech. ruhmlos; *moschatellina* lat. schwach nach Moschus riechend

Merkmale: 5 bis 20 cm hoch; Blätter in 3 dreiteilige Teilblätter unterteilt; Blüten ca. 5 mm im Durchmesser, mit 4 oder 5 grünlichen Blütenblättern, in einem würfelförmigen Blütenstand mit 4 Blüten auf den Seiten und einer Blüte oben; Früchte (Steinfrüchte) weißlich bis grünlich

Fortpflanzung: Blüte März bis April; zwittrig; Insektenbestäubung; Tierausbreitung (Schnecken)

Vorkommen: Gebüsche, Hecken, feuchte Wälder

433 a Teilblätter eingeschnitten ▶ *Corydalis cava*
b Teilblätter nicht eingeschnitten, höchstens mit gezähntem Rand 434

434 a Vorherrschende Blütenfarbe weiß, weißlich, rosa, rötlich, rot, violett oder blau 435
b Vorherrschende Blütenfarbe hellgelb bis goldgelb 444 (S. 176)

435 a Zahlreiche Blüten in ± dichten, kugeligen oder eiförmigen Blütenständen 438
b Blüten einzeln stehend oder in länglichen Blütenständen 436

Corydalis cava (L.) Schweigg. & Körte
Hohlknolliger oder Hohler Lerchensporn

Pflanzenfamilie: Papaveraceae – Mohngewächse

Name: *Corydalis* von griech. Haubenlerche; *cava* lat. hohl

Merkmale: 10 bis 30 cm hoch; Blätter in 3 dreiteilige Teilblätter unterteilt, blaugrün, Rand der Teilblätter eingeschnitten bis gezähnt; Blüten spiegelsymmetrisch, 18 bis 30 mm lang, rosa bis violett oder weiß, mit einem langen, an der Spitze gekrümmten Anhängsel (Sporn), Blüten in einem länglichen Blütenstand; Früchte (Kapseln) 20 bis 25 mm lang

Fortpflanzung: Blüten März bis April; zwittrig; Bienenbestäubung; Ameisenausbreitung

Vorkommen: Hecken, Laubwälder, Waldränder, Obstgärten, Parkanlagen

Wissenswertes: Meist kommen violett und weiß blühende Pflanzen nebeneinander vor. • Der Nektar befindet sich im Blütensporn und ist nur für Bestäuber mit langen Rüsseln zugänglich. Insekten mit kurzen Rüsseln wie z. B. die Dunkle Erdhummel *(Bombus terrestris)* beißen oft das Ende des Sporns auf und begehen Nektarraub, ohne die Blüte zu bestäuben. • Raupenfutterpflanze des Schwarzen Apollos *(Parnassius mnemosyne)*. • Die ganze Pflanze und besonders die Wurzelknolle sind giftig. Vergiftungssymptome sind u. a. Bewegungsschwierigkeiten bis zur Aufhebung der willkürlichen und reflektorischen Bewegungen.

436 a Blüten 8 bis 25 mm lang, rosa bis violettrot **437**
b Blüten 4 bis 5 mm lang, weiß ▶ ***Melilotus albus***

437 a Pflanze mit (einzelnen) Dornen ▶ ***Ononis spinosa***
b Pflanze ohne Dornen ▶ ***Ononis repens***

Melilotus albus Medik. Weißer Honigklee, Weißer Steinklee

Pflanzenfamilie: Fabaceae – Schmetterlingsblütler

Name: Klee: ahd.; *meli-* griech. Honig; *-lotus* unklar; *albus* lat. weiß

Merkmale: 30 bis 150 cm hohe, ein- oder zweijährige Pflanze; Blätter dreiteilig, Rand der Teilblätter fein gezähnt; Blüten 4 bis 5 mm lang, weiß, hängend, in einem 3 bis 6 cm langen Blütenstand; Früchte (Hülsen) eiförmig, 3 bis 4 mm lang, schwarz

Fortpflanzung: Blüte Juni bis August; zwittrig; Insektenbestäubung; Windausbreitung

Vorkommen: Kiesbänke, Schuttplätze, Wegränder, Bahnareale, Kiesgruben, Steinbrüche

Wissenswertes: Allgemeines zur Pflanzenfamilie der Schmetterlingsblütler ➤ S. 391

Ononis spinosa L. Dornige Hauhechel

Pflanzenfamilie: Fabaceae – Schmetterlingsblütler

Name: *Ononis* evtl. von griech. Esel; *spinosa* lat. dornig

Merkmale: 30 bis 60 cm hoch; Stängel oft liegend, zumindest im unteren Teil mit Dornen; mindestens die Blätter im unteren Teil des Stängels mit drei Teilblättern, Rand der Teilblätter gezähnt; Blüten 8 bis 25 mm lang, rosa bis violettrot; Früchte (Hülsen) 5 bis 8 mm lang

Fortpflanzung: Blüte Juni bis September; zwittrig; Bienenbestäubung; Selbstausbreitung

Vorkommen: Trockenrasen, Weiden, Wegränder

Wissenswertes: Allgemeines zur Pflanzenfamilie der Schmetterlingsblütler ➤ S. 391. • Tee der getrockneten Wurzel wirkt harntreibend und wird bei Wasserstauungen und Blasenentzündungen sowie bei Rheumatismus und Gicht eingenommen.

438 a Blütenstand eher länglich, dicht wollig behaart ▶ *Trifolium arvense*
b Blütenstand eher kugelig, wenig behaart 439

439 a Rand der Teilblätter wenigstens an der Blattspitze gezähnt 440
b Rand der Teilblätter kaum oder undeutlich gezähnt 443 (S. 176)

Ononis repens L. Kriechende Hauhechel

Pflanzenfamilie: Fabaceae – Schmetterlingsblütler

Name: *Ononis* evtl. von griech. Esel; *repens* lat. kriechend

Merkmale: 30 bis 60 cm hoch; Stängel liegend, ohne Dornen; mindestens die Blätter im unteren Teil des Stängels mit drei Teilblättern, Rand der Teilblätter gezähnt; Blüten 8 bis 25 mm lang, rosa bis violettrot; Früchte (Hülsen) 5 bis 8 mm lang

Fortpflanzung: Blüte Juni bis September; zwittrig; Bienenbestäubung; Selbstausbreitung

Vorkommen: Moore, Wiesen, Weiden

Wissenswertes: Allgemeines zur Pflanzenfamilie der Schmetterlingsblütler ➤ S. 391

Trifolium arvense L. Hasen-Klee

Pflanzenfamilie: Fabaceae – Schmetterlingsblütler

Name: Klee: ahd.; *tri-* lat. drei; *-folium* lat. Blatt; *arvense* lat. Acker

Merkmale: 5 bis 40 cm hohe, ein- oder zweijährige Pflanze; Blätter dreiteilig, Teilblätter mindestens doppelt so lang wie breit; Blüten 3 bis 4 mm lang, weiß bis rötlich, in einem ei- bis walzenförmigen Blütenstand mit 10 bis 20 mm Länge und 8 bis 10 mm Durchmesser, stark behaart; Früchte (Hülsen) bleiben von der verblühten Blüte umhüllt

Fortpflanzung: Blüte Juni bis August; zwittrig; Insektenbestäubung; Tier- und Windausbreitung

Vorkommen: Weiden, Äcker, Wegränder

Wissenswertes: Allgemeines zur Pflanzenfamilie der Schmetterlingsblütler ➤ S. 391

440 a Blätter nur an der Blattspitze gezähnt ▶ *Medicago sativa*
b Rand der Teilblätter rundherum regelmäßig und fein gezähnt **441**

441 a Stängel über den Boden wachsend, nur die Blatt- und Blütenstandstiele aufrecht ▶ *Trifolium repens*
b Stängel mit Blättern und Blütenstand ± aufrecht stehend **442**

Medicago sativa L. Saat-Luzerne, Echte Luzerne

Pflanzenfamilie: Fabaceae – Schmetterlingsblütler

Name: Luzerne: von frz. luzerne; *medic-* aus Medien (Landschaft in Iran) stammend; *-ago* häufige Endung (Suffix) von lat. Pflanzennamen; *sativa* lat. angepflanzt

Merkmale: 30 bis 90 cm hoch; Blätter dreiteilig, Teilblätter mindestens doppelt so lang wie breit, Rand der Teilblätter nur im vorderen Teil gezähnt; Blüten 7 bis 12 mm lang, blau bis violett, in einem kurzen Blütenstand; Früchte (Hülsen) eingerollt, 4 bis 6 mm im Durchmesser

Fortpflanzung: Blüte Juni bis August; zwittrig; Insektenbestäubung; Tierausbreitung

Vorkommen: Wiesen, Äcker; häufig als Futterpflanze angebaut

Wissenswertes: Allgemeines zur Pflanzenfamilie der Schmetterlingsblütler ➤ S. 391. • Raupenfutterpflanze von Gemeinem Heufalter *(Colias hyale)*, Postillon *(Colias crocea)*, Himmelblauem Steinklee-Bläuling *(Glaucopsyche alexis)* und Hauhechel-Bläuling *(Polyommatus icarus)*. • Die jungen Triebspitzen können gekocht und als Gemüse gegessen werden.

Trifolium repens L. Kriechender Klee, Weiß-Klee

Pflanzenfamilie: Fabaceae – Schmetterlingsblütler

Name: Klee: ahd.; *tri-* lat. drei; *-folium* lat. Blatt; *repens* lat. kriechend

Merkmale: 5 bis 40 cm hoch; mit oberirdischen Ausläufern; Blätter dreiteilig, Teilblätter höchstens doppelt so lang wie breit, oft mit hellem Band, Rand der Teilblätter fein gezähnt; Blüten 7 bis 12 mm lang, weißlich, in kugeligen Blütenständen mit 15 bis 25 mm Durchmesser; Früchte (Hülsen) bleiben von der verblühten Blüte umhüllt

Fortpflanzung: Blüte Mai bis September; zwittrig; Insektenbestäubung; Tierausbreitung

Vorkommen: Wiesen, Weiden, Garten- und Sportrasen, Schuttplätze, Wegränder

Wissenswertes: Allgemeines zur Pflanzenfamilie der Schmetterlingsblütler ➤ S. 391. • Vegetative Vermehrung durch Ausläufer. • Sehr unempfindlich gegenüber Trittbelastung und deshalb auch in stark genutzten Rasen anzutreffen. • Wichtige Futterpflanze.

442 a Blattstiel behaart (Stiel biegen) ▶ ***Trifolium montanum***

b Blattstiel nicht behaart ▶ ***Trifolium hybridum***

Trifolium montanum L. Berg-Klee

Pflanzenfamilie: Fabaceae – Schmetterlingsblütler

Name: Klee: ahd.; *tri-* lat. drei; *-folium* lat. Blatt; *montanum* lat. Berg

Merkmale: 10 bis 50 cm hoch; Blätter dreiteilig, Teilblätter deutlich länger als breit, Rand der Teilblätter fein gezähnt; Blüten 7 bis 10 mm lang, weiß oder etwas gelblich weiß, in einem kugeligen bis eiförmigen Blütenstand mit 25 mm Länge und 15 bis 20 mm Durchmesser; Früchte (Hülsen) bleiben von der verblühten Blüte umhüllt

Fortpflanzung: Blüte Mai bis Juli; zwittrig; Insektenbestäubung; Tier- und Windausbreitung

Vorkommen: Magerwiesen, Weiden, lichte Wälder

Wissenswertes: Allgemeines zur Pflanzenfamilie der Schmetterlingsblütler ➤ S. 391

Trifolium hybridum L. Bastard- oder Schweden-Klee

Pflanzenfamilie: Fabaceae – Schmetterlingsblütler

Name: Klee: ahd.; *tri-* lat. drei; *-folium* lat. Blatt; *hybridum* lat. Bastard

Merkmale: 10 bis 50 cm hoch; Blätter dreiteilig, Teilblätter höchstens doppelt so lang wie breit, Rand der Teilblätter fein gezähnt; Blüten 7 bis 12 mm lang, weiß bis rosa, in einem kugeligen bis eiförmigen Blütenstand mit bis 30 mm Länge und bis 18 mm Durchmesser; Früchte (Hülsen) 5 bis 7 mm lang, bleiben von der verblühten Blüte umhüllt

Fortpflanzung: Blüte Juni bis August; zwittrig; Bienenbestäubung; Tier- und Windausbreitung

Vorkommen: Wiesen, Äcker, Wegränder; oft als Futterpflanze angebaut

Wissenswertes: Allgemeines zur Pflanzenfamilie der Schmetterlingsblütler ➤ S. 391. • Stammt aus Osteuropa. • Man glaubte ursprünglich, dass es sich um einen Bastard zwischen Rot-Klee und Kriechendem Klee handle, was aber nicht der Fall ist.

443 a Größte Breite etwa in der Mitte der Teilblätter ▶ ***Trifolium pratense***
b Größte Breite näher bei der Basis des Teilblatts ▶ ***Trifolium medium***

444 a Blüten in mindestens 4 cm langen Blütenständen ▶ ***Melilotus officinalis***
b Blüten in kürzeren, kugeligen Blütenständen **445**

Trifolium pratense L. Rot-Klee

Pflanzenfamilie: Fabaceae – Schmetterlingsblütler

Name: Klee: ahd.; *tri-* lat. drei; *-folium* lat. Blatt; *pratense* lat. Wiese

Merkmale: 10 bis 40 cm hoch; Blätter dreiteilig, Teilblätter bis 3 cm lang, meist mit hellem Streifen; Blüten 10 bis 16 mm lang, rosa bis purpurrot, in einem kugeligen bis eiförmigen Blütenstand mit 15 bis 35 mm Durchmesser; Früchte (Hülsen) bleiben von der verblühten Blüte umhüllt

Fortpflanzung: Blüte Mai bis Oktober; zwittrig; Bienenbestäubung; Tierausbreitung (Ameisen)

Vorkommen: Wiesen, Weiden, lichte Wälder

Wissenswertes: Wie andere Klee-Arten auch enthält der Rot-Klee Isoflavone, die in großer Menge aufgenommen bei Weidetieren eine empfängnisverhütende Wirkung haben. Zudem sollen die Isoflavone als pflanzliche Östrogene (Phytoöstrogene) beim Menschen Menstruationsprobleme und Wechseljahrbeschwerden lindern sowie gewissen Krebsarten wie Brust- und Prostatakrebs vorbeugen.

Trifolium medium L. Mittlerer Klee, Zickzack-Klee

Pflanzenfamilie: Fabaceae – Schmetterlingsblütler

Name: Klee: ahd.; *tri-* lat. drei; *-folium* lat. Blatt; *medium* lat. mittel

Merkmale: 15 bis 45 cm hoch; Blätter dreiteilig, Teilblätter bis 6 cm lang, oft mit hellem Streifen; Blüten 15 bis 22 mm lang, purpurrot, in einem kugeligen bis eiförmigen Blütenstand mit 20 bis 35 mm Durchmesser; Früchte (Hülsen) bleiben von der verblühten Blüte umhüllt

Fortpflanzung: Blüte Mai bis Juli; zwittrig; Insektenbestäubung; Tier- und Windausbreitung

Vorkommen: Böschungen, Gebüsche, lichte Wälder, Waldränder

Wissenswertes: Allgemeines zur Pflanzenfamilie der Schmetterlingsblütler ➤ S. 391

445 a Teilblätter am Ende mit einem Spitzchen ▶ *Medicago lupulina* ....

b Teilblätter ohne Spitzchen 446

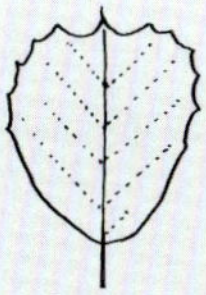

Melilotus officinalis Lam.
Echter Honigklee, Echter Steinklee

Pflanzenfamilie: Fabaceae – Schmetterlingsblütler

Name: Klee: ahd.; *meli-* griech. Honig; *-lotus* unklar; *officinalis* lat. für Arzneimittel verwendet

Merkmale: 30 bis 120 cm hohe, ein- oder zweijährige Pflanze; Blätter dreiteilig, Rand der Teilblätter fein gezähnt; Blüten 5 bis 7 mm lang, gelb, hängend, in einem 40 bis 100 mm langen Blütenstand; Früchte (Hülsen) eiförmig, 3 bis 4 mm lang

Fortpflanzung: Blüte Juni bis Oktober; zwittrig; Insektenbestäubung; Windausbreitung

Vorkommen: Kiesbänke, Schuttplätze, Wegränder, Bahnareale, Kiesgruben, Steinbrüche

Wissenswertes: Allgemeines zur Pflanzenfamilie der Schmetterlingsblütler ➤ S. 391. • Das getrocknete Kraut oder die getrockneten Blüten werden als gefäßerweiternder Venentee getrunken sowie als Badezusatz oder in Wickeln und Kompressen bei Prellungen und Verstauchungen verwendet.

Medicago lupulina L.
Hopfenklee, Hopfen-Luzerne

Pflanzenfamilie: Fabaceae – Schmetterlingsblütler

Name: Klee: ahd.; *medic-* aus Medien (Landschaft in Iran) stammend; *-ago* häufige Endung (Suffix) von lat. Pflanzennamen; *lupulina* lat. kleiner Hopfen *(lupulus)*

Merkmale: 10 bis 30 cm hoch; Stängel oft liegend; Blätter dreiteilig, Teilblätter rundlich, am Ende mit einem Spitzchen, Rand der Teilblätter nur im vorderen Teil gezähnt; Blüten 2 bis 4 mm lang, gelb, in einem kugeligen Blütenstand mit 4 bis 6 mm Durchmesser; Früchte (Hülsen) eingerollt, 1,5 bis 3 mm im Durchmesser

Fortpflanzung: Blüte Mai bis September; zwittrig; Bienenbestäubung; Tierausbreitung

Vorkommen: Wiesen, Böschungen, Schuttplätze, Wegränder

Wissenswertes: Allgemeines zur Pflanzenfamilie der Schmetterlingsblütler ➤ S. 391

446 a Teilblätter bis 20 mm lang, Blütenstände mit 20 bis 30 Blüten ▶ ***Trifolium campestre***
b Teilblätter bis 13 mm lang; Blütenstände mit 3 bis 20 Blüten ▶ ***Trifolium dubium***

Trifolium campestre Schreb. **Feld-Klee**

Pflanzenfamilie: Fabaceae – Schmetterlingsblütler

Name: Klee: ahd.; *tri-* lat. drei; *-folium* lat. Blatt; *campestre* lat. Feld

Merkmale: 10 bis 35 cm hohe, ein- oder zweijährige Pflanze; Stängel oft liegend; Blätter dreiteilig, Rand der Teilblätter nur im vorderen Teil gezähnt; Blüten 4 bis 5 mm lang, gelb, in einem kugeligen bis eiförmigen Blütenstand mit 7 bis 15 mm Länge und 20 bis 30 Blüten; Früchte (Hülsen) ca. 3 mm lang, bleiben von der verblühten Blüte umhüllt

Fortpflanzung: Blüte Mai bis August; zwittrig; Bienenbestäubung; Tier- und Windausbreitung

Vorkommen: Trockenwiesen, Äcker, Schuttplätze, Wegränder

Wissenswertes: Allgemeines zur Pflanzenfamilie der Schmetterlingsblütler ➤ S. 391

Trifolium dubium Sibth. **Zweifelhafter oder Kleiner Klee**

Pflanzenfamilie: Fabaceae – Schmetterlingsblütler

Name: Klee: ahd.; *tri-* lat. drei; *-folium* lat. Blatt; *dubium* lat. zweifelhaft

Merkmale: 5 bis 30 cm hohe, ein- oder zweijährige Pflanze; Stängel liegend; Blätter dreiteilig, Blätter bläulich grün, Rand der Teilblätter nur im vorderen Teil gezähnt; Blüten 3,5 bis 4 mm lang, hellgelb, in einem kugeligen Blütenstand mit 5 bis 10 mm Durchmesser und 3 bis 20 Blüten; Früchte (Hülsen) kaum 2 mm lang, bleiben von der verblühten Blüte umhüllt

Fortpflanzung: Blüte Mai bis September; zwittrig; Bienenbestäubung; Windausbreitung

Vorkommen: Wiesen, Rasen, Wegränder

Wissenswertes: Allgemeines zur Pflanzenfamilie der Schmetterlingsblütler ➤ S. 391

447 a Vorherrschende Blütenfarbe gelb ▶ *Lathyrus pratensis*
b Vorherrschende Blütenfarbe rot bis violettblau 448
c Vorherrschende Blütenfarbe weiß oder bläulich weiß 451

448 a Blätter mit 2 Teilblättern ▶ *Lathyrus sylvestris*
b Blätter mit mindestens 6 Teilblättern 449

Lathyrus pratensis L. Wiesen-Platterbse

Pflanzenfamilie: Fabaceae – Schmetterlingsblütler

Name: Erbse: mhd.; *lathyrus* griech. abgeplattet; *pratensis* lat. Wiese

Merkmale: 30 bis 90 cm hoch; Stängel kletternd; Blätter mit 2 oder 4 Teilblättern und meist einer Ranke an der Spitze; Blüten 10 bis 16 mm lang, gelb, in Blütenständen mit 3 bis 12 Blüten; Früchte (Hülsen) 20 bis 35 mm lang und 4 bis 6 mm breit

Fortpflanzung: Blüte Juni bis Juli; zwittrig; Bienenbestäubung; Tier- und Selbstausbreitung

Vorkommen: Wiesen, Gebüsche, Wegränder

Wissenswertes: Allgemeines zur Pflanzenfamilie der Schmetterlingsblütler ➤ S. 391. • Bei warmem Wetter springen die Hülsen auf und die darin enthaltenen Samen werden herausgeschleudert. • Raupenfutterpflanze des Senf-Weißlings *(Leptidea sinapis)*. • Die jungen Sprossspitzen können Salaten beigegeben oder, zusammen mit den Blütenständen, gekocht und als Gemüse gegessen werden.

Lathyrus sylvestris L. Wald-Platterbse

Pflanzenfamilie: Fabaceae – Schmetterlingsblütler

Name: Erbse: mhd.; *lathyrus* griech. abgeplattet; *sylvestris* lat. wild wachsend

Merkmale: 50 bis 200 cm hoch bzw. lang; Stängel liegend oder kletternd; Blätter mit 2 Teilblättern und einer Ranke an der Spitze; Blüten 12 bis 18 mm lang, rosa bis rot, in Blütenständen mit 3 bis 10 Blüten; Früchte (Hülsen) 50 bis 80 mm lang und 8 bis 13 mm breit

Fortpflanzung: Blüte Juli bis August; zwittrig; Bienenbestäubung; Tier- und Selbstausbreitung

Vorkommen: Flussufer, Gebüsche, Waldränder, Geröll

Wissenswertes: Allgemeines zur Pflanzenfamilie der Schmetterlingsblütler ➤ S. 391. • Bei warmem Wetter springen die Hülsen auf und die darin enthaltenen Samen werden herausgeschleudert.

449 a Blüten in Blütenständen mit mindestens 15 Blüten ▶ *Vicia cracca*

b Blüten einzeln oder in Blütenständen mit höchstens 6 Blüten 450

450 a Blüten meistens einzeln oder zu zweit, rot oder rotviolett ▶ *Vicia sativa*

b 3 bis 6 Blüten in einem Blütenstand, rosa bis braunviolett ▶ *Vicia sepium*

Vicia cracca L. Vogel-Wicke

Pflanzenfamilie: Fabaceae – Schmetterlingsblütler

Name: Wicke: von lat. *vicia*; *vicia* indogerm. biegen, winden; *cracca* unklar

Merkmale: 20 bis 150 cm hoch bzw. lang; Stängel liegend oder kletternd; Blätter in 10 bis 30 Teilblätter unterteilt, mit einer Ranke an der Spitze; Blüten 8 bis 12 mm lang, blauviolett, in langen Blütenständen mit 15 bis 40 Blüten, Früchte (Hülsen) 10 bis 25 mm lang und 4 bis 6 mm breit

Fortpflanzung: Blüte Juni bis August; zwittrig; Bienenbestäubung; Tier- und Selbstausbreitung

Vorkommen: Wiesen, Gebüsche, Waldränder, Äcker

Wissenswertes: Allgemeines zur Pflanzenfamilie der Schmetterlingsblütler ➤ S. 391. • Bei warmem Wetter springen die Hülsen auf und die darin enthaltenen Samen werden 1 bis 2 m weit herausgeschleudert. • Raupenfutterpflanze des Prächtigen Bläulings *(Plebicula amanda)*. • Die jungen Stängelspitzen können Salaten beigegeben oder, zusammen mit den Blütenständen, gekocht und als Gemüse gegessen werden.

Vicia sativa L. Schmalblättrige Futter-Wicke, Saat-Wicke

Pflanzenfamilie: Fabaceae – Schmetterlingsblütler

Name: Wicke: von lat. *vicia*; *vicia* indogerm. biegen, winden; *sativa* lat. angepflanzt

Merkmale: 10 bis 90 cm hohe bzw. lange, ein- oder zweijährige Pflanze; Stängel liegend oder kletternd; Blätter in 6 bis 18 Teilblätter unterteilt, meist mit einer Ranke an der Spitze; Blüten 13 bis 25 mm lang, rot oder rotviolett, Blüten meist einzeln; Früchte (Hülsen) 3 bis 5 cm lang und 3,5 bis 5 mm breit

Fortpflanzung: Blüte Mai bis Oktober; zwittrig; Insektenbestäubung; Selbstausbreitung

Vorkommen: Trockenwiesen, Gebüsche, Äcker, Wegränder

Wissenswertes: Allgemeines zur Pflanzenfamilie der Schmetterlingsblütler ➤ S. 391. • An der Ansatzstelle der Blätter am Stängel befinden sich nektarproduzierende Drüsen, die gerne von Ameisen aufgesucht werden. • Bei warmem Wetter springen die Hülsen auf und die darin enthaltenen Samen werden herausgeschleudert. • Die jungen Sprossspitzen können Salaten beigegeben oder, zusammen mit den Blütenständen, gekocht und als Gemüse genossen werden.

451 a Blätter mit 12 bis 20 Teilblättern, diese vorne mit 3 Zähnen ▶ *Vicia hirsuta*

b Blätter mit 4 bis 12 Teilblättern, vorne rund oder spitz ▶ *Vicia tetrasperma* (S. 182)

Vicia sepium L. Zaun-Wicke

Pflanzenfamilie: Fabaceae – Schmetterlingsblütler

Name: Wicke: von lat. *vicia*; *vicia* indogerm. biegen, winden; *sepium* lat. Zaun

Merkmale: 20 bis 60 cm hoch; Stängel oft kletternd; Blätter in 8 bis 16 Teilblätter unterteilt, mit einer Ranke an der Spitze; Blüten 12 bis 15 mm lang, rosa bis braunviolett, in kurzen Blütenständen mit 3 bis 6 Blüten; Früchte (Hülsen) 18 bis 35 mm lang und 5 bis 8 mm breit

Fortpflanzung: Blüte April bis August; zwittrig; Insektenbestäubung; Tier- und Selbstausbreitung

Vorkommen: Wiesen, Gebüsche, Waldränder

Wissenswertes: Allgemeines zur Pflanzenfamilie der Schmetterlingsblütler ➤ S. 391. • An der Ansatzstelle der Blätter am Stängel befinden sich nektarproduzierende Drüsen, die gerne von Ameisen aufgesucht werden. • Bei warmem Wetter springen die Hülsen auf und die darin enthaltenen Samen werden herausgeschleudert. • Die jungen Triebspitzen werden Salaten beigegeben oder können, zusammen mit den Blütenständen, gekocht und als Gemüse gegessen werden.

Vicia hirsuta (L.) Gray Rauhaarige oder Behaarte Wicke

Pflanzenfamilie: Fabaceae – Schmetterlingsblütler

Name: Wicke: von lat. *vicia*; *vicia* indogerm. biegen, winden; *hirsuta* lat. rauhaarig

Merkmale: 20 bis 60 cm hohe bzw. lange, einjährige Pflanze; Stängel liegend oder kletternd; Blätter in 12 bis 20 Teilblätter unterteilt, mit einer Ranke an der Spitze, jedes Teilblatt mit 3 Zähnen an der Spitze; Blüten 3 bis 4 mm lang, bläulich bis weiß, in Blütenständen mit 3 bis 6 Blüten; Früchte (Hülsen) 6 bis 11 mm lang, dicht und kurz behaart, mit meist 2 Samen

Fortpflanzung: Blüte Mai bis Juli; zwittrig; Selbstbestäubung; Tier- und Selbstausbreitung

Vorkommen: Wiesen, Gebüsche, Äcker, Schuttplätze

Wissenswertes: Allgemeines zur Pflanzenfamilie der Schmetterlingsblütler ➤ S. 391. • An der Ansatzstelle der Blätter am Stängel befinden sich nektarproduzierende Drüsen, die gerne von Ameisen aufgesucht werden. • Bei warmem Wetter springen die Hülsen auf und die darin enthaltenen Samen werden herausgeschleudert.

Vicia tetrasperma (L.) Schreb. **Viersamige Wicke**

Pflanzenfamilie: Fabaceae – Schmetterlingsblütler

Name: Wicke: von lat. *vicia*; *vicia* indogerm. biegen, winden; *tetra-* griech. vier; *-sperma* griech. Same

Merkmale: 20 bis 60 cm hohe bzw. lange, einjährige Pflanze; Stängel liegend oder kletternd; Blätter in 4 bis 12 Teilblätter unterteilt, mit einer Ranke an der Spitze; Blüten 4 bis 7 mm lang, bläulich bis weiß, Blüten meist einzeln; Früchte (Hülsen) 7 bis 16 mm lang und 3 bis 4 mm breit, unbehaart, mit meist 4 Samen

Fortpflanzung: Blüte Mai bis Juli; zwittrig; Selbstbestäubung; Selbstausbreitung

Vorkommen: Wiesen, Gebüsche, Äcker, Schuttplätze

Wissenswertes: Allgemeines zur Pflanzenfamilie der Schmetterlingsblütler ➤ S. 391. • Bei warmem Wetter springen die Hülsen auf und die darin enthaltenen Samen werden herausgeschleudert.

461 a Blüten meist mindestens teilweise gelb(lich) ▶ *Viola tricolor*
b Blüten nicht gelb(lich), auch nicht teilweise 462

462 a Stängel ohne Blätter, d. h., alle Blätter stehen an der Basis des Stängels 463
b Stängel beblättert 465

Viola tricolor L. Feld-Stiefmütterchen

Pflanzenfamilie: Violaceae – Veilchengewächse

Name: *Viola* lat. violett; *tri-* lat. drei; *-color* lat. Farbe

Merkmale: 10 bis 40 cm hohe bzw. lange, meist ein- oder zweijährige Pflanze; Stängel oft teilweise liegend; Blätter rundlich bis länglich, Blattrand mit einigen Zähnen; Blüten mit 5 unregelmäßig angeordneten Blütenblättern (4 oben, 1 unten), ein- oder mehrfarbig gelb, weiß, bläulich oder violett, das unterste Blütenblatt mit einem hohlen Anhängsel (Sporn), größter Durchmesser der Blüte 10 bis 30 mm; Früchte (Kapseln) oval, dreiteilig

Fortpflanzung: Blüte März bis September; zwittrig; Insektenbestäubung; Selbst- und Ameisenausbreitung

Vorkommen: Wiesen, Äcker, Ödland, Wegränder

Wissenswertes: Der Nektar befindet sich im Blütensporn und ist nur für Insekten mit langem Rüssel zugänglich. • Raupenfutterpflanze des Großen *(Mesoacidalia aglaja)* und des Kleinen Perlmutterfalters *(Issoria lathonia)*. • Das getrocknete, blühende Kraut wird als Tee bei Katarrhen der Luftwege getrunken oder als Badezusatz bei Hautschuppen, Akne und Milchschorf verwendet.

463 a Blüte mit angenehmem Geruch ▶ *Viola odorata*
b Blüte geruchlos 464

464 a Blätter mindestens auf der Unterseite ± behaart; Pflanze an eher trockenen Orten wachsend ▶ *Viola hirta*
b Blätter vollständig kahl; an feuchten bis nassen Orten ▶ *Viola palustris*

Viola odorata L.
Wohlriechendes Veilchen, März-Veilchen

Pflanzenfamilie: Violaceae – Veilchengewächse

Name: *Viola* lat. violett; *odorata* lat. wohlriechend

Merkmale: 3 bis 15 cm hoch; Blätter rundlich bis herzförmig, Blattrand gezähnt; Blüten mit 5 unregelmäßig angeordneten, blauvioletten Blütenblättern, duftend, das unterste Blütenblatt mit dunklen Streifen und einem hohlen Anhängsel (Sporn), größter Durchmesser der Blüte 15 bis 20 mm; Früchte (Kapseln) oval, behaart, dreiteilig

Fortpflanzung: Blüte März bis April; zwittrig; Insektenbestäubung; Ameisenausbreitung

Vorkommen: schattige Orte; Gebüsche, Waldränder, Obstgärten

Wissenswertes: Raupenfutterpflanze des Hainveilchen-Perlmutterfalters *(Clossiana dia)*. • Das getrocknete Kraut oder die getrockneten Blüten werden (oft als Bestandteil von Kräutermischungen) als Hustentee getrunken. • Die Blüten können zu Sirup verarbeitet werden, eignen sich zum Aromatisieren von Milchreis oder werden kandiert genossen.

Viola hirta L.
Rauhaariges oder Behaartes Veilchen

Pflanzenfamilie: Violaceae – Veilchengewächse

Name: *Viola* lat. violett; *hirta* lat. rauhaarig, borstig

Merkmale: 3 bis 25 cm hoch; Blätter rundlich bis herzförmig, besonders Blattunterseite behaart, Blattrand gezähnt; Blüten mit 5 unregelmäßig angeordneten, blauvioletten Blütenblättern, das unterste Blütenblatt mit dunklen Streifen und einem hohlen Anhängsel (Sporn), größter Durchmesser der Blüte 15 bis 20 mm; Früchte (Kapseln) oval, behaart, dreiteilig

Fortpflanzung: Blüte März bis April; zwittrig; Selbstbestäubung; Ameisenausbreitung

Vorkommen: Wiesen, Weiden, Böschungen, Gebüsche

Wissenswertes: Raupenfutterpflanze des Kleinen Perlmutterfalters *(Issoria lathonia)*.

465 a Größere Stängelblätter 1,5- bis 2-mal so lang wie breit; ohne Blätter an der Stängelbasis ▶ *Viola canina*

b Größere Stängelblätter höchstens 1,5-mal so lang wie breit; mit Blättern an der Stängelbasis 466

Viola palustris L. Sumpf-Veilchen

Pflanzenfamilie: Violaceae – Veilchengewächse

Name: *Viola* lat. violett; *palustris* lat. Sumpf

Merkmale: 3 bis 10 cm hoch; Blätter rundlich, unbehaart, oft eingerollt oder trichterförmig, Blattrand gezähnt; Blüten mit 5 unregelmäßig angeordneten, lilafarbenen Blütenblättern, das unterste Blütenblatt mit violetten Streifen und einem hohlen Anhängsel (Sporn), größter Durchmesser der Blüte 10 bis 15 mm; Früchte (Kapseln) oval, dreiteilig

Fortpflanzung: Blüte April bis Juni; zwittrig; Insektenbestäubung; Selbst- und Ameisenausbreitung

Vorkommen: Moore, feuchte Wiesen

Wissenswertes: Der Nektar befindet sich im Blütensporn und ist nur für Insekten mit langem Rüssel zugänglich. • Raupenfutterpflanze des Braunfleckigen Perlmutterfalters *(Clossiana selene)*.

Viola canina L. Hunds-Veilchen

Pflanzenfamilie: Violaceae – Veilchengewächse

Name: *Viola* lat. violett; *canina* lat. Hund

Merkmale: 5 bis 30 cm hoch bzw. lang; Stängel teilweise liegend; Blätter rundlich bis herzförmig, etwas derb, Blattrand gezähnt; Blüten mit 5 unregelmäßig angeordneten, blauvioletten Blütenblättern, das unterste Blütenblatt mit dunklen Streifen und einem hohlen Anhängsel (Sporn), größter Durchmesser der Blüte 20 bis 25 mm; Früchte (Kapseln) oval, dreiteilig

Fortpflanzung: Blüte Mai bis Juni; zwittrig; Insektenbestäubung; Selbst- und Ameisenausbreitung

Vorkommen: Moore, Wiesen, Weiden, Heiden, Waldränder

Wissenswertes: Der Nektar befindet sich im Blütensporn und ist nur für Insekten mit langem Rüssel zugänglich. • Raupenfutterpflanze von Veilchen-Perlmutterfalter *(Clossiana euphrosyne)*, Braunfleckigem Perlmutterfalter *(Clossiana selene)* und Kaisermantel *(Argynnis paphia)*.

466 a Größere Blätter ungefähr gleich lang wie breit; hohles Anhängsel der Blüte (Sporn) deutlich heller als der Rest der Blüte ▶ ***Viola riviniana***

b Größere Blätter etwas länger als breit; Sporn etwa gleichfarbig wie der Rest der Blüte ▶ ***Viola reichenbachiana***

Viola riviniana Rchb. Rivinus' Veilchen, Hain-Veilchen

Pflanzenfamilie: Violaceae – Veilchengewächse

Name: *Viola* lat. violett; *rivinus* nach Augustus Quirinus Rivinus, dt. Arzt und Botaniker (1652–1723)

Merkmale: 5 bis 25 cm hoch bzw. lang; Stängel teilweise liegend; Blätter rundlich bis herzförmig, etwa gleich lang wie breit, Blattrand gezähnt; Blüten mit 5 unregelmäßig angeordneten, blauvioletten Blütenblättern, das unterste Blütenblatt mit dunklen Streifen und einem gebogenen, weißlichen Anhängsel (Sporn), größter Durchmesser der Blüte 20 bis 25 mm; Früchte (Kapseln) oval, dreiteilig

Fortpflanzung: Blüte April bis Mai; zwittrig; Insektenbestäubung; Selbst- und Ameisenausbreitung

Vorkommen: Wälder

Wissenswertes: Der Nektar befindet sich im Blütensporn und ist nur für Insekten mit langem Rüssel zugänglich.

Viola reichenbachiana Boreau Wald-Veilchen

Pflanzenfamilie: Violaceae – Veilchengewächse

Name: *Viola* lat. violett; *reichenbachiana* nach Heinrich Gottlieb Ludwig Reichenbach, Direktor des Botanischen Gartens in Dresden (1793–1879)

Merkmale: 5 bis 25 cm hoch bzw. lang; Stängel teilweise liegend; Blätter rundlich bis herzförmig, länger als breit, Blattrand gezähnt; Blüten mit 5 unregelmäßig angeordneten, blauvioletten Blütenblättern, das unterste Blütenblatt mit dunklen Streifen und einem ± geraden, violetten Anhängsel (Sporn), größter Durchmesser der Blüte 15 bis 20 mm; Früchte (Kapseln) oval, dreiteilig

Fortpflanzung: Blüte April bis Mai; zwittrig; Insektenbestäubung; Selbst- und Ameisenausbreitung

Vorkommen: Wälder

Wissenswertes: Der Nektar befindet sich im Blütensporn und ist nur für Insekten mit langem Rüssel zugänglich. • Raupenfutterpflanze von Veilchen-Perlmutterfalter *(Clossiana euphrosyne)*, Märzveilchenfalter *(Fabriciana adippe)* und Kaisermantel *(Argynnis paphia)*.

471 a Blätter quirlständig, d. h., 4 oder mehr gleichartige Blätter stehen gleichmäßig verteilt auf gleicher Höhe am Stängel (Quirl) **231** (S. 96) ....

b Blätter am Stängel nie quirlständig angeordnet **472**

472 a Vorherrschende Blütenfarbe weißlich bis rein weiß, teilweise mit andersfarbigen Flecken oder Streifen **473**

b Vorherrschende Blütenfarbe rosa, rot, lila, violett oder blau **500** (S. 197)

c Vorherrschende Blütenfarbe grünlich, gelblich grün oder (hell)gelb **529** (S. 210)

473 a Stängel ohne Blätter, d. h., alle Blätter stehen an der Basis des Stängels ▶ *Erophila verna*

b Stängel beblättert **474**

474 a Blätter mindestens im unteren Teil des Stängels gegenständig, d. h., sie stehen sich am Stängel auf gleicher Höhe gegenüber **475** ....

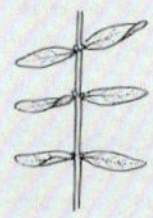

b Blätter wechselständig, d. h., sie stehen sich nicht gegenüber **481** ....

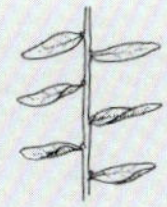

475 a Blätter höchstens 2 mm breit ▶ *Sagina procumbens* (S. 188)

b Blätter breiter **476**

476 a Blüten rund um den Stängel direkt oberhalb der Blattpaare angeordnet ▶ *Lycopus europaeus* (S. 283)

b Blüten anders angeordnet **477**

477 a Blattstiel der unteren Blätter mindestens 10 mm lang ▶ *Circaea lutetiana* (S. 188)

b Blätter ungestielt oder Stiele kürzer als 10 mm **478**

Erophila verna (L.) DC., *Draba verna* L.
Frühlings-Hungerblümchen

Pflanzenfamilie: Brassicaceae – Kreuzblütler

Name: *Ero-* griech. Frühling; *-phila* griech. Freundin; *draba* griech. Pflanzenname; *verna* lat. Frühling

Merkmale: 2 bis 20 cm hohe, einjährige Pflanze; Stängel ohne Blätter; Blätter an der Stängelbasis länglich bis oval, bis 3 cm lang; Blüten mit vier ca. 1 mm langen, weißen Blütenblättern, diese tief eingeschnitten; Früchte (Schoten) 5 bis 12 mm lang

Fortpflanzung: Blüte Februar bis Mai; zwittrig; Selbstbestäubung; Windausbreitung

Vorkommen: Rasen, Äcker, Kiesplätze, Mauerkronen, zwischen Pflastersteinen

478 a Blütenblätter an der Spitze eingeschnitten ▶ ***Epilobium ciliatum*** (S. 201) ......

b Blütenblätter nicht eingeschnitten **479**

479 a Blätter schmal, größere bis 5 cm lang ▶ ***Veronica scutellata*** (S. 204)

b Blätter oval, größere höchstens 2,5 cm lang **480**

480 a Blattrand grob gezähnt; Blätter behaart ▶ ***Veronica agrestis*** (S. 203)

b Blattrand glatt oder undeutlich gezähnt; Blätter (fast) unbehaart ▶ ***Veronica serpyllifolia*** (S. 207)

Sagina procumbens L. Niederliegendes oder Liegendes Mastkraut

Pflanzenfamilie: Caryophyllaceae – Nelkengewächse

Name: *Sagina* lat. Mast, Fütterung; *procumbens* lat. niederliegend

Merkmale: 1 bis 5 cm hoch; Stängel oft liegend; Blätter gegenständig, sehr schmal, höchstens 15 mm lang und 1 mm breit; Blüten mit 4 weißen, ca. 1 mm langen Blütenblättern (oft fehlend), diese höchstens halb so lang wie die grünen Kelchblätter; Früchte (Kapseln) 1 bis 4 mm lang

Fortpflanzung: Blüte Mai bis September; zwittrig; Insektenbestäubung; Wind- und Tierausbreitung

Vorkommen: Feuchte Äcker, Wegränder, zwischen Pflastersteinen

Circaea lutetiana L. Großes Hexenkraut

Pflanzenfamilie: Onagraceae – Nachtkerzengewächse

Name: *Circaea* nach der griech. Zauberin Kirke; *lutetiana* lat. von Paris (Lutetia Parisiorum)

Merkmale: 20 bis 60 cm hoch; Blätter gegenständig, eiförmig bis länglich, Blattrand mit wenigen Zähnen; Blüten in langen Blütenständen, mit zwei 2 bis 4 mm langen, bis etwa zur Mitte eingeschnittenen Blütenblättern, weiß oder rötlich; Früchte (Nüsschen) 3 bis 4 mm lang, mit hakenförmigen Haaren

Fortpflanzung: Blüte Juni bis August; zwittrig; Fliegenbestäubung; Tierausbreitung

Vorkommen: Gebüsche, Wälder

Wissenswertes: Die Früchte mit ihren hakenförmigen Haaren bleiben an Tierfellen (und Kleidern) haften und werden auf diese Weise ausgebreitet.

481 a Größere Blätter am Stängel tief eingeschnitten oder in Teilblätter unterteilt **482** ...

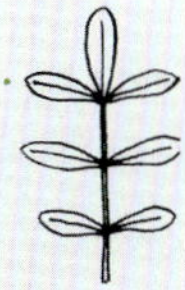

b Größere Blätter am Stängel nicht eingeschnitten oder unterteilt **489** (S. 192)

482 a Blütenblätter mindestens 12 mm lang ▶ *Raphanus raphanistrum*

b Blütenblätter höchstens 10 mm lang **483**

483 a Obere Blätter am Stängel tief eingeschnitten oder in Teilblätter unterteilt **484**

b Obere Blätter am Stängel nicht eingeschnitten oder unterteilt **488**

484 a Blütenblätter mindestens 5 mm lang ▶ *Cardamine amara*

b Blütenblätter höchstens 5 mm lang **485**

Raphanus raphanistrum L. Acker-Rettich

Pflanzenfamilie: Brassicaceae – Kreuzblütler

Name: Rettich: von lat. *radix*; *raphanus* von griech. Rübe; *raphanistrum* Kombination der Gattungsnamen *Raphanus* (Rettich) und *Rapistrum* (Acker-Senf)

Merkmale: 20 bis 60 cm hohe, einjährige Pflanze; größere Blätter in 5 bis 11 Teilblätter unterteilt, Rand der Teilblätter gezähnt; Blüten mit vier 12 bis 24 mm langen, weißen oder hellgelben Blütenblättern, oft mit dunklen Streifen; Früchte (Schoten) 2 bis 9 cm lang und 3 bis 5 mm dick, bucklig

Fortpflanzung: Blüte Mai bis Oktober; zwittrig; Insektenbestäubung; Tierausbreitung (z. B. Girlitz)

Vorkommen: Äcker, Ödland, Wegränder

Wissenswertes: Nahe verwandt ist der Garten-Rettich *(Raphanus sativus)*, der Schwarzen und Weißen Rettich sowie Radieschen liefert.

Cardamine amara L.
Bitteres Schaumkraut, Kressen-Schaumkraut

Pflanzenfamilie: Brassicaceae – Kreuzblütler

Name: *Cardamine* griech. Garten-Kresse; *amara* lat. bitter

Merkmale: 10 bis 60 cm hoch; größere Blätter in 5 bis 13 Teilblätter unterteilt, Rand der Teilblätter mit wenigen Zähnen; Blüten mit vier 5 bis 10 mm langen, weißen Blütenblättern, Staubblätter dunkelrot; Früchte (Schoten) 18 bis 40 mm lang und 1 bis 2 mm dick

Fortpflanzung: Blüte Mai bis Juni; zwittrig; Insektenbestäubung; Selbstausbreitung

Vorkommen: Quellen, Bachränder, Gräben

Wissenswertes: Die Blätter sind kräftig im Geschmack und können Salaten beigegeben werden.

485 a Größere Blätter mit 3 bis 9 Teilblättern 486

b Größere Blätter mit 7 bis 19 Teilblättern; Waldpflanze 487

486 a Pflanze höchstens 30 cm hoch ▶ *Cardamine hirsuta*

b Pflanze meistens über 30 cm hoch; an sumpfigen Orten wachsend ▶ *Nasturtium officinale*

Cardamine hirsuta L. Vielstängliges oder Viermänniges Schaumkraut

Pflanzenfamilie: Brassicaceae – Kreuzblütler

Name: *Cardamine* griech. Garten-Kresse; *hirsuta* lat. rauhaarig, borstig

Merkmale: 5 bis 30 cm hohe, ein- oder zweijährige Pflanze; größere Blätter in 5 bis 9 Teilblätter unterteilt, Rand der Teilblätter mit wenigen stumpfen Zähnen; Blüten mit vier 2,5 bis 3,5 mm langen, weißen Blütenblättern; Früchte (Schoten) 18 bis 25 mm lang und ca. 1 mm dick

Fortpflanzung: Blüte März bis Mai und im Herbst; zwittrig; Selbstbestäubung; Tier- und Selbstausbreitung

Vorkommen: Gärten, Äcker, Weinberge

Wissenswertes: Die reifen Früchte stehen unter Druck und öffnen sich spontan oder bei Berührung explosionsartig, wobei die darin enthaltenen Samen bis zu 1,5 m weit herausgeschleudert werden. • Die mild pfeffrigen Blätter verleihen Salaten eine würzige Geschmacksnote.

Nasturtium officinale R. Br. Echte oder Gewöhnliche Brunnenkresse

Pflanzenfamilie: Brassicaceae – Kreuzblütler

Name: Kresse: ahd.; *nas-* lat. Nase; *-turtium* lat. quälen; *officinale* lat. für Arzneimittel verwendet

Merkmale: 30 bis 90 cm hoch; größere Blätter in 3 bis 9 Teilblätter unterteilt, Rand der Teilblätter mit wenigen Zähnen; Blüten mit vier 3,5 bis 5 mm langen, weißen Blütenblättern, Staubblätter gelb; Früchte (Schoten) 12 bis 18 mm lang und 1,8 bis 2,5 mm dick

Fortpflanzung: Blüte Juni bis September; zwittrig; Insektenbestäubung; Windausbreitung

Vorkommen: Quellen, Bachränder, Gräben

Wissenswertes: Die Blätter haben einen pikanten Senfgeschmack. Man kann sie roh als Salat, entweder für sich allein oder mit anderen Salatblättern gemischt, verwenden oder gekocht in Suppen oder Saucen.

487 a Stängel zuunterst mit grünen Blättern ▶ *Cardamine flexuosa*
b Stängel zuunterst ohne grüne Blätter ▶ *Cardamine impatiens*

488 a Blätter an der Stängelbasis bis 80 cm lang ▶ *Armoracia rusticana* (S.192)
b Blätter an der Stängelbasis viel kürzer oder nicht vorhanden ▶ *Lepidium campestre* (S. 196)

Cardamine flexuosa With. Wald-Schaumkraut

Pflanzenfamilie: Brassicaceae – Kreuzblütler

Name: *Cardamine* griech. Garten-Kresse; *flexuosa* lat. gebogen

Merkmale: 5 bis 40 cm hohe, ein- oder zweijährige Pflanze; größere Blätter in 7 bis 13 Teilblätter unterteilt, Rand der Teilblätter mit wenigen stumpfen Zähnen; Blüten mit vier 2,5 bis 3,5 mm langen, weißen Blütenblättern; Früchte (Schoten) 18 bis 25 mm lang und ca. 1 mm dick

Fortpflanzung: Blüte Mai bis Juni und September bis November; zwittrig; Selbstbestäubung; Selbstausbreitung

Vorkommen: Feuchte Wälder, Waldschläge, Waldwege

Cardamine impatiens L. Spring-Schaumkraut

Pflanzenfamilie: Brassicaceae – Kreuzblütler

Name: *Cardamine* griech. Garten-Kresse; *impatiens* lat. ungeduldig, empfindlich

Merkmale: 10 bis 80 cm hohe, ein- oder zweijährige Pflanze; größere Blätter in 11 bis 19 Teilblätter unterteilt, Rand der Teilblätter eingeschnitten oder gezähnt; Blüten mit vier 2 bis 3 mm langen, weißen Blütenblättern, die aber oft fehlen; Früchte (Schoten) 18 bis 30 mm lang und ca. 1 mm dick

Fortpflanzung: Blüte Mai bis Juli; zwittrig; Selbstbestäubung; Selbstausbreitung

Vorkommen: Gebüsche, feuchte Wälder, Waldwege, Felsen, Mauern

Wissenswertes: Die reifen Früchte stehen unter Druck und öffnen sich spontan oder bei Berührung explosionsartig, wobei die darin enthaltenen Samen 2 bis 5 m weit herausgeschleudert werden.

489 a Pflanze mit nur 2 herzförmigen Blättern ▶ ***Maianthemum bifolium***
b Pflanze mit mehr als 2 Blättern **490**

490 a Ansatzstelle der Blütenstiele am Stängel immer mit einem Blatt ▶ *Veronica agrestis* (S. 203)
b Ansatzstelle der Blütenstiele meistens ohne Blatt **491**

Armoracia rusticana P. Gaertn. & al. **Meerrettich**

Pflanzenfamilie: Brassicaceae – Kreuzblütler

Name: Rettich: von lat. *radix* (Wurzel); *armoracia* unklar; *rusticana* lat. vom Lande

Merkmale: 40 bis 120 cm hoch; unterste Blätter sehr groß, bis 80 cm lang, oval, Blätter im unteren Teil des Stängels ungleichmäßig eingeschnitten und in Abschnitte unterteilt, Blätter im oberen Teil des Stängels nicht eingeschnitten, Blattrand gezähnt; Blüten mit vier 5 bis 7 mm langen, weißen Blütenblättern; Früchte (Schoten) eiförmig, 4 bis 6 mm lang

Fortpflanzung: Blüte Mai; zwittrig; Insektenbestäubung; Windausbreitung

Vorkommen: Schuttplätze, Wegränder

Wissenswertes: Wird seit dem 15. Jahrhundert in Mitteleuropa kultiviert. • Die geschabte frische Wurzel wird bei Bronchialkatarrh verwendet oder als Zusatz zu hautreizenden Wickeln – aber auch als Sauce verarbeitet zu Fleisch und Fisch.

Maianthemum bifolium (L.) F. W. Schmidt **Zweiblättrige Schattenblume**

Pflanzenfamilie: Asparagaceae – Spargelgewächse

Name: *Mai-* lat. Mai; *-anthemum* griech. Blume; *bi-* lat. zwei; *-folium* lat. Blatt

Merkmale: 5 bis 20 cm hoch; mit 2 herzförmigen, ± waagrecht stehenden Blättern; Blüten ca. 5 mm im Durchmesser, mit 4 weißen Blütenblättern, duftend, in einem 2 bis 4 cm langen, lockeren Blütenstand; Früchte (Beeren) kugelig, gelb bis rot

Fortpflanzung: Blüte Mai; zwittrig; Fliegenbestäubung; Tierausbreitung

Vorkommen: Laub- und Nadelwälder

Wissenswertes: Die ganze Pflanze und besonders die Beeren sind giftig. Vergiftungssymptome sind u. a. Übelkeit, Durchfall, Herzrhythmusstörungen, Schwindel.

491 a Blätter im unteren Teil des Stängels herzförmig und lang gestielt, riechen zerrieben leicht nach Knoblauch ▶ *Alliaria petiolata*

b Blätter anders gestaltet und nicht nach Knoblauch riechend 492

492 a Blütenblätter fast bis zur Mitte eingeschnitten ▶ *Berteroa incana*

b Blütenblätter nicht oder nur wenig eingeschnitten 493

Alliaria petiolata (M. Bieb.) Cavara & Grande **Knoblauchhederich, Lauchhederich**

Pflanzenfamilie: Brassicaceae – Kreuzblütler

Name: Hederich: ahd.; *alliaria* nach *Allium sativum* (Knoblauch); *petiolata* lat. kleiner Fluss (gestielte Blätter)

Merkmale: 15 bis 90 cm hoch; Blätter im Umriss rundlich bis dreieckig, Blattrand mit einigen Zähnen, beim Zerreiben etwas nach Knoblauch riechend; Blüten mit vier 4 bis 6 mm langen, weißen Blütenblättern; Früchte (Schoten) 2 bis 7 cm lang und 1,5 bis 2,5 mm dick

Fortpflanzung: Blüte April bis Juni; zwittrig; Insektenbestäubung; Windausbreitung

Vorkommen: Gebüsche, Hecken, Schuttplätze, Wegränder

Wissenswertes: Die fein gehackten oder geschnittenen Blätter, aber auch die Sprossspitzen mit den Blütenknospen können roh zu Salaten oder als Würzkraut verwendet werden.

Berteroa incana (L.) DC. **Graukresse**

Pflanzenfamilie: Brassicaceae – Kreuzblütler

Name: Kresse: ahd.; *berteroa* nach Carlo Giuseppe Luigi Bertero, ital. Arzt und Botaniker (1789–1831); *incana* lat. ergraut, grau

Merkmale: 25 bis 60 cm hohe, ein- oder zweijährige Pflanze; Blätter länglich, grau behaart; Blüten mit vier 4 bis 6 mm langen, tief eingeschnittenen, weißen Blütenblättern; Früchte (Schoten) oval, 4 bis 9 mm lang

Fortpflanzung: Blüte Juni bis Oktober; zwittrig; Insektenbestäubung; Windausbreitung

Vorkommen: Schuttplätze, Wegränder, Bahnareale, Kiesgruben

493 a Blütenblätter mindestens 10 mm lang ▶ *Hesperis matronalis* (S. 211)
b Blütenblätter höchstens 10 mm lang 494

494 a Früchte viel länger als breit 495
b Früchte etwa gleich lang wie breit 497

495 a Stängelblätter unbehaart, bläulich grün; Pflanze mindestens 50 cm hoch ▶ *Turritis glabra*
b Stängelblätter (meistens) behaart, grün; Pflanze höchstens 60 cm hoch 496

Turritis glabra L. Turmkraut

Pflanzenfamilie: Brassicaceae – Kreuzblütler

Name: *Turritis* lat. getürmt; *glabra* lat. kahl

Merkmale: 50 bis 150 cm hohe, zweijährige Pflanze; unterste Blätter gezähnt bis eingeschnitten, obere Blätter ungezähnt, bläulich grün; Blüten mit vier 4 bis 6 mm langen, gelblich weißen Blütenblättern; Früchte (Schoten) 4 bis 7 cm lang und 1 bis 1,5 mm dick

Fortpflanzung: Blüte Mai bis Juli; zwittrig; Fliegenbestäubung; Windausbreitung

Vorkommen: Gebüsche, steinige Orte

Arabis hirsuta (L.) Scop. Rauhaarige oder Behaarte Gänsekresse

Pflanzenfamilie: Brassicaceae – Kreuzblütler

Name: Kresse: ahd.; *arabis* unklar; *hirsuta* lat. rauhaarig, borstig

Merkmale: 15 bis 60 cm hoch; Stängel dicht beblättert; Blätter länglich, Blattrand gezähnt; Blüten mit vier 4 bis 7 mm langen, weißen Blütenblättern; Früchte (Schoten) 20 bis 50 mm lang und 1 bis 1,5 mm dick, in einem langen Fruchtstand

Fortpflanzung: Blüte Mai bis Juni; zwittrig; Insektenbestäubung; Wind- und Tierausbreitung

Vorkommen: Magerwiesen, Böschungen, Wegränder

496 a Zahlreiche, dicht stehende Blätter am Stängel; Blattrand (meistens) gezähnt ▶ ***Arabis hirsuta***

b Wenige, locker stehende Blätter am Stängel; Blattrand ohne Zähne ▶ ***Arabidopsis thaliana***

Arabidopsis thaliana (L.) Heynh.
Schotenkresse, Acker-Schmalwand

Pflanzenfamilie: Brassicaceae – Kreuzblütler

Name: Kresse: ahd.; *arabid-* von *arabis*; *-opsis* griech. Aussehen; *thaliana* nach Johann Thal, dt. Arzt (1542–1583)

Merkmale: 5 bis 40 cm hohe, ein- oder zweijährige Pflanze; Blätter oval bis länglich; Blüten mit vier 2 bis 4 mm langen, weißen Blütenblättern; Früchte (Schoten) 10 bis 20 mm lang und höchstens 1 mm dick

Fortpflanzung: Blüte April bis Mai; zwittrig; Insektenbestäubung; Windausbreitung

Vorkommen: Böschungen, Äcker, Wegränder, Mauern

Wissenswertes: *Arabidopsis thaliana* ist seit mehreren Jahrzehnten die Modellpflanze der Pflanzengenetik. Dafür sind mehrere Vorteile dieser Art wesentlich: Sie lässt sich einfach und auf kleinem Raum kultivieren. Ihre Generationszeit, vom Samen zur fruchtenden Pflanze, beträgt bei günstigen Bedingungen nur acht Wochen. Sie hat ein kleines Genom mit lediglich fünf Chromosomenpaaren (2n = 10) und einer Länge von rund 125 Mio. Basenpaaren. Das Genom wurde im Jahr 2000 vollständig sequenziert. Es gibt zahlreiche Mutanten, die sich in einem bestimmten Merkmal oder einer spezifischen Eigenschaft von den nichtmutierten Pflanzen unterscheiden. *Arabidopsis thaliana* kann verhältnismäßig einfach genetisch verändert werden.

497 a Früchte dreieckig ▶ *Capsella bursa-pastoris*
b Früchte rundlich 498

498 a Stängel kurz abstehend behaart ▶ *Lepidium campestre*
b Stängel unbehaart 499

499 a Größere Stängelblätter bis 6 cm lang, hellgrün ▶ *Thlaspi arvense*
b Größere Stängelblätter höchstens 4 cm lang, graugrün bis blaugrün ▶ *Thlaspi perfoliatum*

Capsella bursa-pastoris (L.) Medik. Gewöhnliches Hirtentäschchen, Gewöhnliches Hirtentäschel

Pflanzenfamilie: Brassicaceae – Kreuzblütler

Name: *Capsella* lat. kleine Kapsel; *bursa* lat. Fell, Börse; *pastoris* lat. Hirte

Merkmale: 5 bis 70 cm hohe, ein- oder zweijährige Pflanze; Blätter länglich, Blattrand der unteren Blätter gezähnt bis eingeschnitten; Blüten mit vier 2 bis 3 mm langen, weißen Blütenblättern; Früchte (Schoten) im Umriss dreieckig, 4 bis 9 mm lang, in einem langen Fruchtstand

Fortpflanzung: Blüte März bis November; zwittrig; Insektenbestäubung; Tierausbreitung (z. B. Girlitz)

Vorkommen: Gärten, Äcker, Ödland, Wegränder

Wissenswertes: Das getrocknete, blühende Kraut wird als Aufguss bei blutenden Wunden, Zahnfleisch- und Nasenbluten verwendet. • Die jungen Blätter ergeben einen leicht pfeffrigen Salat oder können als Gemüse zubereitet werden.

Lepidium campestre (L.) R.Br. Feld-Kresse

Pflanzenfamilie: Brassicaceae – Kreuzblütler

Name: Kresse: ahd.; *lepidium* griech. kleine Schuppe; *campestre* lat. Feld

Merkmale: 15 bis 50 hohe, ein- oder zweijährige Pflanze; Stängel dicht beblättert; Blätter länglich, Blattrand gezähnt bis eingeschnitten; Blüten mit vier 2 bis 3 mm langen, weißen Blütenblättern, in einem langen Blütenstand; Früchte (Schoten) rundlich bis herzförmig, 4 bis 6 mm lang, im vorderen Teil mit einem dünnem Rand, in einem langen Fruchtstand

Fortpflanzung: Blüte April bis Juni; zwittrig; Selbstbestäubung; Windausbreitung

Vorkommen: Äcker, Schuttplätze, Wegränder

500 a Blätter mindestens im unteren Teil des Stängels gegenständig, d. h., sie stehen sich auf gleicher Höhe gegenüber **501** .... 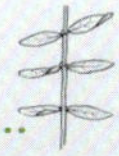

b Blätter wechselständig, d. h., sie stehen sich nicht gegenüber **523** (S. 207) ...... 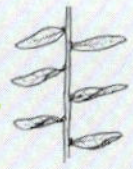

501 a Blätter beim Zerreiben deutlich würzig riechend (z. B. minzeartig) **729** (S. 291)

b Blätter ohne oder nur mit leichtem Geruch **502**

502 a Blüten mit 2 tief geteilten, rötlichen Blütenblättern ▶ *Circaea lutetiana* (S. 188)

b Blüten anders gestaltet **503**

Thlaspi arvense L.
Acker-Täschelkraut, Acker-Hellerkraut

Pflanzenfamilie: Brassicaceae – Kreuzblütler

Name: *Thlaspi* evtl. griech. zerquetschen (Früchte); *arvense* lat. Acker

Merkmale: 10 bis 40 cm hohe, ein- oder zweijährige Pflanze; ganze Pflanze unbehaart; Blätter länglich; Blüten mit vier 3 bis 4 mm langen, weißen Blütenblättern; Früchte (Schoten) rundlich, 5 bis 18 mm im Durchmesser, ringsum mit einem dünnem Rand, in einem langen Fruchtstand

Fortpflanzung: Blüte April bis Juni; zwittrig; Insektenbestäubung; Wind- und Tierausbreitung

Vorkommen: Äcker, Schuttplätze, Wegränder

Wissenswertes: Die Blätter können roh als Salatzugabe oder gekocht als Gemüse gegessen werden.

Thlaspi perfoliatum L., *Microthlaspi perfoliatum* (L.) F. K. Mey
Stängelumfassendes Täschelkraut, Durchwachsenblättriges Kleintäschelkraut

Pflanzenfamilie: Brassicaceae – Kreuzblütler

Name: *Thlaspi* evtl. griech. zerquetschen (Früchte); *micro-* griech. klein; *per-* lat. durch; *-foliatum* lat. blättrig

Merkmale: 5 bis 20 cm hohe, ein- oder zweijährige Pflanze; ganze Pflanze unbehaart; Blätter länglich bis oval, etwas blaugrün; Blüten mit vier 2 bis 2,5 mm langen, weißen Blütenblättern; Früchte (Schoten) herzförmig, 4 bis 6 mm lang, im vorderen Teil mit einem dünnen Rand, in einem langen Fruchtstand

Fortpflanzung: Blüte April bis Mai; zwittrig; Selbstbestäubung; Wind - und Wasserausbreitung

Vorkommen: Trockenwiesen, Äcker, Weinberge

Wissenswertes: Treffen Regentropfen auf die reife Frucht, biegt sich der Fruchtstiel nach unten und beim Zurückschnellen werden die Samen bis zu 80 cm weit herausgeschleudert.

503 a Blütenblätter an der Spitze eingeschnitten, rosa bis rotviolett **504** ......

b Blütenblätter nicht eingeschnitten, lila, violett, blau, oft mit dunkleren Streifen **510**

504 a Blätter mit deutlichem Stiel **505**

b Blätter ohne oder mit undeutlichem Stiel **506**

505 a Stängel im Querschnitt zwei- oder vierkantig ▶ ***Epilobium roseum***

b Stängel im Querschnitt rundlich ▶ ***Epilobium montanum***

Epilobium roseum Schreb. Rosenrotes Weidenröschen

Pflanzenfamilie: Onagraceae – Nachtkerzengewächse

Name: *Epi-* griech. auf, aufrecht; *-lobium* lat. kleine Hülse, Schote; *roseum* lat. rosa

Merkmale: 20 bis 80 cm hoch; Stängel zwei- oder vierkantig; Blätter mindestens im unteren Teil des Stängels gegenständig, sonst wechselständig, länglich, bis 6 cm lang, Blattrand gezähnt; Blüten mit vier 4 bis 7 mm langen, eingeschnittenen Blütenblättern, beim Aufblühen fast weiß, später rosa; Früchte (Kapseln) lang und dünn, Samen mit weißem Haarbüschel

Fortpflanzung: Blüte Juli bis September; zwittrig; Selbstbestäubung; Windausbreitung

Vorkommen: Feuchte Orte, Ufer, Röhrichte, Gräben

Epilobium montanum L. Berg-Weidenröschen

Pflanzenfamilie: Onagraceae – Nachtkerzengewächse

Name: *Epi-* griech. auf, aufrecht; *-lobium* lat. kleine Hülse, Schote; *montanum* lat. Berg

Merkmale: 20 bis 100 cm hoch; Blätter mindestens im unteren Teil des Stängels gegenständig, sonst wechselständig, länglich, bis 10 cm lang, Blattrand gezähnt; Blüten mit vier 8 bis 12 mm langen, eingeschnittenen Blütenblättern, rosa; Früchte (Kapseln) lang und dünn, Samen mit weißem Haarbüschel

Fortpflanzung: Blüte Juni bis August; zwittrig; Selbstbestäubung; Windausbreitung

Vorkommen: Hecken, Waldschläge, Gärten, Wegränder

506 a Blütenblätter mindestens 12 mm lang ▶ ***Epilobium hirsutum***
b Blütenblätter höchstens 10 mm lang 507

507 a Stängel im Querschnitt rundlich 508
b Stängel im Querschnitt zwei- oder vierkantig 509

508 a Blätter oval; Blattrand flach ▶ ***Epilobium parviflorum***
b Blätter schmal; Blattrand nach unten gebogen oder eingerollt ▶ ***Epilobium palustre*** (S. 200)

Epilobium hirsutum L.
Zottiges oder Behaartes Weidenröschen

Pflanzenfamilie: Onagraceae – Nachtkerzengewächse

Name: *Epi-* griech. auf, aufrecht; *-lobium* lat. kleine Hülse, Schote; *hirsutum* lat. rauhaarig, borstig

Merkmale: 50 bis 150 cm hoch; Stängel abstehend weich behaart; Blätter im unteren Teil des Stängels gegenständig, im oberen wechselständig, länglich, bis 12 cm lang, weich behaart, Blattrand gezähnt; Blüten mit vier 12 bis 18 mm langen, eingeschnittenen Blütenblättern, rosa bis rotviolett; Früchte (Kapseln) lang und dünn, Samen mit weißem Haarbüschel

Fortpflanzung: Blüte Juni bis September; zwittrig; Insektenbestäubung; Windausbreitung

Vorkommen: Ufer, Röhrichte, Gräben, feuchte Wälder

Epilobium parviflorum Schreb.
Kleinblütiges Weidenröschen

Pflanzenfamilie: Onagraceae – Nachtkerzengewächse

Name: *Epi-* griech. auf, aufrecht; *-lobium* lat. kleine Hülse, Schote; *parvi-* lat. klein; *-florum* lat. Blüte

Merkmale: 20 bis 60 cm hoch; Blätter im unteren Teil des Stängels gegenständig, im oberen wechselständig, länglich, bis 7 cm lang; Blüten mit vier 3 bis 6 mm langen, eingeschnittenen Blütenblättern, rosa bis rotviolett; Früchte (Kapseln) lang und dünn, Samen mit weißem Haarbüschel

Fortpflanzung: Blüte Juni bis September; zwittrig; Insektenbestäubung; Windausbreitung

Vorkommen: Ufer, Röhrichte, Gräben, feuchte Wälder

509 a Stängel (fast) unbehaart ▶ *Epilobium tetragonum*

b Stängel zumindest im oberen Teil behaart ▶ *Epilobium ciliatum*

510 a Blüten höchstens 4 mm im Durchmesser ▶ *Veronica arvensis*

b Größere Blüten 3 bis 15 mm im Durchmesser **511**▶

Epilobium palustre L. Sumpf-Weidenröschen

Pflanzenfamilie: Onagraceae – Nachtkerzengewächse

Name: *Epi-* griech. auf, aufrecht; *-lobium* lat. kleine Hülse, Schote; *palustre* lat. Sumpf

Merkmale: 10 bis 50 cm hoch; Blätter mindestens im unteren Teil des Stängels gegenständig, sonst wechselständig, schmal, bis 6 cm lang und bis 1 cm breit, Blattrand meist nach unten gebogen; Blüten mit vier 4 bis 7 mm langen, eingeschnittenen Blütenblättern, rosa bis rotviolett; Früchte (Kapseln) lang und dünn, Samen mit weißem Haarbüschel

Fortpflanzung: Blüte Juli bis September; zwittrig; Insektenbestäubung; Wind- und Tierausbreitung

Vorkommen: Quellen, Gräben, Moore, Sumpfwiesen

Epilobium tetragonum L. Vierkantiges Weidenröschen

Pflanzenfamilie: Onagraceae – Nachtkerzengewächse

Name: *Epi-* griech. auf, aufrecht; *-lobium* lat. kleine Hülse, Schote; *tetra-* griech. vier; *-gonum* griech. Ecke, Kante

Merkmale: 30 bis 100 cm hoch; Stängel zwei- oder vierkantig; Blätter mindestens im unteren Teil des Stängels gegenständig, sonst wechselständig, länglich, bis 10 cm lang, Blattrand gezähnt; Blüten mit vier 5 bis 7 mm langen, eingeschnittenen Blütenblättern, rotviolett; Früchte (Kapseln) lang und dünn, Samen mit weißem Haarbüschel

Fortpflanzung: Blüte Juni bis September; zwittrig; Selbstbestäubung; Windausbreitung

Vorkommen: Feuchte Orte, Ufer, Röhrichte, Gräben

511 a Blüten einzeln an langen Stielen an der Blattansatzstelle angewachsen; Stängel liegend 512

b Blüten in lockeren Blütenständen an den Enden des Stängels oder von Seitenästen; Stängel meist aufrecht 516 (S. 204) ....

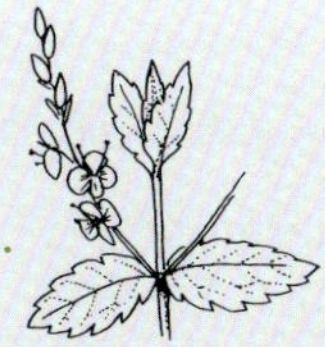

Epilobium ciliatum Raf. Drüsenstängeliges oder Drüsiges Weidenröschen

Pflanzenfamilie: Onagraceae – Nachtkerzengewächse

Name: *Epi-* griech. auf, aufrecht; *-lobium* lat. kleine Hülse, Schote; *ciliatum* lat. bewimpert

Merkmale: 30 bis 140 cm hoch; Stängel zwei- oder vierkantig; Blätter mindestens im unteren Teil des Stängels gegenständig, sonst wechselständig, länglich, bis 10 cm lang, Blattrand gezähnt; Blüten mit vier 5 bis 7 mm langen, eingeschnittenen Blütenblättern, weiß bis blassrosa; Früchte (Kapseln) lang und dünn, Samen mit weißem Haarbüschel

Fortpflanzung: Blüte Juli bis September; zwittrig; Selbstbestäubung; Windausbreitung

Vorkommen: Gräben, Waldränder, Schuttplätze, Wegränder

Wissenswertes: Stammt aus Nordamerika.

Veronica arvensis L. Feld-Ehrenpreis

Pflanzenfamilie: Plantaginaceae – Wegerichgewächse

Name: *Veronica* evtl. nach der Heiligen Veronika; *arvensis* lat. Acker

Merkmale: 5 bis 25 cm hohe, einjährige Pflanze; Blätter im unteren Teil des Stängels gegenständig, im oberen wechselständig, länglich bis oval, bis 1,5 cm lang; Blüten 2 bis 4 mm im Durchmesser, mit 4 hellblauen Blütenblättern, in langen, beblätterten Blütenständen; Früchte (Kapseln) flach, 3 bis 4 mm breit und fast so lang

Fortpflanzung: Blüte April bis September; zwittrig; Insektenbestäubung; Tierausbreitung

Vorkommen: Trockenwiesen, Äcker

512 a Blattstiel mindestens der unteren Blätter länger als 10 mm ▸ *Veronica hederifolia*
b Blätter ungestielt oder Stiele höchstens 10 mm lang 513

513 a Blätter länger als breit 514
b Blätter etwa gleich lang wie breit 515

Veronica hederifolia L. Efeu-Ehrenpreis

Pflanzenfamilie: Plantaginaceae – Wegerichgewächse

Name: *Veronica* evtl. nach der Heiligen Veronika; *hederi-* nach *Hedera helix* (Efeu); *-folia* lat. Blatt

Merkmale: 5 bis 50 cm lange, ein- oder zweijährige Pflanze; Stängel liegend; Blätter im unteren Teil des Stängels ± gegenständig, im oberen wechselständig, rundlich, Blattrand mit 3 bis 5 Zähnen bzw. Abschnitten; Blüten 6 bis 9 mm im Durchmesser, mit 4 lilafarbenen, dunkler gestreiften Blütenblättern; Früchte (Kapseln) fast kugelig, 5 bis 6 mm im Durchmesser

Fortpflanzung: Blüte März bis Mai; zwittrig; Insektenbestäubung; Ameisenausbreitung

Vorkommen: Lichte Wälder, Gärten, Äcker, Weinberge, Mauern

Veronica persica Poir. Persischer Ehrenpreis

Pflanzenfamilie: Plantaginaceae – Wegerichgewächse

Name: *Veronica* evtl. nach der Heiligen Veronika; *persica* lat. persisch

Merkmale: 10 bis 50 cm lange, ein- oder zweijährige Pflanze; Stängel liegend; Blätter im unteren Teil des Stängels gegenständig, im oberen wechselständig, oval, bis 2,5 cm lang, Blattrand grob gezähnt; Blüten 7 bis 13 mm im Durchmesser, mit 4 blauen, dunkler gestreiften Blütenblättern; Früchte (Kapseln) flach, 4 bis 6 mm lang und 6 bis 9 mm breit

Fortpflanzung: Blüte Februar bis Oktober; zwittrig; Insektenbestäubung; Ameisenausbreitung

Vorkommen: Gebüsche, Gärten, Äcker, Weinberge, Schuttplätze

Wissenswertes: Stammt aus Westasien, in Europa seit Anfang des 19. Jahrhunderts.

514 a Größere Blätter bis 2,5 cm lang ▶ *Veronica persica*
b Größere Blätter höchstens 1,5 cm lang ▶ *Veronica agrestis*

515 a Größere Blüten mindestens 8 mm im Durchmesser; Pflanze hellgrün ▶ *Veronica filiformis*
b Blüten höchstens 8 mm im Durchmesser; Pflanze dunkelgrün ▶ *Veronica polita* (S. 204)

Veronica agrestis L. Acker-Ehrenpreis

Pflanzenfamilie: Plantaginaceae – Wegerichgewächse

Name: *Veronica* evtl. nach der Heiligen Veronika; *agrestis* lat. Acker

Merkmale: 5 bis 25 cm lange, einjährige Pflanze; Stängel liegend; Blätter im unteren Teil des Stängels ± gegenständig, im oberen wechselständig, oval, bis 1,5 cm lang, Blattrand grob gezähnt; Blüten 3 bis 7 mm im Durchmesser, mit 4 weißlichen, blau gestreiften Blütenblättern; Früchte (Kapseln) flach, 3 bis 6 mm lang und 4 bis 7 mm breit

Fortpflanzung: Blüte März bis Oktober; zwittrig; Insektenbestäubung; Tierausbreitung

Vorkommen: Gärten, Äcker

Veronica filiformis Sm. Faden-Ehrenpreis

Pflanzenfamilie: Plantaginaceae – Wegerichgewächse

Name: *Veronica* evtl. nach der Heiligen Veronika; *fili-* lat. Faden; *-formis* lat. förmig

Merkmale: 10 bis 30 cm lang; Stängel liegend; Blätter im unteren Teil des Stängels gegenständig, im oberen wechselständig, rundlich, bis 1,2 cm lang, Blattrand grob gezähnt; Blüten 8 bis 15 mm im Durchmesser, mit 4 lilablauen, dunkler gestreiften Blütenblättern; Früchte (Kapseln) flach, 3 bis 6 mm lang und 4 bis 7 mm breit

Fortpflanzung: Blüte März bis Mai; zwittrig; Insektenbestäubung; Ameisenausbreitung

Vorkommen: Weiden, Rasen, Obstgärten

Wissenswertes: Vegetative Vermehrung durch kurze Stängelstücke, aus denen sich neue Pflanzen entwickeln.
• Stammt aus Westasien, in Europa erst seit Anfang des 20. Jahrhunderts.

516 a Ganze Pflanze kahl **517**

b Stängel und/oder Blätter behaart **519**

517 a Blätter höchstens 10 mm breit ▶ *Veronica scutellata*

b Blätter meist breiter als 10 mm **518**

Veronica polita Fr. Glänzender Ehrenpreis, Glanz-Ehrenpreis

Pflanzenfamilie: Plantaginaceae – Wegerichgewächse

Name: *Veronica* evtl. nach der Heiligen Veronika; *polita* lat. geglättet, fein, elegant

Merkmale: 5 bis 25 cm lange, einjährige Pflanze; Stängel liegend; Blätter gegen- oder wechselständig, rundlich, bis 1,2 cm lang, Blattrand grob gezähnt; Blüten 3 bis 8 mm im Durchmesser, mit 4 blauen, dunkler gestreiften Blütenblättern; Früchte (Kapseln) flach, 3 bis 5 mm lang und 4 bis 6 mm breit

Fortpflanzung: Blüte März bis Oktober; zwittrig; Insektenbestäubung; Ameisenausbreitung

Vorkommen: Gärten, Äcker, Weinberge

Veronica scutellata L. Schild-Ehrenpreis

Pflanzenfamilie: Plantaginaceae – Wegerichgewächse

Name: *Veronica* evtl. nach der Heiligen Veronika; *scutellata* lat. kleine Trinkschale

Merkmale: 5 bis 30 cm hoch; Blätter gegenständig, schmal, bis 5 cm lang; Blüten 4 bis 6 mm im Durchmesser, mit 4 weißlichen Blütenblättern mit lilafarbenen Streifen, in lockeren Blütenständen; Früchte (Kapseln) flach, 2 bis 4 mm lang und 4 bis 6 mm breit

Fortpflanzung: Blüte Juni bis September; zwittrig; Fliegenbestäubung; Wind- und Tierausbreitung

Vorkommen: Ufer, Gräben, Sümpfe, Moore

518 a Blätter bis 5 cm lang; Stängel im Querschnitt rundlich ▶ *Veronica beccabunga*

b Blätter bis 10 cm lang; Stängel im Querschnitt etwas vierkantig ▶ *Veronica anagallis-aquatica*

Veronica beccabunga L. Bachbungen- oder Bach-Ehrenpreis

Pflanzenfamilie: Plantaginaceae – Wegerichgewächse

Name: Bunge: ahd.; *veronica* evtl. nach der Heiligen Veronika; *beccabunga* latinisierter dt. Name (Bachbunge)

Merkmale: 10 bis 60 cm hoch; ganze Pflanze unbehaart; Blätter gegenständig, rundlich bis oval, bis 5 cm lang, etwas dick; Blüten 5 bis 8 mm im Durchmesser, mit 4 blauen bis dunkelvioletten Blütenblättern, in länglichen Blütenständen; Früchte (Kapseln) fast kugelig, 3 bis 4 mm im Durchmesser

Fortpflanzung: Blüte Mai bis August; zwittrig; Insektenbestäubung; Wasser- und Tierausbreitung

Vorkommen: Quellen, Bachufer, Gräben

Wissenswertes: Die Blätter und die jungen Sprosse können als knackiger Salat oder gekocht als spinatähnliches Gemüse genossen werden.

Veronica anagallis-aquatica L. Blauer Wasser-Ehrenpreis

Pflanzenfamilie: Plantaginaceae – Wegerichgewächse

Name: *Veronica* evtl. nach der Heiligen Veronika; *anagallis* nach *Anagallis* (Gauchheil); *aquatica* lat. Wasser

Merkmale: 20 bis 60 cm hoch; ganze Pflanze unbehaart; Blätter gegenständig, länglich, bis 10 cm lang; Blüten 4 bis 10 mm im Durchmesser, mit 4 lilafarbenen bis hellvioletten, dunkler gestreiften Blütenblättern, in länglichen Blütenständen; Früchte (Kapseln) fast kugelig, 2,5 bis 4 mm im Durchmesser

Fortpflanzung: Blüte Mai bis September; zwittrig; Fliegenbestäubung; Wasser- und Tierausbreitung

Vorkommen: Bachufer, Röhrichte, Gräben

Wissenswertes: Die Blätter und die jungen Sprosse werden als Salat oder gekocht als Gemüse gegessen.

519 a Blattstiel mindestens der unteren Blätter länger als 10 mm ▶ ***Veronica montana***
b Blätter ungestielt oder Stiele höchstens 10 mm lang **520**

520 a Größere Blätter mindestens 5 cm lang ▶ ***Veronica urticifolia***
b Größere Blätter höchstens 5 cm lang **521**

521 a Blüten 5 bis 6 mm im Durchmesser ▶ ***Veronica serpyllifolia***
b Blüten mindestens 6 mm im Durchmesser **522**

Veronica montana L. Berg-Ehrenpreis

Pflanzenfamilie: Plantaginaceae – Wegerichgewächse

Name: *Veronica* evtl. nach der Heiligen Veronika; *montana* lat. Berg

Merkmale: 10 bis 25 cm hoch; Blätter gegenständig, oval, bis 3,5 cm lang, Blattrand grob gezähnt; Blüten 6 bis 12 mm im Durchmesser, mit 4 lilafarbenen, dunkler gestreiften Blütenblättern; Früchte (Kapseln) flach, 5 bis 6 mm lang und 7 bis 8 mm breit

Fortpflanzung: Blüte Mai bis Juni; zwittrig; Insektenbestäubung; Windausbreitung

Vorkommen: Feuchte Laubwälder

Veronica urticifolia Jacq. Nessel- oder Nesselblatt-Ehrenpreis

Pflanzenfamilie: Plantaginaceae – Wegerichgewächse

Name: *Veronica* evtl. nach der Heiligen Veronika; *urtici-* nach *Urtica* (Brennnessel); *-folia* lat. Blatt

Merkmale: 20 bis 70 cm hoch; Blätter gegenständig, länglich bis eiförmig, bis 10 cm lang, Blattrand grob gezähnt; Blüten 6 bis 8 mm im Durchmesser, mit 4 lila- oder rosafarbenen, dunkler gestreiften Blütenblättern, in länglichen Blütenständen; Früchte (Kapseln) flach, 3 bis 5 mm lang und breit

Fortpflanzung: Blüte Mai bis August; zwittrig; Insektenbestäubung; Windausbreitung

Vorkommen: Wälder

522 a Blattrand grob gezähnt; Stängel auf zwei Linien behaart ▶ *Veronica chamaedrys*

b Blattrand fein gezähnt; Stängel ringsum behaart ▶ *Veronica officinalis* (S. 208)

523 a Größere Blätter am Stängel tief eingeschnitten oder in Teilblätter unterteilt 524

b Blätter nicht eingeschnitten oder unterteilt, oft aber mit gezähntem Blattrand 527

Veronica serpyllifolia L.
Thymian- oder Quendel-Ehrenpreis

Pflanzenfamilie: Plantaginaceae – Wegerichgewächse

Name: *Veronica* evtl. nach der Heiligen Veronika; *serpylli-* nach *Thymus serpyllum* (Thymian); *-folia* lat. Blatt

Merkmale: 5 bis 20 cm hoch; Blätter im unteren Teil des Stängels gegenständig, im oberen wechselständig, oval bis rundlich, bis 2,5 cm lang; Blüten 5 bis 6 mm im Durchmesser, mit 4 weißlichen, blau gestreiften Blütenblättern, in einem langen, beblätterten Blütenstand; Früchte (Kapseln) flach, 3 bis 4 mm lang und 4 bis 6 mm breit

Fortpflanzung: Blüte Mai bis September; zwittrig; Fliegenbestäubung; Tierausbreitung

Vorkommen: Trockene Wiesen und Weiden, Äcker, Wegränder

Veronica chamaedrys L. Gamander-Ehrenpreis

Pflanzenfamilie: Plantaginaceae – Wegerichgewächse

Name: *Veronica* evtl. nach der Heiligen Veronika; *chama-* griech. niedrig; *-drys* griech. Eiche

Merkmale: 10 bis 30 cm hoch; Stängel auf zwei Linien behaart; Blätter gegenständig, oval, bis 3,5 cm lang, Blattrand grob gezähnt; Blüten 10 bis 15 mm im Durchmesser, mit 4 blauen, dunkler gestreiften Blütenblättern, in länglichen Blütenständen; Früchte (Kapseln) flach, 2 bis 4 mm lang und 4 bis 5 mm breit

Fortpflanzung: Blüte April bis August; zwittrig; Insektenbestäubung; Wind- und Tierausbreitung

Vorkommen: Wiesen, Weiden, lichte Wälder

524 a Blüten höchstens 20 mm im Durchmesser ▶ *Cardamine pratensis*

b Blüten mindestens 20 mm im Durchmesser 525

525 a Früchte höchstens doppelt so lang wie breit ▶ *Papaver rhoeas* ....

b Früchte 2- bis 5-mal so lang wie breit 526

Veronica officinalis L. Echter Ehrenpreis

Pflanzenfamilie: Plantaginaceae – Wegerichgewächse

Name: *Veronica* evtl. nach der Heiligen Veronika; *officinalis* lat. für Arzneimittel verwendet

Merkmale: 10 bis 30 cm hoch; Stängel ringsum behaart, teilweise liegend; Blätter gegenständig, länglich bis oval, bis 5 cm lang, Blattrand fein gezähnt; Blüten 6 bis 8 mm im Durchmesser, mit 4 lilafarbenen, dunkler gestreiften Blütenblättern, in länglichen, aufrecht stehenden Blütenständen; Früchte (Kapseln) flach, 3 bis 4 mm lang und breit

Fortpflanzung: Blüte Mai bis Juli; zwittrig; Insektenbestäubung; Tierausbreitung

Vorkommen: Magerweiden, Heiden, lichte Wälder, Waldränder

Wissenswertes: Raupenfutterpflanze des Wachtelweizen-Scheckenfalters *(Mellicta athalia)*. • Das getrocknete, blühende Kraut wird als Tee bei Bronchialkatarrh und als harntreibendes Mittel bei Rheumatismus getrunken, dazu als Badezusatz bei Hautausschlägen und schlecht heilenden Wunden verwendet.

Cardamine pratensis L. Wiesen-Schaumkraut

Pflanzenfamilie: Brassicaceae – Kreuzblütler

Name: *Cardamine* griech. Garten-Kresse; *pratensis* lat. Wiese

Merkmale: 15 bis 60 cm hoch; größere Blätter in 5 bis 15 Teilblätter unterteilt, Rand der Teilblätter mit wenigen Zähnen; Blüten mit vier 8 bis 13 mm langen, lila- bis rosafarbenen, seltener weißen Blütenblättern, Staubblätter gelb; Früchte (Schoten) 20 bis 40 mm lang und 1 bis 1,5 mm dick

Fortpflanzung: Blüte April bis Mai; zwittrig; Insektenbestäubung; Tier- und Selbstausbreitung

Vorkommen: Fettwiesen, Weiden, Gebüsche

Wissenswertes: Die reifen Früchte stehen unter Druck und öffnen sich spontan oder bei Berührung explosionsartig, wobei die darin enthaltenen Samen bis zu 2,5 m weit herausgeschleudert werden. • Raupenfutterpflanze des Aurorafalters *(Anthocharis cardamines)*. • Die etwas scharfen Blätter verleihen Salaten eine würzige Geschmacksnote.

526 a Früchte mit einzelnen Borsten; Pflanze grasgrün ▶ ***Papaver argemone***
b Früchte ohne Borsten; Pflanze graugrün ▶ ***Papaver dubium*** (S. 210)

527 a Blüten höchstens 15 mm im Durchmesser **510** (S. 200)
b Blüten mindestens 15 mm im Durchmesser **528**

Papaver rhoeas L. Klatsch-Mohn

Pflanzenfamilie: Papaveraceae – Mohngewächse

Name: Mohn: ahd.; *papaver* unklar; *rhoeas* nach griech. Granatapfelbaum (Blütenfarbe)

Merkmale: 25 bis 70 cm hohe, ein- oder zweijährige Pflanze mit weißem Milchsaft; Blätter tief, bis fast auf den Mittelnerv eingeschnitten; Blüten 50 bis 80 mm im Durchmesser, 4 rote Blütenblätter meist mit einem schwarzen Fleck an der Basis; Früchte (Kapseln) 10 bis 22 mm lang und 5 bis 10 mm dick, abrupt in den Stiel übergehend, ohne Haare

Fortpflanzung: Blüte Mai bis September; zwittrig; Insektenbestäubung; Windausbreitung

Vorkommen: Getreideäcker, Ödland, Schuttplätze

Wissenswertes: Vor der Entfaltung befinden sich die Blütenblätter zerknüllt in der von den Kelchblättern gebildeten Knospe. • Die ganze Pflanze und besonders der Milchsaft sind giftig. Vergiftungssymptome sind u. a. Bauchschmerzen, Erbrechen. • Die jungen Blätter können als Salat gegessen, die älteren zu einem spinatartigen Gemüse gekocht werden. Die gerösteten Samen werden in Backwaren und Saucen oder als Fleischzutat verwendet. • Opium wird aus dem Milchsaft heranreifender Kapseln des Schlaf-Mohns *(Papaver somniferum)* gewonnen.

Papaver argemone L. Sand-Mohn

Pflanzenfamilie: Papaveraceae – Mohngewächse

Name: Mohn: ahd.; *papaver* unklar; *argemone* hebr. Purpur

Merkmale: 15 bis 50 cm hohe, ein- oder zweijährige Pflanze mit weißem Milchsaft; Blätter tief, bis fast auf den Mittelnerv, eingeschnitten; Blüten 25 bis 50 mm im Durchmesser, 4 dunkelrote Blütenblätter mit einem schwarzen Fleck an der Basis; Früchte (Kapseln) keulenförmig, 15 bis 20 mm lang und 4 bis 5 mm dick, mit wenigen borstenförmigen Haaren

Fortpflanzung: Blüte April bis Juni; zwittrig; Insektenbestäubung; Windausbreitung

Vorkommen: Getreideäcker, Brachen, Ödland

Wissenswertes: Vor der Entfaltung befinden sich die Blütenblätter zerknüllt in der von den Kelchblättern gebildeten Knospe.

528 a Größere Blätter am Stängel höchstens 2 cm breit ▶ ***Epilobium angustifolium***
b Größere Blätter am Stängel mindestens 2 cm breit ▶ ***Hesperis matronalis***

529 a Größere Blätter am Stängel tief eingeschnitten oder in Teilblätter unterteilt **530**▶
b Größere Blätter am Stängel nicht eingeschnitten oder unterteilt **539**▶ (S. 215)

Papaver dubium L. Saat-Mohn

Pflanzenfamilie: Papaveraceae – Mohngewächse

Name: Mohn: ahd.; *papaver* unklar; *dubium* lat. zweifelhaft

Merkmale: 30 bis 80 cm hohe, ein- oder zweijährige Pflanze mit weißem Milchsaft; Blätter tief, bis fast auf den Mittelnerv, eingeschnitten; Blüten 25 bis 50 mm im Durchmesser, 4 rote Blütenblätter oft mit einem schwarzen Fleck an der Basis; Früchte (Kapseln) 15 bis 20 mm lang und 5 bis 7 mm dick, allmählich in den Stiel übergehend, ohne Haare

Fortpflanzung: Blüte Mai bis Juli; zwittrig; Fliegenbestäubung; Wind- und Tierausbreitung

Vorkommen: Getreideäcker, Ödland

Wissenswertes: Vor der Entfaltung befinden sich die Blütenblätter zerknüllt in der von den Kelchblättern gebildeten Knospe.

Epilobium angustifolium L. Wald-Weidenröschen, Schmalblättriges Weidenröschen

Pflanzenfamilie: Onagraceae – Nachtkerzengewächse

Name: *Epi-* griech. auf, aufrecht; *-lobium* lat. kleine Hülse, Schote; *angusti-* lat. schmal; *-folium* lat. Blatt

Merkmale: 50 bis 180 cm hoch; Blätter schmal, länglich, bis 20 cm lang und bis 2 cm breit, Blattrand nach unten gebogen; Blüten in einem langen Blütenstand, mit vier 10 bis 15 mm langen Blütenblättern, rosa bis rotviolett, zwischen den Blütenblättern stehen schmale, rotviolette Kelchblätter; Früchte (Kapseln) lang und dünn, Samen mit weißem Haarbüschel

Fortpflanzung: Blüte Juni bis August; zwittrig; Insektenbestäubung; Wind- und Tierausbreitung (z. B. Girlitz)

Vorkommen: Ufer, Gebüsche, Waldschläge, Schuttplätze

Wissenswertes: Das Aufblühen der Blüten geschieht von der Basis des Blütenstands aus nach oben. • Bei vielen Pflanzenarten sind die männlichen Blütenteile vor den weiblichen reif, was die Selbstbestäubung zu verhindern hilft. So strecken sich beim Wald-Weidenröschen zunächst die acht Staubblätter (eines nach dem anderen) und der Pollen wird freigegeben, erst danach entfaltet sich die vierteilige Narbe. • Die jungen Sprosse werden geschält, wie Spargel zubereitet und so oder in Suppen oder Risottos genossen.

530 a Blätter handförmig in 3 bis 5 Abschnitte geteilt 531
b Blätter ± senkrecht zum Mittelnerv eingeschnitten 532

531 a Blätter in 3 bis 5 gezähnte Abschnitte geteilt ▶ *Potentilla erecta*
b Blätter in 3 eingeschnittene Abschnitte geteilt ▶ *Aphanes arvensis* (S. 212)

Hesperis matronalis L. Gewöhnliche Nachtviole

Pflanzenfamilie: Brassicaceae – Kreuzblütler

Name: Viole: von lat. *viola* (violett); *hesperis* griech. Abend; *matronalis* lat. Frau, Matrone

Merkmale: 40 bis 80 cm hoch; Blätter eiförmig bis länglich; Blüten mit vier 18 bis 28 mm langen, lila bis violetten oder weißen Blütenblättern; Früchte (Schoten) 3 bis 10 cm lang und 1,5 bis 2 mm dick

Fortpflanzung: Blüte Mai bis Juni; zwittrig; Insektenbestäubung; Windausbreitung

Vorkommen: Ufer, Gebüsche, Wälder, Schuttplätze; meist aus Gärten verwildert

Potentilla erecta (L.) Raeusch. Blutwurz, Gewöhnlicher Tormentill

Pflanzenfamilie: Rosaceae – Rosengewächse

Name: Tormentill: von lat. *tormentilla* (Schmerzen, Marter); *potentilla* unklar; *erecta* lat. aufrecht

Merkmale: 10 bis 60 cm hoch; Stängel oft teilweise liegend; Blätter in 3 bis 5 handförmig angeordnete Teilblätter unterteilt, Rand der Teilblätter gezähnt; Blüten 8 bis 12 mm im Durchmesser, mit 4 gelben Blütenblättern; zahlreiche Früchte (Nüsschen) pro Blüte

Fortpflanzung: Blüte Juni bis September; zwittrig; Insektenbestäubung; Tierausbreitung (Ameisen)

Vorkommen: Moore, feuchte Wiesen, Magerwiesen, Weiden, lichte Wälder

Wissenswertes: Der Wurzelstock färbt sich beim Schneiden rot. • Mit dem getrockneten und fein geschnittenen Wurzelstock wird ein Tee gegen Durchfall sowie gegen Entzündungen der Mund- und Rachenschleimhäute hergestellt.

532 a Blütenblätter mindestens 7 mm lang 533
b Blütenblätter höchstens 7 mm lang 534

533 a Blütenblätter gelb; Pflanze mit gelbem Saft, der beim Einreißen eines Blatts austritt ▶ *Chelidonium majus*
b Blütenblätter hellgelb; Pflanze ohne gelben Saft ▶ *Sinapis arvensis*

Aphanes arvensis L. Gewöhnlicher Ackerfrauenmantel

Pflanzenfamilie: Rosaceae – Rosengewächse

Name: *Aphanes* griech. unscheinbar; *arvensis* lat. Acker

Merkmale: 3 bis 20 cm hohe bzw. lange, einjährige Pflanze; Stängel oft liegend; Blätter im Umriss fächerförmig, in 3 Teilblätter unterteilt, Teilblätter vorne gezähnt bis eingeschnitten, borstig behaart; Blüten in büschelförmigen Blütenständen, 1,5 bis 2 mm im Durchmesser, mit 8 gelblich grünen Blütenblättern (Kelchblätter); Früchte (Nüsschen) 1,4 bis 1,8 mm lang, braun

Fortpflanzung: Blüte Mai bis September; zwittrig; Selbstbestäubung; Wind- und Tierausbreitung

Vorkommen: Äcker, Gärten

Wissenswertes: Die Blätter können als Salatzugabe verwendet werden.

Chelidonium majus L. Schöllkraut

Pflanzenfamilie: Papaveraceae – Mohngewächse

Name: *Chelidonium* von griech. Schwalbe; *majus* lat. größer

Merkmale: 20 bis 80 cm hoch; Pflanze mit gelbem Milchsaft; Blätter in Teilblätter unterteilt, vor allem Blattunterseite grau- bis blaugrün, Rand der Teilblätter mit stumpfen Zähnen; Blüten 14 bis 26 mm im Durchmesser, mit 4 gelben Blütenblättern; Früchte (Schoten) 2 bis 5 cm lang

Fortpflanzung: Blüte April bis September; zwittrig; Insektenbestäubung; Ameisenausbreitung

Vorkommen: Gebüsche, Waldränder, Schuttplätze, Wegränder Mauern

Wissenswertes: Die ganze Pflanze und besonders der Milchsaft sind stark giftig. Vergiftungssymptome sind u. a. Lähmungen, Herzrhythmusstörungen und Blutdruckabfall. • Das getrocknete, blühende Kraut wird als krampflösendes und schmerzlinderndes Mittel bei Beschwerden der Gallenwege und des Magen-Darm-Trakts verwendet.

534 a Blüten unscheinbar, höchstens 2 mm im Durchmesser, grünlich ▶ ***Lepidium ruderale***
b Größere Blüten mindestens 2 mm im Durchmesser, (hell)gelb 535

Sinapis arvensis L. Acker-Senf

Pflanzenfamilie: Brassicaceae – Kreuzblütler

Name: Senf: von griech. bzw. lat. *sinapi*; *sinapis* griech./lat. Name dieser Art; *arvensis* griech. Acker

Merkmale: 20 bis 60 cm hohe, einjährige Pflanze; Blätter oval, Blattrand gezähnt bis eingeschnitten; Blüten mit vier 8 bis 12 mm langen, hellgelben Blütenblättern; Früchte (Schoten) 25 bis 40 mm lang und 2 bis 3 mm dick

Fortpflanzung: Blüte Mai bis Oktober; zwittrig; Insektenbestäubung; Wind- und Tierausbreitung (z. B. Girlitz)

Vorkommen: Äcker, Ödland, Wegränder

Wissenswertes: Die Blätter können roh als Salatzugabe oder gekocht als Gemüse gegessen werden. • Für die Senfherstellung werden andere Arten, nämlich Weißer *(Sinapis alba)* und Brauner Senf *(Brassica juncea)*, verwendet.

Lepidium ruderale L. Schutt-Kresse

Pflanzenfamilie: Brassicaceae – Kreuzblütler

Name: Kresse: ahd.; *lepidium* griech. kleine Schuppe; *ruderale* lat. Schutt

Merkmale: 10 bis 40 cm hohe, ein- oder zweijährige Pflanze; beim Zerreiben unangenehm riechend; größere Blätter bis auf den Mittelnerv in schmale Abschnitte unterteilt, kleinere Blätter länglich; Blüten in langen Blütenständen, unscheinbar, mit vier bis 1 mm langen, grünlichen Blütenblättern (Kelchblätter); Früchte (Schoten) 1,5 bis 3 mm lang, etwas länger als breit, im vorderen Teil mit einem dünnen Rand, in langen Fruchtständen

Fortpflanzung: Blüte Juni bis Oktober; zwittrig; Selbstbestäubung; Windausbreitung

Vorkommen: Schuttplätze, Wegränder, Bahnareale

535 a Größere Blätter am Stängel mehrfach tief in feine, sehr schmale Zipfel eingeschnitten ▶ ***Descurainia sophia***
b Größere Blätter am Stängel eher grob eingeschnitten **536**

536 a Stängel rau (kurz behaart) ▶ ***Sisymbrium officinale***
b Stängel nicht rau (unbehaart) **537**

Descurainia sophia (L.) Prantl
Sophienkraut, Gewöhnliche Besenrauke

Pflanzenfamilie: Brassicaceae – Kreuzblütler

Name: *Descurainia* nach François Descuraine, frz. Apotheker (1658–1740); *sophia* unklar

Merkmale: 20 bis 90 cm hohe, ein- oder zweijährige Pflanze; Blätter mehrfach tief in feine, sehr schmale Zipfel eingeschnitten, behaart; Blüten mit vier 1,5 bis 2 mm langen, hellgelben Blütenblättern; Früchte (Schoten) 15 bis 25 mm lang und höchstens 1 mm dick

Fortpflanzung: Blüte Mai bis August; zwittrig; Insektenbestäubung; Wind- und Tierausbreitung

Vorkommen: Äcker, Schuttplätze, Wegränder

Sisymbrium officinale (L.) Scop. Weg-Rauke

Pflanzenfamilie: Brassicaceae – Kreuzblütler

Name: Rauke: von lat. *eruca* (Ruke, Rucola); *sisymbrium* unklar; *officinale* lat. für Arzneimittel verwendet

Merkmale: 30 bis 60 cm hohe, ein- oder zweijährige Pflanze; Stängel rau behaart, mit fast waagrecht abstehenden Seitenästen; größere Blätter fast bis auf den Mittelnerv in 3 bis 9 Abschnitte unterteilt, Blattrand gezähnt; Blüten mit vier 3 bis 4 mm langen, gelben Blütenblättern; Früchte (Schoten) 10 bis 15 mm lang und 1 bis 1,5 mm dick, dicht dem Stängel anliegend

Fortpflanzung: Blüte Mai bis August; zwittrig; Insektenbestäubung; Windausbreitung

Vorkommen: Schuttplätze, Wegränder

Wissenswertes: Die ganze Pflanze ist giftig. Die Einnahme großer Mengen führt zur Abnahme der Herzfrequenz.

537 a Blütenblätter höchstens 3 mm lang, hellgelb ▶ *Rorippa palustris*
b Blütenblätter mindestens 2,5 mm lang, (gold)gelb 538

538 a Blätter am Stängel mit Stiel; Pflanze hellgrün ▶ *Rorippa sylvestris*
b Blätter am Stängel ungestielt; Pflanze dunkelgrün ▶ *Barbarea vulgaris* (S. 216)

539 a Größere Blätter länger als breit 540
b Größere Blätter etwa gleich lang wie breit 543

Rorippa palustris (L.) Besser
Echte oder Gewöhnliche Sumpfkresse

Pflanzenfamilie: Brassicaceae – Kreuzblütler

Name: Kresse: ahd.; *rorippa* unklar; *palustris* lat. Sumpf

Merkmale: 10 bis 100 cm hoch; größere Blätter fast bis auf den Mittelnerv in 7 bis 15 Teilblätter unterteilt, Rand der Teilblätter mit wenigen Zähnen; Blüte mit vier 1,6 bis 2,5 mm langen, hellgelben Blütenblättern; Früchte (Schoten) 5 bis 12 mm lang und 1,7 bis 3 mm dick

Fortpflanzung: Blüte Juni bis August; zwittrig; Selbstbestäubung; Wasser- und Tierausbreitung

Vorkommen: Ufer, Gräben, feuchte Äcker, Schuttplätze, Wegränder

Rorippa sylvestris (L.) Besser Wilde Sumpfkresse

Pflanzenfamilie: Brassicaceae – Kreuzblütler

Name: Kresse: ahd.; *rorippa* unklar; *sylvestris* lat. wild wachsend

Merkmale: 15 bis 60 cm hoch; größere Blätter in 7 bis 15 Teilblätter unterteilt, Rand der Teilblätter gezähnt oder eingeschnitten; Blüten mit vier 2,5 bis 6 mm langen, (gold)-gelben Blütenblättern; Früchte (Schoten) 6 bis 18 mm lang und 0,8 bis 1,5 mm dick

Fortpflanzung: Blüte Juni bis September; zwittrig; Insektenbestäubung; Wind- und Tierausbreitung

Vorkommen: Ufer, Gräben, feuchte Äcker, Schuttplätze

540 a Blütenblätter mindestens 15 mm lang ▶ *Oenothera biennis*

b Blütenblätter höchstens 12 mm lang 541

541 a Blüten hellgelb ▶ *Sinapis arvensis* (S. 213)

b Blüten gelb 542

Barbarea vulgaris R. Br. Gewöhnliche oder Echte Winterkresse

Pflanzenfamilie: Brassicaceae – Kreuzblütler

Name: Kresse: ahd.; *Barbarea* nach der Heiligen Barbara; *vulgaris* lat. gewöhnlich

Merkmale: 20 bis 90 cm hohe, ein- oder zweijährige Pflanze; untere Blätter bis auf den Mittelnerv in 3 bis 11 Teilblätter unterteilt, obere Blätter meist nicht unterteilt; Blüten mit vier 5 bis 7 mm langen, gelben Blütenblättern; Früchte (Schoten) 15 bis 40 mm lang und 1,4 bis 2 mm dick

Fortpflanzung: Blüte Mai bis Juli; zwittrig; Insektenbestäubung; Wind- und Tierausbreitung (z. B. Girlitz)

Vorkommen: Ufer, Schuttplätze, Wegränder, Kiesgruben

Wissenswertes: Die Blätter können als Salatzutat oder Gemüse gegessen und die geschlossenen Blütenstände wie Broccoli zubereitet werden.

Oenothera biennis L. Zweijährige Nachtkerze

Pflanzenfamilie: Onagraceae – Nachtkerzengewächse

Name: *Oeno-* griech. Esel; *-thera* griech. Fänger; *bi-* lat. zwei; *-ennis* lat. Jahr

Merkmale: 50 bis 150 cm hohe, zweijährige Pflanze; Blätter länglich, bis 15 cm lang; Blüten mit vier 15 bis 30 mm langen, gelben Blütenblättern; Früchte (Kapseln) 15 bis 30 mm lang und 4 bis 8 mm dick

Fortpflanzung: Blüte Juni bis September; zwittrig; Insektenbestäubung; Windausbreitung

Vorkommen: Ufer, Ödland, Weg- und Straßenränder, Bahnareale

Wissenswertes: Stammt aus Nordamerika. • Nachtkerzen weisen eine außerordentliche Genetik auf und gehören deshalb zu den am meisten untersuchten Modellpflanzen der Pflanzengenetik. So können unter anderem die einzelnen Arten untereinander gekreuzt werden, wobei meist fruchtbare Nachkommen entstehen. • Die Blüten öffnen sich an warmen Abenden innerhalb von Minuten und sind oft schon am nächsten Mittag wieder verblüht. • Die geraffelte Wurzel kann roh als Salat oder gekocht gegessen werden. Die geschlossenen Blüten werden gedämpft oder gebraten, die geöffneten Blüten mit Frischkäse oder Kräuterschaum gefüllt.

542 a Blattrand spitz gezähnt ▶ *Rorippa amphibia*
b Blattrand ohne oder nur mit einzelnen Zähnen ▶ *Erysimum cheiranthoides*

543 a Blattrand gelappt und spitz gezähnt; Stängel im Querschnitt rundlich ▶ *Alchemilla vulgaris* (S. 218)
b Blattrand stumpf gezähnt; Stängel im Querschnitt dreieckig ▶ *Chrysosplenium alternifolium* (S. 218)

Rorippa amphibia (L.) Besser
Wasser-Sumpfkresse

Pflanzenfamilie: Brassicaceae – Kreuzblütler

Name: Kresse: ahd.; *rorippa* unklar; *amphi-* griech. auf beiden Seiten; *-bia* griech. Leben

Merkmale: 40 bis 120 cm hoch; Stängel oft teilweise liegend; Blätter länglich, Blattrand spitz gezähnt, meist nicht in Teilblätter unterteilt; Blüten mit vier 4 bis 5 mm langen, gelben Blütenblättern; Früchte (Schoten) 3 bis 7 mm lang und 1 bis 2 mm dick

Fortpflanzung: Blüte Mai bis Juli; zwittrig; Insektenbestäubung; Wind- und Tierausbreitung

Vorkommen: Ufer, Röhrichte, Gräben

Erysimum cheiranthoides L. Acker-Schöterich

Pflanzenfamilie: Brassicaceae – Kreuzblütler

Name: Schöterich: mit Schoten; *erysimum* griech. heilen, retten; *cheiranth-* nach *Cheiranthes cheiri* (Goldlack); *-oides* griech. artig

Merkmale: 15 bis 70 cm hohe, ein- oder zweijährige Pflanze; Blätter länglich; Blüten mit vier 4 bis 5 mm langen, gelben Blütenblättern; Früchte (Schoten) 10 bis 30 mm lang und 1 bis 1,5 mm dick

Fortpflanzung: Blüte Juni bis August; zwittrig; Insektenbestäubung; Windausbreitung

Vorkommen: Äcker, Schuttplätze, Wegränder

Alchemilla vulgaris L.
Gewöhnlicher Frauenmantel

Pflanzenfamilie: Rosaceae – Rosengewächse

Name: *Alchemilla* evtl. von arab. Alchemie; *vulgaris* lat. gewöhnlich

Merkmale: 10 bis 60 cm hoch; Blätter im Umriss rundlich, 5 bis 15 cm im Durchmesser, mit 9 bis 11 Abschnitten, beidseitig behaart, Blattrand gleichmäßig gezähnt; Blüten in büschelförmigen Blütenständen, 4 bis 6 mm im Durchmesser, mit 4 größeren und 4 kleineren, gelblich grünen Blütenblättern (Kelchblätter); Früchte (Nüsschen)

Fortpflanzung: Blüte Mai bis Oktober; zwittrig; keine Bestäubung; Wind- und Tierausbreitung

Vorkommen: Quellen, Bachufer, Wiesen

Wissenswertes: Bei dieser Art werden die Samen auch ohne Befruchtung gebildet (Agamospermie). Das bedeutet, dass durch genetische Mutationen entstandene Merkmalsveränderungen über Generationen konstant erhalten bleiben. Dies wiederum führt zu einer Vielzahl leicht unterschiedlicher Formen (sogenannte Kleinarten), die schwierig voneinander abzutrennen sind. So wurden in der Schweiz allein 19 Kleinarten dieser Art beschrieben. • Bei hoher Luftfeuchtigkeit scheiden die Blätter an den Blattzähnen aktiv Wasser in Tropfenform aus, um den Wasserstrom in der Pflanze aufrechtzuerhalten (Guttation). • Die getrockneten Blätter werden als Tee bei Durchfall getrunken oder als Badezusatz bei schlecht heilenden Wunden verwendet.

Chrysosplenium alternifolium L.
Wechselblättriges Milzkraut

Pflanzenfamilie: Saxifragaceae – Steinbrechgewächse

Name: *Chryso-* griech. Gold; *-splenium* griech. Milz; *alterni-* lat. abwechselnd; *-folium* lat. Blatt

Merkmale: 5 bis 20 cm hoch; Stängel dreikantig; Blätter rundlich bis halbrund, Blattrand mit breiten, stumpfen Zähnen, oberste Blätter gelblich; Blüten 3 bis 5 mm im Durchmesser, mit 4 gelblich grünen Blütenblättern (Kelchblätter); Früchte sind Kapseln

Fortpflanzung: Blüte April bis Juni; zwittrig; Insektenbestäubung; Wasserausbreitung

Vorkommen: Ufer von Waldbächen, schattige Wälder

Wissenswertes: Die gelblichen, obersten Blätter täuschen eine größere Blüte vor und locken so Bestäuberinsekten an. • Die geöffneten Kapseln bilden flache Schalen, aus denen die Samen durch auftreffende Regentropfen herausgeschleudert werden.

551 a Vorherrschende Blütenfarbe rosa, rot, lila, violett oder blau **552**
b Vorherrschende Blütenfarbe grünlich, grünlich gelb, hellgelb, gelb oder orangegelb **602** (S. 238)
c Vorherrschende Blütenfarbe weißlich bis rein weiß **641** (S. 256)

552 a Pflanze mit kleinen Blüten in bis 20 cm langen, dünnen, rutenförmigen Blütenständen ▶ ***Verbena officinalis***
b Pflanze anders gestaltet **553**

553 a Größere Blätter eingeschnitten oder in Teilblätter unterteilt **587** (S. 231)
b Blätter (meist) nicht eingeschnitten oder unterteilt **554**

554 a Stängel ohne Blätter, d. h., alle Blätter stehen an der Basis des Stängels ▶ ***Pyrola minor*** (S. 258)
b Stängel beblättert **555**

555 a Blätter mindestens im oberen Teil des Stängels gegenständig, d. h., sie stehen sich auf gleicher Höhe gegenüber **556** ....
b Blätter wechselständig, d. h., sie stehen sich nicht gegenüber **567** (S. 223) ....

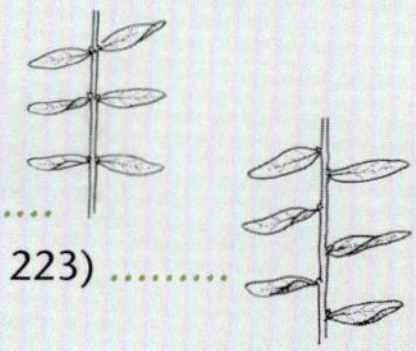

Verbena officinalis L. (Echtes) Eisenkraut

Pflanzenfamilie: Verbenaceae – Eisenkrautgewächse

Name: *Verbena* lat. Zweige für religiöse Rituale; *officinalis* lat. für Arzneimittel verwendet

Merkmale: 30 bis 70 cm hoch; Stängel vierkantig; Blätter gegenständig, Blätter im mittleren Teil des Stängels tief eingeschnitten, die übrigen mit gezähntem Blattrand; Blüten in langen Blütenständen, 3 bis 5 mm im Durchmesser, helllila, mit 5 Blütenzipfeln; vier ca. 2 mm lange Früchte (Nüsschen) pro Blüte

Fortpflanzung: Blüte Juni bis September; zwittrig; Insektenbestäubung; Tierausbreitung

Vorkommen: Weiden, Ödland, Wegränder

556 a Blüte glockenförmig, hängend, 25 bis 35 mm lang, braunviolett ▶ *Atropa bella-donna*
b Blüten anders gestaltet 557

557 a Blütenblätter tief in 4 Streifen zerschlitzt ▶ *Silene flos-cuculi*
b Blütenblätter nicht in 4 Streifen zerschlitzt 558

558 a Blätter sehr schmal, mindestens 10-mal so lang wie breit 559
b Blätter breiter 561

Atropa bella-donna L. (Echte) Tollkirsche

Pflanzenfamilie: Solanaceae – Nachtschattengewächse

Name: *Atropa* lat. mattschwarz; *bella-* ital. schön; *-donna* ital. Frau

Merkmale: 50 bis 150 cm hoch; Blätter im Bereich der Blüten gegenständig (1 großes und 1 kleineres Blatt), sonst wechselständig, oval, bis 15 cm lang; Blüten glockenförmig, hängend, 25 bis 35 mm lang, mit 5 Blütenzipfeln, braunviolett; Früchte (Beeren) kugelig, 10 bis 15 mm im Durchmesser, glänzend schwarz

Fortpflanzung: Blüte Juni bis August; zwittrig; Bienenbestäubung; Tierausbreitung

Vorkommen: Waldschläge, Waldwege

Wissenswertes: Die ganze Pflanze ist sehr stark giftig. Vergiftungssymptome sind u. a. Erregung, Rede- und Bewegungsdrang, Erweiterung und Starre der Pupillen, Sehstörungen, Halluzinationen, Krämpfe, Lähmungserscheinungen bis zum Tod durch Atemlähmung. Die Beeren schmecken süß. Für Erwachsene gelten 10 bis 12 Beeren als tödlich, für Kinder 3 bis 4. • Vögel besitzen besondere Enzyme, die die Giftstoffe abbauen, sodass sie die Beeren fressen und durch Ausscheiden des Samens zur Ausbreitung der Pflanze beitragen können. • Anfang des 20. Jahrhunderts wurden Tollkirschenextrakte als «bulgarische Kur» zur Behandlung der Parkinson-Krankheit verwendet, allerdings mit nicht akzeptierbaren Nebenwirkungen. Tollkirschenpräparate werden (unter ärztlicher Aufsicht) bei nervösen Beschwerden des Verdauungstraktes angewendet.

Silene flos-cuculi (L.) Clairv., *Lychnis flos-cuculi* L. Kuckucks-Lichtnelke

Pflanzenfamilie: Caryophyllaceae – Nelkengewächse

Name: *Silene* von Silen, Mischwesen in der griech. Mythologie; *lychnis* griech. Lampe, Leuchte; *flos-* lat. Blüte, Blume; *-cuculi* lat. Kuckuck

Merkmale: 30 bis 90 cm hoch; Blätter gegenständig, länglich, schmal, bis 5 cm lang; Blüten mit fünf 15 bis 25 mm langen, rosafarbenen Blütenblättern, die an der Spitze tief in 4 Streifen zerschlitzt sind; Früchte (Kapseln) ca. 8 mm lang

559 a Spitze der Blütenblätter ohne Zähne ▶ *Spergularia rubra*
b Spitze der Blütenblätter gezählt 560

560 a Blüten in dichten Büscheln mit 5 bis 10 Blüten ▶ *Dianthus carthusianorum*
b Blüten einzeln (oder 2 bis 3) am Ende der Stängel ▶ *Dianthus deltoides* (S. 222)

561 a Stängel im Querschnitt rundlich 562
b Stängel im Querschnitt (vier)kantig 565

Fortpflanzung: Blüte Mai bis August; zwittrig; Insektenbestäubung; Windausbreitung

Vorkommen: Moore, feuchte bis nasse Wiesen

Wissenswertes: Die Art heißt Kuckucks-Lichtnelke, weil sie in der Zeit blüht, zu der der Kuckuck wieder eintrifft oder wegen der Schaummassen, die oft auf den Stängeln vorhanden sind, dem sog. Kuckucksspeichel. Dieser stammt allerdings von den Larven der Wiesenschaumzikade *(Philaeneus spumarius)*, die sich darin geschützt vor Fressfeinden entwickeln können. Dazu scheidet die Larve ein Gemisch von Schleimstoffen und Eiweißen aus, das sie durch Einpumpen von Luft zu einem resistenten Schaum werden lässt.

Spergularia rubra (L.) J. & C. Presl
Rote Schuppenmiere

Pflanzenfamilie: Caryophyllaceae – Nelkengewächse

Name: *Spergularia* Erweiterung von *spergula* (wissenschaftlicher Gattungsname des Sparks); *rubra* lat. rot

Merkmale: 5 bis 25 cm hoch bzw. lang; Stängel teilweise liegend; Blätter gegenständig, sehr schmal, bis 2,5 cm lang; Blüten 6 bis 8 mm im Durchmesser, mit 5 rosa- oder lilafarbenen Blütenblättern; Früchte (Kapseln) 4 bis 5 mm lang

Fortpflanzung: Blüte Mai bis August; zwittrig; Fliegenbestäubung; Windausbreitung

Vorkommen: Ufer, Äcker, Wegränder, zwischen Pflastersteinen

Dianthus carthusianorum L. Kartäuser-Nelke

Pflanzenfamilie: Caryophyllaceae – Nelkengewächse

Name: *Di-* griech. Zeus; *-anthus* griech. Blume; *carthusianorum* von La Grande-Chartreuse bei Grenoble (Frankreich)

Merkmale: 10 bis 60 cm hoch; Blätter gegenständig, sehr schmal; Blüten in Büscheln, 15 bis 25 mm im Durchmesser, duftend, mit 5 an der Spitze gezähnten, purpurroten Blütenblättern; Früchte (Kapseln) länglich

Fortpflanzung: Blüte Juni bis Oktober; zwittrig; Tagfalterbestäubung; Windausbreitung

Vorkommen: Trockenwiesen, Weiden, lichte Wälder, Felsen

562 a Blätter etwas derb; Blüten blau bis violett ▶ *Vinca minor*
b Blätter weich; Blüten rosa bis rot 563

563 a Stängel im Bereich der Blüten (meistens) etwas klebrig ▶ *Silene nutans* (S. 261)
b Stängel nicht klebrig 564

564 a Stängel behaart ▶ *Silene dioica*
b Stängel (fast) unbehaart ▶ *Saponaria officinalis* (S. 266)

Dianthus deltoides L. Heide-Nelke

Pflanzenfamilie: Caryophyllaceae – Nelkengewächse

Name: *Di-* griech. Zeus; *-anthus* griech. Blume; *delt-* griech. Dreieck; *-oides* griech. artig

Merkmale: 10 bis 35 cm hoch; Blätter gegenständig, sehr schmal; Blüten 12 bis 18 mm im Durchmesser, mit 5 an der Spitze gezähnten Blütenblättern, purpurrot mit weißen Punkten; Früchte (Kapseln) länglich

Fortpflanzung: Blüte Juni bis August; zwittrig; Tagfalterbestäubung; Windausbreitung

Vorkommen: Trockenwiesen, Heiden, Waldränder

Vinca minor L. Kleines Immergrün

Pflanzenfamilie: Apocynaceae – Hundsgiftgewächse

Name: *Vinca* lat. winden, biegen; *minor* lat. kleiner

Merkmale: 10 bis 25 cm hoch; Stängel über den Boden wachsend; Blätter gegenständig, länglich, bis 5 cm lang, immergrün, etwas derb, Oberseite glänzend, Blattrand nach unten gebogen; Blüten 20 bis 30 mm im Durchmesser, windradartig, mit 5 blauvioletten (seltener rotvioletten) Blütenblättern; zwei 15 bis 20 mm lange Früchte (Balgfrüchte) pro Blüte

Fortpflanzung: Blüte April bis Mai; zwittrig; Insektenbestäubung; Ameisenausbreitung

Vorkommen: Gebüsche, Laubmischwälder, besonders Buchenwälder

Wissenswertes: Nebst der Schwalbenwurz (S. 267) einzige Vertreterin der Hundsgiftgewächse in Mitteleuropa. Diese Pflanzenfamilie ist sonst als Bäume, Sträucher und Lianen in tropischen Regenwäldern verbreitet. • Starke vegetative Vermehrung durch liegende Stängel. • Die ganze Pflanze ist giftig. Vergiftungssymptome sind u. a. Senkung des Blutdrucks, Herz-, Kreislauf- und Atembeschwerden.

565 a Blüten höchstens 5 mm im Durchmesser ▶ *Valerianella locusta* (S. 266)
b Blüten mindestens 5 mm im Durchmesser 566

566 a Größte Breite der Blätter näher bei der Blattspitze; Blüten meist in Büscheln ▶ *Centaurium erythraea*
b Größte Breite näher bei der Blattbasis; Blüten einzeln ▶ *Anagallis arvensis* (S. 224)

567 a Blattrand gezähnt 568
b Blattrand glatt oder kaum gezähnt 576 (S. 227)

Silene dioica (L.) Clairv.
Rote Waldnelke, Rote Lichtnelke

Pflanzenfamilie: Caryophyllaceae – Nelkengewächse

Name: *Silene* von Silen, Mischwesen in der griech. Mythologie; *di-* griech. zwei; *-oica* griech. Haus

Merkmale: 30 bis 90 cm hoch; Blätter gegenständig, oval bis länglich, bis 12 cm lang; Blüten 15 bis 25 mm im Durchmesser, mit 5 eingeschnittenen, roten Blütenblättern; Früchte (Kapseln) 7 bis 13 mm lang

Fortpflanzung: Blüte April bis September; zweihäusig; Insektenbestäubung; Wind- und Tierausbreitung

Vorkommen: Feuchte Wiesen und Waldstellen

Centaurium erythraea Rafn
Echtes Tausendgüldenkraut

Pflanzenfamilie: Gentianaceae – Enziangewächse

Name: *Cent-* lat. hundert; *-aurium* lat. Goldstücke; *erythraea* griech. rötlich

Merkmale: 10 bis 40 cm hohe, ein- oder zweijährige Pflanze; Stängel vierkantig; Blätter gegenständig, oval bis länglich, bis 4 cm lang; Blüten in Büscheln, mit fünf 5 bis 7 mm langen Blütenzipfeln, rosa; Früchte (Kapseln) 7 bis 10 mm lang

Fortpflanzung: Blüte Juli bis September; zwittrig; Insektenbestäubung; Windausbreitung

Vorkommen: Ufer, feuchte Wiesen, Böschungen, Waldschläge

Wissenswertes: Tee aus dem getrockneten, blühenden Kraut wird bei Appetitlosigkeit, Verdauungsbeschwerden und Magenschmerzen getrunken.

568 a Größere Stängelblätter rundlich, etwa gleich lang wie breit 601 (S. 238)
b Größere Stängelblätter deutlich länger als breit 569

569 a Blattrand unregelmäßig gezähnt, mit z. T. weit auseinanderstehenden Zähnen 570
b Blattrand regelmäßig gezähnt 571

570 a Stängelblätter kahl ▶ *Prenanthes purpurea* (S. 150)
b Stängelblätter rau, borstig behaart ▶ *Anchusa arvensis*

Anagallis arvensis L. Acker-Gauchheil

Pflanzenfamilie: Primulaceae – Schlüsselblumen- oder Primelgewächse

Name: *Anagallis* unklar; *arvensis* lat. Acker

Merkmale: 5 bis 30 cm hohe bzw. lange, einjährige Pflanze; Stängel teilweise liegend, vierkantig; Blätter gegenständig, oval bis länglich, bis 2 cm lang; Blüten mit fünf 3 bis 7 mm langen, roten (seltener blauen oder rosafarbenen) Blütenblättern; Früchte (Kapseln) kugelig, 4 bis 5 mm im Durchmesser

Fortpflanzung: Blüte Juni bis September; zwittrig; Insektenbestäubung; Wind- und Tierausbreitung

Vorkommen: Gärten, Äcker, Weinberge, Ödland

Wissenswertes: Die ganze Pflanze und besonders die Wurzeln sind giftig. Vergiftungssymptome sind u. a. Hautirritationen, Zittern, Entzündungen des Verdauungssystems, Durchfall, Narkotisierung.

Anchusa arvensis (L.) M. Bieb. Krummhals, Acker-Ochsenzunge

Pflanzenfamilie: Boraginaceae – Borretsch- oder Raublattgewächse

Name: *Anchusa* unklar; *arvensis* lat. Acker

Merkmale: 15 bis 50 cm hohe, einjährige Pflanze; ganze Pflanze dicht borstig behaart; Blätter länglich, bis 15 cm lang, Blattrand gewellt und mit einigen Zähnen; Blüten gekrümmt, 10 bis 15 mm lang und 5 bis 9 mm im Durchmesser, hellblau, mit 5 Blütenzipfeln; 4 Früchte (Nüsschen) pro Blüte

Fortpflanzung: Blüte Juni bis September; zwittrig; Insektenbestäubung; Ameisenausbreitung

Vorkommen: Äcker, Weinberge, Ödland, Wegränder

571 a Blüten ohne Stiel ▶ *Campanula glomerata*
b Blüten mit deutlichem Stiel 572

572 a Stängel im Querschnitt rundlich 573
b Stängel im Querschnitt kantig 574

573 a Größere Stängelblätter höchstens 5 mm breit ▶ *Campanula rotundifolia*
b Größere Stängelblätter mindestens 15 mm breit ▶ *Campanula rapunculoides* (S. 226)

Campanula glomerata L. Knäuelblütige Glockenblume, Knäuel-Glockenblume

Pflanzenfamilie: Campanulaceae – Glockenblumengewächse

Name: *Campanula* lat. kleine Glocke; *glomerata* lat. geknäuelt

Merkmale: 15 bis 60 cm hoch; Blätter eiförmig bis länglich, bis 10 cm lang, Blattrand fein gezähnt; Blüten in Büscheln, trichterförmig, 15 bis 28 mm lang, mit 5 Blütenzipfeln, blauviolett; Früchte (Kapseln) behaart, aufrecht

Fortpflanzung: Blüte Juni bis August; zwittrig; Insektenbestäubung; Windausbreitung

Vorkommen: Trockenwiesen, Weiden, Gebüsche

Campanula rotundifolia L. Rundblättrige Glockenblume

Pflanzenfamilie: Campanulaceae – Glockenblumengewächse

Name: *Campanula* lat. kleine Glocke; *rotundi-* lat. rund; *-folia* lat. Blatt

Merkmale: 10 bis 50 cm hoch; unterste Blätter rundlich (zur Blütezeit meist nicht mehr vorhanden), Blätter am Stängel länglich bis sehr schmal; Blüten meist hängend, glockenförmig, 10 bis 20 mm lang, mit 5 Blütenzipfeln, blau bis violett blau; Früchte (Kapseln) meist unbehaart, hängend

Fortpflanzung: Blüte Mai bis September; zwittrig; Insektenbestäubung; Windausbreitung

Vorkommen: Wiesen, Weiden, lichte Wälder, Mauern, Felsen und Felsschutt

Wissenswertes: Die nach unten offenen Blüten der Glockenblumen dienen oft Wildbienen als Schlafplätze, an denen sie vor Witterung und Feinden geschützt sind.

574 a Größere Stängelblätter fast dreieckig; Blattrand grob gezähnt ▶ *Campanula trachelium*
b Größere Stängelblätter länglich; Blattrand fein gezähnt 575

575 a Blüten weit trichterförmig; Blütenstand breit ausladend; Blattrand nicht gewellt ▶ *Campanula patula*
b Blüten eng trichterförmig; Blütenstand schmal; Blattrand etwas gewellt ▶ *Campanula rapunculus*

Campanula rapunculoides L. Acker-Glockenblume

Pflanzenfamilie: Campanulaceae – Glockenblumengewächse

Name: *Campanula* lat. kleine Glocke; *rapuncul-* lat. kleine Rübe, Rapunzel; *-oides* griech. artig

Merkmale: 30 bis 80 cm hoch; Stängel stumpfkantig, kurz behaart oder kahl; Blätter schmal herzförmig bis länglich, Blattrand gezähnt; Blüten in einem langen Blütenstand, ± auf einer Seite des Stängels herabhängend, glockenförmig, 20 bis 30 mm lang, mit 5 Blütenzipfeln, blauviolett; Früchte (Kapseln) kurz behaart, hängend

Fortpflanzung: Blüte Juni bis September; zwittrig; Insektenbestäubung; Windausbreitung

Vorkommen: Gebüsche, Waldränder, Schuttplätze, Wegränder

Campanula trachelium L. Nesselblättrige Glockenblume

Pflanzenfamilie: Campanulaceae – Glockenblumengewächse

Name: *Campanula* lat. kleine Glocke; *trachelium* evtl. griech. rau, uneben

Merkmale: 30 bis 100 cm hoch; ganze Pflanze steif behaart; Stängel scharfkantig; Blätter dreieckig bis länglich, Blattrand grob gezähnt; Blüten in einem langen Blütenstand, ± auf allen Seiten des Stängels herabhängend, glockenförmig, 30 bis 50 mm lang, mit 5 Blütenzipfeln, blauviolett bis hellblau; Früchte (Kapseln) steif behaart, hängend

Fortpflanzung: Blüte Juli bis September; zwittrig; Insektenbestäubung; Windausbreitung

Vorkommen: Gebüsche, Wälder, Waldränder

576 a Blüten mindestens 10 mm in der Länge und/oder im Durchmesser 577

b Blüten höchstens 10 mm in der Länge und/oder im Durchmesser 582

577 a Größere Blätter am Stängel höchstens 5 mm breit ▶ *Campanula rotundifolia* (S. 225)

b Größere Blätter breiter als 5 mm 578

578 a Stängel abstehend behaart 579

b Stängel nicht oder nicht abstehend behaart 581

Campanula patula L. Wiesen-Glockenblume

Pflanzenfamilie: Campanulaceae – Glockenblumengewächse

Name: *Campanula* lat. kleine Glocke; *patula* lat. breit ausladend

Merkmale: 25 bis 70 cm hohe, zweijährige Pflanze; Stängel kantig; Blätter länglich, schmal, Blattrand gezähnt; Blüten in einem verzweigten, breit ausladenden Blütenstand, meist aufrecht stehend, trichterförmig, 15 bis 25 mm lang und 20 bis 40 mm im Durchmesser, lilablau; Früchte (Kapseln) unbehaart, aufrecht

Fortpflanzung: Blüte Juni bis August; zwittrig; Insektenbestäubung; Windausbreitung

Vorkommen: Wiesen und Weiden

Campanula rapunculus L. Rapunzel-Glockenblume

Pflanzenfamilie: Campanulaceae – Glockenblumengewächse

Name: *Campanula* lat. kleine Glocke; *rapunculus* lat. kleine Rübe, Rapunzel

Merkmale: 30 bis 90 cm hohe, zweijährige Pflanze; Stängel kantig; Blätter länglich bis schmal, Blattrand fein gezähnt; Blüten in einem langen, schmalen Blütenstand, meist schräg aufrecht stehend, trichterförmig, 15 bis 25 mm lang und im Durchmesser, mit 5 Blütenzipfeln, hell blauviolett; Früchte (Kapseln) unbehaart, aufrecht

Fortpflanzung: Blüte Mai bis Juli; zwittrig; Insektenbestäubung; Windausbreitung

Vorkommen: Trockenwiesen, Böschungen, Waldränder, Wegränder

579 a Größere Blätter mindestens 6-mal so lang wie breit ▶ *Echium vulgare*
b Größere Blätter höchstens 6-mal so lang wie breit **580**

580 a Blattstiel verläuft dem Stängel entlang herab zum nächstunteren Blatt ▶ *Symphytum officinale*
b Blattstiel verläuft nicht dem Stängel entlang ▶ *Pulmonaria obscura*

581 a Staubblätter in der Mitte der Blüte auffällig gelb ▶ *Solanum dulcamara* (S. 29)
b Staubblätter nicht gelb ▶ *Campanula glomerata* (S. 225)

Echium vulgare L. Gewöhnlicher Natternkopf

Pflanzenfamilie: Boraginaceae – Borretsch- oder Raublattgewächse

Name: *Echium* griech. Otter, Viper; *vulgare* lat. gewöhnlich

Merkmale: 30 bis 150 cm hoch; ganze Pflanze borstig behaart; Blätter länglich, schmal, bis 30 cm lang; Blüten in einem bis 50 cm langen Blütenstand, 14 bis 22 mm lang, zuerst rosa, später blau (seltener rötlich), mit 3 längeren und 2 kürzeren Blütenzipfeln und langen Staubblättern; 4 ca. 3 mm lange Früchte (Nüsschen) pro Blüte

Fortpflanzung: Blüte Mai bis Oktober; zwittrig; Insektenbestäubung; Wind- und Tierausbreitung

Vorkommen: Schuttplätze, Wegränder, Kiesgruben

Wissenswertes: Im Verlauf der langen Blütezeit strecken sich die aufgerollten Seitenäste, und ihre Blüten öffnen sich nach und nach. • Die jungen Sprosse können z. B. als Suppenzugabe oder Füllung von Crêpes verwendet werden, die Blüten eignen sich als essbare Dekoration.

Symphytum officinale L. Echte Wallwurz, Gewöhnlicher Beinwell

Pflanzenfamilie: Boraginaceae – Borretsch- oder Raublattgewächse

Name: Beinwell: ahd.; *symphytum* griech. zusammengewachsen; *officinale* lat. für Arzneimittel verwendet

Merkmale: 30 bis 120 cm hoch; ganze Pflanze rau behaart; Blätter oval bis länglich, bis 25 cm lang, Blattstiele dem Stängel entlang herablaufend; Blüten in hängenden Büscheln, 10 bis 20 mm lang, purpurrot bis rotviolett oder gelblich, mit 5 Blütenzipfeln; 4 Früchte (Nüsschen) pro Blüte

Fortpflanzung: Blüte Mai bis August; zwittrig; Insektenbestäubung; Ameisenausbreitung

Vorkommen: Bachufer, Gräben, feuchte Wiesen und Wälder

Wissenswertes: Die fein zerkleinerte, frische oder getrocknete Wurzel wird mit Wasser zu einem Brei verarbeitet und in Form von Umschlägen bei Blutergüssen, Prellungen, Verstauchungen und Zerrungen verwendet. Auch als Salbe im Handel erhältlich. • Die großen Blätter eignen sich zum Füllen oder können fein geschnitten zu Salaten gegeben werden.

582 a Blüten mindestens 5 mm im Durchmesser 583
b Blüten höchstens 5 mm im Durchmesser 584

583 a Kelch mit abstehenden Haaren ▶ *Myosotis sylvatica* ....
b Kelch mit anliegenden Haaren ▶ *Myosotis scorpioides* (S. 230) ....

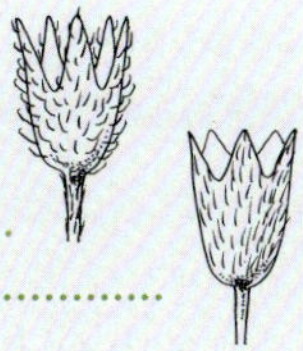

584 a Blätter behaart 585
b Blätter unbehaart ▶ *Polygonum aviculare* (S. 311)

Pulmonaria obscura Dumort. Dunkelgrünes oder Dunkles Lungenkraut

Pflanzenfamilie: Boraginaceae – Borretsch- oder Raublattgewächse

Name: *Pulmonaria* lat. lungenkrank; *obscura* lat. dunkel

Merkmale: 10 bis 30 cm hoch; Stängel kantig, abstehend behaart; Blätter eiförmig bis oval, bis 15 cm lang; Blüten in Büscheln, 8 bis 18 mm lang und 8 bis 13 mm im Durchmesser, zuerst rötlich, nachher violett und blau, mit 5 Blütenzipfeln; 4 Früchte (Nüsschen) pro Blüte

Fortpflanzung: Blüte März bis Mai; zwittrig; Insektenbestäubung; Ameisenausbreitung

Vorkommen: Laubmischwälder

Wissenswertes: Tee aus dem getrockneten Kraut wird bei Bronchialkatarrh getrunken.

Myosotis sylvatica Hoffm. Wald-Vergissmeinnicht

Pflanzenfamilie: Boraginaceae – Borretsch- oder Raublattgewächse

Name: *Myos-* griech. Maus; *-otis* griech. Ohr; *sylvatica* lat. Wald

Merkmale: 15 bis 50 cm hoch; Blätter oval bis länglich, bis 10 cm lang, behaart; Blüten 6 bis 10 mm im Durchmesser, mit 5 blauen Blütenblättern, beim Aufblühen oft rosa; vier bis 1,6 mm lange Früchte (Nüsschen) pro Blüte

Fortpflanzung: Blüte Mai bis Juli; zwittrig; Insektenbestäubung; Tierausbreitung

Vorkommen: Feuchte Wiesen, Wälder

585 a Pflanze höchstens 20 cm hoch ▶ *Myosotis stricta*
b Pflanze 15 bis 80 cm hoch 586

586 a Pflanze ohne Blätter zwischen den einzelnen Blüten ▶ *Myosotis arvensis*
b Pflanze mit Blättern zwischen den einzelnen Blüten ▶ *Buglossoides arvensis* (S. 269)

Myosotis scorpioides L. Sumpf-Vergissmeinnicht

Pflanzenfamilie: Boraginaceae – Borretsch- oder Raublattgewächse

Name: *Myos-* griech. Maus; *-otis* griech. Ohr; *scorpi-* griech. Skorpion; *-oides* griech. artig

Merkmale: 10 bis 80 cm hoch; Blätter oval, bis 10 cm lang, dicht behaart; Blüten 5 bis 8 mm im Durchmesser, mit 5 hellblauen (seltener rötlichen) Blütenblättern; vier 1,3 bis 1,8 mm lange Früchte (Nüsschen) pro Blüte

Fortpflanzung: Blüte Mai bis Juli; zwittrig; Insektenbestäubung; Windausbreitung

Vorkommen: Ufer, Gräben, Moore, nasse Wiesen

Myosotis stricta Roem. & Schult. Sand-Vergissmeinnicht

Pflanzenfamilie: Boraginaceae – Borretsch- oder Raublattgewächse

Name: *Myos-* griech. Maus; *-otis* griech. Ohr; *stricta* lat. straff, steif

Merkmale: 5 bis 20 cm hohe, einjährige Pflanze; ganze Pflanze dicht und grau behaart; Blätter oval bis länglich, bis 3 cm lang; Blüten trichterförmig, 1 bis 2 mm im Durchmesser, mit 5 hellblauen Blütenblättern; vier 0,8 bis 1,5 mm lange Früchte (Nüsschen) pro Blüte

Fortpflanzung: Blüte März bis Mai; zwittrig; Insektenbestäubung; Windausbreitung

Vorkommen: Trockenrasen, Föhren-/Kiefernwälder, Äcker

587 a Blätter gefiedert, d. h., sie sind aus beidseitig vom Mittelnerv stehenden Teilblättern zusammengesetzt **588** ....

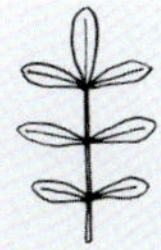

b Blätter nicht gefiedert **589**

588 a Blüten rosa; Pflanze an trockenen Orten wachsend ▶ *Erodium cicutarium*

b Blüten dunkelrot; an nassen Orten ▶ *Potentilla palustris* (S. 232)

Myosotis arvensis Hill **Acker-Vergissmeinnicht**

Pflanzenfamilie: Boraginaceae – Borretsch- oder Raublattgewächse

Name: *Myos-* griech. Maus; *-otis* griech. Ohr; *arvensis* lat. Acker

Merkmale: 15 bis 50 cm hohe, einjährige Pflanze; ganze Pflanze ± dicht und grau behaart; Blätter oval bis länglich, bis 8 cm lang; Blüten trichterförmig, 2 bis 3 mm im Durchmesser, mit 5 hellblauen Blütenblättern; vier 1,5 bis 2 mm lange Früchte (Nüsschen) pro Blüte

Fortpflanzung: Blüte April bis Oktober; zweihäusig; Insektenbestäubung; Tierausbreitung

Vorkommen: Wiesen, Äcker, Wegränder

Erodium cicutarium (L.) L'Hér. Gewöhnlicher Reiherschnabel

Pflanzenfamilie: Geraniaceae – Storchschnabelgewächse

Name: *Erodium* griech. Reiher; *cicutarium* lat. ähnlich dem Schierling *(Cicuta)*

Merkmale: 5 bis 40 cm hohe bzw. lange, ein- oder zweijährige Pflanze; Stängel liegend; Blätter in Teilblätter unterteilt, Rand der Teilblätter gezähnt bis eingeschnitten; Blüten 10 bis 18 mm im Durchmesser, mit 5 rosafarbenen Blütenblättern; Früchte (Kapseln) 30 bis 40 mm lang

Fortpflanzung: Blüte April bis September; zwittrig; Insektenbestäubung; Tier- und Selbstausbreitung

Vorkommen: Äcker, Weinberge, Ödland, Wegränder

Wissenswertes: Die Früchte rollen sich beim Trocknen schraubenförmig ein und können sich in den Boden eindrehen oder sie bleiben an Tierfellen hängen.

589 a Blätter in 3 eingeschnittene Teilblätter unterteilt ▶ *Geranium robertianum*
b Blätter nicht in 3 Teilblätter unterteilt 590

590 a Blätter mindestens bis zur Mitte der Blattfläche eingeschnitten 591
b Blätter weniger tief eingeschnitten 601 (S. 238)

591 a Blüten weniger als 20 mm im Durchmesser 592
b Blüten mindestens 20 mm im Durchmesser 596

Potentilla palustris (L.) Scop., *Comarum palustre* L. Blutauge

Pflanzenfamilie: Rosaceae – Rosengewächse

Name: *Potentilla* unklar; *comarum* griech. Erdbeerbaum (Früchte); *palustris* lat. Sumpf

Merkmale: 15 bis 70 cm hoch; Blätter in 3 bis 7 Teilblätter unterteilt, Rand der Teilblätter gezähnt, Blattunterseite grau- bis blaugrün; Blüte 15 bis 25 mm im Durchmesser, mit 5 dunkelroten, inneren Kelchblättern, dazwischen 5 schmälere und kürzere, dunkelrote Kronblätter (und zu äußerst bzw. zu unterst noch 5 schmale und kurze, äußere Kelchblätter); zahlreiche Früchte (Nüsschen) pro Blüte

Fortpflanzung: Blüte Mai bis Juli; zwittrig; Insektenbestäubung; Tier- und Wasserausbreitung

Vorkommen: Sümpfe, Moore

Wissenswertes: Raupenfutterpflanze des Violetten Silberfalters *(Brenthis ino)*.

Geranium robertianum L. Stinkender Storchschnabel, Ruprechtskraut

Pflanzenfamilie: Geraniaceae – Storchschnabelgewächse

Name: *Geranium* griech. Kranich; *robertianum* Ruprecht, Robert

Merkmale: 10 bis 50 cm hohe, ein- oder zweijährige Pflanze mit eher unangenehmem Geruch; Stängel abstehend behaart und oft rot; Blätter in 3 bis 5 Teilblätter unterteilt, Teilblätter tief eingeschnitten; Blüten 15 bis 25 mm im Durchmesser, mit 5 rosafarbenen bis purpurroten Blütenblättern; Früchte (Kapseln) 16 bis 25 mm lang

Fortpflanzung: Blüte Mai bis Oktober; zwittrig; Insektenbestäubung; Tierausbreitung

Vorkommen: Hecken, Wälder, Waldschläge, Schuttplätze, Felsen, Mauern

Wissenswertes: Bei Fruchtreife lösen sich die 5 Teile der Fruchtwand schlagartig und rollen sich zur Spitze der Frucht hin ein, wobei die Samen herausgeschleudert werden.
• Das blühende, frische oder getrocknete Kraut wird als Tinktur bei Drüsenschwellungen, Hautkrankheiten, Ekzemen und

592 a Größere Blätter fast bis zur Ansatzstelle des Blattstiels eingeschnitten 593

b Größere Blätter eingeschnitten, aber nicht (fast) bis zur Ansatzstelle des Blattstiels 594

593 a Blüten mindestens 12 mm im Durchmesser; Blüten die nächstunteren Blätter deutlich überragend ▶ *Geranium columbinum*

b Blüten höchstens 12 mm im Durchmesser; Blüten die nächstunteren Blätter kaum überragend ▶ *Geranium dissectum*

Insektenstichen aufgetragen, oder es wird als Tee zum Spülen bei Entzündungen der Mundhöhle sowie zum Baden bei schlecht heilenden Wunden und Ausschlägen verwendet.

Geranium columbinum L. Tauben-Storchschnabel

Pflanzenfamilie: Geraniaceae – Storchschnabelgewächse

Name: *Geranium* griech. Kranich; *columbinum* lat. Taube

Merkmale: 15 bis 40 cm hohe, einjährige Pflanze; Blätter gegenständig, bis 5 cm breit, tief in 5 bis 7 Abschnitte unterteilt, Abschnitte eingeschnitten, Enden spitz; Blüten 14 bis 18 mm im Durchmesser, mit 5 leicht eingeschnittenen, purpurroten Blütenblättern; Früchte (Kapseln) 20 bis 25 mm lang

Fortpflanzung: Blüte Juni bis September; zwittrig; Insektenbestäubung; Selbstausbreitung

Vorkommen: Äcker, Wegränder

Wissenswertes: Bei Fruchtreife lösen sich die 5 Teile der Fruchtwand schlagartig und rollen sich gegen die Spitze der Frucht ein, wobei die Samen herausgeschleudert werden.

Geranium dissectum L. Schlitzblättriger Storchschnabel

Pflanzenfamilie: Geraniaceae – Storchschnabelgewächse

Name: *Geranium* griech. Kranich; *dissectum* lat. zerschnitten

Merkmale: 10 bis 40 cm hohe, einjährige Pflanze; Stängel abstehend behaart; Blätter gegenständig, bis 5 cm breit, tief in 5 bis 7 Abschnitte unterteilt, Abschnitte eingeschnitten, Enden spitz; Blüten 8 bis 12 mm im Durchmesser, mit 5 leicht eingeschnittenen, roten Blütenblättern; Früchte (Kapseln) 12 bis 18 mm lang

Fortpflanzung: Blüte Juni bis Oktober; zwittrig; Selbstbestäubung; Selbst- und Tierausbreitung

Vorkommen: Äcker, Wegränder, Schuttplätze

Wissenswertes: Bei Fruchtreife lösen sich die 5 Teile der Fruchtwand schlagartig und rollen sich zur Spitze der Frucht hin ein, wobei die Samen herausgeschleudert werden.

594 a Blüten 5 bis 9 mm im Durchmesser ▶ ***Geranium pusillum***

b Blüten 10 bis 20 mm im Durchmesser 595

595 a Blüten violett, die nächstunteren Blätter deutlich überragend ▶ ***Geranium pyrenaicum***

b Blüten rosa, die nächstunteren Blätter kaum überragend ▶ ***Geranium molle***

Geranium pusillum L.
Kleiner Storchschnabel, Zwerg-Storchschnabel

Pflanzenfamilie: Geraniaceae – Storchschnabelgewächse

Name: *Geranium* griech. Kranich; *pusillum* lat. sehr klein, winzig

Merkmale: 10 bis 30 cm hohe, ein- oder zweijährige Pflanze; Blätter mindestens im unteren Teil des Stängels gegenständig, bis 4 cm breit, in 5 bis 7 Abschnitte unterteilt, Abschnitte eingeschnitten, Enden stumpf; Blüten 5 bis 9 mm im Durchmesser, mit 5 leicht eingeschnittenen, lilafarbenen bis blauvioletten Blütenblättern; Früchte (Kapseln) 8 bis 12 mm lang

Fortpflanzung: Blüte Mai bis September; zwittrig; Insektenbestäubung; Tierausbreitung

Vorkommen: Äcker, Wegränder, Schuttplätze

Wissenswertes: Bei Fruchtreife lösen sich die 5 Teile der Fruchtwand schlagartig und rollen sich zur Spitze der Frucht hin ein, wobei die Samen herausgeschleudert werden.

Geranium pyrenaicum Burm. F.
Pyrenäen-Storchschnabel

Pflanzenfamilie: Geraniaceae – Storchschnabelgewächse

Name: *Geranium* griech. Kranich; *pyrenaicum* lat. Pyrenäen

Merkmale: 20 bis 60 cm hoch; Blätter gegenständig, bis 7 cm breit, in 5 bis 9 Abschnitte unterteilt, Abschnitte eingeschnitten und/oder mit gezähntem Rand; Blüten 15 bis 20 mm im Durchmesser, mit 5 eingeschnittenen, violetten Blütenblättern; Früchte (Kapseln) 14 bis 20 mm lang

Fortpflanzung: Blüte Mai bis August; zwittrig; Insektenbestäubung; Tierausbreitung

Vorkommen: Wiesen, Gebüsche, Wegränder, Schuttplätze

Wissenswertes: Bei Fruchtreife lösen sich die 5 Teile der Fruchtwand schlagartig und rollen sich zur Spitze der Frucht hin ein, wobei die Samen herausgeschleudert werden.

596 a Blütenblätter an der Spitze eingeschnitten 599

b Blütenblätter an der Spitze nicht eingeschnitten 597

597 a Blütenstände meistens mit 2 Blüten ▶ *Geranium palustre*

b Blütenstände meist mit mehr als 2 Blüten 598

Geranium molle L. Weicher Storchschnabel

Pflanzenfamilie: Geraniaceae – Storchschnabelgewächse

Name: *Geranium* griech. Kranich; *molle* lat. weich

Merkmale: 10 bis 30 cm hohe, ein- oder zweijährige Pflanze; ganze Pflanze behaart; Blätter am Stängel meist wechselständig, bis 4 cm breit, in 5 bis 9 Abschnitte unterteilt, Enden stumpf, Abschnitte eingeschnitten; Blüten 10 bis 15 mm im Durchmesser, mit 5 eingeschnittenen, rosafarbenen Blütenblättern; Früchte (Kapseln) 8 bis 20 mm lang

Fortpflanzung: Blüte Mai bis September; zwittrig; Insektenbestäubung; Selbst- und Tierausbreitung

Vorkommen: Äcker, Wegränder, Schuttplätze

Wissenswertes: Bei Fruchtreife lösen sich die 5 Teile der Fruchtwand schlagartig und rollen sich zur Spitze der Frucht hin ein, wobei die Samen herausgeschleudert werden.

Geranium palustre L. Sumpf-Storchschnabel

Pflanzenfamilie: Geraniaceae – Storchschnabelgewächse

Name: *Geranium* griech. Kranich; *palustre* lat. Sumpf

Merkmale: 30 bis 80 cm hoch; Blätter gegenständig, bis 12 cm breit, in 5 bis 7 Abschnitte unterteilt, Abschnitte eingeschnitten und/oder mit gezähntem Rand; Blüten 25 bis 35 mm im Durchmesser, mit 5 rotvioletten Blütenblättern; Früchte (Kapseln) 20 bis 25 mm lang

Fortpflanzung: Blüte Juni bis Oktober; zwittrig; Insektenbestäubung; Selbstausbreitung

Vorkommen: Bachufer, Röhrichte, Gräben, Sümpfe

Wissenswertes: Bei Fruchtreife lösen sich die 5 Teile der Fruchtwand schlagartig und rollen sich zur Spitze der Frucht hin ein, wobei die Samen herausgeschleudert werden.
• Raupenfutterpflanze des Schwarzbraunen Bläulings *(Eumedonia eumedon).*

598 a Größere Blätter bis etwa zur Mitte der Blattfläche eingeschnitten; Blüten rotviolett ▶ ***Geranium sylvaticum***

b Größere Blätter fast bis zur Ansatzstelle des Blattstiels eingeschnitten; Blüten blauviolett ▶ ***Geranium pratense***

Geranium sylvaticum L. Wald-Storchschnabel

Pflanzenfamilie: Geraniaceae – Storchschnabelgewächse

Name: *Geranium* griech. Kranich; *sylvaticum* lat. Wald

Merkmale: 30 bis 60 cm hoch; Blätter mindestens im oberen Teil des Stängels gegenständig, bis 15 cm breit, in 5 bis 7 Abschnitte unterteilt, Abschnitte eingeschnitten und/oder mit gezähntem Rand; Blüten 20 bis 33 mm im Durchmesser, mit 5 rotvioletten Blütenblättern; Früchte (Kapseln) 25 bis 35 mm lang

Fortpflanzung: Blüte Juni bis Juli; zwittrig; Insektenbestäubung; Selbst- und Tierausbreitung

Vorkommen: Wiesen, Weiden, Wälder

Wissenswertes: Bei Fruchtreife lösen sich die 5 Teile der Fruchtwand schlagartig und rollen sich zur Spitze der Frucht hin ein, wobei die Samen herausgeschleudert werden. • Raupenfutterpflanze des Schwarzbraunen Bläulings *(Eumedonia eumedon)*.

Geranium pratense L. Wiesen-Storchschnabel

Pflanzenfamilie: Geraniaceae – Storchschnabelgewächse

Name: *Geranium* griech. Kranich; *pratense* lat. Wiese

Merkmale: 30 bis 80 cm hoch; Blätter mindestens im oberen Teil des Stängels gegenständig, bis 20 cm breit, in 5 bis 7 Abschnitte unterteilt, Abschnitte eingeschnitten und/oder mit gezähntem Rand; Blüten 25 bis 40 mm im Durchmesser, mit 5 blauvioletten Blütenblättern; Früchte (Kapseln) 25 bis 35 mm lang

Fortpflanzung: Blüte Juni bis Juli; zwittrig; Insektenbestäubung; Selbst- und Tierausbreitung

Vorkommen: Wiesen

Wissenswertes: Bei Fruchtreife lösen sich die 5 Teile der Fruchtwand schlagartig und rollen sich gegen die Spitze der Frucht ein, wobei die Samen herausgeschleudert werden. • Bei vielen Pflanzenarten sind die männlichen Blütenteile vor den weiblichen reif, was die Selbstbestäubung zu verhindern hilft. So strecken sich beim Wiesen-Storchschnabel zunächst die zehn Staubblätter und der Pollen wird freigegeben, erst danach entfaltet sich die fünfteilige Narbe.

599 a Pflanze ± aufrecht wachsend; obere Blätter bis über die Mitte der Blattfläche eingeschnitten 600

b Pflanze (teilweise) liegend; obere Blätter kaum bis zur Mitte eingeschnitten 601

600 a Unterste Blätter etwa bis zur Mitte der Blattfläche eingeschnitten ▶ *Malva moschata*

b Unterste Blätter kaum bis zur Mitte eingeschnitten ▶ *Malva alcea*

Malva moschata L. Bisam- oder Moschus-Malve

Pflanzenfamilie: Malvaceae – Malvengewächse

Name: Malve: von *Malva*; *malva* unklar; *moschata* lat. moschusartig

Merkmale: 40 bis 100 cm hoch; unterste Blätter deutlich eingeschnitten, oberste Blätter tief in 3 bis 7 Abschnitte unterteilt, Abschnitte tief eingeschnitten; Blüten 40 bis 60 mm im Durchmesser, mit 5 eingeschnittenen, rosafarbenen Blütenblättern, zahlreiche säulenförmig verwachsene Staubblätter; zahlreiche kreisförmig angeordnete Früchte (Nüsschen) pro Blüte

Fortpflanzung: Blüte Juli bis September; zwittrig; Insektenbestäubung; Wind- und Tierausbreitung

Vorkommen: Trockenrasen, Böschungen, Äcker, Weinberge, Ödland, Wegränder

Malva alcea L. Sigmarswurz, Spitzblatt-Malve

Pflanzenfamilie: Malvaceae – Malvengewächse

Name: Malve: von *Malva*; *malva* unklar; *alcea* griech. Stärke, Kraft

Merkmale: 40 bis 100 cm hoch; unterste Blätter rundlich, kaum eingeschnitten, oberste Blätter tief in 3 bis 7 Abschnitte unterteilt, Abschnitte eingeschnitten; Blüten 40 bis 75 mm im Durchmesser, mit eingeschnittenen Blütenblättern, rosa, rot oder lila, zahlreiche säulenförmig verwachsene Staubblätter; zahlreiche kreisförmig angeordnete Früchte (Nüsschen) pro Blüte

Fortpflanzung: Blüte Juli bis September; zwittrig; Insektenbestäubung; Wind- und Tierausbreitung

Vorkommen: Böschungen, Äcker, Weinberge, Ödland, Wegränder

Wissenswertes: Gelbe, orangefarbene bis braune Pusteln auf der Blattunterseite sind die Sporangien des Malvenrosts *(Puccinia malvacearum)*, eines Ständerpilzes, der als Parasit vornehmlich auf Malven-Arten lebt.

601 a Blüten mindestens 35 mm im Durchmesser ▶ *Malva sylvestris*
b Blüten höchstens 25 mm im Durchmesser ▶ *Malva neglecta*

602 a Größere Blätter eingeschnitten oder in Teilblätter unterteilt 626 (S. 249)
b Größere Blätter nicht eingeschnitten oder unterteilt 603

Malva sylvestris L. Wilde Malve

Pflanzenfamilie: Malvaceae – Malvengewächse

Name: Malve: von *Malva*; *malva* unklar; *sylvestris* lat. wild wachsend

Merkmale: 30 bis 120 cm hoch bzw. lang; Stängel teilweise liegend; unterste Blätter rundlich, nicht oder nur wenig eingeschnitten, oberste Blätter in 3 bis 7 Abschnitte unterteilt, Blattrand gezähnt; Blüten 35 bis 55 mm im Durchmesser, mit 5 eingeschnittenen, rosafarbenen bis rotvioletten Blütenblättern, zahlreiche säulenförmig verwachsene Staubblätter; zahlreiche kreisförmig angeordnete Früchte (Nüsschen) pro Blüte

Fortpflanzung: Blüte Juli bis September; zwittrig; Insektenbestäubung; Windausbreitung

Vorkommen: Ödland, Wegränder

Wissenswertes: Tee aus den getrockneten Blättern und Blüten wird bei Husten und Bronchialerkrankungen getrunken oder zum Gurgeln bei Entzündungen im Mund- und Rachenraum verwendet. Ein Absud der Blätter wird in Form von Umschlägen bei Entzündungen und Geschwüren eingesetzt.

Malva neglecta Wallr. Kleine Malve, Weg-Malve

Pflanzenfamilie: Malvaceae – Malvengewächse

Name: Malve: von *Malva*; *malva* unklar; *neglecta* lat. vernachlässigt, unbeachtet

Merkmale: 10 bis 40 cm lang; Stängel liegend; Blätter rundlich, kaum eingeschnitten, Blattrand gezähnt; Blüten 12 bis 25 mm im Durchmesser, mit 5 eingeschnittenen, rosafarbenen bis fast weißen Blütenblättern, zahlreiche säulenförmig verwachsene Staubblätter; zahlreiche kreisförmig angeordnete Früchte (Nüsschen) pro Blüte

Fortpflanzung: Blüte Juli bis September; zwittrig; Insektenbestäubung; Tierausbreitung

Vorkommen: Wegränder, Schuttplätze

Wissenswertes: Tee aus den getrockneten Blättern wird bei Husten und Bronchialerkrankungen getrunken oder zum Gurgeln bei Entzündungen im Mund- und Rachenraum verwendet. Ein Absud der Blätter wird in Form von Umschlägen bei Entzündungen und Geschwüren eingesetzt.

603 a Stängel ohne Blätter, d.h., alle Blätter stehen an der Basis des Stängels 604

b Stängel beblättert 605

604 a Blüten hellgelb ▶ *Primula elatior*

b Blüten goldgelb, innen orange ▶ *Primula veris*

Primula elatior (L.) L.
Wald-Schlüsselblume, Hohe Primel

Pflanzenfamilie: Primulaceae – Schlüsselblumen- oder Primelgewächse

Name: *Primula* lat. Erste; *elatior* lat. höher, erhabener

Merkmale: 10 bis 30 cm hoch; Blätter oval, bis 20 cm lang, Blattoberseite durch die eingesenkten Blattnerven runzlig, Blattrand gezähnt; Blüten in einem Büschel, 12 bis 20 mm im Durchmesser, mit 5 leicht eingeschnittenen Blütenzipfeln, hellgelb; Früchte (Kapseln) 10 bis 15 mm lang

Fortpflanzung: Blüte März bis Mai; zwittrig; Insektenbestäubung; Wind- und Tierausbreitung

Vorkommen: Bachufer, schattige Wiesen, Gebüsch, Laubwälder

Wissenswertes: Tee aus dem getrockneten und fein geschnittenen Wurzelstock wirkt lösend bei Bronchialkatarrh und leicht harntreibend. Tee aus den getrockneten Blüten wird bei Husten und Erkältungskrankheiten mit zähflüssigem Schleim getrunken.

Primula veris L.
Frühlings-Schlüsselblume, Wiesen-Primel

Pflanzenfamilie: Primulaceae – Schlüsselblumen- oder Primelgewächse

Name: *Primula* lat. Erste; *veris* lat. Frühling

Merkmale: 5 bis 25 cm hoch; Blätter oval, bis 20 cm lang, Blattoberseite durch die eingesenkten Blattnerven runzlig, Blattrand gezähnt; Blüten in einem Büschel, 6 bis 15 mm im Durchmesser, mit 5 leicht eingeschnittenen Blütenzipfeln, goldgelb, im Zentrum oft orange, duftend; Früchte (Kapseln) 5 bis 10 mm lang

Fortpflanzung: Blüte April bis Mai; zwittrig; Insektenbestäubung; Wind- und Tierausbreitung

Vorkommen: Trockene und feuchte Magerwiesen, Gebüsche

Wissenswertes: Tee aus dem getrockneten und fein geschnittenen Wurzelstock wirkt lösend bei Bronchialkatarrh und leicht harntreibend. Tee aus den getrockneten Blüten wird bei Husten und Erkältungskrankheiten mit zähflüssigem Schleim getrunken.

605 a Blüten grünlich 606

b Blüten gelb oder weißlich gelb 607

606 a Größere Blätter bis 1,5 cm lang, fast nadelförmig ▶ *Scleranthus annuus*

b Blätter höchstens 0,8 cm lang, oval bis länglich ▶ *Herniaria glabra*

Scleranthus annuus L. Einjähriger Knäuel

Pflanzenfamilie: Caryophyllaceae – Nelkengewächse

Name: *Scler-* griech. hart, trocken; *-anthus* griech. Blüte; *annuus* lat. einjährig

Merkmale: 3 bis 20 cm hohe, ein- oder zweijährige Pflanze; Stängel teilweise liegend; Blätter gegenständig, fast nadelförmig, bis 1,5 cm lang; Blüten in Büscheln, 3 bis 5 mm im Durchmesser, grünlich, mit 5 Zipfeln (Kelchzipfel); Früchte (Nüsschen) 3 bis 5 mm lang

Fortpflanzung: Blütezeit April bis Oktober; zwittrig; Fliegenbestäubung; Wind- und Tierausbreitung

Vorkommen: Äcker, Wegränder

Herniaria glabra L. Kahles Bruchkraut

Pflanzenfamilie: Caryophyllaceae – Nelkengewächse

Name: *Herniaria* lat. Leistenbruch (Hernie); *glabra* lat. glatt, kahl

Merkmale: 5 bis 15 cm lange, ein- oder zweijährige Pflanze; Stängel flach auf dem Boden liegend; Blätter mindestens im unteren Teil des Stängels gegenständig, oval bis länglich, bis 0,8 cm lang; Blüten mit fünf 0,5 mm langen, grünlichen Blütenblättern (Kelchblätter); Früchte (Nüsschen) ca. 1 mm lang

Fortpflanzung: Blüte Juni bis August; zwittrig; Insektenbestäubung; Wind- und Tierausbreitung

Vorkommen: Ufer, Wegränder, Bahnareale

Wissenswertes: Die Pflanze ist sehr trittfest. • Das getrocknete, blühende Kraut wird (meist als Bestandteil von Kräutermischungen) als Tee bei Blasenentzündungen getrunken.

607 a Blätter dick, im Querschnitt rund oder halbrund **608**

b Blätter «normal», flach **609**

608 a Blätter im Querschnitt rund, überall etwa gleich breit ▶ *Sedum sexangulare*

b Blätter im Querschnitt halbrund (Oberseite flach, Unterseite gewölbt), an der Basis breiter als an der Spitze ▶ *Sedum acre*

Sedum sexangulare L. Milder Mauerpfeffer

Pflanzenfamilie: Crassulaceae – Dickblattgewächse

Name: *Sedum* unklar; *sex-* lat. sechs; *-angulare* lat. eckig

Merkmale: 3 bis 15 cm hoch; ganze Pflanze unbehaart; auch nichtblühende Stängel; Blätter im Querschnitt rundlich, ca. 1 mm im Durchmesser und bis 0,6 cm lang, Blätter am Stängel oft in 6 regelmäßigen Längsreihen angeordnet; Blüten 5 bis 15 mm im Durchmesser, mit 5 gelben Blütenblättern; 5 längliche Früchte (Balgfrüchte) pro Blüte

Fortpflanzung: Blüte Juni bis August; zwittrig; Insektenbestäubung; Windausbreitung

Vorkommen: Trockenrasen, Kiesflächen, Mauern

Wissenswertes: Die fleischigen Blätter dienen der Wasserspeicherung (Blattsukkulente). • Die trockenen Fruchtwände öffnen sich bei Benetzung und geben die Samen frei.

Sedum acre L. Scharfer Mauerpfeffer

Pflanzenfamilie: Crassulaceae – Dickblattgewächse

Name: *Sedum* unklar; *acre* lat. scharf

Merkmale: 3 bis 15 cm hoch; ganze Pflanze unbehaart; auch nichtblühende Stängel; Blätter bis 5 mm lang und bis 4 mm breit, Blattunterseite gewölbt, Oberseite flach; Blüten 10 bis 16 mm im Durchmesser, mit 5 gelben Blütenblättern; 5 längliche Früchte (Balgfrüchte) pro Blüte

Fortpflanzung: Blüte Juni bis Juli; zwittrig; Insektenbestäubung; Wind- und Wasserausbreitung

Vorkommen: Trockenrasen, Kiesflächen, Felsen, Mauern

Wissenswertes: Die fleischigen Blätter dienen der Wasserspeicherung (Blattsukkulente). • Die trockenen Fruchtwände öffnen sich bei Benetzung und geben die Samen frei. • Die ganze Pflanze ist giftig. Vergiftungssymptome sind u.a. starke Reizungen im Mund, Erbrechen, Krämpfe, Lähmungen. • Früher wurde das zerstoßene Kraut zur Heilung von schlecht heilenden Wunden aufgelegt.

609 a Blätter quirlständig, d.h., 3 oder 4 Blätter stehen auf gleicher Höhe am Stängel (Quirl) ▶ *Lysimachia vulgaris*

b Blätter nicht quirlständig 610

610 a Blätter gegenständig; d.h., sie stehen sich am Stängel auf gleicher Höhe gegenüber 611 ...

b Blätter wechselständig, d.h., sie stehen sich nicht gegenüber 620 (S. 246) ....

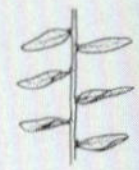

611 a Größere Blätter über 10 cm lang; Blüten weißlich gelb oder cremefarben ▶ *Vincetoxicum hirundinaria* (S. 267)

b Blätter höchstens 6 cm lang; Blüten hellgelb bis goldgelb 612

Lysimachia vulgaris L. Gewöhnlicher Gilbweiderich

Pflanzenfamilie: Primulaceae – Schlüsselblumen- oder Primelgewächse

Name: Weiderich: Blätter ähnlich derjenigen der Weiden; *lysi-* griech. Lösung; *-machia* griech. Kampf; *vulgaris* lat. gewöhnlich

Merkmale: 40 bis 120 cm hoch; Blätter zu 3 bis 4 in Quirlen oder gegenständig, eiförmig bis oval, bis 15 cm lang; Blüten in einem kegelförmigen Blütenstand, 15 bis 25 mm im Durchmesser, mit 5 gelben Blütenblättern; Früchte (Kapseln) bis 5 mm lang

Fortpflanzung: Blüte Juni bis August; zwittrig; Insektenbestäubung; Wind- und Tierausbreitung

Vorkommen: Ufer, Gräben, Moore, feuchte Wiesen, Auenwälder

Wissenswertes: Die Blüten werden insbesondere von einer Wildbienenart, der Sumpf-Schenkelbiene *(Macropis europaea)*, besucht. Diese nimmt ein Öl auf, das an der Basis der Staubblätter austritt und vermischt mit Pollen den Bienenlarven als Nahrung dient.

Lysimachia nummularia L. Pfennigkraut, Pfennig-Gilbweiderich

Pflanzenfamilie: Primulaceae – Schlüsselblumen- oder Primelgewächse

Name: Weiderich: Blätter ähnlich derjenigen der Weiden; *lysi-* griech. Lösung; *-machia* griech. Kampf; *nummularia* lat. münzenartig

Merkmale: 10 bis 50 cm lang; Stängel liegend; Blätter gegenständig, rundlich bis oval, bis 3 cm lang; Blüten paarweise in der Mitte des Stängels, 10 bis 25 mm im Durchmesser, mit 5 gelben Blütenblättern; Früchte (Kapseln) kugelig, 4 bis 5 mm im Durchmesser

Fortpflanzung: Blüte Juni bis Juli; zwittrig; Insektenbestäubung; Selbstausbreitung

612 a Blüten mit 5 Staubblättern (vgl. S. 388) **613**
b Blüten mit zahlreichen (mehr als 10) Staubblättern **614**

613 a Pflanze über den Boden wachsend; Blütenblätter mindestens 9 mm lang
▶ *Lysimachia nummularia*
b Stängel mit Blüten aufrecht stehend; Blütenblätter höchstens 8 mm lang
▶ *Lysimachia nemorum*

614 a Stängel dünn, liegend, nur die Enden mit den Blüten aufrecht stehend
▶ *Hypericum humifusum*
b Stängel kräftig, ± aufrecht stehend **615**

Vorkommen: Gräben, feuchte Wiesen und Weiden, Auenwälder, Waldränder

Wissenswertes: Die Blüten werden insbesondere von einer Wildbienenart, der Wald-Schenkelbiene *(Macropis labiata)*, besucht. Diese nimmt ein Öl auf, das an der Basis der Staubblätter austritt und vermischt mit Pollen den Bienenlarven als Nahrung dient.

Lysimachia nemorum L. Hain-Gilbweiderich

Pflanzenfamilie: Primulaceae – Schlüsselblumen- oder Primelgewächse

Name: Weiderich: Blätter ähnlich derjenigen der Weiden; *lysi-* griech. Lösung; *-machia* griech. Kampf; *nemorum* lat. Hain, Wald

Merkmale: 5 bis 40 cm hoch bzw. lang; Stängel teilweise liegend; Blätter gegenständig, eiförmig bis oval, bis 3 cm lang; Blüten 8 bis 15 mm im Durchmesser, mit 5 gelben Blütenblättern; Früchte (Kapseln) 3 bis 4 mm lang

Fortpflanzung: Blüte Mai bis Juli; zwittrig; Insektenbestäubung; Selbstausbreitung

Vorkommen: Gebüsche, feuchte Waldstellen, Waldwege

Hypericum humifusum L. Niederliegendes Johanniskraut, Liegendes Hartheu

Pflanzenfamilie: Hypericaceae – Johanniskrautgewächse

Name: *Hyp-* griech. unterhalb; *-ericum* Heidekrautgewächs; *humi-* lat. Boden, Erde; *-fusum* lat. hingegossen

Merkmale: 5 bis 20 cm lang; Stängel liegend, dünn; Blätter gegenständig, oval bis länglich, bis 1,5 cm lang, dicht behaart; Blüten 8 bis 15 mm im Durchmesser, mit 5 gelben Blütenblättern; Früchte (Kapseln) oval, dreiteilig

Fortpflanzung: Blüte Juni bis August; zwittrig; Insektenbestäubung; Windausbreitung

Vorkommen: Auf unbewachsener Erde; lichte Waldstellen, Äcker, Wegränder

615 a Stängel mindestens im oberen Teil behaart 616
b Stängel (fast) unbehaart 617

616 a Pflanze höchstens 40 cm hoch; Blütenblätter zerknittert
▶ ***Helianthemum nummularium***
b Pflanze meistens höher als 40 cm; Blütenblätter nicht zerknittert ▶ ***Hypericum hirsutum***

Helianthemum nummularium (L.) Mill.
Gewöhnliches Sonnenröschen

Pflanzenfamilie: Cistaceae – Zistrosengewächse

Name: *Heli-* griech. Sonne; *-anthemum* griech. Blume; *nummularium* lat. münzenartig

Merkmale: 10 bis 40 cm hoch bzw. lang; Stängel teilweise liegend; Blätter oval bis länglich, bis 4 cm lang; Blüten 15 bis 25 mm im Durchmesser, mit 5 gelben Blütenblättern und zahlreichen gelben Staubblättern; Früchte (Kapseln) mit mehreren Samen

Fortpflanzung: Blüte Mai bis Oktober; zwittrig; Insektenbestäubung; Tierausbreitung

Vorkommen: Trockenwiesen, Gebüsche

Wissenswertes: Pflanze zuunterst verholzt. Die Blüten öffnen sich nur bei hohen Temperaturen für einen Tag.
• Raupenfutterpflanze von Geißklee-Bläuling *(Plebejus argus)* und Brombeer-Zipfelfalter *(Callophrys rubi)*.

Hypericum hirsutum L.
Behaartes Johanniskraut, Behaartes Hartheu

Pflanzenfamilie: Hypericaceae – Johanniskrautgewächse

Name: *Hyp-* griech. unterhalb; *-ericum* Heidekrautgewächs; *hirsutum* lat. rauhaarig

Merkmale: 40 bis 100 cm hoch; Stängel dicht abstehend behaart; Blätter gegenständig, oval, bis 6 cm lang, dicht behaart; Blüten 13 bis 23 mm im Durchmesser, mit 5 gelben Blütenblättern und zahlreichen gelben Staubblättern; Früchte (Kapseln) oval, dreiteilig

Fortpflanzung: Blüte Juni bis August; zwittrig; Insektenbestäubung; Windausbreitung

Vorkommen: Gebüsche, lichte Wälder

Wissenswertes: Der Name «Johanniskraut» leitet sich möglicherweise vom Blühbeginn um den 24. Juni (Johannistag) ab.

617 a Stängel im Querschnitt rundlich oder zweikantig 618

b Stängel im Querschnitt vierkantig 619

618 a Stängel mit 2 längsverlaufenden Kanten oder Linien ▶ *Hypericum perforatum*

b Stängel ohne Kanten oder Linien ▶ *Hypericum montanum*

Hypericum perforatum L.
Echtes Johanniskraut, Tüpfel-Hartheu

Pflanzenfamilie: Hypericaceae – Johanniskrautgewächse

Name: *Hyp-* griech. unterhalb; *-ericum* Heidekrautgewächs; *perforatum* lat. durchlöchert

Merkmale: 30 bis 100 cm hoch; Stängel mit 2 Kanten; Blätter gegenständig, oval bis länglich, bis 2 cm lang; Blüten 20 bis 25 mm im Durchmesser, mit 5 gelben Blütenblättern, Rand der Blütenblätter oft auf einer Seite gezähnt, zahlreiche gelbe Staubblätter; Früchte (Kapseln) oval, dreiteilig

Fortpflanzung: Blüte Juni bis September; zwittrig; Insektenbestäubung; Tierausbreitung

Vorkommen: Trockenrasen, Böschungen, Gebüsche, Waldlichtungen, Waldränder

Wissenswertes: Die ganze Pflanze wird im Herbst hart und bleibt stehen, was die Qualität des Heus vermindert, daher der Name Hartheu. • Bei den im Gegenlicht durchscheinenden Punkten auf den Blättern handelt es sich um mit ätherischen Ölen gefüllte Zellzwischenräume (Ölbehälter). • Die Blüten enthalten den roten Farbstoff Hypericin. • Die frischen Blüten werden als Öl bei Gelenkschmerzen und leichten Verbrennungen (Sonnenbrand) eingerieben. Tee aus dem getrockneten Kraut oder Fertigpräparate helfen bei depressiven Verstimmungen.

Hypericum montanum L.
Berg-Johanniskraut, Berg-Hartheu

Pflanzenfamilie: Hypericaceae – Johanniskrautgewächse

Name: *Hyp-* griech. unterhalb; *-ericum* Heidekrautgewächs; *montanum* lat. Berg

Merkmale: 30 bis 80 cm hoch; Blätter gegenständig, oval bis länglich, bis 6 cm lang; Blüten 13 bis 23 mm im Durchmesser, mit 5 gelben Blütenblättern und zahlreichen gelben Staubblättern; Früchte (Kapseln) oval, dreiteilig

Fortpflanzung: Blüte Juni bis Juli; zwittrig; Insektenbestäubung; Windausbreitung

Vorkommen: (Laub)Wälder

Wissenswertes: Der Name «Johanniskraut», leitet sich möglicherweise vom Blühbeginn um den 24. Juni (Johannistag) ab.

619 a Kanten mit abstehenden, beweglichen Streifen (geflügelt) ▶ ***Hypericum tetrapterum*** ....

b Kanten nicht geflügelt ▶ ***Hypericum maculatum***

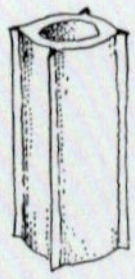

620 a Größere Blätter rundlich ▶ ***Caltha palustris***

b Größere Blätter schmal, länglich oder oval **621**▶

Hypericum tetrapterum Fr.
Vierflügeliges Johanniskraut, Flügel-Hartheu

Pflanzenfamilie: Hypericaceae – Johanniskrautgewächse

Name: *Hyp-* griech. unterhalb; *-ericum* Heidekrautgewächs; *tetra-* griech. vier; *-pterum* griech. Flügel

Merkmale: 30 bis 70 cm hoch; Stängel im Querschnitt vierkantig, mit längsverlaufenden, abstehenden Streifen auf den Kanten (geflügelt); Blätter gegenständig, oval, bis 4 cm lang; Blüten 10 bis 18 mm im Durchmesser, mit 5 gelben Blütenblättern und zahlreichen gelben Staubblättern; Früchte (Kapseln) dreiteilig

Fortpflanzung: Blüte Juli bis August; zwittrig; Insektenbestäubung; Wind- und Tierausbreitung

Vorkommen: Bachufer, Gräben, Moore

Wissenswertes: Der Name «Johanniskraut» leitet sich möglicherweise vom Blühbeginn um den 24. Juni (Johannistag) ab.

Hypericum maculatum Crantz
Geflecktes Johanniskraut, Kanten-Hartheu

Pflanzenfamilie: Hypericaceae – Johanniskrautgewächse

Name: *Hyp-* griech. unterhalb; *-ericum* Heidekrautgewächs; *maculatum* lat. gefleckt

Merkmale: 20 bis 60 cm hoch; Stängel vierkantig; Blätter gegenständig, oval, bis 4 cm lang; Blüten 13 bis 23 mm im Durchmesser, mit 5 gelben Blütenblättern und zahlreichen gelben Staubblättern; Früchte (Kapseln) dreiteilig

Fortpflanzung: Blüte Juni bis August; zwittrig; Insektenbestäubung; Wind- und Tierausbreitung

Vorkommen: Wiesen, Rasen, Waldlichtungen

Wissenswertes: Die ganze Pflanze wird im Herbst hart und bleibt stehen, was die Qualität des Heus vermindert, daher der Name «Hartheu».

621 a Blüten in ± hängenden Büscheln ▶ *Symphytum officinale* (S. 228)
b Blüten nicht hängend 622

622 a Blüten einzeln an langen Stielen ▶ *Ranunculus flammula*
b Blüten in langen Blütenständen 623

Caltha palustris L. Sumpf-Dotterblume

Pflanzenfamilie: Ranunculaceae – Hahnenfußgewächse

Name: *Caltha* indogerm. gelb; *palustris* lat. Sumpf

Merkmale: 15 bis 60 cm hoch; Stängel manchmal liegend; Blätter rundlich, bis 15 cm im Durchmesser, glänzend, Blattrand gezähnt; Blüten 25 bis 40 mm im Durchmesser, mit (meist) 5 dunkelgelben Blütenblättern und zahlreichen gelben Staubblättern; 3 bis 8 Früchte (Balgfrüchte) pro Blüte

Fortpflanzung: Blüte März bis Mai; zwittrig; Insektenbestäubung; Wasserausbreitung

Vorkommen: Bachufer, Moore, feuchte Wiesen und Weiden, feuchte Waldstellen

Wissenswertes: Die ganze Pflanze ist giftig. Vergiftungssymptome sind u. a. Erbrechen, Entzündungen des Verdauungstraktes, Schwindel.

Ranunculus flammula L. Kleiner Sumpf-Hahnenfuß, Brennender Hahnenfuß

Pflanzenfamilie: Ranunculaceae – Hahnenfußgewächse

Name: *Ranunculus* lat. Fröschchen; *flammula* lat. kleine Flamme

Merkmale: 10 bis 70 cm hoch bzw. lang; Stängel teilweise liegend; Blätter oval bis länglich, schmal; Blüten 8 bis 20 mm im Durchmesser, mit 5 gelben Blütenblättern; zahlreiche rundliche Früchte (Nüsschen) pro Blüte

Fortpflanzung: Blüte Juni bis August; zwittrig; Insektenbestäubung; Tierausbreitung

Vorkommen: Gräben, Moore, Sumpfwiesen

Wissenswertes: Giftig.

623 a Stängel an den Kanten mit längsverlaufenden, abstehenden Streifen (geflügelt) **624** ....
b Stängel nicht geflügelt **625**

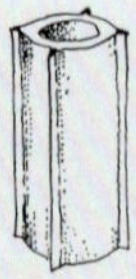

624 a Blüten höchstens 25 mm im Durchmesser ▶ ***Verbascum thapsus***
b Blüten mindestens 30 mm im Durchmesser ▶ ***Verbascum densiflorum***

Verbascum thapsus L. Kleinblütige Königskerze

Pflanzenfamilie: Scrophulariaceae – Braunwurzgewächse

Name: *Verbascum* lat. Name der Gattung; *thapsus* unklar

Merkmale: 30 bis 200 cm hohe, zweijährige Pflanze; Stängel an den Kanten mit längsverlaufenden, abstehenden Streifen (geflügelt), dicht behaart; Blätter oval bis länglich, untere bis 50 cm lang, behaart; Blüten in einem langen Blütenstand, 12 bis 20 mm im Durchmesser, mit 5 gelben Blütenblättern und gelblichen Staubblättern; Früchte (Kapseln) eiförmig, 7 bis 10 mm lang

Fortpflanzung: Blüte Juni bis September; zwittrig; Insektenbestäubung; Windausbreitung

Vorkommen: Böschungen, Waldschläge, Wegränder, steinige Orte

Verbascum densiflorum Bertol. Großblütige Königskerze

Pflanzenfamilie: Scrophulariaceae – Braunwurzgewächse

Name: *Verbascum* lat. Name der Gattung; *densi-* lat. dicht; *-florum* lat. blütig

Merkmale: 30 bis 200 cm hohe, zweijährige Pflanze; Stängel an den Kanten mit längsverlaufenden, abstehenden Streifen (geflügelt), dicht behaart; Blätter oval bis länglich, untere bis 40 cm lang, behaart, Blattrand gezähnt; Blüten in einem langen Blütenstand, 30 bis 50 mm im Durchmesser, mit 5 gelben Blütenblättern und gelblichen Staubblättern; Früchte (Kapseln) eiförmig, 5 bis 8 mm lang

Fortpflanzung: Blüte Juni bis September; zwittrig; Insektenbestäubung; Windausbreitung

Vorkommen: Waldschläge, Wegränder, Kiesgruben, steinige Orte

Wissenswertes: Tee aus getrockneten Blütenkronen wird bei Husten getrunken und zum Spülen bei Entzündungen der Mund- und Rachenhöhle angewendet.

625 a Blattunterseite dicht behaart, hellgrau bis weiß ▶ *Verbascum lychnitis*

b Blattunterseite behaart, graugrün ▶ *Verbascum nigrum*

626 a Blätter in 3 Teilblätter unterteilt, Rand der Teilblätter nicht gezähnt 627

b Blätter anders gestaltet 628

Verbascum lychnitis L.
Lampen-Königskerze, Mehlige Königskerze

Pflanzenfamilie: Scrophulariaceae – Braunwurzgewächse

Name: *Verbascum* lat. Name der Gattung; *lychnitis* griech. Lampe, Leuchte

Merkmale: 50 bis 150 cm hohe, zweijährige Pflanze; ganze Pflanze hellgrau bis weiß behaart; Stängel kantig; Blätter oval bis länglich, untere bis 30 cm lang, Blattunterseite dicht hellgrau bis weiß behaart; Blüten in einem langen Blütenstand, 12 bis 22 mm im Durchmesser, mit 5 gelben (seltener weißen) Blütenblättern und gelblichen Staubblättern; Früchte (Kapseln) eiförmig, 4 bis 5 mm lang

Fortpflanzung: Blüte Juni bis September; zwittrig; Insektenbestäubung; Windausbreitung

Vorkommen: Böschungen, Gebüsche, Waldschläge

Verbascum nigrum L.
Dunkle oder Schwarze Königskerze

Pflanzenfamilie: Scrophulariaceae – Braunwurzgewächse

Name: *Verbascum* lat. Name der Gattung; *nigrum* lat. schwarz

Merkmale: 30 bis 100 cm hoch; Stängel kantig; Blätter oval bis länglich, untere bis 40 cm lang, Blattrand gezähnt; Blüten in einem langen Blütenstand, 15 bis 25 mm im Durchmesser, mit 5 gelben Blütenblättern und rotvioletten Staubblättern; Früchte (Kapseln) eiförmig, 3 bis 6 mm lang

Fortpflanzung: Blüte Juni bis August; zwittrig, Insektenbestäubung; Windausbreitung

Vorkommen: Böschungen, Waldschläge, Wegränder, Kiesgruben

627 a Pflanze aufrecht wachsend ▶ *Oxalis stricta*

b Pflanze mindestens teilweise liegend ▶ *Oxalis corniculata*

628 a Blätter handförmig in 5 bis 7 Teilblätter unterteilt **629**

b Blätter anders gestaltet **631**

Oxalis stricta L. Aufrechter oder Steifer Sauerklee

Pflanzenfamilie: Oxalidaceae – Sauerkleegewächse

Name: Klee: ahd.; *oxalis* griech. sauer; *stricta* lat. straff, steif

Merkmale: 10 bis 30 cm hoch; Blätter mit 3 Teilblättern; Blüten 12 bis 15 mm im Durchmesser, mit 5 gelben Blütenblättern; Früchte (Kapseln) 8 bis 15 mm lang

Fortpflanzung: Blüte Juni bis September; zwittrig; Insektenbestäubung; Ameisen- und Selbstausbreitung

Vorkommen: Gärten, Äcker, Schuttplätze, Wegränder, Bahnareale

Wissenswertes: Stammt aus Nordamerika. • Die reifen Früchte stehen unter Druck und öffnen sich spontan oder bei Berührung explosionsartig, wobei die darin enthaltenen Samen herausgeschleudert werden. • Die Blätter können zum Aromatisieren von Gebäcken verwendet werden.

Oxalis corniculata L. Gehörnter Sauerklee

Pflanzenfamilie: Oxalidaceae – Sauerkleegewächse

Name: Klee: ahd.; *oxalis* griech. sauer; *corniculata* lat. gehörnt

Merkmale: 5 bis 30 cm hoch bzw. lang; Stängel liegend; Blätter mit 3 Teilblättern, oft rotbraun; Blüten 8 bis 12 mm im Durchmesser, mit 5 gelben Blütenblättern; Früchte (Kapseln) 12 bis 25 mm lang

Fortpflanzung: Blüte April bis Oktober; zwittrig; Selbstbestäubung; Ameisen- und Selbstausbreitung

Vorkommen: Gärten, Weinberge, Schuttplätze, Wegränder, Mauern

Wissenswertes: Die reifen Früchte stehen unter Druck und öffnen sich spontan oder bei Berührung explosionsartig, wobei die darin enthaltenen Samen herausgeschleudert werden.

629 a Blattunterseite dicht hellgrau bis weiß behaart ▶ *Potentilla argentea*

b Blattunterseite behaart, aber nicht hellgrau bis weiß 630

630 a Rand der Teilblätter meist nur mit höchstens 9 Zähnen; Blüten 10 bis 20 mm im Durchmesser ▶ *Potentilla verna*

b Rand der größeren Teilblätter meist mit mehr als 9 Zähnen; Blüten 15 bis 30 mm im Durchmesser ▶ *Potentilla reptans* (S. 252)

Potentilla argentea L. Silber-Fingerkraut

Pflanzenfamilie: Rosaceae – Rosengewächse

Name: *Potentilla* unklar; *argentea* lat. silberfarben

Merkmale: 15 bis 40 cm hoch; größere Blätter handförmig in 5 bis 7 Teilblätter unterteilt, Rand der Teilblätter gezähnt und nach unten gebogen, Blattunterseite dicht hellgrau bis weiß behaart; Blüten 10 bis 15 mm im Durchmesser, mit 5 gelben Blütenblättern; zahlreiche Früchte (Nüsschen) pro Blüte

Fortpflanzung: Blüte Juni bis August; zwittrig; Insektenbestäubung; Wind- und Tierausbreitung

Vorkommen: Trockenrasen, Böschungen, Wegränder, Mauern

Potentilla verna L. Frühlings-Fingerkraut

Pflanzenfamilie: Rosaceae – Rosengewächse

Name: *Potentilla* unklar; *verna* lat. Frühling

Merkmale: 5 bis 30 cm hoch bzw. lang; Stängel teilweise liegend; größere Blätter handförmig in 5 bis 7 Teilblätter unterteilt, beidseitig abstehend behaart, Rand der Teilblätter gezähnt; Blüten 10 bis 20 mm im Durchmesser, mit 5 gelben Blütenblättern; zahlreiche Früchte (Nüsschen) pro Blüte

Fortpflanzung: Blüte April bis Mai; zwittrig; Insektenbestäubung; Ameisenausbreitung

Vorkommen: Trockenwiesen, Böschungen, Wegränder, Mauern

631 a Größere Blätter gefiedert, d. h., sie sind aus mindestens 8 beidseitig vom Mittelnerv stehenden Teilblättern zusammengesetzt **632** ....

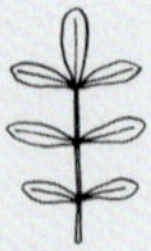

b Blätter anders gestaltet **633**

632 a Blattunterseite auffällig silbrig glänzend ▶ *Potentilla anserina*

b Blattunterseite nicht silbrig glänzend ▶ *Agrimonia eupatoria*

Potentilla reptans L. Kriechendes Fingerkraut

Pflanzenfamilie: Rosaceae – Rosengewächse

Name: *Potentilla* unklar; *reptans* lat. kriechend

Merkmale: 10 bis über 100 cm lang; Stängel über den Boden wachsend; größere Blätter handförmig in 5 Teilblätter unterteilt, Rand der Teilblätter gezähnt, mit langen Blattstielen; Blüten 15 bis 30 mm im Durchmesser, mit 5 gelben Blütenblättern und langen Blütenstielen; zahlreiche Früchte (Nüsschen) pro Blüte

Fortpflanzung: Blüte Juni bis August; zwittrig; Insektenbestäubung; Ameisen- und Tierausbreitung

Vorkommen: Ufer, Wiesen, Weiden, Ödland, Wegränder

Wissenswertes: Vegetative Vermehrung durch bis 1,5 m lange Ausläufer. • Das getrocknete, blühende Kraut wird als Abkochung zum Baden schlecht heilender Wunden und zum Spülen bei Entzündungen in der Mund- und Rachenhöhle verwendet.

Potentilla anserina L. Gänse-Fingerkraut

Pflanzenfamilie: Rosaceae – Rosengewächse

Name: *Potentilla* unklar; *anserina* von lat. Gans

Merkmale: 5 bis 30 cm hoch bzw. lang; Stängel über den Boden wachsend; größere Blätter in 11 bis 41 Teilblätter unterteilt, Rand der Teilblätter gezähnt, Blattunterseite silbrig glänzend behaart; Blüten 20 bis 30 mm im Durchmesser, mit 5 gelben Blütenblättern; zahlreiche Früchte (Nüsschen) pro Blüte

Fortpflanzung: Blüte Mai bis September; zwittrig; Insektenbestäubung; Tierausbreitung (Ameisen)

Vorkommen: Ufer, Gräben, Weiden, Wegränder

Wissenswertes: Vegetative Vermehrung durch bis zu 100 cm lange Ausläufer. • Tee des getrockneten, blühenden Krautes wird bei krampfartigen Durchfällen sowie bei schmerzhaften oder krampfartigen Monatsblutungen getrunken oder zum Baden bei schlecht heilenden Wunden verwendet.
• Die Blätter können Salaten und Suppen beigegeben werden; auch die Wurzel ist essbar.

633 a Pflanze mit weißem Saft, der beim Einreißen eines Blattes austritt ▶ *Mycelis muralis* (S. 143)

b Pflanze ohne weißen Saft 634

634 a Blüten höchstens 10 mm im Durchmesser ▶ *Ranunculus sceleratus*

b Blüten meist über 10 mm im Durchmesser 635

Agrimonia eupatoria L. Kleiner Odermennig

Pflanzenfamilie: Rosaceae – Rosengewächse

Name: Odermennig: mhd.; *agrimonia* unklar; *eupatoria* evtl. von griech. Leber

Merkmale: 30 bis 150 cm hoch; größere Blätter in 11 bis 19 Teilblätter unterteilt, Rand der Teilblätter gezähnt, Blattunterseite dicht behaart; Blüten 7 bis 10 mm im Durchmesser, mit 5 gelben Blütenblättern, in einem 10 bis 50 cm langen Blütenstand; Früchte (im Kelch eingeschlossene Nüsschen) mit hakenförmigen Borsten

Fortpflanzung: Blüte Juni bis September; zwittrig; Insektenbestäubung; Tier- und Ameisenausbreitung

Vorkommen: Trockenwiesen, Böschungen, Hecken, Wegränder

Wissenswertes: Tee des blühenden und getrockneten Krautes wird bei Magen- und Darmbeschwerden getrunken, als Spülmittel bei entzündeten Mund- und Rachenschleimhäuten sowie zum Baden bei schlecht heilenden Wunden verwendet.

Ranunculus sceleratus L. Gift-Hahnenfuß

Pflanzenfamilie: Ranunculaceae – Hahnenfußgewächse

Name: *Ranunculus* lat. Fröschchen; *sceleratus* lat. schädlich, verrucht

Merkmale: 10 bis 90 cm hohe, ein- oder zweijährige Pflanze; größere Blätter in 3 bis 5 Abschnitte unterteilt, Abschnitte eingeschnitten, glänzend, etwas dick; Blüten 5 bis 10 mm im Durchmesser, mit 5 (hell)gelben Blütenblättern; zahlreiche rundliche Früchte (Nüsschen) pro Blüte in einem ei- bis walzenförmigen Fruchtstand

Fortpflanzung: Blüte Juni bis August; zwittrig; Fliegenbestäubung; Wasser- und Tierausbreitung

Vorkommen: Ufer, Gräben, Sümpfe, Schuttplätze

Wissenswertes: Die ganze Pflanze ist giftig. Vergiftungssymptome sind u. a. Hautirritationen, Blasenbildung, Magenschmerzen, Schwindel, Betäubung.

635 a Blüten mit 10 Kelchblättern: 5 lange und dazwischen jeweils 1 sehr kurzes
▶ *Geum urbanum* ....
b Blüten mit 5 Kelchblättern 636

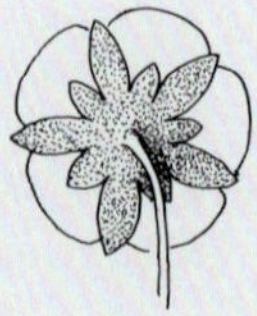

636 a Kelchblätter nach unten gekrümmt ▶ *Ranunculus bulbosus*
b Kelchblätter den Blütenblättern anliegend 637

Geum urbanum L. Echte Nelkenwurz

Pflanzenfamilie: Rosaceae – Rosengewächse

Name: *Geum* unklar; *urbanum* lat. städtisch

Merkmale: 25 bis 90 cm hoch; größere Blätter in mindestens 3 unterschiedlich große Teilblätter unterteilt, Rand der Teilblätter gezähnt; Blüten 10 bis 18 mm im Durchmesser, mit 5 gelben Blütenblättern; pro Blüte zahlreiche Früchte (Nüsschen) mit geknickter und behaarter Borste (Griffel)

Fortpflanzung: Blüte Mai bis August; zwittrig; Insektenbestäubung; Tierausbreitung

Vorkommen: Gebüsche, Hecken, Wälder, Mauern

Wissenswertes: Die Früchte bleiben mithilfe des mit Widerhäkchen besetzten Griffels an Tierfellen (oder Kleidern) haften. • Der Tee des getrockneten Wurzelstockes wird bei Durchfall und Magenschmerzen getrunken oder zum Baden schlecht heilender Wunden sowie zum Gurgeln bei Entzündungen von Zahnfleisch, Mund- und Rachenschleimhaut verwendet.

Ranunculus bulbosus L. Knolliger Hahnenfuß

Pflanzenfamilie: Ranunculaceae – Hahnenfußgewächse

Name: *Ranunculus* lat. Fröschchen; *bulbosus* lat. knollig, zwiebelförmig

Merkmale: 10 bis 50 cm hoch; größere Blätter in 3 Abschnitte unterteilt, Abschnitte eingeschnitten; Blüten 20 bis 30 mm im Durchmesser, mit 5 gelben Blütenblättern, Kelchblätter nach unten gekrümmt, Blütenstiele mit Rillen; zahlreiche 2,5 bis 4 mm lange Früchte (Nüsschen) pro Blüte

Fortpflanzung: Blüte Mai bis Juli; zwittrig; Insektenbestäubung, Windausbreitung

Vorkommen: Trockenwiesen, Böschungen

Wissenswertes: Die ganze Pflanze ist giftig. Vergiftungssymptome sind u. a. Hautirritationen, Erbrechen, Durchfall, Magen- und Leibschmerzen, Schwindel, Lähmung des Zentralnervensystems.

637 a Blütenstiele mit längsverlaufenden Rillen 638
b Blütenstiele ohne Rillen 639

638 a Pflanze teilweise liegend; mittlerer Abschnitt des Blattes gestielt ▶ ***Ranunculus repens***
b Pflanze aufrecht wachsend; mittlerer Abschnitt des Blattes nicht gestielt
▶ ***Ranunculus tuberosus***

Ranunculus repens L. Kriechender Hahnenfuß

Pflanzenfamilie: Ranunculaceae – Hahnenfußgewächse

Name: *Ranunculus* lat. Fröschchen; *repens* lat. kriechend

Merkmale: 10 bis 50 cm hoch bzw. lang; Stängel über den Boden wachsend; Blätter tief eingeschnitten, Blattrand gezähnt; Blüten 20 bis 30 mm im Durchmesser, mit 5 gelben Blütenblättern, Blütenstiele mit Rillen; zahlreiche 2,5 bis 3,5 mm lange Früchte (Nüsschen) pro Blüte

Fortpflanzung: Blüte Mai bis September; zwittrig; Insektenbestäubung; Tier- und Windausbreitung

Vorkommen: Ufer, feuchte Wiesen, Äcker, Schuttplätze, Wegränder

Wissenswertes: Manche Pflanzen vermehren sich hauptsächlich vegetativ so wie der Kriechende Hahnenfuß, der lange Ausläufer bildet. Bei dieser Art gehen schätzungsweise 99 % der vorkommenden Individuen auf vegetative Fortpflanzung zurück. • Die ganze Pflanze ist giftig. Vergiftungssymptome sind u.a. Hautirritationen, Erbrechen, Durchfall, Magen- und Leibschmerzen, Schwindel, Lähmung des Zentralnervensystems.

Ranunculus tuberosus Lapeyr., *Ranunculus polyanthemos* subsp. *nemorosus* (DC.) Schübl. & Martens (Knolliger) Hain-Hahnenfuß

Pflanzenfamilie: Ranunculaceae – Hahnenfußgewächse

Name: *Ranunculus* lat. Fröschchen; *tuberosus* lat. beulig, höckerig; *poly-* griech. viel; *-anthemos* griech. Blüte; *nemorosus* lat. Hain, Wald

Merkmale: 20 bis 80 cm hoch; größere Blätter in 3 bis 5 Abschnitte unterteilt, Abschnitte eingeschnitten; Blüten im Durchmesser 20 bis 30 mm, mit 5 gelben Blütenblättern, Blütenstiele mit Rillen; zahlreiche rundliche Früchte (Nüsschen) pro Blüte

Fortpflanzung: Blüte Mai bis Juli; zwittrig; Insektenbestäubung; Tierausbreitung

Vorkommen: Moore, Wiesen, Wälder

Wissenswertes: Giftig.

639 a Stängel abstehend behaart ▶ *Ranunculus lanuginosus*
b Stängel ohne Haare oder anliegend behaart 640

640 a Blätter am Stängel mit schmalen, strahlenförmig rund um den Stängel stehenden Abschnitten ▶ *Ranunculus auricomus*
b Blätter am Stängel anders gestaltet ▶ *Ranunculus acris*

641 a Größere Blätter in 3 Teilblätter unterteilt 668 (S. 270) ......
b Größere Blätter nicht in Teilblätter unterteilt 642

Ranunculus lanuginosus L. Wolliger Hahnenfuß

Pflanzenfamilie: Ranunculaceae – Hahnenfußgewächse

Name: *Ranunculus* lat. Fröschchen; *lanuginosus* lat. wollig

Merkmale: 30 bis 100 cm hoch; ganze Pflanze abstehend behaart; größere Blätter in 3 Abschnitte unterteilt, Abschnitte eingeschnitten und/oder mit gezähntem Rand; Blüten 20 bis 25 mm im Durchmesser, mit 5 gelben Blütenblättern; zahlreiche 3,5 bis 4 mm lange Früchte (Nüsschen) pro Blüte

Fortpflanzung: Blüte Mai bis August; zwittrig; Insektenbestäubung; Windausbreitung

Vorkommen: Wälder

Wissenswertes: Giftig.

Ranunculus auricomus L. Gold-Hahnenfuß

Pflanzenfamilie: Ranunculaceae – Hahnenfußgewächse

Name: *Ranunculus* lat. Fröschchen; *auri-* lat. Gold; *-comus* lat. Haar

Merkmale: 15 bis 50 cm hoch; untere Blätter rundlich bis nierenförmig, eingeschnitten und/oder gezähnt, Blätter am Stängel schmal; Blüten 10 bis 30 mm im Durchmesser, mit 5 gelben Blütenblättern, oft fehlt aber eines oder mehrere; zahlreiche 2 bis 4 mm lange Früchte (Nüsschen) pro Blüte

Fortpflanzung: Blüte April bis Juni; zwittrig; Insekten- und Selbstbestäubung; Tierausbreitung (Ameisen)

Vorkommen: Wald- und Moorwiesen, Gebüsche, Wälder

Wissenswertes: Bei dieser Art werden die Samen auch ohne Befruchtung gebildet (Agamospermie). Das bedeutet, dass durch genetische Mutationen entstandene Merkmalsveränderungen über Generationen konstant erhalten bleiben. Dies wiederum führt zu einer Vielzahl leicht unterschiedlicher Formen (sogenannte Kleinarten), die schwierig voneinander abzutrennen sind. So wurden in der Schweiz allein 56 Kleinarten dieser Art beschrieben. • Die ganze Pflanze ist giftig. Vergiftungssymptome sind u. a. Erbrechen, Durchfall, Magen- und Leibschmerzen, Lähmung des Zentralnervensystems.

642 a Stängel (fast) ohne Blätter, d. h., alle Blätter stehen an der Basis des Stängels (und höchstens 1 Blatt am Stängel) 643

b Stängel mit mindestens 2 Blättern 644

643 a Stängel mit nur einer einzigen Blüte ▶ *Parnassia palustris*

b Stängel mit mehreren Blüten ▶ *Pyrola minor* (S. 258)

Ranunculus acris L. Scharfer Hahnenfuß

Pflanzenfamilie: Ranunculaceae – Hahnenfußgewächse

Name: *Ranunculus* lat. Fröschchen; *acris* lat. scharf

Merkmale: 20 bis 100 cm hoch; größere Blätter in 3 bis 5 Abschnitte unterteilt, Abschnitte eingeschnitten; Blüten 20 bis 30 cm im Durchmesser, mit 5 gelben Blütenblättern; zahlreiche rundliche Früchte (Nüsschen) pro Blüte

Fortpflanzung: Blüte April bis September; zwittrig; Insektenbestäubung; Wind- und Tierausbreitung

Vorkommen: Wiesen, Weiden

Wissenswertes: Die ganze Pflanze ist giftig. Vergiftungssymptome sind u. a. Hautirritationen, Erbrechen, Durchfall, Magen- und Leibschmerzen, Schwindel, Lähmung des Zentralnervensystems.

Parnassia palustris L. Sumpf-Herzblatt, Studentenröschen

Pflanzenfamilie: Celastraceae – Spindelstrauchgewächse

Name: *Parnassia* von Parnass, Gebirge nordwestlich von Athen; *palustris* lat. Sumpf

Merkmale: 3 bis 30 cm hoch; unterste Blätter herzförmig, gestielt, auf dem Stängel höchstens 1 ungestieltes Blatt; nur 1 Blüte pro Stängel, 10 bis 35 mm im Durchmesser, mit 5 weißen Blütenblättern, Blütenblätter mit eingesenkten Adern, 5 weißliche Staubblätter und 5 gelbgrüne Blätter mit mehreren gestielten, glänzenden, gelben Köpfchen; Früchte (Kapseln) vierteilig

Fortpflanzung: Blüte Juli bis September; zwittrig; Insektenbestäubung; Windausbreitung

Vorkommen: Quellen, Moore, Sumpfwiesen, Kiesflächen

Wissenswertes: Die gelblichen Köpfchen täuschen Nektar vor, um Bestäuber anzulocken. • Damit nicht ein unzuverlässiger Bestäuber alle Pollen auf einmal abräumen kann, bieten die Blüten die Pollen nur nach und nach an. Beim Sumpf-Herzblatt beispielsweise reift nur ein Staubblatt pro Tag.

644 a Blätter quirlständig, d. h., zahlreiche Blätter stehen auf gleicher Höhe am Stängel (Quirl) ▶ *Spergula arvensis*

b Blätter nicht quirlständig 645

645 a Blätter dick, im Querschnitt rund ▶ *Sedum album*

b Blätter «normal», flach 646

Pyrola minor L. Kleines Wintergrün

Pflanzenfamilie: Ericaceae – Heidekrautgewächse

Name: *Pyrola* lat. kleine Birne; *minor* lat. kleiner

Merkmale: 10 bis 30 cm hoch; Blätter rund bis oval, bis 6 cm lang, etwas derb, Blattrand fein gezähnt; Blüten kugelig, hängend, 5 bis 9 mm im Durchmesser, mit weißen oder rötlichen Blütenblättern; Früchte (Kapseln) hängend

Fortpflanzung: Blüte Juni bis August; zwittrig; Insektenbestäubung; Windausbreitung

Vorkommen: Moore, Rasen, Heiden, Wälder

Wissenswertes: Die Keimlinge haben keine Keimblätter; die Keimung kann daher nur mithilfe eines Wurzelpilzes erfolgen, der sie ernährt.

Spergula arvensis L. Acker-Spark, Acker-Spergel

Pflanzenfamilie: Caryophyllaceae – Nelkengewächse

Name: Spark: unklar; *spergula* evtl. von Spargel abgeleitet; *arvensis* lat. Acker

Merkmale: 10 bis 50 cm hohe, einjährige Pflanze; Blätter quirlständig, sehr schmal, 1 bis 4 cm lang, etwas dick; Blüten 5 bis 10 mm im Durchmesser, mit 5 weißen Blütenblättern; Früchte (Kapseln) bis 6 mm lang

Fortpflanzung: Blüte Juni bis August; zwittrig; Insektenbestäubung; Wind- und Tierausbreitung

Vorkommen: Äcker, Schuttplätze, Wegränder

Wissenswertes: Samen verschiedener Pflanzenarten erhalten ihre Keimfähigkeit über sehr lange Zeiträume. So beispielsweise die Samen des Acker-Sparks, die nachgewiesenermaßen bis zu 1700 Jahre keimfähig bleiben.

646 a Blätter gegenständig; d. h., sie stehen sich am Stängel auf gleicher Höhe gegenüber 647 ....

b Blätter wechselständig, d. h., sie stehen sich nicht gegenüber 665 (S. 268) ......

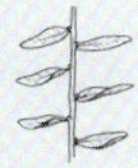

647 a Blütenblätter tief eingeschnitten, Blüten deshalb scheinbar mit 10 Blütenblättern 648 ...

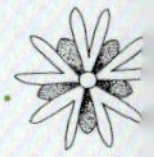

b Blütenblätter nicht oder nur wenig eingeschnitten 655 (S. 262)

648 a Kelch auffällig rundlich aufgeblasen ▶ ***Silene vulgaris***

b Kelch nicht aufgeblasen 649

Sedum album L.
Weißer Mauerpfeffer, Weiße Fetthenne

Pflanzenfamilie: Crassulaceae – Dickblattgewächse

Name: *Sedum* unklar; *album* lat. weiß

Merkmale: 8 bis 20 cm hoch; ganze Pflanze unbehaart; zahlreiche nichtblühende Stängel; Blätter im Querschnitt rundlich, 0,5 bis 1,5 cm lang; Blüten 7 bis 10 mm im Durchmesser, mit 5 weißen Blütenblättern; 5 längliche Früchte (Balgfrüchte) pro Blüte

Fortpflanzung: Blüte Juni bis September; zwittrig; Insektenbestäubung; Windausbreitung

Vorkommen: Trockenrasen, Kiesflächen, Felsen, Mauern

Wissenswertes: Die fleischigen Blätter dienen der Wasserspeicherung (Blattsukkulente). • Die trockenen Fruchtwände öffnen sich bei Benetzung und geben die Samen frei. • Raupenfutterpflanze des Apollofalters *(Parnassius apollo)*.

Silene vulgaris (Moench) Garcke
Gewöhnliches Leimkraut, Klatschnelke

Pflanzenfamilie: Caryophyllaceae – Nelkengewächse

Name: *Silene* von Silen, Mischwesen in der griech. Mythologie; *vulgaris* lat. gewöhnlich

Merkmale: 15 bis 60 cm hoch; meist ganze Pflanze unbehaart und blaugrün; Blätter gegenständig, länglich, bis 7 cm lang; Blüten 10 bis 20 mm im Durchmesser, mit 5 tief eingeschnittenen, weißen Blütenblättern, Kelch rundlich aufgeblasen, grünlich oder rötlich, mit dunkleren Streifen; Früchte (Kapseln) ca. 10 mm lang

Fortpflanzung: Blüte Juni bis September; zwittrig; Insektenbestäubung; Wind- und Tierausbreitung

Vorkommen: Wiesen, Weiden, Böschungen, Schuttplätze, Wegränder

Wissenswertes: Die jungen, beblätterten Triebe können Salaten, Risottos oder Suppen beigegeben werden.

649 a Weiße Blütenblätter kürzer als oder gleich lang wie die grünen Kelchblätter **650** …

b Blütenblätter länger als die Kelchblätter **651**

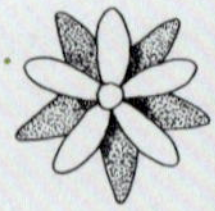

650 a Stängel im Querschnitt (zumindest im unteren Teil) vierkantig, Pflanze bläulich grün ▶ ***Stellaria alsine***

b Stängel im Querschnitt rundlich, Pflanze (hell)grün ▶ ***Stellaria media***

651 a Stängel im Querschnitt (zumindest im oberen Teil) rundlich **652**

b Stängel im Querschnitt vierkantig **654**

Stellaria alsine Grimm
Moor-Sternmiere, Quell-Sternmiere

Pflanzenfamilie: Caryophyllaceae – Nelkengewächse

Name: *Stellaria* lat. sternförmig; *alsine* griech. Hain

Merkmale: 10 bis 40 cm hoch bzw. lang; Stängel teilweise liegend, zumindest im unteren Teil vierkantig; Blätter gegenständig, oval, bis 2,5 cm lang; Blüten 3 bis 6 mm im Durchmesser, mit 5 tief eingeschnittenen Blütenblättern, weiß, grüne Kelchblätter länger als die Blütenblätter; Früchte (Kapseln) 3 bis 4 mm lang

Fortpflanzung: Blüte Mai bis Juli; zwittrig; Fliegenbestäubung; Windausbreitung

Vorkommen: Gräben, feuchte Waldstellen

Stellaria media (L.) Vill.
Vogelmiere, Vogel-Sternmiere

Pflanzenfamilie: Caryophyllaceae – Nelkengewächse

Name: *Stellaria* lat. sternförmig; *media* lat. mittel

Merkmale: 5 bis 40 cm lange, ein- oder zweijährige Pflanze; Stängel meist liegend, rundlich; Blätter gegenständig, oval, bis 4 cm lang; Blüten 4 bis 8 mm im Durchmesser, mit 5 tief eingeschnittenen, weißen Blütenblättern, grüne Kelchblätter so lang wie oder etwas länger als die Blütenblätter; Früchte (Kapseln) 4 bis 6 mm lang

Fortpflanzung: Blüte März bis Dezember; zwittrig; Insektenbestäubung; Wind- und Tierausbreitung (z. B. Girlitz)

Vorkommen: Gärten, Äcker, Schuttplätze

652 a Stängel im Blütenstand (meistens) etwas klebrig ▶ *Silene nutans*
b Stängel im Blütenstand nicht klebrig 653

653 a Untere Blätter lang gestielt, Stiel etwa so lang wie das Blatt ▶ *Stellaria nemorum*
b Untere Blätter kurz gestielt ▶ *Myosoton aquaticum* (S. 262)

Silene nutans L. Nickendes Leimkraut

Pflanzenfamilie: Caryophyllaceae – Nelkengewächse

Name: *Silene* von Silen, Mischwesen in der griech. Mythologie; *nutans* lat. nickend

Merkmale: 25 bis 60 cm hoch; Stängel im Bereich der Blüten etwas klebrig; Blätter gegenständig, länglich, bis 6 cm lang; Blüten hängen auf eine Seite des Stängels, 12 bis 18 mm im Durchmesser, mit 5 tief eingeschnittenen Blütenblättern, Oberseite weiß, Unterseite weißlich, rötlich oder grünlich, am Abend duftend; Früchte (Kapseln) 7 bis 15 mm lang

Fortpflanzung: Blüte Juni bis August; zwittrig; Nachtfalterbestäubung; Wind- und Tierausbreitung

Vorkommen: Trockenwiesen, Weiden, Gebüsche, lichte Wälder

Wissenswertes: Die Blüten sind nur in der Nacht geöffnet.

Stellaria nemorum L. Hain-Sternmiere

Pflanzenfamilie: Caryophyllaceae – Nelkengewächse

Name: *Stellaria* lat. sternförmig; *nemorum* lat. Hain, Wald

Merkmale: 20 bis 50 cm hoch bzw. lang; Stängel teilweise liegend; Blätter gegenständig, oval, bis 8 cm lang, Blattrand mit abstehenden Haaren; Blüten 15 bis 25 mm im Durchmesser, mit 5 tief eingeschnittenen, weißen Blütenblättern; Früchte (Kapseln) 8 bis 12 mm lang

Fortpflanzung: Blüte Juni bis September; zwittrig; Insektenbestäubung; Wind- und Tierausbreitung

Vorkommen: Feuchte Wälder

654 a Blüten 15 bis 30 mm im Durchmesser ▶ *Stellaria holostea*
b Blüten 7 bis 10 mm im Durchmesser ▶ *Stellaria graminea*

655 a Blütenblätter wenig eingeschnitten 656 ....
b Blütenblätter nicht eingeschnitten 660 (S. 266)

Myosoton aquaticum (L.) Moench, *Stellaria aquatica* (L.) Scop. **Wassermiere, Wasser-Sternmiere**

Pflanzenfamilie: Caryophyllaceae – Nelkengewächse

Name: *Myos-* griech. Maus; *-oton* griech. Ohr; *stellaria* lat. sternförmig; *aquaticum* lat. Wasser

Merkmale: 20 bis 80 cm hoch bzw. lang; Stängel teilweise liegend, im unteren Teil vierkantig; Blätter gegenständig, oval bis länglich, bis 8 cm lang, Blattrand ohne abstehende Haare; Blüten 15 bis 20 mm im Durchmesser, mit 5 tief eingeschnittenen, weißen Blütenblättern; Früchte (Kapseln) 5 bis 7 mm lang

Fortpflanzung: Blüte Juni bis Oktober; zwittrig; Insektenbestäubung; Selbstausbreitung

Vorkommen: Gräben, feuchte Wälder, Äcker

Stellaria holostea L. **Großblütige oder Echte Sternmiere**

Pflanzenfamilie: Caryophyllaceae – Nelkengewächse

Name: *Stellaria* lat. sternförmig; *holo-* griech. ganz; *-stea* evtl. griech. Knochen

Merkmale: 10 bis 40 cm hoch; Stängel vierkantig; Blätter gegenständig, sehr schmal, bis 9 cm lang, steif; Blüten 15 bis 30 mm im Durchmesser, mit 5 eingeschnittenen, weißen Blütenblättern; Früchte (Kapseln) 6 bis 8 mm lang

Fortpflanzung: Blüte Mai bis Juni; zwittrig; Insektenbestäubung; Windausbreitung

Vorkommen: Gebüsche, lichte Laubwälder

656 a Größere Blätter bis 12 cm lang ▶ *Silene pratensis*

b Größere Blätter höchstens 4 cm lang 657

Stellaria graminea L. Gras-Sternmiere

Pflanzenfamilie: Caryophyllaceae – Nelkengewächse

Name: *Stellaria* lat. sternförmig; *graminea* lat. grasartig

Merkmale: 10 bis 50 cm hoch bzw. lang; Stängel schlaff liegend, vierkantig; Blätter gegenständig, länglich, schmal, bis 4 cm lang; Blüten 7 bis 10 mm im Durchmesser, mit 5 tief eingeschnittenen, weißen Blütenblättern; Früchte (Kapseln) 4 bis 6 mm lang

Fortpflanzung: Blüte Mai bis Juli; zwittrig; Insektenbestäubung; Wind- und Tierausbreitung

Vorkommen: Wiesen, Weiden, Hecken

Silene pratensis (Rafn) Godr., *Silene latifolia* subsp. *alba* (Mill.) Greuter & Burdet Weiße Waldnelke, Weiße Lichtnelke

Pflanzenfamilie: Caryophyllaceae – Nelkengewächse

Name: *Silene* von Silen, Mischwesen in der griech. Mythologie; *pratensis* lat. Wiese; *lati-* lat. breit, weit; *-folia* lat. Blatt; *alba* lat. weiß

Merkmale: 30 bis 90 cm hoch; Blätter gegenständig, oval bis länglich, bis 12 cm lang; Blüten 15 bis 25 mm im Durchmesser, mit 5 eingeschnittenen, weißen Blütenblättern, am Abend duftend; Früchte (Kapseln) 12 bis 16 mm lang

Fortpflanzung: Blüte Juni bis September; zweihäusig; Nachtfalterbestäubung; Wind- und Tierausbreitung

Vorkommen: Äcker, Schuttplätze, Wegränder

Wissenswertes: Blüten sind nur am Nachmittag und in der Nacht geöffnet.

657 a Weiße Blütenblätter deutlich länger als die grünen Kelchblätter; Blüten 12 bis 20 mm im Durchmesser ▶ *Cerastium arvense*

b Blütenblätter kürzer, gleich lang wie oder nur wenig länger als die Kelchblätter; Blüten 5 bis 13 mm im Durchmesser **658** ....

Cerastium arvense L. Acker-Hornkraut

Pflanzenfamilie: Caryophyllaceae – Nelkengewächse

Name: *Cerastium* griech. gehörnt; *arvense* lat. Acker

Merkmale: 5 bis 30 cm hoch; Blätter gegenständig, länglich, schmal, bis 3,5 cm lang, obere Blätter mit einem hellen Rand; Blüten 12 bis 20 mm im Durchmesser, mit 5 eingeschnittenen, weißen Blütenblättern, weiß; Früchte (Kapseln) 7 bis 20 mm lang

Fortpflanzung: Blüte April bis Juli; zwittrig; Insektenbestäubung; Windausbreitung

Vorkommen: Trockenwiesen, Böschungen, Äcker, Wegränder, Felsen, Mauern

Cerastium semidecandrum L. Sand-Hornkraut, Fünfmänniges Hornkraut

Pflanzenfamilie: Caryophyllaceae – Nelkengewächse

Name: *Cerastium* griech. gehörnt; *semi-* lat. halb; *-dec-* lat. zehn; *-andrum* griech. Staubblatt

Merkmale: 3 bis 20 cm hohe, ein- oder zweijährige Pflanze; Blätter gegenständig, oval, bis 1,5 cm lang, obere Blätter mit einem breiten, hellen Rand; Blüten 5 bis 10 mm im Durchmesser, mit 5 eingeschnittenen, weißen Blütenblättern, grüne Kelchblätter gleich lang wie oder etwas länger als die Blütenblätter; Früchte (Kapseln) 2,5 bis 10 mm lang

Fortpflanzung: Blüte März bis Mai; zwittrig; Insektenbestäubung; Wind- und Tierausbreitung

Vorkommen: Rasen, Ödland, Wegränder, Bahnareale

658 a Blätter im Blütenstand mit einem breiten, hellen Rand ▶ *Cerastium semidecandrum*

b Blätter im Blütenstand ohne oder nur mit einem schmalen Rand 659

659 a Blüten 8 bis 13 mm im Durchmesser; Blätter bis 3 cm lang ▶ *Cerastium fontanum*

b Blüten 6 bis 10 mm im Durchmesser; Blätter bis 1,5 cm lang ▶ *Cerastium glomeratum*

Cerastium fontanum Baumg. Gewöhnliches Hornkraut, Quellen-Hornkraut

Pflanzenfamilie: Caryophyllaceae – Nelkengewächse

Name: *Cerastium* griech. gehörnt; *fontanum* lat. Quelle, Brunnen

Merkmale: 10 bis 40 cm hoch; Blätter gegenständig, oval, bis 3 cm lang; Blüten 8 bis 13 mm im Durchmesser, mit 5 eingeschnittenen, weißen Blütenblättern, grüne Kelchblätter etwa gleich lang wie die Blütenblätter; Früchte (Kapseln) 7 bis 12 mm lang

Fortpflanzung: Blüte April bis August; zwittrig; Insektenbestäubung; Wind- und Tierausbreitung

Vorkommen: Wiesen, Weiden, Äcker, Wegränder

Cerastium glomeratum Thuill. Knäuel-Hornkraut

Pflanzenfamilie: Caryophyllaceae – Nelkengewächse

Name: *Cerastium* griech. gehörnt; *glomeratum* lat. geknäuelt

Merkmale: 5 bis 40 cm hohe, ein- oder zweijährige Pflanze; Blätter gegenständig, oval, bis 1,5 cm lang; Blüten 6 bis 10 mm im Durchmesser, mit 5 eingeschnittenen, weißen Blütenblättern, grüne Kelchblätter etwa gleich lang wie die Blütenblätter; Früchte (Kapseln) 2,5 bis 10 mm lang

Fortpflanzung: Blüte April bis September; zwittrig; Insektenbestäubung; Windausbreitung

Vorkommen: Äcker, Weinberge, Ödland, Wegränder

660 a Blüten mindestens 20 mm im Durchmesser ▶ *Saponaria officinalis*
b Blüten höchstens 15 mm im Durchmesser 661

661 a Stängel im Querschnitt kantig ▶ *Valerianella locusta*
b Stängel im Querschnitt rundlich 662

Saponaria officinalis L. Echtes Seifenkraut

Pflanzenfamilie: Caryophyllaceae – Nelkengewächse

Name: *Saponaria* lat. Seife; *officinalis* lat. für Arznei verwendet

Merkmale: 30 bis 70 cm hoch; Blätter gegenständig, länglich; Blüten 20 bis 25 mm im Durchmesser, mit 5 weißen bis rosafarbenen Blütenblättern; Früchte (Kapseln) ca. 20 mm lang

Fortpflanzung: Blüte Juli bis September; zwittrig; Schwärmerbestäubung; Windausbreitung

Vorkommen: Ufer, Schuttplätze, Wegränder

Wissenswertes: Die Fruchtwände öffnen sich beim Austrocknen und geben die Samen frei. • Tee aus dem Wurzelstock oder dem getrockneten Kraut wird bei Bronchialkatarrh getrunken. • Aufgrund des relativ hohen Saponingehalts – Glykoside, die in Wasser seifenartige Lösungen bilden – wurden früher Auszüge der Wurzel als Seifenersatz verwendet, daher der Name.

Valerianella locusta (L.) Laterr. Echter Ackersalat, Gewöhnliches Rapünzchen

Pflanzenfamilie: Caprifoliaceae – Geißblattgewächse

Name: *Valerianella* Verkleinerungsform von *Valeriana* (Baldrian); *locusta* unklar

Merkmale: 10 bis 30 cm hohe, einjährige Pflanze; Stängel kantig; Blätter gegenständig, oval bis länglich; Blüten in Büscheln, 1 bis 2 mm im Durchmesser, mit 5 weißen, rosa- oder lilafarbenen Blütenblättern; Früchte (Nüsschen) 2 bis 2,5 mm lang, etwas zusammengedrückt

Fortpflanzung: Blüte April bis Mai; zwittrig; Insektenbestäubung; Windausbreitung

Vorkommen: Gärten, Äcker, Weinberge, Wegränder

Wissenswertes: Oft als Salatpflanze angebaut, wobei man nur die untersten Blätter erntet (Feld- oder Nüsslisalat); kann aber selbstverständlich auch als Salatpflanze genutzt werden, wenn sie wild vorkommt.

662 a Größere Blätter bis 12 cm lang ▶ *Vincetoxicum hirundinaria*
b Blätter höchstens 3 cm lang 663

663 a Größere Blätter bis 3 cm lang ▶ *Moehringia trinervia*
b Größere Blätter höchstens 1 cm lang 664

Vincetoxicum hirundinaria Medik. (Weiße) Schwalbenwurz

Pflanzenfamilie: Apocynaceae – Hundsgiftgewächse

Name: *Vince-* lat. besiegen; *-toxicum* lat. Gift; *hirundinaria* lat. Schwalbe

Merkmale: 30 bis 120 cm hoch; Blätter gegenständig, eiförmig bis länglich, lang zugespitzt; Blüten 4 bis 8 mm im Durchmesser, mit 5 weißen bis gelbgrünen Blütenblättern; zwei zugespitzte, 30 bis 60 mm lange Früchte (Balgfrüchte) pro Blüte, Samen mit Haarbüschel

Fortpflanzung: Blüte Juni bis August; zwittrig; Fliegenbestäubung; Windausbreitung

Vorkommen: Trockenrasen, lichte Wälder, steinige Orte (Kalk)

Wissenswertes: Nebst dem Kleinen Immergrün (S. 222) einzige Vertreterin der Hundsgiftgewächse in Mitteleuropa. Diese Pflanzenfamilie ist sonst als Bäume, Sträucher und Lianen in tropischen Regenwäldern verbreitet. • Die Schwalbenwurz hat eine sogenannte Klemmfallenblüte: Blütenbesucher bleiben mit den Beinen in den Klemmkörpern, die sich zwischen den Staubblättern befinden, stecken. Beim Herausziehen der Beine (was allerdings nur kräftigeren Fliegen gelingt – schwächere verenden in der Blüte) nehmen sie die Pollenpakete mit. • Die ganze Pflanze ist giftig. Vergiftungssymptome sind u. a. Speichelfluss, Erbrechen, Durchfall, Krämpfe, Lähmungserscheinungen.

Moehringia trinervia (L.) Clairv. Dreinervige Nabelmiere

Pflanzenfamilie: Caryophyllaceae – Nelkengewächse

Name: *Moehringia* nach Paul Heinrich Gerhard Möhring, dt. Arzt, Botaniker und Ornithologe (1720–1792); *tri-* lat. drei; *-nervia* lat. Nerv, auch Sehne, Muskel

Merkmale: 10 bis 30 cm hoch bzw. lang; Stängel teilweise liegend; Blätter gegenständig, oval, bis 2,5 cm lang; Blüten 6 bis 10 mm im Durchmesser, mit 5 weißen Blütenblättern, grüne Kelchblätter deutlich länger als die Blütenblätter; Früchte (Kapseln) 2,5 bis 4 mm lang

Fortpflanzung: Blüte Mai bis Juni; zwittrig; Insektenbestäubung; Ameisenausbreitung

Vorkommen: Gebüsche, Wälder, Waldschläge

664 a Weiße Blütenblätter kürzer als die dazwischenstehenden grünen Kelchblätter ▶ *Arenaria serpyllifolia* ....

b Blütenblätter länger als die Kelchblätter ▶ *Linum catharticum*

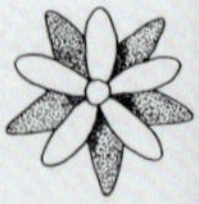

665 a Blüten höchstens 10 mm im Durchmesser 666

b Blüten mindestens 12 mm im Durchmesser 667

Arenaria serpyllifolia L. Quendelblättriges Sandkraut, Quendel-Sandkraut

Pflanzenfamilie: Caryophyllaceae – Nelkengewächse

Name: *Arenaria* lat. Sand; *serpylli-* nach *Thymus serpyllum* (Thymian); *-folia* lat. Blatt

Merkmale: 5 bis 30 cm hohe, ein- oder zweijährige Pflanze; Blätter gegenständig, oval, bis 0,8 cm lang; Blüten 4 bis 7 mm im Durchmesser, mit 5 weißen Blütenblättern, grüne Kelchblätter deutlich länger als die Blütenblätter; Früchte (Kapseln) eiförmig, 2,5 bis 4 mm lang

Fortpflanzung: Blüte Mai bis August; zwittrig; Insektenbestäubung; Wind- und Tierausbreitung

Vorkommen: Trockenrasen, Äcker, Ödland, Mauern

Linum catharticum L. Purgier-Lein

Pflanzenfamilie: Linaceae – Leingewächse

Name: Lein: ahd.; *linum* unklar; *catharticum* griech. reinigend, abführend

Merkmale: 5 bis 30 cm hohe, ein- oder zweijährige Pflanze; Blätter gegenständig, oval bis länglich, bis 1 cm lang; Blüten 6 bis 10 mm im Durchmesser, mit 5 weißen Blütenblättern; Früchte (Kapseln) kugelig, 2 bis 3 mm im Durchmesser

Fortpflanzung: Blüte Mai bis August; zwittrig; Insektenbestäubung; Wind- und Tierausbreitung

Vorkommen: Trockene und feuchte Magerwiesen

Wissenswertes: Mit dem Purgier-Lein verwandt ist der Saat-Lein oder Flachs *(Linum usitatissimum)*; die Bastfasern seines Stängels werden zur Herstellung von Leinen genutzt und die Samen für Leinöl.

666 a Blätter höchstens 10 mm breit ▶ *Buglossoides arvensis*
b Größere Blätter deutlich breiter als 10 mm ▶ *Solanum nigrum*

667 a Pflanze liegend; Blätter rundlich ▶ *Malva neglecta* (S. 238)
b Pflanze aufrecht wachsend; Blätter oval bis länglich ▶ *Verbascum lychnitis* (S. 249)

Buglossoides arvensis (L.) I. M. Johnst. Acker-Steinsame, Acker-Rindszunge

Pflanzenfamilie: Boraginaceae – Borretsch- oder Raublattgewächse

Name: *Bu-* griech. Rind, Ochse; *-gloss-* griech. Zunge; *-oides* griech. artig; *arvensis* lat. Acker

Merkmale: 15 bis 80 cm hohe, einjährige Pflanze; ganze Pflanze dicht behaart; Blätter oval bis länglich, bis 6 cm lang; Blüten trichterförmig, 3 bis 5 mm im Durchmesser, weiß (seltener hellblau), mit 5 Blütenzipfeln; vier 3 bis 4 mm lange Früchte (Nüsschen) pro Blüte

Fortpflanzung: Blüte April bis Juni; zwittrig; Insektenbestäubung; Tierausbreitung

Vorkommen: Äcker, Weinberge, Schuttplätze

Solanum nigrum L. Schwarzer Nachtschatten

Pflanzenfamilie: Solanaceae – Nachtschattengewächse

Name: *Solanum* unklar; *nigrum* lat. schwarz

Merkmale: 10 bis 80 cm hohe, einjährige Pflanze; Blätter eiförmig bis dreieckig, bis 7 cm lang, Blattrand oft mit groben Zähnen; Blüten 5 bis 10 mm im Durchmesser, mit 5 weißen Blütenblättern und gelben Staubblättern; Früchte (Beeren) kugelig, 7 bis 10 mm im Durchmesser, schwarz

Fortpflanzung: Blüte Juni bis Oktober; zwittrig; Insektenbestäubung; Tierausbreitung

Vorkommen: Äcker, Schuttplätze, Wegränder

Wissenswertes: Die ganze Pflanze ist stark giftig. Vergiftungssymptome sind u. a. Übelkeit, Erbrechen, erweiterte Pupillen, Herzrhythmusstörungen, Atembeschwerden. • Nah verwandt mit der Kartoffel *(Solanum tuberosum)*.

668 a Blattrand gezähnt **669**
b Blattrand ohne Zähne ▶ *Oxalis acetosella*

669 a Pflanze mit feinen Stacheln ▶ *Rubus saxatilis* (S. 79)
b Pflanze ohne Stacheln **670**

Oxalis acetosella L. Wald-Sauerklee

Pflanzenfamilie: Oxalidaceae – Sauerkleegewächse

Name: Klee: ahd.; *oxalis* griech. sauer; *acetosella* lat. säuerlich

Merkmale: 5 bis 15 cm hoch; Blätter mit 3 Teilblättern; Blüten 15 bis 25 mm im Durchmesser, mit 5 weißen Blütenblättern, oft mit rötlichen Streifen; Früchte (Kapseln) 4 bis 10 mm lang

Fortpflanzung: Blüte April bis Juni; zwittrig; Insektenbestäubung; Selbstausbreitung

Vorkommen: Gebüsche, Wälder

Wissenswertes: Schattentoleranteste Blütenpflanze der mitteleuropäischen Flora. • Bei Dunkelheit, tiefen Temperaturen oder starker Sonneneinstrahlung klappen die Blätter infolge Wasserverlust der Zellen in den Blattgelenken nach unten. • Die Blüten sind nur bei sonnigem Wetter um die Mittagszeit geöffnet. • Die Pflanze bildet auch sogenannte kleistogame Blüten, d. h. Blüten, die sich bereits im Knospenstadium selbst bestäuben, worauf sich die Knospe gar nicht erst öffnet. • Die reifen Früchte stehen unter Druck und öffnen sich spontan oder bei Berührung explosionsartig, wobei die darin enthaltenen Samen bis zu 2,3 m weit herausgeschleudert werden. • Die ganze Pflanze ist giftig. Vergiftungssymptome sind u. a. unregelmäßiger Puls, Blutdruckabfall, Krämpfe und Lähmungserscheinungen. • In kleinen Mengen kann man die Blätter als säuerlich-fruchtige Salatzutat verwenden.

670 a Zahn an der Spitze der Teilblätter kürzer als die 2 benachbarten Zähne ▶ *Potentilla sterilis* ....

b Zahn an der Spitze der Teilblätter mindestens gleich lang wie die 2 benachbarten Zähne ▶ *Fragaria vesca*

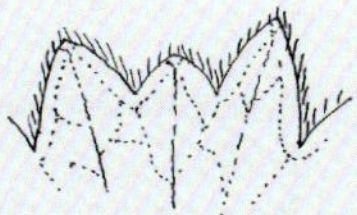

Potentilla sterilis (L.) Garcke **Erdbeer-Fingerkraut**

Pflanzenfamilie: Rosaceae – Rosengewächse

Name: *Potentilla* unklar; *sterilis* lat. unfruchtbar

Merkmale: 5 bis 15 cm hoch; mit oberirdischen Ausläufern; Blätter mit 3 Teilblättern; Rand der Teilblätter gezähnt; Blüten 8 bis 15 mm im Durchmesser, mit 5 weißen Blütenblättern, die sich meist nicht berühren; zahlreiche Früchte (Nüsschen) pro Blüte

Fortpflanzung: Blüte März bis Mai; zwittrig; Insektenbestäubung; Ameisenausbreitung

Vorkommen: Böschungen, Hecken, Wälder, Waldränder

Wissenswertes: Vegetative Vermehrung durch bis zu 10 cm lange Ausläufer.

Fragaria vesca L. **Wald-Erdbeere**

Pflanzenfamilie: Rosaceae – Rosengewächse

Name: *Fragaria* unklar; *vesca* lat. essbar

Merkmale: 5 bis 20 cm hoch; mit langen, oberirdischen Ausläufern; Blätter mit 3 Teilblättern, Rand der Teilblätter gezähnt; Blüten 10 bis 15 mm im Durchmesser, mit 5 weißen Blütenblättern, die sich meist berühren oder überdecken; pro Blüte zahlreiche Früchte (Nüsschen) auf der roten Oberfläche des fleischigen Blütenbodens (Erdbeere)

Fortpflanzung: Blüte April bis Juni; zwittrig; Insektenbestäubung; Tierausbreitung (z. B. Amsel, Schnecken)

Vorkommen: Hecken, Wälder, Waldränder, Waldschläge

Wissenswertes: Vegetative Vermehrung mit bis zu 2,5 m langen Ausläufern. • Wald-Erdbeeren schmecken am besten direkt ab Pflanze am Fundort, können aber natürlich auch gesammelt und z. B. mit flüssigem Rahm genossen werden. • Die kultivierten Erdbeeren sind Kreuzungen von nordamerikanischen Wildarten.

681 a Blüten weiß (oft etwas grün) oder schwach rosa 682
b Blüten kräftig rosa, rot oder lila 689 (S. 276)
c Blüten gelb oder gelblich 691 (S. 278)

682 a Blüten hängend 683
b Blüten nicht hängend 687

683 a Blätter lang und schmal, höchstens 15 mm breit 684
b Blätter oval bis länglich, meist deutlich breiter als 15 mm 685

684 a Blüte mit 6 gleichartigen Blütenblättern ▶ ***Leucojum vernum***
b Blüte mit 3 äußeren, längeren und 3 inneren, kürzeren Blütenblättern ▶ ***Galanthus nivalis***

685 a Pflanze meistens mit 2 Blättern, manchmal 1 oder 3 ▶ ***Convallaria majalis***
b Pflanze mit mindestens 4 Blättern 686

Leucojum vernum L.
Märzenglöckchen, Frühlings-Knotenblume

Pflanzenfamilie: Amaryllidaceae – Narzissengewächse

Name: *Leuco-* griech. weiß; *-jum* griech. Veilchen; *vernum* lat. Frühling

Merkmale: 10 bis 30 cm hoch; Blätter 20 bis 30 cm lang und bis 15 mm breit; Blüten hängend, glockenförmig, sechs 15 bis 25 mm lange Blütenblätter mit einem grünlichen Fleck an der Spitze; Früchte (Kapseln) birnenförmig

Fortpflanzung: Blüte Februar bis April; zwittrig; Insektenbestäubung; Ameisenausbreitung

Vorkommen: Feuchte Wiesen, Wälder, Obstgärten; auch verwildert

Wissenswertes: Die Zwiebeln und Blätter sind giftig. Vergiftungssymptome sind u. a. Übelkeit, Erbrechen, Durchfall, Herzrhythmusstörungen.

Galanthus nivalis L. (Gewöhnliches) Schneeglöckchen

Pflanzenfamilie: Amaryllidaceae – Narzissengewächse

Name: *Gal-* griech. Milch; *-anthus* griech. Blüte; *nivalis* lat. Schnee

Merkmale: 5 bis 25 cm hoch; Blätter 10 bis 25 cm lang und bis 10 mm breit, bläulich grün; Blüten hängend, mit 3 äußeren, weißen, 15 bis 20 mm langen Blütenblättern und 3 inneren, kürzeren Blütenblättern mit einem grünlichen Fleck an der Spitze; Früchte (Kapseln) ei- bis kugelförmig

Fortpflanzung: Blüte Januar bis März; zwittrig; Insektenbestäubung; Ameisenausbreitung

Vorkommen: Wiesen, Gebüsche, Auen- und Laubwälder, Obstgärten; oft verwildert

Wissenswertes: Die ganze Pflanze ist giftig.Vergiftungssymptome sind u. a. Übelkeit, Erbrechen, Durchfall.

Convallaria majalis L. Maiglöckchen

Pflanzenfamilie: Asparagaceae – Spargelgewächse

Name: *Convallaria* lat. Talkessel; *majalis* lat. Mai

Merkmale: 10 bis 30 cm hoch; Blätter oval bis länglich, 10 bis 20 cm lang; Blütenstand locker, mit 4 bis 20 glockenförmigen, auf eine Seite hängenden Blüten, diese 5 bis 7 mm lang, weiß, stark duftend, mit 6 nach außen gekrümmten Blütenzipfeln; Früchte (Beeren) rot

Fortpflanzung: Blüte Mai; zwittrig; Bienenbestäubung; Tierausbreitung

Vorkommen: Laub- und Föhren-/Kiefernwälder, Felsschutt

Wissenswertes: Maiglöckchen treten oft in Herden auf. Dies ist auf ihre vegetative Fortpflanzung – d. h. Fortpflanzung ohne vorausgegangene Befruchtung und damit Durchmischung der genetischen Information – in Form von unterirdischen Ausläufern (Rhizome) zurückzuführen. In solchen Fällen stammen alle Pflanzen von einer einzigen Mutterpflanze ab, sind deshalb genetisch identisch und bilden zusammen einen Klon. • Die ganze Pflanze ist sehr stark giftig, besonders die Blüten und Früchte. Vergiftungssymptome sind u. a. Hautreizungen, Übelkeit, Durchfall, Schwindel, Herzrhythmusstörungen bis zu Herzstillstand. Maiglöckchenpräparate werden (unter ärztlicher Aufsicht) bei Herzerkrankungen verwendet.

686 a Stängel ohne oder mit undeutlichen Kanten ▶ *Polygonatum multiflorum*
b Stängel mit deutlichen, scharfen Kanten ▶ *Polygonatum odoratum*

687 a Blüten mit 3 weißen oder rosafarbenen Blütenblättern ▶ *Alisma plantago-aquatica*
b Blüten mit 6 weißen Blütenblättern 688

Polygonatum multiflorum (L.) All. Vielblütiges Salomonssiegel, Vielblütige Weißwurz

Pflanzenfamilie: Asparagaceae – Spargelgewächse

Name: *Poly-* griech. viel; *-gonatum* griech. Knie; *multi-* lat. viel; *-florum* lat. Blüte

Merkmale: 20 bis 80 cm hoch; Stängel gebogen, rund oder höchstens undeutlich kantig; Blätter oval bis länglich, bis 15 cm lang und bis 6 cm breit, obere fast waagrecht stehend, Blattunterseite graugrün; Blüten in Büscheln an dünnen Stielen hängend, 12 bis 20 mm lang, weiß, 6 Blütenzipfel mit grünlichen Spitzen; Früchte (Beeren) kugelig, bis 10 mm im Durchmesser, dunkelblau

Fortpflanzung: Blüte April bis Juni; zwittrig; Insektenbestäubung; Tierausbreitung

Vorkommen: Gebüsche, Wälder, besonders Buchenwälder

Wissenswertes: Vegetative Vermehrung durch Rhizome, wobei jedes Jahr eine Verdickung (Knoten, vgl. griechischer Name) gebildet wird. • Am Rhizom bilden sich nach dem Absterben des oberirdischen Sprosses Narben, die einem Siegel ähnlich sehen. Der Legende nach soll König Salomon mit dem Rhizom dieser Art Felsen gespalten haben zum Bau seines Tempels, daher der Name.

Polygonatum odoratum (Mill.) Druce Echtes Salomonssiegel, Duftende Weißwurz

Pflanzenfamilie: Asparagaceae – Spargelgewächse

Name: *Poly-* griech. viel; *-gonatum* griech. Knie; *odoratum* lat. wohlriechend

Merkmale: 20 bis 50 cm hoch; Stängel schräg stehend oder gebogen, mit deutlichen Kanten; Blätter oval bis länglich, bis 15 cm lang, Blattunterseite graugrün; Blüten meist einzeln an dünnen Stielen hängend,12 bis 25 mm lang, weiß, 6 Blütenzipfel mit grünlichen Spitzen; Früchte (Beeren) kugelig, bis 10 mm im Durchmesser, dunkelblau

Fortpflanzung: Blüte Mai bis Juni; zwittrig; Bienenbestäubung; Tierausbreitung

Vorkommen: Trockenrasen, trockene Gebüsche, Felsen und Felsschutt

688 a Blüten mindestens 30 mm im Durchmesser ▶ *Ornithogalum umbellatum*

b Blüten höchstens 20 mm im Durchmesser ▶ *Allium ursinum* (S. 276)

Alisma plantago-aquatica L.
Gewöhnlicher Froschlöffel

Pflanzenfamilie: Alismataceae – Froschlöffelgewächse

Name: *Alisma* unklar; *plantago-* lat. Wegerich *(Plantago)*; *-aquatica* lat. Wasser

Merkmale: 20 bis 100 cm hoch; Blätter oval bis länglich, bis 25 cm lang und bis 10 cm breit; Blütenstand reich verzweigt, Blüten 7 bis 12 mm im Durchmesser, mit 3 unteren, grünlichen und 3 oberen, weißen oder rosafarbenen Blütenblättern; zahlreiche kreisförmig angeordnete Früchte (Nüsschen) pro Blüte

Fortpflanzung: Blüte Juni bis August; zwittrig; Fliegenbestäubung; Wasser- und Tierausbreitung

Vorkommen: Stehende oder langsam fließende Gewässer, Gräben, Sümpfe

Ornithogalum umbellatum L.
Doldiger Milchstern, Dolden-Milchstern

Pflanzenfamilie: Asparagaceae – Spargelgewächse

Name: *Ornitho-* griech. Vogel; *-galum* griech. Milch; *umbellatum* lat. schirmförmig

Merkmale: 10 bis 30 cm hoch; Blätter grasähnlich, 2 bis 6 mm breit, im Querschnitt rinnenförmig, mit hellem Längsstreifen; Blüten 30 bis 40 mm im Durchmesser, mit 6 weißen Blütenblättern, jedes mit einem grünen Mittelstreif auf der Außenseite, 3 bis 15 Blüten in einem schirmförmigen Blütenstand; Früchte (Kapseln) dreiteilig

Fortpflanzung: Blüte April bis Mai; zwittrig; Insektenbestäubung; Tierausbreitung (Ameisen)

Vorkommen: Wiesen, Obstgärten, Parkanlagen

Wissenswertes: Besonders die Zwiebeln sind giftig und lösen Herzbeschwerden aus.

689 a Pflanze ohne Blätter, nur 1 Blüte ▶ *Colchicum autumnale*
b Pflanze mit Blättern **690**

Allium ursinum L. Bär-Lauch

Pflanzenfamilie: Amaryllidaceae – Narzissengewächse

Name: Lauch: ahd.; *allium* unklar; *ursinum* lat. Bär

Merkmale: 15 bis 40 cm hoch; meist mit 2 ovalen, bis 20 cm langen Blättern, Blattoberseite glänzend, Blätter beim Zerreiben stark nach Knoblauch duftend; Blütenstand mit 10 bis 25 Hauptästen, Blüten 10 bis 20 mm im Durchmesser, mit 6 weißen Blütenblättern; 3 Früchte (Kapseln) pro Blüte

Fortpflanzung: Blüte April bis Mai; zwittrig; Insektenbestäubung; Ameisenausbreitung

Vorkommen: Auenwälder, feuchte Laubwälder, insbesondere Buchenwälder

Wissenswertes: Oft in sehr dichten Beständen, die man schon aus einiger Entfernung riechen kann. • Die frischen Blätter oder der Presssaft haben verdauungsfördernde und schwach blutdrucksenkende Wirkung. • Die jungen Blätter eignen sich roh als scharfe Salatbeigabe und zur Zubereitung von Pesto. Die Zwiebeln können wie Knoblauch oder gewöhnliche Zwiebeln verwendet werden.

Colchicum autumnale L. Herbst-Zeitlose

Pflanzenfamilie: Colchicaceae – Zeitlosengewächse

Name: *Colchicum* nach der Landschaft Kolchis am Schwarzen Meer; *autumnale* lat. Herbst

Merkmale: 5 bis 25 cm hoch; Blätter länglich, bis 25 cm lang und bis 5 cm breit, Pflanze während der Blütezeit aber ohne Blätter; Blüte 30 bis 80 mm im Durchmesser, mit 6 rosa- oder lilafarbenen Blütenblättern; Früchte (Kapseln) dreiteilig, erscheinen erst zusammen mit den Blättern im folgenden Frühjahr

Fortpflanzung: Blüte August bis Oktober; zwittrig; Insektenbestäubung; Tierausbreitung (Ameisen)

Vorkommen: Eher feuchte Wiesen, lichte und feuchte Wälder

Wissenswertes: Alle Pflanzenteile und besonders Samen und Knolle sind sehr stark giftig. Vergiftungssymptome sind u. a. Übelkeit, Krämpfe, Herzrhythmusstörungen und Atemlähmung. 5 g Samen bzw. 40 mg Colchicin gelten für Erwachsene und 1,2 g Samen für Kinder als tödlich. • Der Hauptwirkstoff Colchicin stört die Funktion des Spindelapparates und hemmt dadurch die Zellteilung. Er wird in der experimentellen Biologie eingesetzt, z. B. zur Herstellung polyploider Zellen bzw. Pflanzen. • Verwendung gegen Gicht und in der Homöopathie.

690 a Blüten 30 bis 60 mm im Durchmesser, Blütenblätter nach oben gebogen
▶ ***Lilium martagon***
b Blüten 15 bis 25 mm im Durchmesser, Blütenblätter nicht nach oben gebogen
▶ ***Lythrum salicaria***

Lilium martagon L.
Türkenbund, Türkenbund-Lilie

Pflanzenfamilie: Liliaceae – Liliengewächse

Name: Lilie: von *Lilium*; *lilium* unklar; *martagon* türk. Turban

Merkmale: 30 bis 100 cm hoch; Blätter schmal bis oval, bis 15 cm lang, in der Mitte des Stängels quirlständig (4 bis 8 Blätter stehen auf gleicher Höhe am Stängel), darunter und darüber wechselständig; Blüten 30 bis 60 mm im Durchmesser, mit 6 nach oben gebogenen Blütenblättern, purpurrot mit dunklen Flecken; Früchte (Kapseln) sechskantig

Fortpflanzung: Blüte Juni bis Juli; zwittrig; Insektenbestäubung; Windausbreitung

Vorkommen: Wiesen, Laubwälder

Wissenswertes: Die Blütenknospen werden gerne von Rehen abgefressen. • Längliche Löcher in den Blättern und abgefressene Blattränder stammen meist vom Lilienhähnchen *(Lilioceris lilii)*, einem auffälligen, signalroten und 6 bis 8 mm großen Blattkäfer.

Lythrum salicaria L.
(Gewöhnlicher) Blutweiderich

Pflanzenfamilie: Lythraceae – Weiderichgewächse

Name: Weiderich: Blätter ähnlich denjenigen der Weiden; *lythrum* griech. Saft der Purpurschnecke; *salicaria* lat. weidenartig *(Salix)*

Merkmale: 30 bis 150 cm hoch; Stängel kantig; Blätter schmal, bis 10 cm lang, quirlständig (3 Blätter stehen auf gleicher Höhe am Stängel) oder gegenständig, im obersten Teil des Stängels oft wechselständig; Blüten 15 bis 25 mm im Durchmesser, mit meist 6 rosa bis purpurroten Blütenblättern, in mindestens 10 cm langen Blütenständen; Früchte (Kapseln) bis 6 mm lang

Fortpflanzung: Blüte Juli bis August; zwittrig; Insektenbestäubung; Wind- und Tierausbreitung

Vorkommen: Ufer, Gräben, Sümpfe, Moore, feuchte Wiesen

Wissenswertes: Das getrocknete Kraut wird als Tee bei Durchfällen getrunken oder äußerlich als Blutstillungsmittel verwendet.

691 a Pflanze mit 1 bis 7 sternförmigen, gelben Blüten ▶ *Gagea lutea*
b Pflanze mit zahlreichen kleinen, gelblichen Blüten in einem länglichen Blütenstand ▶ *Reseda lutea*

Gagea lutea (L.) Ker Gawl. Wald-Gelbstern, Wald-Goldstern

Pflanzenfamilie: Liliaceae – Liliengewächse

Name: *Gagea* nach Thomas Gage, engl. Förderer der Naturwissenschaften (1781–1820); *lutea* lat. gelb

Merkmale: 10 bis 30 cm hoch; Blatt lang und schmal, 5 bis 15 mm breit; Blüten 15 bis 30 mm im Durchmesser, mit 6 gelben Blütenblättern; Früchte (Kapseln) dreiteilig

Fortpflanzung: Blüte April bis Mai; zwittrig; Insektenbestäubung; Ameisenausbreitung

Vorkommen: Wiesen, Hecken, Auenwälder, Laubwälder, Obstgärten

Wissenswertes: Vegetative Vermehrung durch Brutzwiebeln.

Reseda lutea L. Gelbe Reseda, Gelbe Resede

Pflanzenfamilie: Resedaceae – Resedagewächse, Waugewächse

Name: *Reseda* lat. lindern, stillen; *lutea* lat. gelb

Merkmale: 25 bis 60 cm hoch; Blätter tief in schmale Abschnitte eingeschnitten; Blüten in einem langen, oben kegelförmigen Blütenstand, 3 bis 7 mm im Durchmesser, mit 6 hellgelben Blütenblättern; Früchte (Kapseln) 8 bis 12 mm lang

Fortpflanzung: Blütezeit Juni bis September; zwittrig; Insektenbestäubung; Wind- und Ameisenausbreitung

Vorkommen: Äcker, Weinberge, Schuttplätze, Wegränder, Bahnareale, Kiesgruben

Wissenswertes: Raupenfutterpflanze des Resedafalters *(Pontia daplidice)*.

701 a Blätter strahlenförmig in 9 bis 17 Teilblätter unterteilt ▶ *Lupinus polyphyllus*

b Blätter anders gestaltet 702

Lupinus polyphyllus Lindl.
Vielblättrige Lupine, Stauden-Lupine

Pflanzenfamilie: Fabaceae – Schmetterlingsblütler

Name: Lupine: von *lupinus*; *lupinus* lat. Wolf; *poly-* griech. viel; *-phyllus* griech. Blatt

Merkmale: 60 bis 150 cm hoch; Blätter mit 9 bis 17 strahlenförmig angeordneten Teilblättern; Blüten 12 bis 16 mm lang, blau oder purpurrot, in 15 bis 60 cm langen Blütenständen; Früchte (Hülsen) 25 bis 60 mm lang und 7 bis 10 mm breit, dicht behaart

Fortpflanzung: Blüte Juni bis September; zwittrig; Bienenbestäubung; Tier- und Selbstausbreitung

Vorkommen: Wiesen, Böschungen, Waldschläge

Wissenswertes: Bei warmem Wetter springen die Hülsen auf und die darin enthaltenen Samen werden bis zu 8 m weit herausgeschleudert. • Die Pflanze breitet sich schnell durch unterirdische Ausläufer (Rhizome) aus. • Die Wurzeln leben in Symbiose mit Bakterien (*Rhizobium* sp.), die Luftstickstoff (N_2) fixieren und die Pflanzen mit Stickstoffverbindungen versorgen. • Besonders die Samen sind stark giftig. Vergiftungssymptome sind u. a. Erbrechen, Herzrhythmusstörungen, Lähmungen, Tod durch Atemlähmung. • Stammt aus Nordamerika und wurde im 19. Jahrhundert als Zierpflanze nach Europa eingeführt. In dichten Beständen ist das Aufkommen anderer Pflanzenarten stark erschwert. Durch die Anreicherung des Bodens mit Stickstoffverbindungen wird das Aufkommen von Pflanzenarten, die stickstoffarme Bodenverhältnisse bevorzugen, erschwert. Bekämpfung: Blütenstände nach dem Verblühen abschneiden, einzelne Pflanzen ausreißen, größere Bestände jeweils im Juni und August während mehrerer Jahre mähen, alle Pflanzenteile über die Kehrichtabfuhr entsorgen (nicht kompostieren!).

702 a Blätter in schmale Zipfel zerschlitzt ▶ ***Fumaria officinalis***

b Blätter anders gestaltet **703**

703 a Größere Blätter aus mindestens 2 ± gleichen Teilblättern zusammengesetzt **411** (S. 162) ......

b Blätter anders gestaltet **704**

704 a Pflanze mit 2 großen Blättern im untersten Teil des Stängels (darüber höchstens ein paar viel kleinere Blätter) **705**

b Pflanze mit mehr als 2 gleichartigen Blättern am Stängel **706**

705 a Stängel unterhalb der beiden Blätter vierkantig, oberhalb davon rundlich ▶ ***Listera ovata***

b Stängel überall rundlich ▶ ***Platanthera bifolia***

706 a Blätter im oberen Teil des Stängels quirlständig, d.h., 3 Blätter stehen auf gleicher Höhe am Stängel ▶ ***Impatiens glandulifera*** (S. 282) ....

b Blätter nicht quirlständig **707**

707 a Blätter mindestens im unteren Teil des Stängels gegenständig, d.h., sie stehen sich auf gleicher Höhe gegenüber **708** ....

b Blätter wechselständig, d.h., sie stehen sich nicht gegenüber **745** (S. 301) ....

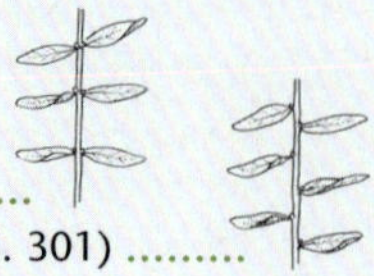

708 a Vorherrschende Blütenfarbe grünlich gelb oder (hell)gelb **740** (S. 298)

b Vorherrschende Blütenfarbe weiß, rosa, rot, lila, violett oder blau sowie (grünlich bis) braunrot **709**

709 a Blätter im oberen Teil des Stängels wechselständig, d.h., sie stehen sich nicht auf gleicher Höhe gegenüber **737** (S. 295)

b Alle Blätter gegenständig, d.h., sie stehen sich am Stängel auf gleicher Höhe gegenüber **710**

Fumaria officinalis L.
Echter oder Gewöhnlicher Erdrauch

Pflanzenfamilie: Papaveraceae – Mohngewächse

Name: *Fumaria* lat. Rauch; *officinalis* lat. für Arzneimittel verwendet

Merkmale: 10 bis 30 cm hohe, einjährige Pflanze; Blätter in schmale Zipfel zerschlitzt, blaugrün; längliche Blütenstände mit 10 bis 50 Blüten, diese 6 bis 9 mm lang, rosa bis purpurrot, an der Spitze etwas dunkler; Früchte (Nüsse) kugelig, 2 bis 3 mm im Durchmesser

Fortpflanzung: Blüte Mai bis September; zwittrig; Insektenbestäubung; Ameisenausbreitung

Vorkommen: Gärten, Äcker, Weinberge, Ödland

Wissenswertes: Die ganze Pflanze ist giftig und verursacht je nach Dosierung eine Erhöhung oder Verringerung des Blutdruckes.

Listera ovata (L.) R. Br. Großes Zweiblatt

Pflanzenfamilie: Orchidaceae – Knabenkraut- oder Orchideengewächse

Name: *Listera* nach Martin Lister, engl. Arzt und Naturforscher (1638–1711); *ovata* lat. eiförmig, oval

Merkmale: 20 bis 60 cm hoch; Stängel mit 2 ± gegenständigen Blättern, diese rundlich bis oval, bis 10 cm lang und bis 8 cm breit, etwas derb; Blütenstand mit 10 bis 40 Blüten, diese 10 bis 20 mm lang und 5 bis 8 mm breit, grün bis gelbgrün, Lippe eingeschnitten; Früchte (Kapseln) kugelig

Fortpflanzung: Blüte Mai bis Juli; zwittrig; Insektenbestäubung; Windausbreitung

Vorkommen: Wiesen, Weiden, Wälder

Wissenswertes: Allgemeines zur Pflanzenfamilie der Orchideen ➤ S. 390

Platanthera bifolia (L.) Rich. Weißes Breitkölbchen, Weiße Waldhyazinthe

Pflanzenfamilie: Orchidaceae – Knabenkraut- oder Orchideengewächse

Name: *Plat-* griech. flach, breit; *-anthera* griech. blühend, Staubbeutel; *bi-* lat. zwei; *-folia* lat. Blatt

Merkmale: 20 bis 50 cm hoch; im unteren Teil des Stängels meist nur 2 ovale, bis 15 cm lange und bis 5 cm breite Blätter, darüber 1 bis 4 kleinere, längliche Blätter; Blütenstand 5 bis 15 cm lang mit 10 bis 40 Blüten, diese 15 bis 23 mm im Durchmesser, weiß oder grünlich weiß, duftend, mit einem 20 bis 25 mm langen, dünnen Sporn und einer 8 bis 20 mm langen, bandförmigen Lippe; Früchte (Kapseln) 12 bis 15 mm lang

Fortpflanzung: Blüte Mai bis Juli; zwittrig; Nachtfalterbestäubung; Windausbreitung

Vorkommen: Feuchte Wiesen, Heiden, Wälder

Wissenswertes: Allgemeines zur Pflanzenfamilie der Orchideen ➤ S. 390

710 a Blüten an langen Stielen, Stiele (meistens) länger als die Blüte 711

b Blüten nicht oder nur kurz gestielt 712

711 a Stängel an den Kanten mit längsverlaufenden, abstehenden Streifen (geflügelt) ▶ *Scrophularia umbrosa* ....

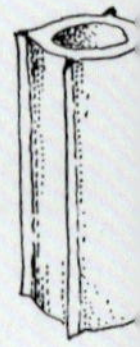

b Stängel nicht geflügelt ▶ *Scrophularia nodosa*

Impatiens glandulifera Royle **Drüsiges Springkraut**

Pflanzenfamilie: Balsaminaceae – Balsaminen- oder Springkrautgewächse

Name: *Impatiens* lat. ungeduldig, empfindlich; *glanduli-* lat. Drüsen; *-fera* lat. tragend

Merkmale: 100 bis 200 cm hohe, einjährige Pflanze; Blätter im oberen Teil des Stängels zu dritt auf gleicher Höhe, im unteren Teil meist gegenständig, schmal bis oval, bis 25 cm lang, Blattrand scharf gezähnt; Blüten 25 bis 40 mm lang, mit gekrümmtem Anhängsel, rosa bis purpurrot; Früchte (Kapseln) bis 5 cm lang, keulenförmig

Fortpflanzung: Blüte Juli bis September; zwittrig; Bienenbestäubung; Selbstausbreitung

Vorkommen: Bachufer, Ufergebüsche, Auenwälder

Wissenswertes: Die Fruchtwände der reifen Früchte stehen unter Druck und öffnen sich bei Berührung schlagartig. Dabei rollen sich die Fruchtwände nach hinten und die Samen werden bis zu 7 m weit weggeschleudert. • Stammt aus dem Himalaja und wurde im 19. Jahrhundert als Zier- und Bienenpflanze nach Europa eingeführt. • Das Drüsige Springkraut bildet oft in Ufernähe dichte und artenarme Bestände. Da die Pflanzen aber im Herbst absterben, bilden sie nur ein kleines Wurzelwerk, das den Boden nicht festigen kann und dadurch z. B. Bachufer kaum vor Erosion schützt. Bekämpfung: Pflanzen vor dem Blühen ausreißen oder mähen, alle Pflanzenteile über die Kehrichtabfuhr entsorgen (nicht kompostieren!).

Scrophularia umbrosa Dumort. **Geflügelte Braunwurz, Flügel-Braunwurz**

Pflanzenfamilie: Scrophulariaceae – Braunwurzgewächse

Name: *Scrophularia* lat. Sau; *umbrosa* lat. beschattet, schattig, dunkel

Merkmale: 50 bis 120 cm hoch; Stängel an den Kanten mit längsverlaufenden, abstehenden Streifen (geflügelt); Blätter gegenständig, oval, Blattrand gezähnt; Blüten in lockeren Blütenständen, 6 bis 8 mm lang, grünlich bis rotbraun, oberer Teil der Blüte (Oberlippe) zweiteilig, Unterlippe dreiteilig, sehr kurz; Früchte (Kapseln) ± kugelig

Fortpflanzung: Blüte Juni bis August; zwittrig; Insektenbestäubung; Wind- und Wasserausbreitung

Vorkommen: Bachufer, Röhrichte, Gräben

712 a Blätter eingeschnitten oder zumindest grob und tief gezähnt **713**
b Blätter nicht eingeschnitten, oft aber mit gezähntem Blattrand **714**

713 a Blüten in bis 20 cm langen, dünnen, rutenförmigen Blütenständen ▶ *Verbena officinalis* (S. 219)
b Blüten stockwerkartig oberhalb der Blätter angeordnet ▶ *Lycopus europaeus*

Scrophularia nodosa L.
Knotige Braunwurz, Knoten-Braunwurz

Pflanzenfamilie: Scrophulariaceae – Braunwurzgewächse

Name: *Scrophularia* lat. Sau; *nodosa* lat. knotig

Merkmale: 40 bis 120 cm hoch; Pflanze eher unangenehm riechend; Stängel vierkantig; Blätter gegenständig, herzförmig bis oval, Blattrand gezähnt; Blüten in lockeren Blütenständen, 7 bis 9 mm lang, grünlich bis rotbraun, oberer Teil der Blüte (Oberlippe) zweiteilig, Unterlippe dreiteilig, sehr kurz; Früchte (Kapseln) kegelförmig

Fortpflanzung: Blüte Juni bis Juli; zwittrig; Selbstbestäubung; Windausbreitung

Vorkommen: Gebüsche, Wälder, Waldschläge

Lycopus europaeus L.
Europäischer Wolfsfuß, Ufer-Wolfstrapp

Pflanzenfamilie: Lamiaceae – Lippenblütler

Name: *Lyco-* griech. Wolf; *-pus* griech. Fuß; *europaeus* lat. europäisch

Merkmale: 20 bis 90 cm hoch; Stängel vierkantig; Blätter gegenständig, länglich, bis 8 cm lang, Blattrand grob gezähnt bis eingeschnitten; Blüten stockwerkartig in dichten Blütenständen oberhalb der Blätter angeordnet, 4 bis 6 mm lang, weiß, oberer Teil der Blüte (Oberlippe) ähnlich wie die 3 Teile der Unterlippe, diese mit roten Punkten; 4 Früchte (Nüsschen) pro Blüte

Fortpflanzung: Blüte Juli bis September; zwittrig; Insektenbestäubung; Wasser- und Tierausbreitung

Vorkommen: Ufer, Röhrichte, Gräben, Sümpfe

714 a Oberer Teil der Blüte (Oberlippe) gewölbt **715** ....

b Oberlippe flach, aufgeworfen oder ± fehlend **728** (S. 290) ....

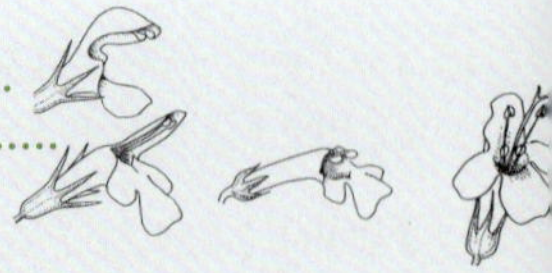

715 a Blattrand regelmäßig gezähnt **716**

b Blattrand glatt oder höchstens undeutlich gezähnt **727** (S. 290)

716 a Zähne am Blattrand eher spitz **717**

b Zähne am Blattrand abgerundet, stumpf **722**

717 a Stängel direkt unterhalb der Blattansatzstellen etwas angeschwollen **718**

b Stängel bei den Blattansatzstellen nicht angeschwollen **719**

Galeopsis tetrahit L. Stechender Hohlzahn

Pflanzenfamilie: Lamiaceae – Lippenblütler

Name: *Gale-* evtl. Labkraut *(Galium)*; *-opsis* griech. Aussehen; *tetra-* griech. vier; *-hit* unklar

Merkmale: 10 bis 100 cm hohe, einjährige Pflanze; Stängel vierkantig, direkt unter den Blättern verdickt und borstig behaart; Blätter gegenständig, eiförmig, bis 12 cm lang, Blattrand gezähnt; Blüten stockwerkartig in dichten Blütenständen oberhalb der Blätter angeordnet, 14 bis 22 mm lang, rosa bis rotviolett (seltener weiß), oberer Teil der Blüte (Oberlippe) gewölbt, Unterlippe dreiteilig und mit zwei hohlen Buckeln (Zähnen), Blütenkelch mit 5 langen, stachelartigen Zähnen; 4 Früchte (Nüsschen) pro Blüte

Fortpflanzung: Blüte Juni bis Oktober; zwittrig; Insektenbestäubung; Tierausbreitung

Vorkommen: Waldschläge, Äcker, Schuttplätze, Wegränder

Galeopsis bifida L. Ausgerandeter oder Kleinblütiger Hohlzahn

Pflanzenfamilie: Lamiaceae – Lippenblütler

Name: *Gale-* evtl. Labkraut *(Galium)*; *-opsis* griech. Aussehen; *bifida* lat. zweigeteilt

Merkmale: 20 bis 70 cm hohe, einjährige Pflanze; Stängel vierkantig, direkt unter den Blättern verdickt und borstig behaart; Blätter gegenständig, eiförmig, bis 12 cm lang, Blattrand gezähnt; Blüten stockwerkartig in dichten Blütenständen oberhalb der Blätter angeordnet, 10 bis 15 mm lang, hellrot (seltener weiß), oberer Teil der Blüte (Oberlippe) gewölbt, Unterlippe dreiteilig und mit zwei hohlen Buckeln (Zähnen); 4 Früchte (Nüsschen) pro Blüte

Fortpflanzung: Blüte Juni bis Oktober; zwittrig; Insektenbestäubung; Tierausbreitung

Vorkommen: Waldschläge, Äcker

718 a Größere Blätter mit mindestens 10 Zähnen auf jeder Blattseite ▶ *Galeopsis tetrahit*

b Größere Blätter mit höchstens 10 Zähnen ▶ *Galeopsis bifida*

719 a Blüten 10 bis 15 mm lang 720

b Blüten 20 bis 30 mm lang 721

720 a Blattoberfläche auffällig runzlig; Blüten rosa bis purpurrot oder weiß ▶ *Ballota nigra*

b Blattoberfläche «normal» (ähnlich Brennnessel); Blüten dunkel weinrot ▶ *Stachys sylvatica*

Ballota nigra L. (Gewöhnliche) Schwarznessel

Pflanzenfamilie: Lamiaceae – Lippenblütler

Name: Nessel: ahd.; *ballota* unklar; *nigra* lat. schwarz

Merkmale: 30 bis 130 cm hoch; Pflanze eher unangenehm riechend; Stängel vierkantig, abstehend behaart; Blätter gegenständig, rundlich bis länglich, bis 8 cm lang, behaart, Blattoberseite durch die eingesenkten Blattnerven runzlig, Blattrand gezähnt; Blüten stockwerkartig in dichten Blütenständen oberhalb der Blätter angeordnet, 10 bis 15 mm lang, rosa bis purpurrot oder weiß, oberer Teil der Blüte (Oberlippe) gewölbt, Unterlippe dreiteilig; 4 dreikantige Früchte (Nüsschen) pro Blüte

Fortpflanzung: Blüte Juni bis August; zwittrig; Insektenbestäubung; Tierausbreitung

Vorkommen: Gebüsche, Schuttplätze, Wegränder, Mauern

Stachys sylvatica L. Wald-Ziest

Pflanzenfamilie: Lamiaceae – Lippenblütler

Name: Ziest: russ. Name dieser Gattung; *stachys* griech. Ähre; *sylvatica* lat. Wald

Merkmale: 30 bis 100 cm hoch; Pflanze eher unangenehm riechend; Stängel vierkantig, abstehend behaart; Blätter gegenständig, herz- oder eiförmig, bis 9 cm lang, behaart, Blattrand gezähnt; Blüten stockwerkartig und kreisförmig oberhalb der Blätter angeordnet, 12 bis 15 mm lang, dunkel weinrot, oberer Teil der Blüte (Oberlippe) etwas gewölbt, Unterlippe dreiteilig und mit weißlichen Flecken; 4 dreikantige Früchte (Nüsschen) pro Blüte

Fortpflanzung: Blüte Juni bis September; zwittrig; Insektenbestäubung; Tierausbreitung

Vorkommen: Hecken, Wälder

721 a Blüten purpurrot ▶ *Lamium maculatum*
b Blüten weiß ▶ *Lamium album*

722 a Blüten 20 bis 25 mm lang ▶ *Salvia pratensis*
b Blüten höchstens 18 mm lang 723

Lamium maculatum (L.) L. Gefleckte Taubnessel

Pflanzenfamilie: Lamiaceae – Lippenblütler

Name: Nessel: ahd.; *lamium* evtl. griech. großer Schlund; *maculatum* lat. gefleckt

Merkmale: 15 bis 50 cm hoch; mit Ausläufern; Stängel vierkantig; Blätter gegenständig, ei- oder herzförmig, bis 6 cm lang, oft hell gefleckt, Blattrand gezähnt; Blüten stockwerkartig und kreisförmig oberhalb der Blätter angeordnet, 20 bis 30 mm lang, purpurrot, oberer Teil der Blüte (Oberlippe) gewölbt, Unterlippe dreiteilig und dunkler gefleckt; 4 Früchte (Nüsschen) pro Blüte

Fortpflanzung: Blüte April bis September; zwittrig; Insektenbestäubung; Ameisenausbreitung

Vorkommen: Hecken, Schuttplätze, Wegränder

Wissenswertes: Die Blätter und Sprossspitzen können z. B. Salaten, Risottos und Dips zugegeben oder als Pfannengemüse zubereitet werden, die Blüten eignen sich als essbare Dekoration.

Lamium album (L.) L. Weiße Taubnessel

Pflanzenfamilie: Lamiaceae – Lippenblütler

Name: Nessel: ahd.; *lamium* evtl. griech. großer Schlund; *album* lat. weiß

Merkmale: 20 bis 50 cm hoch; mit Ausläufern; Stängel vierkantig; Blätter gegenständig, herzförmig bis länglich, bis 8 cm lang, Blattrand gezähnt; Blüten stockwerkartig und kreisförmig oberhalb der Blätter angeordnet, 20 bis 30 mm lang, weiß, oberer Teil der Blüte (Oberlippe) gewölbt, Unterlippe dreiteilig; 4 Früchte (Nüsschen) pro Blüte

Fortpflanzung: Blüte Mai bis August; zwittrig; Insektenbestäubung; Ameisenausbreitung

Vorkommen: Hecken, Gebüsche, Ödland, Wegränder, Mauern

Wissenswertes: Tee aus dem getrockneten, blühenden Kraut wird zur Regulierung der Darmtätigkeit bei Durchfall und Verstopfung sowie bei Katarrh der Luftwege getrunken oder äußerlich in Form von Umschlägen und Bädern zur Wundheilung angewendet. • Die Blätter und Sprossspitzen können z. B. Salaten, Risottos und Dips zugegeben oder als Pfannengemüse zubereitet werden, die Blüten eignen sich als essbare Dekoration.

723 a Blätter ungefähr gleich lang wie breit 724

b Blätter deutlich (mindestens 3-mal) länger als breit 725

Salvia pratensis L. Wiesen-Salbei

Pflanzenfamilie: Lamiaceae – Lippenblütler

Name: Salbei: von *salvia*; *salvia* lat. unversehrt, unverletzt; *pratensis* lat. Wiese

Merkmale: 30 bis 60 cm hoch; Pflanze würzig riechend; Stängel vierkantig; Blätter gegenständig, herz- oder eiförmig bis länglich, bis 12 cm lang, Blattoberseite durch die eingesenkten Blattnerven runzlig, Blattrand stumpf gezähnt; Blüten stockwerkartig in langen Blütenständen angeordnet, 20 bis 25 mm lang, dunkelblau bis dunkelviolett, oberer Teil der Blüte (Oberlippe) deutlich gewölbt, unterer Teil (Unterlippe) dreiteilig; 4 Früchte (Nüsschen) pro Blüte

Fortpflanzung: Blüte Mai bis August; zwittrig; Insektenbestäubung; Tierausbreitung

Vorkommen: Trockenwiesen, Böschungen

Wissenswertes: Eine Biene auf der Suche nach Nektar dringt in eine Blüte ein und betätigt dadurch einen Hebelmechanismus, der bewirkt, dass die Staubbeutel sich auf den Rücken der Biene senken und dort den Pollen deponieren. Bei älteren Blüten ragt der Griffel mit der Narbe aus der Blüte, wodurch die Pollen auf dem Rücken einer besuchenden Biene aufgenommen werden: Die Bestäubung ist erfolgt. • Behaarte Knöllchen auf den Blättern sind die Gallen der Salbei-Gallmilbe *(Aceria salviae)*. Diese nicht mal 0,5 mm großen Milben legen Eier auf die Blätter und stimulieren dadurch die Pflanze, eine Wucherung zu bilden (die Galle). Darin saugen die Milben geschützt vor Fressfeinden und Witterung Pflanzensäfte. • Tee aus den frischen oder getrockneten Blättern wird bei Durchfall und Magenverstimmung getrunken, dient bei Entzündungen der Mund- und Rachenhöhle zum Gurgeln oder wird in Form von Umschlägen oder Badezusatz bei schlecht heilenden Wunden eingesetzt. • Die Blätter sind mild im Geschmack und können zum Würzen von Saucen, Risottos oder Suppen verwendet werden.

724 a Alle Blätter gestielt ▶ *Lamium purpureum*

b Blätter im oberen Teil des Stängels ohne Blattstiel ▶ *Lamium amplexicaule*

725 a Blüten paarweise und stockwerkartig oberhalb der Blätter angeordnet ▶ *Scutellaria galericulata*

b Blüten in dichten Blütenständen am Ende der Stängel und der Seitenäste 726

Lamium purpureum L. Acker-Taubnessel, Purpurrote Taubnessel

Pflanzenfamilie: Lamiaceae – Lippenblütler

Name: Nessel: ahd.; *lamium* evtl. griech. großer Schlund; *purpureum* lat. purpurrot

Merkmale: 10 bis 30 cm hohe, ein- oder zweijährige Pflanze; Stängel vierkantig; Blätter gegenständig, herzförmig, bis 2,5 cm lang, Blattrand stumpf gezähnt; Blüten stockwerkartig und kreisförmig oberhalb der Blätter angeordnet, 8 bis 15 mm lang, purpurrot, oberer Teil der Blüte (Oberlippe) gewölbt, Unterlippe dreiteilig; 4 Früchte (Nüsschen) pro Blüte

Fortpflanzung: Blüte Februar bis November; zwittrig; Insektenbestäubung; Ameisenausbreitung

Vorkommen: Gärten, Äcker, Weinberge, Schuttplätze

Wissenswertes: Die Blätter und Sprossspitzen können z. B. Salaten, Risottos und Dips zugegeben oder als Pfannengemüse zubereitet werden, die Blüten eignen sich als essbare Dekoration.

Lamium amplexicaule L. Stängelumfassende Taubnessel

Pflanzenfamilie: Lamiaceae – Lippenblütler

Name: Nessel: ahd.; *lamium* evtl. griech. großer Schlund; *amplexi-* lat. umfassend; *-caule* lat. Stängel

Merkmale: 10 bis 30 cm hohe, ein- oder zweijährige Pflanze; Stängel vierkantig, teilweise liegend; Blätter gegenständig, rundlich, bis 3 cm im Durchmesser, Blattrand stumpf gezähnt bis eingeschnitten; Blüten stockwerkartig und kreisförmig oberhalb der Blätter angeordnet, 10 bis 15 mm lang, rosa bis purpurrot, oberer Teil der Blüte (Oberlippe) gewölbt, Unterlippe dreiteilig und dunkel gefleckt; 4 warzige Früchte (Nüsschen) pro Blüte

Fortpflanzung: Blüte April bis September; zwittrig; Insektenbestäubung; Ameisenausbreitung

Vorkommen: Gärten, Äcker, Weinberge, Schuttplätze

Wissenswertes: Die Blätter und Sprossspitzen können z. B. Salaten, Risottos und Dips zugegeben oder als Pfannengemüse zubereitet werden, die Blüten eignen sich als essbare Dekoration.

726 a Stiele der unteren Blätter deutlich länger als das Blatt ▶ *Stachys officinalis*

b Stiele der unteren Blätter höchstens halb so lang wie das Blatt ▶ *Stachys palustris* (S. 290)

Scutellaria galericulata L.
Sumpf-Helmkraut, Gewöhnliches Helmkraut

Pflanzenfamilie: Lamiaceae – Lippenblütler

Name: *Scutellaria* lat. kleiner Schild (Kelchschuppe); *galericulata* lat. kleine Fellkappe

Merkmale: 15 bis 60 cm hoch; Stängel vierkantig; Blätter gegenständig, eiförmig bis länglich, bis 5 cm lang, Blattrand mit einzelnen Zähnen; Blüten paarweise und stockwerkartig auf einer Seite des Stängels angeordnet, 10 bis 17 mm lang, violettblau, unterer Teil der Blüte (Unterlippe) weißlich mit dunklen Flecken, Blütenkelch auf der Oberseite mit einer aufstehenden, ca. 1 mm langen Schuppe; 4 warzige Früchte (Nüsschen) pro Blüte

Fortpflanzung: Blüte Juni bis September; zwittrig; Insektenbestäubung; Wasser- und Tierausbreitung

Vorkommen: Ufer, Moore, nasse Wälder

Stachys officinalis (L.) Trevis., *Betonica officinalis* L.
Echte oder Gewöhnliche Betonie

Pflanzenfamilie: Lamiaceae – Lippenblütler

Name: Betonie: von *Betonica*; *stachys* griech. Ähre; *betonica* nach dem Volk der Vettonen in NW Spanien; *officinalis* lat. für Arzneimittel verwendet

Merkmale: 20 bis 70 cm hoch; Stängel vierkantig; Blätter gegenständig, oval bis länglich, bis 12 cm lang, Blattrand stumpf gezähnt; Blüten in kompakten Blütenständen, 10 bis 15 mm lang, rosa bis purpurrot, oberer Teil der Blüte (Oberlippe) etwas gewölbt, Unterlippe dreiteilig; 4 dreikantige Früchte (Nüsschen) pro Blüte

Fortpflanzung: Blüte Juli bis September; zwittrig; Insektenbestäubung; Windausbreitung

Vorkommen: Trockene und feuchte Wiesen, Heiden, Gebüsche, lichte Wälder

727 a Blüten höchstens 16 mm lang ▶ ***Prunella vulgaris***
b Blüten mindestens 18 mm lang ▶ ***Prunella grandiflora***

728 a Blüten höchstens 10 mm lang; Blätter beim Zerreiben meist würzig oder minzeartig riechend **729**▶
b Blüten meist deutlich länger als 10 mm; Blätter ohne oder mit nur leichtem Geruch **734**▶ (S. 294)

Stachys palustris L. Sumpf-Ziest

Pflanzenfamilie: Lamiaceae – Lippenblütler

Name: Ziest: russ. Name dieser Gattung; *stachys* griech. Ähre; *palustris* lat. Sumpf

Merkmale: 30 bis 100 cm hoch; Stängel vierkantig; Blätter gegenständig, länglich, bis 12 cm lang, Blattrand gezähnt; Blüten in ziemlich kompakten Blütenständen, 14 bis 18 mm lang, purpurrot, oberer Teil der Blüte (Oberlippe) etwas gewölbt, Unterlippe dreiteilig und mit weißlichen Flecken; 4 dreikantige Früchte (Nüsschen) pro Blüte

Fortpflanzung: Blüte Juni bis September; zwittrig; Insektenbestäubung; Wasser- und Tierausbreitung

Vorkommen: Ufer, Gräben, nasse Wiesen, feuchte Äcker

Prunella vulgaris L. Kleine Brunelle, Gewöhnliche Braunelle

Pflanzenfamilie: Lamiaceae – Lippenblütler

Name: *Prunella* evtl. von dt. Brunelle, Braunelle oder evtl. von frz. Schlehe (prunelle); *vulgaris* lat. gewöhnlich

Merkmale: 5 bis 30 cm hoch; mit Ausläufern; Stängel vierkantig; Blätter gegenständig, eiförmig, bis 4 cm lang, Blattrand kaum gezähnt; Blüten in einem dichten Blütenstand, 8 bis 16 mm lang, blauviolett (seltener rotviolett), oberer Teil der Blüte (Oberlippe) deutlich gewölbt, Unterlippe dreiteilig; 4 Früchte (Nüsschen) pro Blüte

Fortpflanzung: Blüte Juni bis September; zwittrig; Insektenbestäubung; Tier - und Wasserausbreitung

Vorkommen: Wiesen, Weiden, Rasen

Wissenswertes: Bei nassem Wetter stehen die Blütenkelche mit den Früchten vom Stängel ab. Treffen Regentropfen auf die Kelche, so werden die Früchte herausgeschleudert. • Die Kleine Brunelle vermehrt sich aber auch vegetativ durch Ausläufer • Sie kann sich auch in häufig geschnittenen und stark genutzten Zierrasen halten.

729 a Blätter höchstens 2 cm lang 733

b Größere Blätter meist deutlich länger als 2 cm 730

730 a Blattunterseite dicht hellgrau bis weiß behaart ▶ *Mentha longifolia*

b Blattunterseite nicht weiß behaart 731

Prunella grandiflora (L.) Scholler
Große Brunelle, Große Braunelle

Pflanzenfamilie: Lamiaceae – Lippenblütler

Name: *Prunella* evtl. von dt. Brunelle, Braunelle oder evtl. von frz. Schlehe (prunelle); *grandi-* lat. groß; *-flora* lat. Blüte

Merkmale: 5 bis 40 cm hoch; Stängel vierkantig; Blätter gegenständig, oval, bis 6 cm lang, Blattrand kaum gezähnt; Blüten in einem dichten Blütenstand, 18 bis 25 mm lang, blauviolett (seltener rotviolett), oberer Teil der Blüte (Oberlippe) deutlich gewölbt, Unterlippe dreiteilig; 4 Früchte (Nüsschen) pro Blüte

Fortpflanzung: Blüte Juni bis Oktober; zwittrig; Insektenbestäubung; Tierausbreitung

Vorkommen: Trockenwiesen, lichte Wälder

Mentha longifolia (L.) Huds. Ross-Minze

Pflanzenfamilie: Lamiaceae – Lippenblütler

Name: Minze: von *Mentha*; *Mentha* griech./lat. Name dieser Gattung; *longi-* lat. lang; *-folia* lat. Blatt

Merkmale: 30 bis 100 cm hoch; Pflanze eher unangenehm minzeartig riechend; Stängel behaart; Blätter gegenständig, oval bis länglich, bis 10 cm lang, Blattunterseite dicht hellgrau bis weiß behaart, Blattrand gezähnt; Blüten in länglichen Blütenständen, 3 bis 4 mm lang, hellrosa oder helllila, oberer Teil der Blüte (Oberlippe) ähnlich wie die 3 Teile der Unterlippe; 4 Früchte (Nüsschen) pro Blüte

Fortpflanzung: Blüte Juli bis September; zwittrig; Insektenbestäubung; Tierausbreitung

Vorkommen: Quellen, Ufer, Gräben, nasse Weiden

731 a Stängel zuoberst mit Blättern ▶ *Mentha arvensis*
b Stängel zuoberst mit Blüten 732

732 a Blattrand gezähnt; Geruch minzeartig ▶ *Mentha aquatica*
b Blattrand kaum gezähnt; Geruch würzig ▶ *Origanum vulgare*

Mentha arvensis L. Acker-Minze

Pflanzenfamilie: Lamiaceae – Lippenblütler

Name: Minze: von *Mentha*; *mentha* griech./lat. Name dieser Gattung; *arvensis* lat. Acker

Merkmale: 5 bis 40 cm hoch; Pflanze nach Minze riechend; mit beblätterten Ausläufern; Stängel abstehend behaart, oft teilweise liegend; Blätter gegenständig, oval bis länglich, bis 5 cm lang, behaart, Blattrand schwach gezähnt; Blüten stockwerkartig in dichten Blütenständen oberhalb der Blätter angeordnet, 4 bis 7 mm lang, rosa oder lila, oberer Teil der Blüte (Oberlippe) ähnlich wie die 3 Teile der Unterlippe; 4 Früchte (Nüsschen) pro Blüte

Fortpflanzung: Blüte Juli bis September; zwittrig; Insektenbestäubung; Tierausbreitung

Vorkommen: Gräben, Sümpfe, Äcker, Schuttplätze

Wissenswertes: Die Blätter können für Tee oder auch für Saucen oder Chutneys verwendet werden.

Mentha aquatica L. Wasser-Minze

Pflanzenfamilie: Lamiaceae – Lippenblütler

Name: Minze: von *Mentha*; *mentha* griech./lat. Name dieser Gattung; *aquatica* lat. Wasser

Merkmale: 20 bis 80 cm hoch; Pflanze nach Minze riechend; mit beblätterten Ausläufern; Stängel vierkantig, abstehend behaart; Blätter gegenständig, oval bis länglich, bis 8 cm lang, behaart, Blattrand gezähnt; Blüten in ziemlich kompakten Blütenständen, 5 bis 7 mm lang, rosa oder lila, oberer Teil der Blüte (Oberlippe) ähnlich wie die 3 Teile der Unterlippe; 4 Früchte (Nüsschen) pro Blüte

Fortpflanzung: Blüte Juli bis Oktober; zwittrig; Insektenbestäubung; Wasserausbreitung

Vorkommen: Ufer, Gräben, Moore, Sumpfwiesen

Wissenswertes: Die für den Duft der Minze verantwortlichen ätherischen Öle verjagen viele Fressfeinde, nicht aber den Himmelblauen Blattkäfer *(Chrysolina coeruleans)*. Sobald dieser an der Pflanze frisst, verändert sie die Zusammensetzung des ätherischen Öls und signalisiert so anderen Käfern, dass sie bereits besetzt ist. So kann sich die Pflanze vor vollständigem Kahlfraß schützen. • Die Blätter können für Saucen oder Chutneys verwendet werden, als Tee ist der Geschmack etwas gewöhnungsbedürftig.

733 a Pflanze wächst aufrecht; Blattrand mit wenigen stumpfen Zähnen ▶ *Acinos arvensis*
b Pflanze teilweise liegend; Blattrand ohne Zähne ▶ *Thymus pulegioides* (S. 294)

Origanum vulgare L.
Echter oder Gewöhnlicher Dost

Pflanzenfamilie: Lamiaceae – Lippenblütler

Name: Dost: ahd.; *ori-* evtl. griech. Berg; *-ganum* evtl. griech. glänzend; *vulgare* lat. gewöhnlich

Merkmale: 20 bis 80 cm hoch; Pflanze würzig riechend; Stängel vierkantig, behaart; Blätter gegenständig, oval bis länglich, bis 4 cm lang, Blattrand kaum gezähnt; Blüten in dichten Blütenständen, 4 bis 7 mm lang, hellrosa, oberer Teil der Blüte (Oberlippe) ± flach, Unterlippe dreiteilig; 4 Früchte (Nüsschen) pro Blüte

Fortpflanzung: Blüte Juli bis September; zwittrig; Insektenbestäubung; Wind- und Ameisenausbreitung

Vorkommen: Trockenrasen, Gebüsche, lichte Wälder, Waldränder

Wissenswertes: Raupenfutterpflanze des Schwarzgefleckten Bläulings *(Maculinea arion)*. Das Schmetterlingsweibchen legt die Eier in die Blütenstände, wo die Raupen schlüpfen. Diese lassen sich nach einigen Häutungen auf den Boden fallen und veranlassen Ameisen *(Myrmica sabuleti)*, sie in deren Nest zu tragen, wo sie sich von der Ameisenbrut ernähren, sich verpuppen und im folgenden Frühjahr das Nest als Schmetterling verlassen. • Tee aus dem getrockneten, blühenden Kraut wird bei Husten getrunken, zum Gurgeln bei Entzündungen im Mund- und Rachenraum verwendet oder auch zum Baden von schlecht heilenden Wunden. • Die Blätter können wie Majoran zum Würzen verwendet werden.

Acinos arvensis (Lam.) Dandy
Feld-Steinquendel, Gewöhnlicher Steinquendel

Pflanzenfamilie: Lamiaceae – Lippenblütler

Name: Quendel: ahd.; *acinos* unklar; *arvensis* lat. Acker

Merkmale: 10 bis 40 cm hohe, ein- oder zweijährige Pflanze; minzeartig riechend; Stängel vierkantig, behaart, oft teilweise liegend; Blätter gegenständig, eiförmig bis länglich, bis 2 cm lang, Blattrand mit wenigen Zähnen, nach unten gebogen; Blüten stockwerkartig oberhalb der Blätter angeordnet, 7 bis 10 mm lang, hellviolett, oberer Teil der Blüte (Oberlippe) ± flach, Unterlippe dreiteilig; 4 Früchte (Nüsschen) pro Blüte

Fortpflanzung: Blüte Juni bis September; zwittrig; Insektenbestäubung; Ameisen- und Tierausbreitung

Vorkommen: Trockenrasen, Böschungen, Wegränder, Kiesgruben, Felsen, Mauern

734 a Oberer Teil der Blütenkrone (Oberlippe) vorhanden **735**
b Oberlippe sehr kurz, fast fehlend **736** ....

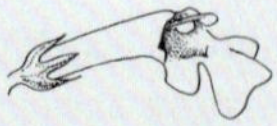

735 a Stängel zuoberst mit Blüten; Blattrand kaum gezähnt ▶ ***Clinopodium vulgare***
b Stängel zuoberst mit Blättern; Blattrand stumpf gezähnt ▶ ***Glechoma hederacea***

Thymus pulegioides L. Feld- oder Arznei-Thymian

Pflanzenfamilie: Lamiaceae – Lippenblütler

Name: Thymian: von *Thymus*; *thymus* griech. rauchen, räuchern; *pulegi-* Polei-Minze *(Mentha pulegium)*; *-oides* griech. artig

Merkmale: 8 bis 25 cm hoch; Pflanze würzig riechend; Stängel vierkantig, behaart, meist teilweise liegend; Blätter gegenständig, oval bis länglich, bis 2 cm lang; Blüten in dichten Blütenständen, 3 bis 6 mm lang, rosa bis purpurrot, oberer Teil der Blüte (Oberlippe) ± flach, Unterlippe dreiteilig; 4 Früchte (Nüsschen) pro Blüte

Fortpflanzung: Blüte April bis August; zwittrig; Insektenbestäubung; Wind- und Ameisenausbreitung

Vorkommen: Trockene Wiesen und Weiden

Wissenswertes: Raupenfutterpflanze des Schwarzgefleckten Bläulings *(Maculinea arion)*. Das Schmetterlingsweibchen legt die Eier in die Blütenstände, wo die Raupen schlüpfen. Diese lassen sich nach einigen Häutungen auf den Boden fallen und veranlassen Ameisen *(Myrmica sabuleti)*, sie in deren Nest zu tragen, wo sie sich von der Ameisenbrut ernähren, sich verpuppen und im folgenden Frühjahr das Nest als Schmetterling verlassen. • Das getrocknete, blühende Kraut wird als Tee bei Katarrhen der oberen Luftwege und bei Magen-Darm-Störungen getrunken. • Die blühenden Sprosse oder auch nur die Blätter können zum Würzen verwendet werden.

Clinopodium vulgare L. Wirbeldost

Pflanzenfamilie: Lamiaceae – Lippenblütler

Name: Dost: ahd.; *clino-* griech. Bett; *-podium* griech. Fuß; *vulgare* lat. gewöhnlich

Merkmale: 20 bis 60 cm hoch; Stängel abstehend behaart; Blätter gegenständig, oval, bis 4 cm lang, behaart, Blattrand undeutlich stumpf gezähnt; Blüten stockwerkartig in dichten, halbkugeligen Blütenständen oberhalb der Blätter angeordnet, 10 bis 15 mm lang, hell purpurrot, oberer Teil der Blüte (Oberlippe) ± flach, Unterlippe dreiteilig; 4 Früchte (Nüsschen) pro Blüte

Fortpflanzung: Blüte Juli bis September; zwittrig; Insektenbestäubung; Wind- und Tierausbreitung

Vorkommen: Gebüsche, lichte Wälder, Waldränder

736 a Blätter im Bereich der Blüten ohne Zähne und nur wenig behaart ▶ *Ajuga reptans*

b Blätter im Bereich der Blüten gezähnt und dicht behaart ▶ *Ajuga genevensis* (S. 296)

737 a Größere Blätter meist länger als 2 cm, Blattrand nicht oder stumpf gezähnt 738

b Blätter höchstens 2 cm lang, Blattrand spitz gezähnt 739

Glechoma hederacea L.
Gundelrebe, Gewöhnlicher Gundermann

Pflanzenfamilie: Lamiaceae – Lippenblütler

Name: Gundelrebe: ahd.; *glechoma* unklar; *hederacea* efeuartig *(Hedera helix)*

Merkmale: 5 bis 20 cm hoch; Stängel vierkantig, über den Boden wachsend; Blätter gegenständig, rundlich bis herzförmig, bis 4 cm im Durchmesser, lang gestielt, Blattrand stumpf gezähnt; Blüten stockwerkartig auf einer Seite des Stängels angeordnet, 10 bis 22 mm lang, blauviolett, oberer Teil der Blüte (Oberlippe) ± flach, Unterlippe dreiteilig; 4 dreikantige Früchte (Nüsschen) pro Blüte

Fortpflanzung: Blüte April bis Mai; zwittrig; Insektenbestäubung; Ameisen- und Tierausbreitung

Vorkommen: Schattige Wiesen, Gebüsche, Wälder, Waldränder

Wissenswertes: Starke vegetative Vermehrung durch ober- und unterirdische Ausläufer. • Die Blätter können z. B. Salaten, Risottos und Suppen zugegeben werden, die Blüten eignen sich als würzige Dekoration.

Ajuga reptans L.
Kriechender Günsel, Kriech-Günsel

Pflanzenfamilie: Lamiaceae – Lippenblütler

Name: Günsel: mhd.; *ajuga* unklar; *reptans* lat. kriechend

Merkmale: 10 bis 30 cm hoch; mit beblätterten Ausläufern; Stängel vierkantig; Blätter gegenständig, oval, bis 8 cm lang, Blattrand kaum gezähnt; Blüten stockwerkartig und kreisförmig oberhalb der Blätter angeordnet, 10 bis 15 mm lang, (violett) blau (seltener rötlich), oberer Teil der Blüte (Oberlippe) sehr kurz, Unterlippe dreiteilig; 4 Früchte (Nüsschen) pro Blüte

Fortpflanzung: Blüte April bis Juli; zwittrig; Insektenbestäubung; Ameisen- und Tierausbreitung

Vorkommen: Wiesen, Wälder

738 a Blüten einzeln an langen Blütenstielen ▶ *Chaenorrhinum minus*

b Blüten in dichten, länglichen Blütenständen, höchstens kurz gestielt ▶ *Odontites vernus*

Ajuga genevensis L.
Genfer Günsel, Heide-Günsel

Pflanzenfamilie: Lamiaceae – Lippenblütler

Name: Günsel: mhd.; *ajuga* unklar; *genevensis* nach der Stadt Genf/Genève (Schweiz)

Merkmale: 10 bis 30 cm hoch; Stängel vierkantig, dicht behaart; Blätter gegenständig, oval, bis 8 cm lang, behaart, Blattrand stumpf gezähnt; Blüten stockwerkartig und kreisförmig oberhalb der Blätter angeordnet, 12 bis 18 mm lang, (violett)blau, oberer Teil der Blüte (Oberlippe) sehr kurz, Unterlippe dreiteilig; 4 Früchte (Nüsschen) pro Blüte

Fortpflanzung: Blüte April bis Juni; zwittrig; Insektenbestäubung; Ameisen- und Tierausbreitung

Vorkommen: Trockenwiesen, Äcker, Weinberge

Chaenorrhinum minus (L.) Lange
Kleines Leimkraut, Kleiner Orant

Pflanzenfamilie: Plantaginaceae – Wegerichgewächse

Name: *Chaeno-* griech. klaffen; *-rrhinum* griech. Nase; *minus* lat. kleiner

Merkmale: 5 bis 30 cm hohe, einjährige Pflanze; ganze Pflanze dicht behaart; Blätter im unteren Teil des Stängels gegenständig, darüber wechselständig, länglich, schmal, bis 3,5 cm lang; Blüten lang gestielt, 3 bis 6 mm lang, mit einem 1 bis 4 mm langen, kegelförmigen Anhängsel (Sporn), lila bis hellviolett, im Zentrum hellgelb, oberer Teil der Blüte (Oberlippe) zweiteilig, Unterlippe dreiteilig; Früchte (Kapseln) eiförmig

Fortpflanzung: Blüte Juni bis Oktober; zwittrig; Selbstbestäubung; Wind- und Ameisenausbreitung

Vorkommen: Böschungen, Äcker, Weinberge, Bahnareale, Felsschutt

739 a Blüten 8 bis 15 mm lang; Pflanze vor allem im oberen Teil dicht behaart
► *Euphrasia rostkoviana*

b Blüten 6 bis 10 mm lang; Pflanze (fast) unbehaart ► *Euphrasia stricta* (S. 298)

Odontites vernus (Bellardi) Dumort. Roter Zahntrost, Acker-Zahntrost

Pflanzenfamilie: Orobanchaceae – Sommerwurzgewächse

Name: *Odontites* griech. Zähne; *vernus* lat. Frühling

Merkmale: 10 bis 40 cm hohe, einjährige Pflanze; Stängel bereits im unteren Teil verzweigt; Blätter im unteren und mittleren Teil des Stängels gegenständig, darüber wechselständig, länglich, bis 5 cm lang, Blattrand meist gezähnt; Blüten stockwerkartig auf einer Seite des Stängels angeordnet, 8 bis 12 mm lang, rosa bis rot, oberer Teil der Blüte (Oberlippe) leicht gewölbt, Unterlippe dreiteilig; Früchte (Kapseln) ± flach, 5 bis 9 mm lang

Fortpflanzung: Blüte Juni bis Oktober; zwittrig; Insektenbestäubung; Wind- und Tierausbreitung

Vorkommen: Ufer, Gräben, Weiden, Äcker

Wissenswertes: Halbparasit, d. h., die Pflanze zapft mit Saugwurzeln die Wurzeln anderer Pflanzen an und nimmt so Wasser und Nährstoffe auf.

Euphrasia rostkoviana Hayne, *Euphrasia officinalis* L. Wiesen-Augentrost, Echter Augentrost

Pflanzenfamilie: Orobanchaceae – Sommerwurzgewächse

Name: *Euphrasia* griech. Freude, Vergnügen; *rostkoviana* nach Friedrich Wilhelm Gottlieb Theophil Rostkovius, dt. Arzt und Botaniker (1770–1848); *officinalis* lat. für Arzneimittel verwendet

Merkmale: 5 bis 25 cm hohe, einjährige Pflanze; Pflanze vor allem im oberen Teil dicht behaart; Stängel bereits im unteren Teil verzweigt; Blätter im unteren Teil des Stängels gegenständig, darüber wechselständig, oval bis länglich, bis 2 cm lang, Blattrand gezähnt; Blüten stockwerkartig oberhalb der Blätter angeordnet, 8 bis 15 mm lang, weiß bis lila, oberer Teil der Blüte (Oberlippe) leicht gewölbt, Unterlippe dreiteilig, mit gelben Flecken; Früchte (Kapseln) ± flach, 4 bis 7 mm lang

Fortpflanzung: Blüte Juni bis Oktober; zwittrig; Insektenbestäubung; Windausbreitung

Vorkommen: Moore, Wiesen, Weiden

Wissenswertes: Halbparasit, d. h., die Pflanze zapft mit Saugwurzeln die Wurzeln anderer Pflanzen an und nimmt so Wasser und Nährstoffe auf. • Tee des getrockneten Krauts wird für Umschläge oder Bäder bei leichten Augenentzündungen angewendet, daher der deutsche Name.

740 a Blätter mit deutlichem Blattstiel **744**
b Blätter (fast) ungestielt **741**

741 a Blattrand rundherum regelmäßig gezähnt **742**
b Blattrand höchstens mit wenigen Zähnen **743**

Euphrasia stricta J. F. Lehm. **Steifer Augentrost**

Pflanzenfamilie: Orobanchaceae – Sommerwurzgewächse

Name: *Euphrasia* griech. Freude, Vergnügen; *stricta* lat. straff, steif

Merkmale: 5 bis 30 cm hohe, einjährige Pflanze; Stängel bereits im unteren Teil verzweigt; Blätter im unteren Teil des Stängels gegenständig, darüber wechselständig, oval bis länglich, bis 1,5 cm lang, Blattrand gezähnt; Blüten stockwerkartig oberhalb der Blätter angeordnet, 6 bis 10 mm lang, hellviolett oder lila bis weiß, oberer Teil der Blüte (Oberlippe) leicht gewölbt, Unterlippe dreiteilig, mit einem gelben Fleck; Früchte (Kapseln) ± flach, 5 bis 8 mm lang

Fortpflanzung: Blüte Juli bis September; zwittrig; Insektenbestäubung; Windausbreitung

Vorkommen: Trockenrasen, sandige Lehmböden

Wissenswertes: Halbparasit, d. h., die Pflanze zapft mit Saugwurzeln die Wurzeln anderer Pflanzen an und nimmt so Wasser und Nährstoffe auf.

Rhinanthus alectorolophus (Scop.) Pollich **Zottiger Klappertopf**

Pflanzenfamilie: Orobanchaceae – Sommerwurzgewächse

Name: *Rhin-* griech. Feile; *-anthus* griech. Blüte; *alectoro-* griech. Hahn; *-lophus* griech. Kamm

Merkmale: 10 bis 50 cm hohe, einjährige Pflanze; Stängel vierkantig, im oberen Teil dicht abstehend behaart; Blätter gegenständig, länglich, bis 6 cm lang, kurz behaart, Blattrand gezähnt; Blüten stockwerkartig oberhalb der Blätter angeordnet, 18 bis 25 mm lang, gelb, oberer Teil der Blüte (Oberlippe) gewölbt, auf beiden Seiten mit einem 1,5 bis 3 mm langen, meist violetten Zahn, Unterlippe dreiteilig, Blütenkelch zusammengedrückt, dicht abstehend behaart; Früchte (Kapseln) linsenförmig, vom Blütenkelch umgeben

Fortpflanzung: Blüte Mai bis August; zwittrig; Insektenbestäubung; Windausbreitung

Vorkommen: Trockenrasen, Wiesen

Wissenswertes: Halbparasit, d. h., die Pflanze zapft mit Saugwurzeln die Wurzeln anderer Pflanzen, insbesondere von Gräsern, an und nimmt so Wasser und Nährstoffe auf.
• Die Samen in den reifen Früchte «klappern», daher der Name.

742 a Stängel und Blätter behaart ▶ ***Rhinanthus alectorolophus***
b Stängel und Blätter (fast) unbehaart ▶ ***Rhinanthus minor***

743 a Blüten mindestens 10 mm lang, weißlich gelb bis hellgelb ▶ ***Melampyrum pratense***
b Blüten höchstens 10 mm lang, gelb ▶ ***Melampyrum sylvaticum*** (S. 300)

Rhinanthus minor L. Kleiner Klappertopf

Pflanzenfamilie: Orobanchaceae – Sommerwurzgewächse

Name: *Rhin-* griech. Feile; *-anthus* griech. Blüte; *minor* lat. kleiner

Merkmale: 10 bis 50 cm hohe, einjährige Pflanze; Stängel vierkantig; Blätter gegenständig, länglich, bis 4 cm lang, Blattrand gezähnt; Blüten stockwerkartig oberhalb der Blätter angeordnet, 13 bis 17 mm lang, gelb, oberer Teil der Blüte (Oberlippe) gewölbt, auf beiden Seiten mit einem höchstens 1 mm langen, meist violetten Zahn, Unterlippe dreiteilig, Blütenkelch zusammengedrückt; Früchte (Kapseln) linsenförmig, vom Blütenkelch umgeben

Fortpflanzung: Blüte Juni bis August; zwittrig; Insektenbestäubung; Windausbreitung

Vorkommen: Moore, Wiesen

Wissenswertes: Halbparasit, d. h., die Pflanze zapft mit Saugwurzeln die Wurzeln anderer Pflanzen an und nimmt so Wasser und Nährstoffe auf. • Die Samen in den reifen Früchte «klappern», daher der Name.

Melampyrum pratense L. Wiesen-Wachtelweizen

Pflanzenfamilie: Orobanchaceae – Sommerwurzgewächse

Name: *Melam-* griech. schwarz; *-pyrum* griech. Weizen(korn); *pratense* lat. Wiese

Merkmale: 10 bis 50 cm hohe, einjährige Pflanze; Stängel vierkantig, meist stark verzweigt; Blätter gegenständig, länglich, schmal, bis 10 cm lang, Blattrand ohne oder mit wenigen Zähnen; Blüten stockwerkartig ± auf einer Seite des Stängels angeordnet, 10 bis 20 mm lang, hellgelb bis weißlich, oberer Teil der Blüte (Oberlippe) leicht gewölbt, Unterlippe dreiteilig, oft mit gelbem Fleck; Früchte (Kapseln) 7 bis 10 mm lang

Fortpflanzung: Blüte Juni bis September; zwittrig; Insektenbestäubung; Ameisenausbreitung

Vorkommen: Moore, Weiden, Heiden, lichte Wälder, Waldränder

Wissenswertes: Halbparasit, d. h., die Pflanze zapft mit Saugwurzeln die Wurzeln von Gehölzpflanzen an und nimmt so Wasser und Nährstoffe auf. • Raupenfutterpflanze des Wachtelweizen-Scheckenfalters *(Mellicta athalia)*.

744 a Blüten (hell)gelb, 15 bis 25 mm lang ▶ *Lamium galeobdolon*
b Blüten grünlich gelb, 8 bis 12 mm lang ▶ *Teucrium scorodonia*

Melampyrum sylvaticum L. Wald-Wachtelweizen

Pflanzenfamilie: Orobanchaceae – Sommerwurzgewächse

Name: *Melam-* griech. schwarz; *-pyrum* griech. Weizen(korn); *sylvaticum* lat. Wald

Merkmale: 8 bis 25 cm hohe, einjährige Pflanze; Stängel vierkantig; Blätter gegenständig, länglich, schmal, bis 5 cm lang, Blattrand meist ohne Zähne; Blüten stockwerkartig auf einer Seite des Stängels angeordnet, 6 bis 10 mm lang, gelb, oberer Teil der Blüte (Oberlippe) leicht gewölbt, Unterlippe dreiteilig; Früchte (Kapseln) 7 bis 8 mm lang

Fortpflanzung: Blüte Juni bis September; zwittrig; Insektenbestäubung; Ameisenausbreitung

Vorkommen: Moore, Heiden, lichte Wälder, Waldränder

Wissenswertes: Halbparasit, d. h., die Pflanze zapft mit Saugwurzeln die Wurzeln von Fichte oder Heidelbeere an und nimmt so Wasser und Nährstoffe auf. • Raupenfutterpflanze des Wachtelweizen-Scheckenfalters *(Mellicta athalia)*.

Lamium galeobdolon (L.) L., *Galeobdolon luteum* Huds. (Echte) Goldnessel

Pflanzenfamilie: Lamiaceae – Lippenblütler

Name: Nessel: ahd.; *lamium* evtl. griech. großer Schlund; *galeo-* evtl. griech. Wiesel; *-bdolon* griech. Gestank; *luteum* lat. gelb

Merkmale: 15 bis 50 cm hoch; mit beblätterten Ausläufern; Stängel vierkantig; Blätter gegenständig, herzförmig bis länglich, bis 8 cm lang, oft hell gefleckt, Blattrand gezähnt; Blüten stockwerkartig und kreisförmig oberhalb der Blätter angeordnet, 15 bis 25 mm lang, (hell)gelb, oberer Teil der Blüte (Oberlippe) gewölbt, Unterlippe dreiteilig und braun gefleckt; 4 Früchte (Nüsschen) pro Blüte

Fortpflanzung: Blüte Mai bis Juli; zwittrig; Insektenbestäubung; Ameisenausbreitung

Vorkommen: Hecken, Wälder

Wissenswertes: Starke vegetative Vermehrung durch oberirdische Ausläufer. • Die Blätter und Sprossspitzen können z. B. Salaten, Risottos und Dips zugegeben oder als Pfannengemüse zubereitet werden, die Blüten eignen sich als essbare Dekoration.

745 a Pflanze an Mauern oder Felsen «hängend» oder ± liegend ▶ *Cymbalaria muralis*

b Pflanze aufrecht wachsend 746

Teucrium scorodonia L.
Salbeiblättriger Gamander, Salbei-Gamander

Pflanzenfamilie: Lamiaceae – Lippenblütler

Name: Gamander: mhd.; *teucrium* evtl. nach Teukros, Sohn des Telamon und der Hesione in der griech. Mythologie; *scorodonia* griech. Knoblauch

Merkmale: 30 bis 70 cm hoch; Pflanze eher unangenehm riechend; Stängel vierkantig, behaart; Blätter gegenständig, oval, bis 7 cm lang, behaart, Blattoberseite durch die eingesenkten Blattnerven runzlig, Blattrand stumpf gezähnt; Blüten in langen Blütenständen, 8 bis 12 mm lang, hell gelbgrün, oberer Teil der Blüte (Oberlippe) fehlend; 4 Früchte (Nüsschen) pro Blüte

Fortpflanzung: Blüte Juni bis August; zwittrig; Insektenbestäubung; Tierausbreitung

Vorkommen: Heiden, Gebüsche, lichte Wälder, Waldränder

Cymbalaria muralis P. Gaertn. et al.
(Mauer-)Zimbelkraut

Pflanzenfamilie: Plantaginaceae – Wegerichgewächse

Name: *Cymbalaria* lat. Zimbel, Schallbecken; *muralis* lat. Mauer

Merkmale: 10 bis 30 cm lang; Stängel meist hängend oder auch liegend; Blätter herzförmig, lang gestielt, Blattunterseite dunkelrot, mit 5 bis 7 Zähnen oder in 5 bis 7 Abschnitte unterteilt; Blüten lang gestielt, 6 bis 10 mm lang, mit einem 2 bis 4 mm langen, stumpfen Anhängsel (Sporn), hellviolett, oberer Teil der Blüte (Oberlippe) zweiteilig, Unterlippe dreiteilig, dazwischen 2 gelbe Höcker; Früchte (Kapseln) kugelig

Fortpflanzung: Blüte April bis Oktober; zwittrig; Insektenbestäubung; Wind- und Selbstausbreitung

Vorkommen: Mauern und Felsen

Wissenswertes: Nach der Befruchtung wächst der Fruchtstiel vom Licht weg z. B. in Mauerritzen, wo die Kapseln aufspringen und die Samen ausgestreut werden.

746 a Blätter strahlenförmig in 5 bis 7 Abschnitte unterteilt ▶ ***Aconitum lycoctonum***

b Blätter nicht in Abschnitte unterteilt 747

747 a Blattrand gezähnt 748

b Blattrand ohne Zähne 749

748 a Blüten mindestens 20 mm lang, mit einem gekrümmten, hohlen Anhängsel (Sporn) ▶ ***Impatiens noli-tangere***

b Blüten höchstens 15 mm lang, ohne gekrümmten Sporn ▶ ***Impatiens parviflora***

749 a Blätter höchstens 6 cm lang 750

b Größere Blätter meist deutlich länger als 6 cm 751

Aconitum lycoctonum L.
Gelber Eisenhut

Pflanzenfamilie: Ranunculaceae – Hahnenfußgewächse

Name: *Aconitum* griech. Name einer Giftpflanze; *lyco-* griech. Wolf; *-ctonum* griech. töten

Merkmale: 30 bis 100 cm hoch; größere Blätter in 5 bis 7 Abschnitte unterteilt, bis 15 cm im Durchmesser, Abschnitte eingeschnitten und/oder Rand gezähnt; Blüten in einem länglichen Blütenstand mit 5 bis 25 Blüten, diese 2- bis 3-mal höher als breit (15 bis 20 mm hoch), (hell)gelb; 3 längliche Früchte (Balgfrüchte) pro Blüte

Fortpflanzung: Blüte Juni bis August; zwittrig; Hummelbestäubung; Windausbreitung

Vorkommen: Feuchte, schattige Wälder

Wissenswertes: Im Hut der Blüte befinden sich nektarproduzierende Organe. Interessierte Insekten bohren oft den Hut von der Seite an, um an den Nektar zu kommen, was bräunliche Flecken hinterlässt. Die Pflanze hat das Nachsehen und wird dabei nicht bestäubt. • Die ganze Pflanze und besonders die Wurzeln und Samen sind sehr stark giftig. Vergiftungssymptome sind u. a. Hautentzündungen, Empfindungsstörungen, Übelkeit, Herzrhythmusstörungen, Krämpfe, Lähmungserscheinungen bis zum Tod durch Kreislauflähmung. • Die Pflanze wurde früher zum Vergiften von Wölfen gebraucht, daher die Artbezeichnung *lycoctonum*.

Impatiens noli-tangere L.
Wald-Springkraut, Großes Springkraut

Pflanzenfamilie: Balsaminaceae – Balsaminen- oder Springkrautgewächse

Name: *Impatiens* lat. ungeduldig, empfindlich; *noli* lat. nicht; *tangere* lat. berühren

Merkmale: 30 bis 100 cm hohe, einjährige Pflanze; Blätter oval bis länglich, bis 12 cm lang, Blattrand stumpf gezähnt; Blüten an langen Stielen hängend, 25 bis 30 mm lang, gelb, mit einem gekrümmten, hohlen Anhängsel (Sporn); Früchte (Kapseln) kantig, 20 bis 30 mm lang

Fortpflanzung: Blüte Juni bis August; zwittrig; Insektenbestäubung; Selbstausbreitung

Vorkommen: Wälder

Wissenswertes: Insekten mit kurzen Rüsseln beißen oft das Ende des Sporns auf und begehen Nektarraub, ohne die Blüte zu bestäuben. • Die Fruchtwände der reifen Früchte stehen unter Druck und öffnen sich bei Berührung schlagartig. Dabei rollen sich die Fruchtwände nach hinten und die Samen werden über 3 m weit weggeschleudert.

Impatiens parviflora DC.
Kleines oder Kleinblütiges Springkraut

Pflanzenfamilie: Balsaminaceae – Balsaminen- oder Springkrautgewächse

Name: *Impatiens* lat. ungeduldig, empfindlich; *parvi-* lat. klein; *-flora* lat. Blüte

Merkmale: 20 bis 100 cm hohe, einjährige Pflanze; Blätter oval bis länglich, bis 12 cm lang, Blattrand spitz gezähnt; Blüten an langen Stielen hängend, 8 bis 10 mm lang, (hell)gelb, mit einem geraden, hohlen Anhängsel (Sporn); Früchte (Kapseln) keulenförmig, 15 bis 20 mm lang

Fortpflanzung: Blüte Juni bis Oktober; zwittrig; Insektenbestäubung; Selbstausbreitung

Vorkommen: Hecken, Wälder, Parkanlagen, Gärten, Schuttplätze, Wegränder

Wissenswertes: Die Fruchtwände der reifen Früchte stehen unter Druck und öffnen sich bei Berührung schlagartig. Dabei rollen sich die Fruchtwände nach hinten und die Samen werden bis zu 4 m weit weggeschleudert. • Stammt aus Nordostasien und wurde Anfang des 19. Jahrhunderts als Zierpflanze nach Europa eingeführt. Bekämpfung: Pflanzen vor dem Blühen ausreißen oder mähen, alle Pflanzenteile über die Kehrichtabfuhr entsorgen (nicht kompostieren!).

750 a Blüten (hell)gelb, 12 bis 20 mm lang ▶ ***Linaria vulgaris***
b Blüten violett bis blau, 6 bis 9 mm lang ▶ ***Polygala vulgaris***

751 a Blätter rau, borstig behaart ▶ *Echium vulgare* (S. 228)
b Blätter nicht behaart 752

Linaria vulgaris Mill. Gewöhnliches Leinkraut

Pflanzenfamilie: Plantaginaceae – Wegerichgewächse

Name: *Linaria* von lat. *linum* (Lein, Flachs); *vulgaris* lat. gewöhnlich

Merkmale: 20 bis 70 cm hoch; Blätter länglich, schmal, bis 6 cm lang, graugrün; Blüten in dichten Blütenständen, 12 bis 20 mm lang, mit einem 8 bis 15 mm langen, spitzen Anhängsel (Sporn), hellgelb, oberer Teil der Blüte (Oberlippe) zweiteilig, Unterlippe dreiteilig, dazwischen 2 orangegelbe Höcker; Früchte (Kapseln) eiförmig, 7 bis 8 mm lang

Fortpflanzung: Blüte Juni bis September; zwittrig; Bienenbestäubung; Wind- und Tierausbreitung

Vorkommen: Böschungen, Äcker, Wegränder, Bahnareale, Felsschutt

Wissenswertes: Der orangegelbe Fleck am Blüteneingang wirkt auf die Bestäuberinsekten als Wegweiser zum Nektar, der sich tief im Blütensporn befindet. Die Blüte ist aber verschlossen und kann nur von kräftigen Insekten – Bienen und Hummeln – geöffnet werden. • Raupenfutterpflanze des Roten Scheckenfalters *(Melitaea didyma)* und des Wachtelweizen-Scheckenfalters *(Mellicta athalia)*.

Polygala vulgaris L. Wiesen-Kreuzblume, Gewöhnliches Kreuzblümchen

Pflanzenfamilie: Polygalaceae – Kreuzblumengewächse

Name: *Poly-* griech. viel; *-gala* griech. Milch; *vulgaris* lat. gewöhnlich

Merkmale: 10 bis 30 cm hoch; Blätter oval bis länglich, bis 2,5 cm lang; Blütenstand mit 5 bis 30 Blüten, diese 6 bis 9 mm lang, blau bis violett (seltener rötlich), untere Blütenblätter mit mehreren Fransen; Früchte (Kapseln) herzförmig, 4,5 bis 5,5 mm lang

Fortpflanzung: Blüte Mai bis Juli; zwittrig; Insektenbestäubung; Wind- und Ameisenausbreitung

Vorkommen: Trockenwiesen, Weiden, Böschungen, Heiden

752 a Blätter mit dunklen Flecken 753

b Blätter ohne Flecken 754

753 a Stängel hohl, leicht zusammendrückbar; Blüten purpurrot ▶ *Dactylorhiza majalis*

b Stängel nicht hohl; Blüten rosa oder lila ▶ *Dactylorhiza maculata*

Dactylorhiza majalis (Rchb.) P. F. Hunt & Summerh. Breitblättriges Knabenkraut, Breitblättrige Fingerwurz

Pflanzenfamilie: Orchidaceae – Knabenkraut- oder Orchideengewächse

Name: *Dactylo-* griech. Finger; *-rhiza* griech. Wurzel; *majalis* lat. Mai

Merkmale: 15 bis 50 cm hoch; Stängel hohl, dünnwandig; Blätter oval bis länglich, bis 10 cm lang und bis 2,5 cm breit, meist dunkel gefleckt; Blütenstand 5 bis 10 cm lang mit 10 bis 40 purpurroten Blüten, Lippe dreiteilig, mit dunkelroten Linien und Flecken und einem kegelförmigen, abwärts gerichteten Sporn; Früchte (Kapseln) ca. 12 mm lang

Fortpflanzung: Blüte Mai bis Juni; zwittrig; Bienenbestäubung; Windausbreitung

Vorkommen: Moore, feuchte Wiesen

Wissenswertes: Allgemeines zur Pflanzenfamilie der Orchideen ➤ S. 390

Dactylorhiza maculata (L.) Soo Geflecktes Knabenkraut, Gefleckte Fingerwurz

Pflanzenfamilie: Orchidaceae – Knabenkraut- oder Orchideengewächse

Name: *Dactylo-* griech. Finger; *-rhiza* griech. Wurzel; *maculata* lat. gefleckt

Merkmale: 20 bis 70 cm hoch; Blätter länglich, bis 10 cm lang und bis 3 cm breit, dunkel gefleckt; Blütenstand 4 bis 8 cm lang, mit 20 bis 70 Blüten, diese 12 bis 20 mm im Durchmesser, rosa oder lila (seltener weißlich), Lippe dreiteilig, mit roten Linien und Flecken und einem kegelförmigen, abwärts gerichteten Sporn; Früchte (Kapseln) ca. 12 mm lang

Fortpflanzung: Blüte Mai bis Juli; zwittrig; Insektenbestäubung; Windausbreitung

Vorkommen: Moore, feuchte Wiesen, lichte Wälder

Wissenswertes: Allgemeines zur Pflanzenfamilie der Orchideen ➤ S. 390

754 a Größere Stängelblätter bis 8 cm breit, ± waagrecht abstehend ▶ ***Epipactis helleborine***
b Größere Stängelblätter höchstens 4 cm breit, schräg aufrecht stehend **755**

755 a Blüten weiß oder gelblich ▶ ***Cephalanthera damasonium***
b Blüten rosa, rot, lila oder violett (selten weiß) **756**

Epipactis helleborine (L.) Crantz
Breitblättrige Ständelwurz

Pflanzenfamilie: Orchidaceae – Knabenkraut- oder Orchideengewächse

Name: *Epi-* griech. auf, aufrecht; *-pactis* griech. geronnen, gefroren; *helleborine* der Nieswurz *(Helleborus)* ähnlich

Merkmale: 20 bis 80 cm hoch; Blätter eiförmig bis länglich, bis 15 cm lang und bis 8 cm breit; Blütenstand 15 bis 25 cm lang mit 20 bis 80 Blüten, diese 20 bis 25 mm im Durchmesser, grünlich und/oder rötlich bis violett, Lippe zweiteilig (vorderer Teil dreieckig bis herzförmig, hinterer Teil schüsselförmig); Früchte (Kapseln) 9 bis 17 mm lang

Fortpflanzung: Blüte Juli bis August; zwittrig; Insektenbestäubung; Windausbreitung

Vorkommen: Wälder

Wissenswertes: Allgemeines zur Pflanzenfamilie der Orchideen ➤ S. 390

Cephalanthera damasonium (Mill.) Druce
Weißes Waldvögelein, Bleiches Waldvöglein

Pflanzenfamilie: Orchidaceae – Knabenkraut- oder Orchideengewächse

Name: *Cephal-* griech. Kopf; *-anthera* griech. blühend, Staubblatt; *damasonium* evtl. griech. bezähmen

Merkmale: 20 bis 60 cm hoch; Stängel im Bereich der Blüten zickzackförmig; Blätter oval bis länglich, bis 10 cm lang und bis 4 cm breit; Blütenstand länglich mit 3 bis 12 Blüten, diese 15 bis 25 mm lang, weiß bis gelblich, Lippe meist durch die anderen Blütenblätter verdeckt, an der Spitze gelb; Früchte (Kapseln) länglich, sechskantig

Fortpflanzung: Blüte Juni; zwittrig; Insektenbestäubung; Windausbreitung

Vorkommen: Schattige Wälder

Wissenswertes: Allgemeines zur Pflanzenfamilie der Orchideen ➤ S. 390 • Die Blüten des Weißen Waldvögeleins bleiben meist wenigstens teilweise geschlossen und öffnen sich nur bei hohen Temperaturen vollständig.

756 a Blüten bis 25 mm im Durchmesser, ohne Duft ▶ ***Orchis mascula***

b Blüten höchstens 15 mm im Durchmesser, etwas duftend ▶ ***Gymnadenia conopsea***

Orchis mascula (L.) L.
Männliches oder Stattliches Knabenkraut

Pflanzenfamilie: Orchidaceae – Knabenkraut- oder Orchideengewächse

Name: *Orchis* griech. Hoden; *mascula* lat. männlich

Merkmale: 10 bis 50 cm hoch; Blätter länglich, bis 15 cm lang und bis 3,5 cm breit; Blütenstand 5 bis 15 cm lang mit 15 bis 30 Blüten, diese bis 25 mm im Durchmesser, purpurrot (seltener rosa oder lila), Lippe dunkel gefleckt, mit 3 Abschnitten und einem wurstförmigen, meist aufwärts gerichteten Sporn; Früchte (Kapseln) 17 bis 20 mm lang

Fortpflanzung: Blüte April bis Juni; zwittrig; Bienenbestäubung; Windausbreitung

Vorkommen: Wiesen, Weiden, Gebüsche, lichte Wälder

Wissenswertes: Allgemeines zur Pflanzenfamilie der Orchideen ➤ S. 390

Gymnadenia conopsea (L.) R. Br.
Langspornige Handwurz, Große Händelwurz

Pflanzenfamilie: Orchidaceae – Knabenkraut- oder Orchideengewächse

Name: *Gymn-* griech. nackt; *-adenia* griech. Drüse; *conopsea* griech. Mücke

Merkmale: 20 bis 60 cm hoch; Blätter länglich, bis 20 cm lang und bis 2 cm breit; Blütenstand 5 bis 15 cm lang, mit 20 bis 80 dicht stehenden Blüten, diese 10 bis 15 mm im Durchmesser, rosa, lila oder violett, Lippe mit 3 Abschnitten und einem 12 bis 20 mm langen, dünnen, abwärts gebogenen Sporn; Früchte (Kapseln) ca. 8 mm lang

Fortpflanzung: Blüte Mai bis Juli; zwittrig; Insektenbestäubung; Windausbreitung

Vorkommen: Moore, feuchte Wiesen, Trockenrasen, lichte Wälder

Wissenswertes: Allgemeines zur Pflanzenfamilie der Orchideen ➤ S. 390

761 a Größere Blätter eingeschnitten oder in Teilblätter unterteilt **804** (S. 326)
b Größere Blätter nicht eingeschnitten oder unterteilt **762**

762 a Blütenstand von einem gelbgrünen Blatt umhüllt ▶ ***Arum maculatum***
b Blütenstand nicht von einem Blatt umhüllt **763**

763 a Stängel ohne Blätter, d.h., alle Blätter stehen an der Basis des Stängels **764**
b Stängel beblättert **766**

Arum maculatum L. Gewöhnlicher oder Gefleckter Aronstab

Pflanzenfamilie: Araceae – Aronstabgewächse

Name: Aronstab: der grünende Stab Aarons; *arum* evtl. ägypt. Schilf, Rohr; *maculatum* lat. gefleckt

Merkmale: 15 bis 50 cm hoch; Blätter pfeilförmig, bis 20 cm lang, oft gefleckt; Blüten in einem von einem weißlich grünen Blatt (Hüllblatt) umgebenen, 5 bis 10 cm langen Kolben angeordnet, der obere, sichtbare Teil des Kolbens ist bräunlich bis violett, der untere im Blatt verborgene Teil trägt die männlichen (oben) und weiblichen (unten) Blüten; Früchte (Beeren) mindestens 5 mm im Durchmesser, orangerot

Fortpflanzung: Blüte April bis Mai; einhäusig; Fliegenbestäubung; Tierausbreitung

Vorkommen: Hecken, Auenwälder, feuchte Laubwälder

Wissenswertes: Der obere, bräunlich bis violette Teil des Kolbens erhitzt sich bis gegen 40 °C und gibt einen harnartigen Geruch ab, der insbesondere Schmetterlingsmücken (*Psychoda* sp.) anlockt. Diese landen auf der Innenseite des Hüllblattes, finden keinen Halt auf dessen ölig schmieriger Oberfläche und fallen in den darunter liegenden Kessel. Borstenartige Blüten hindern die Insekten an der Flucht. Von den männlichen Blüten werden sie im Verlauf der Nacht mit Pollen bepudert. Am nächsten Morgen sind die borstenartigen Blüten verwelkt, sodass die Tiere entweichen und eine andere Blüte besuchen und bestäuben können. • Die ganze Pflanze ist sehr stark giftig. Vergiftungssymptome sind u. a. Hautirritationen, starkes Brennen im Mund, Anschwellen der Zunge, erhöhte Speichelabsonderung, Entzündung der Schleimhäute, Blutungen, Herzrhythmusstörungen, Lähmung des Zentralnervensystems.

Plantago lanceolata L. Spitz-Wegerich

Pflanzenfamilie: Plantaginaceae – Wegerichgewächse

Name: *Plant-* lat. Fußsohle; *-ago* häufige Endung (Suffix) von lat. Pflanzennamen; *lanceolata* lat. kleine Lanze (Blätter)

Merkmale: 10 bis 40 cm hoch; Stängel mit Längsrillen, nicht beblättert; Blätter länglich, schmal, bis 20 cm lang, aufrecht;

764 a Blätter länglich, mindestens 3-mal so lang wie breit ▶ *Plantago lanceolata*
b Blätter eher oval bis rundlich, höchstens 3-mal so lang wie breit 765

765 a Blätter mit deutlichem Stiel ▶ *Plantago major*
b Blätter fast ungestielt ▶ *Plantago media* (S. 310)

766 a Stängel hin und her gebogen, kletternd, sich um Stützen windend 78 (S. 30)
b Stängel nicht kletternd oder windend 767

Blüten in einem 1 bis 4 cm langen, dichten Blütenstand an der Spitze des Stängels, Einzelblüten unscheinbar, bräunlich mit weißlichen Staubblättern; Früchte (Kapseln) eiförmig

Fortpflanzung: Blüte April bis September; zwittrig; Windbestäubung; Ameisen- und Tierausbreitung

Vorkommen: Wiesen, Wegränder

Wissenswertes: Zum Blütenbau der Wegeriche *(Plantago)* ➤ Breit-Wegerich (s. u.). • Die Pollen sind stark allergen (Heuschnupfen). • Raupenfutterpflanze des Gemeinen *(Melitaea cinxia)* und des Roten Scheckenfalters *(Melitaea didyma)* sowie von anderen Scheckenfalter-Arten (*Mellicta* sp.). • Tee aus den getrockneten Blättern wird bei Bronchialkatarrh getrunken. • Die jungen Blätter und Blütenstände können Suppen, Salaten und anderen Rohgerichten zugegeben werden.

Plantago major L. Breit-Wegerich

Pflanzenfamilie: Plantaginaceae – Wegerichgewächse

Name: *Plant-* lat. Fußsohle; *-ago* häufige Endung (Suffix) von lat. Pflanzennamen; *major* lat. größer

Merkmale: 5 bis 30 cm hoch; Stängel nicht beblättert; Blätter breit oval, bis 12 cm lang, deutlich gestielt, liegend bis schräg aufrecht; Blüten in einem 2 bis 10 cm langen, dichten Blütenstand an der Spitze des Stängels, Einzelblüten unscheinbar, gelblich mit bräunlichen Staubblättern; Früchte (Kapseln) eiförmig, 3 bis 4,5 mm lang

Fortpflanzung: Blüte Juni bis Oktober; zwittrig; Windbestäubung; Tierausbreitung (z. B. Girlitz)

Vorkommen: Weiden, Rasen, Wege

Wissenswertes: Die unscheinbaren Blüten der Wegerich-Arten *(Plantago)* bestehen aus einer doppelten Blütenhülle mit je 4 Kelch- und Kronblättern, 4 Staubblättern und dem Fruchtknoten. • Die Pflanze ist sehr trittfest. • Die Pollen sind stark allergen (Heuschnupfen). • Die jungen Blätter und Blütenstände können Suppen, Salaten und anderen Rohgerichten zugegeben werden.

767 a Blätter mindestens im unteren Teil des Stängels gegenständig, d. h., die Blätter stehen sich auf gleicher Höhe gegenüber **798** (S. 324) ....

b Alle Blätter wechselständig, d. h., Blätter stehen sich nicht gegenüber **768** ......

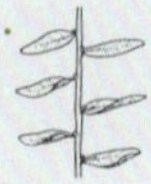

768 a Stängel meist dicker als 10 mm, hohl, bambusartig; Pflanze bis 3 m hoch ▶ ***Reynoutria japonica***

b Pflanze meist deutlich kleiner und Stängel dünner **769**

Plantago media L.
Mittlerer Wegerich, Mittel-Wegerich

Pflanzenfamilie: Plantaginaceae – Wegerichgewächse

Name: *Plant-* lat. Fußsohle; *-ago* häufige Endung (Suffix) von lat. Pflanzennamen; *media* lat. mittlerer

Merkmale: 20 bis 40 cm hoch; Stängel nicht beblättert; grundständige Blätter breit oval, bis 17 cm lang, kaum gestielt, meist dicht dem Boden anliegend, behaart; Blüten in einem 2 bis 8 cm langen Blütenstand an der Spitze des Stängels, Einzelblüten unscheinbar, weißlich mit lilafarbenen Staubblättern; Früchte (Kapseln) eiförmig

Fortpflanzung: Blüte Mai bis Juli; zwittrig; Insektenbestäubung; Ameisen- und Tierausbreitung

Vorkommen: Trockenwiesen, Weiden, Rasen, Wegränder

Wissenswertes: Zum Blütenbau der Wegeriche *(Plantago)* ➤ Breit-Wegerich (S. 309). • Raupenfutterpflanze des Gemeinen *(Melitaea cinxia)* und des Westlichen Scheckenfalters *(Mellicta parthenoides)*.

Reynoutria japonica Houtt., *Fallopia japonica* (Houtt.) Ronse Decr.
Japanischer Staudenknöterich, Japanischer Flügelknöterich

Pflanzenfamilie: Polygonaceae – Knöterichgewächse

Name: Knöterich: Stängel mit Knoten; *reynoutria* unklar; *fallopia* nach Gabriele Falloppio, ital. Arzt und Anatom (1523–1562); *japonica* lat. japanisch

Merkmale: 100 bis 300 cm hoch; Stängel bis über 10 mm dick, meist teilweise dunkelrot; Blätter rundlich bis oval, bis 20 cm lang, etwas derb; Blüten in langen, lockeren Blütenständen, bis 10 mm lang, grünlich weiß; Früchte (Nüsschen) dreikantig, ca. 4 mm lang, mit 3 Flugblättchen

Fortpflanzung: Blüte Juli bis September; zwittrig; Fliegenbestäubung; Windausbreitung

Vorkommen: Flussufer, Hecken, Schuttplätze

769 a Stängel und Blätter (mindestens auf der Unterseite) sehr dicht, anliegend, hellgrau bis weiß behaart 331 (S. 129)

b Stängel und Blätter nicht oder anders behaart 770

770 a Pflanze mit jeweils 1 bis 3 kleinen Blüten an den Ansatzstellen der Blätter am Stängel ▶ *Polygonum aviculare*

b Blüten anders angeordnet 771

Wissenswertes: Die ganz jungen Sprosse können kurz gekocht als Gemüse, süßes Kompott oder mit verschiedenen Füllungen gegessen werden. • Die Pflanze breitet sich schnell durch unterirdische Ausläufer (Rhizome) aus und kann aus Ausläuferstückchen von wenigen mm Länge wieder neue Pflanzen entwickeln. • Stammt aus Ostasien und wurde im 19. Jahrhundert als Zierpflanze nach Europa eingeführt. In dichten Beständen ist das Aufkommen anderer Pflanzenarten stark erschwert. Da die Pflanze im Winter oberirdisch abstirbt, bildet sie keinen Erosionsschutz an den Ufern von Fließgewässern. Die kräftigen Triebspitzen können Asphalt und Mauern durchdringen. Bekämpfung: Mehrmals (6- bis 8-mal) jährlich über mehrere Jahre hinweg mähen, alle Pflanzenteile über die Kehrichtabfuhr entsorgen (nicht kompostieren!).

Polygonum aviculare L.
Vogel-Knöterich, Echter Vogelknöterich

Pflanzenfamilie: Polygonaceae – Knöterichgewächse

Name: Knöterich: Stängel mit Knoten; *poly-* griech. viel; *-gonum* griech. Ecke, Kante; *aviculare* lat. kleiner Vogel

Merkmale: 10 bis 100 cm lange, einjährige Pflanze; Stängel meist liegend; Blätter oval bis länglich; an den Blattansatzstellen jeweils 1 bis 3 Blüten, diese 2 bis 4 mm lang, mit 5 rosafarbenen oder grünlichen Blütenblättern; Früchte (Nüsschen) dreikantig

Fortpflanzung: Blüte Juni bis Oktober; zwittrig; Selbstbestäubung; Tierausbreitung (z. B. Girlitz, Grünfink, Hänfling)

Vorkommen: Äcker, Ödland, Wegränder, zwischen Pflastersteinen

Wissenswertes: Zum Blütenbau der Knöteriche *(Polygonum)* ➤ Kleiner Knöterich (S. 315). • Die Pflanze ist sehr trittfest.

771 a Blüten in länglichen Blütenständen angeordnet 772

b Blüten in eher flachen oder schirmförmigen Blütenständen angeordnet 795 (S. 322)

772 a Blüten krallenförmig nach oben gebogen ▶ *Phyteuma spicatum*

b Blüten anders gestaltet 773

773 a Alle Blätter ohne Zähne am Blattrand 774

b Mindestens die größeren Stängelblätter mit einzelnen Zähnen am Blattrand 791 (S. 320)

Phyteuma spicatum L.
Ährige Rapunzel, Ährige Teufelskralle

Pflanzenfamilie: Campanulaceae – Glockenblumengewächse

Name: *Phyteuma* unklar; *spicatum* lat. ährenförmig, zugespitzt

Merkmale: 20 bis 80 cm hoch; Blätter herzförmig bis länglich, oft mit dunklen Flecken, Blattrand gezähnt; Blüten in einem dichten, ei- bis walzenförmigen, 7 bis 10 cm langen Blütenstand an der Spitze des Stängels, vor dem Aufblühen krallenartig nach oben hin gekrümmt, 10 bis 15 mm lang, weiß bis gelblich, mit 5 beim Aufblühen an der Spitze verwachsenen Blütenblättern; Früchte (Kapseln) ei- bis kugelförmig

Fortpflanzung: Blüte Mai bis Juni; zwittrig; Insektenbestäubung; Windausbreitung

Vorkommen: Frische Wiesen, Wälder

Wissenswertes: Aus den jungen Blättern und den halbgeöffneten Blütenständen kann ein vorzüglicher Salat zubereitet werden.

Polygonum bistorta L., *Bistorta officinalis* Delarbre
Schlangen-Knöterich, Schlangen-Wiesenknöterich

Pflanzenfamilie: Polygonaceae – Knöterichgewächse

Name: Knöterich: Stängel mit Knoten; *poly-* griech. viel; *-gonum* griech. Ecke, Kante; *bis-* lat. zwei; *-torta* lat. gedreht, gewunden; *officinalis* lat. für Arzneimittel verwendet

Merkmale: 30 bis 100 cm hoch; Blätter oval, bis 20 cm lang, Blattunterseite bläulich grün mit hellem Mittelnerv; Blüten in einem dichten, 10 bis 20 mm dicken Blütenstand am Ende des Stängels, 4 bis 5 mm lang, hell bis dunkel rosa; Früchte (Nüsschen) dreikantig, 4 bis 5 mm lang

Fortpflanzung: Blüte Mai bis Juli; zwittrig; Bienenbestäubung; Tierausbreitung (z. B. Girlitz, Grünfink, Hänfling)

Vorkommen: Bachufer, feuchte Wiesen

774 a Pflanze mit einem einzigen Blütenstand ▶ *Polygonum bistorta*
b Pflanze meist mit mehreren und/oder verzweigten Blütenständen 775

775 a Unterste Blätter meist über 40 cm lang ▶ *Rumex hydrolapathum*
b Blätter höchstens 40 cm lang 776

776 a Übergang Blattstiel/Blattfläche ± rechtwinklig (mindestens bei den größeren Stängelblättern) 784 (S. 316) ....
b Übergang Blattstiel/Blattfläche stumpfwinklig 777 ....

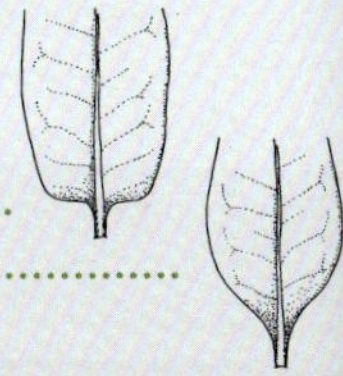

Wissenswertes: Zum Blütenbau der Knöteriche *(Polygonum)* ➤ Kleiner Knöterich (S. 315). • Vegetative Vermehrung durch ein schlangenartig gebogenes Rhizom (vgl. Name). • Mit dem getrockneten und fein geschnittenen Wurzelstock wird ein Tee gegen Durchfall sowie gegen Entzündungen der Mund- und Rachenschleimhäute hergestellt. • Die jungen Blätter können wie Spinat zubereitet und für Aufläufe oder auch als Salatzugabe verwendet werden.

Rumex hydrolapathum Huds.
Riesen-Ampfer, Fluss-Ampfer

Pflanzenfamilie: Polygonaceae – Knöterichgewächse

Name: Ampfer: ahd.; *rumex* lat. spitzes Wurfgeschoss (Blätter); *hydro-* griech. Wasser; *-lapathum* griech. Ampfer

Merkmale: 100 bis 200 cm hoch; Blätter oval bis länglich, bis 100 cm lang; Blüten in hängenden Büscheln, diese in länglichen, verzweigten Blütenständen, Einzelblüten unscheinbar, grün oder rötlich; Früchte (Nüsschen) dreikantig, mit 3 dreieckigen, 5 bis 7 mm langen Flugblättchen

Fortpflanzung: Blüte Juli bis August; zwittrig; Windbestäubung; Wind- und Wasserausbreitung

Vorkommen: Ufer, Röhrichte, Gräben, Sümpfe

Wissenswertes: Zum Blütenbau der Ampfer *(Rumex)* ➤ Krauser Ampfer (S. 319). • Raupenfutterpflanze des Großen Feuerfalters *(Lycaena dispar).*

777 a Stängel dicht behaart ▶ *Amaranthus retroflexus*

b Stängel nicht oder kaum behaart 778

778 a Stängel im Querschnitt vierkantig ▶ *Chenopodium polyspermum*

b Stängel nicht vierkantig, rundlich oder mit Furchen 779

779 a Blüten in stockwerkartig stehenden Büscheln ▶ *Rumex conglomeratus* (S. 320)

b Blüten nicht in stockwerkartig stehenden Büscheln 780

Amaranthus retroflexus L. Zurückgekrümmter oder Zurückgebogener Amarant

Pflanzenfamilie: Amaranthaceae – Amarant- oder Fuchsschwanzgewächse

Name: *Amaranthus* griech. nicht verwelkend; *retro-* lat. zurück; *-flexus* lat. gebogen

Merkmale: 10 bis 100 cm hohe, einjährige Pflanze; Stängel kurz behaart; Blätter rauten- bis eiförmig, bis 12 cm lang; Blüten in sehr dichten, länglichen, etwas stachligen Blütenständen, Einzelblüten unscheinbar, grünlich; Früchte (Kapseln) eiförmig

Fortpflanzung: Blüte Juli bis September; einhäusig; Windbestäubung; Tierausbreitung

Vorkommen: Äcker, Ödland, Schuttplätze, Wegränder

Wissenswertes: Die unscheinbaren Blüten bestehen aus einer fünfteiligen Blütenhülle und 3 Staubblättern (männliche Blüten) bzw. aus der fünfteiligen Blütenhülle und dem Fruchtknoten (weibliche Blüten). • Die Blätter können wie Spinat zubereitet, die Samen in Teig eingearbeitet oder gekeimt als Salatbeilage gegessen werden.

Chenopodium polyspermum L. Vielsamiger Gänsefuß

Pflanzenfamilie: Amaranthaceae – Amarant- oder Fuchsschwanzgewächse

Name: *Cheno-* griech. Gans; *-podium* griech. Fuß; *poly-* griech. viel; *-spermum* griech. Same

Merkmale: 15 bis 60 cm hohe, einjährige Pflanze; Stängel vierkantig, meist bereits im unteren Teil verzweigt; Blätter rautenförmig, oval bis länglich, bis 5 cm lang, Blattrand ohne Zähne; Blüten in kleinen Büscheln, diese in langen, lockeren Blütenständen, Einzelblüten unscheinbar, grünlich oder rosa; Früchte (Nüsschen) abgeflacht

Fortpflanzung: Blüte Juli bis September; zwittrig; Windbestäubung; Tierausbreitung (z. B. Girlitz, Hänfling)

Vorkommen: Flussufer, Äcker, Weinberge

Wissenswertes: Zum Blütenbau der Gänsefuß-Arten *(Chenopodium)* ➤ Bastard-Gänsefuß (S. 321)

780 a Blätter höchstens 10 mm breit ▶ ***Polygonum minus***

b Größere Blätter meist breiter als 10 mm **781**

781 a Blütenstände dünn und locker, Stängel zwischen den Blüten sichtbar **782**

b Blütenstände dick und dicht, Stängel zwischen den Blüten meist nicht sichtbar **783**

782 a Blätter beim Zerkauen scharf schmeckend ▶ ***Polygonum hydropiper***

b Blätter nicht scharf schmeckend ▶ ***Polygonum mite*** (S. 316)

Polygonum minus Huds., *Persicaria minor* (Huds.) Opiz **Kleiner Knöterich**

Pflanzenfamilie: Polygonaceae – Knöterichgewächse

Name: Knöterich: Stängel mit Knoten; *poly-* griech. viel; *-gonum* griech. Ecke, Kante; *persicaria* lat. Pfirsich *(persica); minus, minor* lat. kleiner

Merkmale: 15 bis 80 cm hohe bzw. lange, einjährige Pflanze; Stängel oft teilweise liegend; Blätter oval bis länglich, bis 8 cm lang und 1 cm breit; Blüten in länglichen, lockeren Blütenständen, hell- bis dunkelrosa; Früchte (Nüsschen) ca. 2 mm lang, meist flach

Fortpflanzung: Blüte Juli bis Oktober; zwittrig; Fliegenbestäubung; Tierausbreitung (z. B. Girlitz, Grünfink, Hänfling)

Vorkommen: Ufer, Gräben, feuchte Waldstellen, Äcker

Wissenswertes: Die unscheinbaren Blüten der Knöterich-Arten *(Polygonum)* bestehen aus einer drei- bis sechsteiligen Blütenhülle, 4 bis 8 Staubblättern und dem Fruchtknoten.

Polygonum hydropiper L., *Persicaria hydropiper* (L.) Delarbre **Wasserpfeffer, Pfeffer-Knöterich**

Pflanzenfamilie: Polygonaceae – Knöterichgewächse

Name: Knöterich: Stängel mit Knoten; *poly-* griech. viel; *-gonum* griech. Ecke, Kante; *persicaria* lat. Pfirsich *(persica); hydro-* griech. Wasser; *-piper* lat. Pfeffer

Merkmale: 25 bis 80 cm hohe bzw. lange, ein- oder zweijährige Pflanze; Stängel oft teilweise liegend; Blätter oval bis länglich, bis 10 cm lang, borstig rau, scharf schmeckend; Blüten in dünnen, lockeren Blütenständen, bis 3 mm lang, grünlich, rosa bis rot oder weiß; Früchte (Nüsschen) 3 bis 4 mm lang

Fortpflanzung: Blüte Juli bis Oktober; zwittrig; Selbstbestäubung; Tierausbreitung (z. B. Girlitz, Grünfink, Hänfling)

Vorkommen: Ufer, Gräben, feuchte Waldstellen, Äcker

Wissenswertes: Zum Blütenbau der Knöteriche *(Polygonum)* ➤ Kleiner Knöterich (s. o.) • Das frische oder getrocknete Kraut wurde bei starken Monatsblutungen und Hämorrhoidalblutungen angewendet.

783 a Unterseite der Blätter mit hellen Punkten ▶ *Polygonum lapathifolium*
b Blattunterseite ohne Punkte ▶ *Polygonum persicaria*

784 a Größere Blätter dreieckig und/oder mit 2 Zipfeln an der Blattbasis 785 …
b Blätter nicht dreieckig und ohne Zipfel 787

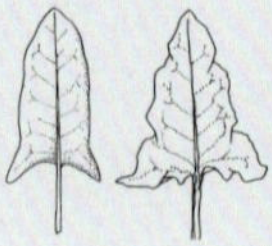

Polygonum mite Schrank, *Persicaria mitis* (Schrank) Assenov non Delarbre 1800 Milder Knöterich

Pflanzenfamilie: Polygonaceae – Knöterichgewächse

Name: Knöterich: Stängel mit Knoten; *poly-* griech. viel; *-gonum* griech. Ecke, Kante; *persicaria* lat. Pfirsich *(persica)*; *mite, mitis* lat. mild

Merkmale: 15 bis 80 cm hohe bzw. lange, einjährige Pflanze; Stängel oft teilweise liegend; Blätter oval bis länglich, bis 8 cm lang; Blüten in länglichen, lockeren Blütenständen, weißlich oder hell- bis dunkelrosa; Früchte (Nüsschen) 2,5 bis 3 mm lang

Fortpflanzung: Blüte Juli bis Oktober; zwittrig; Selbstbestäubung; Tierausbreitung (z. B. Girlitz, Grünfink, Hänfling)

Vorkommen: Ufer, Gräben, feuchte Waldstellen, Äcker

Wissenswertes: Zum Blütenbau der Knöteriche *(Polygonum)* ➤ Kleiner Knöterich (S. 315)

Polygonum lapathifolium L., *Persicaria lapathifolia* (L.) Delarbre Ampfer-Knöterich

Pflanzenfamilie: Polygonaceae – Knöterichgewächse

Name: Knöterich: Stängel mit Knoten; *poly-* griech. viel; *-gonum* griech. Ecke, Kante; *persicaria* lat. Pfirsich *(persica)*; *lapathi-* griech. Ampfer; *-folium, -folia* lat. Blatt

Merkmale: 20 bis 150 cm hohe bzw. lange, einjährige Pflanze; Stängel meist teilweise liegend; Blätter länglich, meist mit dunklem Fleck; Blüten in länglichen, dichten Blütenständen, 2 bis 3 mm lang, grünlich, rosa bis rot oder weiß; Früchte (Nüsschen) 2 bis 3 mm lang, meist flach

Fortpflanzung: Blüte Juli bis Oktober; zwittrig; Fliegenbestäubung; Tierausbreitung (z. B. Girlitz, Grünfink, Hänfling)

Vorkommen: Ufer, Gräben, Äcker, Schuttplätze

Wissenswertes: Zum Blütenbau der Knöteriche *(Polygonum)* ➤ Kleiner Knöterich (S. 315)

785 a Größere Blätter höchstens 4 cm lang; meistens mit abstehenden Blattzipfeln ▶ *Rumex acetosella*

b Größere Blätter mindestens 5 cm lang 786

Polygonum persicaria L., *Persicaria maculosa* Gray
Pfirsichblättriger Knöterich, Floh-Knöterich

Pflanzenfamilie: Polygonaceae – Knöterichgewächse

Name: Knöterich: Stängel mit Knoten; *poly-* griech. viel; *-gonum* griech. Ecke, Kante; *persicaria* lat. Pfirsich *(persica)*; *maculosa* lat. fleckig, gefleckt

Merkmale: 20 bis 80 cm hohe bzw. lange, einjährige Pflanze; Stängel meist teilweise liegend; Blätter länglich, meist mit dunklem Fleck; Blüten in länglichen, dichten Blütenständen, 2,5 bis 3 mm lang, rot bis grünlich; Früchte (Nüsschen) 2 bis 3 mm lang

Fortpflanzung: Blüte Juli bis Oktober; zwittrig; Insektenbestäubung; Tierausbreitung (z. B. Girlitz, Grünfink, Hänfling)

Vorkommen: Ufer, Gräben, Äcker, Schuttplätze

Wissenswertes: Zum Blütenbau der Knöteriche *(Polygonum)* ➤ Kleiner Knöterich (S. 315)

Rumex acetosella L. Kleiner Sauerampfer

Pflanzenfamilie: Polygonaceae – Knöterichgewächse

Name: Ampfer: ahd.; *rumex* lat. spitzes Wurfgeschoss (Blätter); *acetosella* lat. säuerlich

Merkmale: 10 bis 40 cm hoch; Blätter länglich, mit 2 abstehenden Zipfeln links und rechts der Ansatzstelle des Blattstiels, rötlich oder bläulich grün; Blüten in hängenden Büscheln, diese in länglichen, lockeren Blütenständen, Einzelblüten unscheinbar, grün oder rötlich; Früchte (Nüsschen) dreikantig, mit drei 1,3 bis 2 mm langen Flugblättchen

Fortpflanzung: Blüte Mai bis August; zweihäusig; Windbestäubung; Tierausbreitung (z. B. Girlitz, Grünfink, Hänfling)

Vorkommen: Moore, Rasen, Heiden, Waldschläge, Äcker, Wegränder, Mauern

Wissenswertes: Zum Blütenbau der Ampfer *(Rumex)* ➤ Krauser Ampfer (S. 319). • Pflanze mit hohem Gehalt an Oxalsäure (säuerlicher Geschmack). • Raupenfutterpflanze des Kleinen Ampfer-Feuerfalters *(Lycaena hippothoe)* sowie des Dunklen *(Lycaena tityrus)* und des Violetten Feuerfalters *(Lycaena alciphoron)*.

786 a Größere Blätter mindestens doppelt so lang wie breit ▶ *Rumex acetosa*
b Größere Blätter höchstens doppelt so lang wie breit
▶ *Chenopodium bonus-henricus* (S. 320)

787 a Größere Blätter höchstens doppelt so lang wie breit ▶ *Rumex obtusifolius*
b Größere Blätter mindestens doppelt so lang wie breit 788

788 a Blattrand wellig ▶ *Rumex crispus*
b Blattrand fast flach 789

Rumex acetosa L. Wiesen-Sauerampfer

Pflanzenfamilie: Polygonaceae – Knöterichgewächse

Name: Ampfer: ahd.; *rumex* lat. spitzes Wurfgeschoss (Blätter); *acetosa* lat. essigsauer

Merkmale: 30 bis 100 cm hoch; Blätter oval bis länglich, etwas dicklich, mit 2 Zipfeln links und rechts der Ansatzstelle des Blattstiels; Blüten in hängenden Büscheln, diese in länglichen Blütenständen, Einzelblüten unscheinbar, grün oder rötlich; Früchte (Nüsschen) dreikantig, mit 3 rundlichen, 3 bis 5 mm langen Flugblättchen

Fortpflanzung: Blüte Mai bis August; zweihäusig; Windbestäubung; Wind- und Tierausbreitung (z. B. Girlitz, Grünfink, Hänfling)

Vorkommen: Wiesen

Wissenswertes: Zum Blütenbau der Ampfer *(Rumex)* ➤ Krauser Ampfer (S. 319). • Pflanze mit hohem Gehalt an Oxalsäure (säuerlicher Geschmack). • Raupenfutterpflanze von Kleinem Ampfer-Feuerfalter *(Lycaena hippothoe)*, Dunklem Feuerfalter *(Lycaena tityrus)*, Dukatenfalter *(Lycaena virgaureae)*. • Die Blätter und die noch geschlossenen Blütenstände können als Salat, Gemüse oder Sauce zubereitet werden und passen zu Fischgerichten.

Rumex obtusifolius L. Stumpfblättriger Ampfer

Pflanzenfamilie: Polygonaceae – Knöterichgewächse

Name: Ampfer: ahd.; *rumex* lat. spitzes Wurfgeschoss (Blätter); *obtusi-* lat. stumpf; *-folius* lat. Blatt

Merkmale: 50 bis 120 cm hoch; Blätter herzförmig oder oval bis länglich, bis 30 cm lang; Blüten in hängenden Büscheln, diese in länglichen Blütenständen, Einzelblüten unscheinbar, grün oder rötlich; Früchte (Nüsschen) dreikantig, mit 3 dreieckigen, 3 bis 6 mm langen, gezähnten und roten Flugblättchen

Fortpflanzung: Blüte Juni bis August; zwittrig; Windbestäubung; Wind- und Tierausbreitung (z. B. Girlitz, Grünfink, Hänfling)

Vorkommen: Wiesen, Äcker, Schuttplätze, Wegränder

Wissenswertes: Zum Blütenbau der Ampfer *(Rumex)* ➤ Krauser Ampfer (S. 319). • Raupenfutterpflanze des Großen Feuerfalters *(Lycaena dispar)*.

789 a Blütenstände kürzer als 10 cm; Blüten gedrängt angeordnet
▶ *Polygonum amphibium* (S. 88)

b Blütenstände meistens länger als 10 cm; Blüten in getrennten Büscheln angeordnet 790

790 a Ganze Pflanze oft rot überlaufen; Nerven auf der Blattunterseite meistens alle dunkelrot ▶ *Rumex sanguineus*

b Pflanze kaum rot überlaufen; Nerven auf der Blattunterseite meistens grün
▶ *Rumex conglomeratus* (S. 320)

Rumex crispus L. Krauser Ampfer

Pflanzenfamilie: Polygonaceae – Knöterichgewächse

Name: Ampfer: ahd.; *rumex* lat. spitzes Wurfgeschoss (Blätter); *crispus* lat. kraus

Merkmale: 30 bis 120 cm hoch; Blätter oval bis länglich, bis 30 cm lang, Blattrand gewellt; Blüten in hängenden Büscheln, diese in länglichen Blütenständen, Einzelblüten unscheinbar, grün oder rötlich; Früchte (Nüsschen) dreikantig, mit 3 rundlichen oder herzförmigen, 3,5 bis 5 mm langen Flugblättchen

Fortpflanzung: Blüte Juli bis August; zwittrig; Windbestäubung; Wind- und Tierausbreitung (z. B. Girlitz, Grünfink, Hänfling)

Vorkommen: Gräben, feuchte Wiesen und Weiden, Äcker

Wissenswertes: Die unscheinbaren Blüten der Ampfer-Arten *(Rumex)* bestehen aus einer sechsteiligen Blütenhülle, 6 Staubblättern und dem Fruchtknoten. Die Blättchen an den Früchten dienen als Flugorgane bei der Ausbreitung. • Die Pollen der Ampfer-Arten sind stark allergen (Heuschnupfen).

Rumex sanguineus L. Blut-Ampfer

Pflanzenfamilie: Polygonaceae – Knöterichgewächse

Name: Ampfer: ahd.; *rumex* lat. spitzes Wurfgeschoss (Blätter); *sanguineus* lat. blutrot

Merkmale: 30 bis 80 cm hoch; ganze Pflanze oft teilweise rot; Blätter oval bis länglich, bis 20 cm lang, Blattrand mit Kerben und leicht wellig; Blüten in hängenden Büscheln, diese in länglichen, lockeren Blütenständen, Einzelblüten unscheinbar, grün oder rötlich; Früchte (Nüsschen) dreikantig, mit 1 schmalen, 2 bis 3,5 mm langen Flugblättchen

Fortpflanzung: Blüte Juli bis August; zwittrig; Windbestäubung; Wind- und Tierausbreitung (z. B. Girlitz, Grünfink, Hänfling)

Vorkommen: Ufergebüsch, feuchte Wälder

Wissenswertes: Zum Blütenbau der Ampfer *(Rumex)* ➤ Krauser Ampfer (s. o.)

791 a Größere Blätter dreieckig und/oder mit 2 Zipfeln an der Blattbasis
▶ ***Chenopodium bonus-henricus***
b Blattform anders 792

Rumex conglomeratus Murray
Knäuelblütiger Ampfer, Knäuel-Ampfer

Pflanzenfamilie: Polygonaceae – Knöterichgewächse

Name: Ampfer: ahd.; *rumex* lat. spitzes Wurfgeschoss (Blätter); *conglomeratus* lat. gehäuft

Merkmale: 30 bis 80 cm hoch; Blätter oval bis länglich, bis 20 cm lang; Blüten in hängenden Büscheln, diese in länglichen, beblätterten Blütenständen, Einzelblüten unscheinbar, grün oder rötlich; Früchte (Nüsschen) dreikantig, mit 3 schmalen, 2 bis 3,5 mm langen Flugblättchen

Fortpflanzung: Blüte Juli bis August; zwittrig; Selbstbestäubung; Wind- und Tierausbreitung (z. B. Girlitz, Grünfink, Hänfling)

Vorkommen: Ufer, Gräben, Waldschläge

Wissenswertes: Zum Blütenbau der Ampfer *(Rumex)* ➤ Krauser Ampfer (S. 319)

Chenopodium bonus-henricus L. Guter Heinrich

Pflanzenfamilie: Amaranthaceae – Amarant- oder Fuchsschwanzgewächse

Name: *Cheno-* griech. Gans; *-podium* griech. Fuß; *bonus-henricus* latinisierter deutscher Name (Guter Heinrich)

Merkmale: 20 bis 80 cm hoch; Pflanze teilweise mehlig bepudert; Blätter dreieckig bis pfeilförmig, bis 12 cm lang; Blüten in dichten Büscheln, diese in länglichen Blütenständen, Einzelblüten unscheinbar, grünlich; Früchte (Nüsschen) abgeflacht

Fortpflanzung: Blüte Juni bis August; zwittrig; Windbestäubung; Tierausbreitung (z. B. Girlitz, Hänfling)

Vorkommen: Wegränder, an Orten mit Viehdung

Wissenswertes: Zum Blütenbau der Gänsefuß-Arten *(Chenopodium)* ➤ Bastard-Gänsefuß (S. 321). • Die Blätter können wie Spinat und die jungen Sprosse (ohne Blätter) wie Spargel zubereitet werden.

792 a Pflanze mit unangenehmem Geruch ▶ *Chenopodium hybridum*

b Pflanze ohne oder nur mit leichtem Geruch 793

793 a Stängel und Blätter meist teilweise rötlich ▶ *Chenopodium rubrum*

b Stängel und Blätter nicht rötlich 794

Chenopodium hybridum L. Bastard-Gänsefuß, Stechapfelblättriger Gänsefuß

Pflanzenfamilie: Amaranthaceae – Amarant- oder Fuchsschwanzgewächse

Name: *Cheno-* griech. Gans; *-podium* griech. Fuß; *hybridum* lat. Mischling

Merkmale: 30 bis 100 cm hohe, einjährige Pflanze; unangenehm riechend; Blätter dreieckig, mit 7 oder 9 großen Zähnen, bis 15 cm lang; Blüten in dichten Büscheln, diese in verzweigten Blütenständen, Einzelblüten unscheinbar, grünlich; Früchte (Nüsschen) abgeflacht

Fortpflanzung: Blüte Juli bis September; zwittrig; Windbestäubung; Tierausbreitung (z. B. Girlitz, Hänfling)

Vorkommen: Gärten, Äcker, Schuttplätze, Wegränder

Wissenswertes: Die unscheinbaren Blüten der Gänsefuß-Arten *(Chenopodium)* bestehen aus einer zwei- bis fünfteiligen Blütenhülle, höchstens 5 Staubblättern und dem Fruchtknoten. • Die Pollen der Gänsefuß-Arten sind stark allergen (Heuschnupfen).

Chenopodium rubrum L. Roter Gänsefuß

Pflanzenfamilie: Amaranthaceae – Amarant- oder Fuchsschwanzgewächse

Name: *Cheno-* griech. Gans; *-podium* griech. Fuß; *rubrum* lat. rot

Merkmale: 10 bis 100 cm hohe, einjährige Pflanze; Stängel oft teilweise liegend, oft teilweise rot; Blätter rautenförmig bis dreieckig, bis 8 cm lang, oft teilweise rot, Blattrand meist mit einzelnen Zähnen; Blüten in kleinen Büscheln, diese in langen Blütenständen, Einzelblüten unscheinbar, grünlich oder rötlich; Früchte (Nüsschen) abgeflacht

Fortpflanzung: Blüte Juli bis September; zwittrig; Windbestäubung; Windausbreitung

Vorkommen: Schuttplätze, Wegränder, um Misthaufen und Jauchegruben

Wissenswertes: Zum Blütenbau der Gänsefuß-Arten *(Chenopodium)* ➤ Bastard-Gänsefuß (s. o.)

794 a Blätter mit mehlartigem Belag, hell blaugrün ▶ *Chenopodium album*
b Blätter grün ▶ *Atriplex patula*

795 a Größere Blätter länger als breit 796
b Größere Blätter rundlich, etwa gleich lang wie breit 543 (S. 217)

Chenopodium album L. Weißer Gänsefuß

Pflanzenfamilie: Amaranthaceae – Amarant- oder Fuchsschwanzgewächse

Name: *Cheno-* griech. Gans; *-podium* griech. Fuß; *album* lat. weiß

Merkmale: 30 bis 200 cm hohe, einjährige Pflanze; ganze Pflanze meist mehlig bepudert und daher graugrün; Blätter rautenförmig, oval bis länglich, bis 12 cm lang, Blattrand meist mit einzelnen Zähnen; Blüten in dichten Büscheln, diese in langen Blütenständen, Einzelblüten unscheinbar, hellgrünlich; Früchte (Nüsschen) abgeflacht

Fortpflanzung: Blüte Juli bis September; zwittrig; Windbestäubung; Tierausbreitung (z. B. Girlitz, Hänfling)

Vorkommen: Waldschläge, Gärten, Äcker, Schuttplätze, Wegränder

Wissenswertes: Zum Blütenbau der Gänsefuß-Arten *(Chenopodium)* ➤ Bastard-Gänsefuß (S. 321). • Samen verschiedener Pflanzenarten erhalten ihre Keimfähigkeit über sehr lange Zeiträume. So beispielsweise die Samen des Weißen Gänsefußes, die nachgewiesenermaßen bis zu 1700 Jahre keimfähig bleiben können. • Die Blätter können wie Spinat zubereitet oder jung auch als Salatbeigabe gegessen werden.

Atriplex patula L. Gewöhnliche oder Spreizende Melde

Pflanzenfamilie: Amaranthaceae – Amarant- oder Fuchsschwanzgewächse

Name: Melde: ahd.; *atriplex* lat. Name der Gattung; *patula* lat. breit ausladend

Merkmale: 30 bis 120 cm hohe, einjährige Pflanze; Blätter dreieckig oder rautenförmig bis länglich, bis 14 cm lang, Blattrand mit einzelnen Zähnen; Blüten in Büscheln, diese in länglichen Blütenständen, Einzelblüten unscheinbar, grünlich; Früchte (Nüsschen) von 2 ± dreieckigen, bis 7 mm langen Blättchen umschlossen

Fortpflanzung: Blüte Juli bis September; einhäusig; Windbestäubung; Tierausbreitung

Vorkommen: Gärten, Äcker, Schuttplätze, Wegränder

Wissenswertes: Die unscheinbaren Blüten bestehen aus einer drei- bis fünfteiligen Blütenhülle mit 3 bis 5 Staubblättern (männliche Blüten) bzw. aus dem Fruchtknoten mit 2 Vorblättern (weibliche Blüten). • Die Blätter können als Spinat zubereitet werden.

796 a Größere Stängelblätter höchstens 6 mm breit ▶ *Euphorbia cyparissias*
b Größere Stängelblätter breiter als 6 mm 797

797 a Stängelblätter vorne fein gezähnt ▶ *Euphorbia helioscopia*
b Stängelblätter nicht gezähnt ▶ *Euphorbia peplus* (S. 324)

Euphorbia cyparissias L. Zypressenblättrige Wolfsmilch, Zypressen-Wolfsmilch

Pflanzenfamilie: Euphorbiaceae – Wolfsmilchgewächse

Name: *Euphorbia* nach Euphorbos, griech. Mediziner; *cyparissias* griech. Zypresse

Merkmale: 15 bis 50 cm hoch; ganze Pflanze unbehaart; Blätter schmal oval bis fast nadelförmig; Blütenstand an der Spitze des Stängels mit 10 bis 20 Hauptästen, Drüsen in den Blüten sichelförmig, gelb; 3 kugelige, warzige Früchte (Kapseln) pro Blüte

Fortpflanzung: Blüte April bis Juli; einhäusig; Insektenbestäubung; Ameisenausbreitung

Vorkommen: Magerwiesen, Weiden, lichte Wälder, Waldränder, Wegränder

Wissenswertes: Zum Blütenbau der Wolfsmilch-Arten *(Euphorbia)* ➤ Garten-Wolfsmilch (S. 324). • Raupenfutterpflanze des Wolfsmilchschwärmers *(Hyles euphorbiae)*. • Die Pflanze wird oft von einem Pilz *(Uromyces pisi)* befallen, bleibt dann unverzweigt und blütenlos und weist rote Fruchtkörper des Pilzes auf. • Der weiße Milchsaft ist stark giftig; Vergiftungssymptome sind u. a. Blasenbildung bei Hautkontakt, bei Einnahme Magenschmerzen, Durchfall, Pupillenerweiterung, Schwindel, Herzrhythmus- und Bewusstseinsstörungen.

Euphorbia helioscopia L. Sonnenwend-Wolfsmilch

Pflanzenfamilie: Euphorbiaceae – Wolfsmilchgewächse

Name: *Euphorbia* nach Euphorbos, griech. Mediziner; *helios-* griech. Sonne; *-scopia* griech. schauen

Merkmale: 10 bis 40 cm hohe, einjährige Pflanze; Blätter oval, größte Breite im vorderen Blattteil, früh abfallend; Blütenstand an der Spitze des Stängels mit 3 bis 5 Hauptästen, Blüten mit ovalen, gelben Drüsen; drei 2,5 bis 3 mm lange Früchte (Kapseln) pro Blüte

Fortpflanzung: Blüte April bis September; einhäusig; Fliegenbestäubung; Ameisenausbreitung

Vorkommen: Gärten, Äcker, Weinberge

Wissenswertes: Zum Blütenbau der Wolfsmilch-Arten *(Euphorbia)* ➤ Garten-Wolfsmilch (S. 324). • Der Blütenstand dreht sich nach dem Sonnenstand. • Der weiße Milchsaft ist giftig; Vergiftungssymptome sind u. a. Blasenbildung bei Hautkontakt, bei Einnahme Magenschmerzen, Durchfall, Pupillenerweiterung, Schwindel, Herzrhythmus- und Bewusstseinsstörungen.

798 a Blattrand regelmäßig gezähnt 802

b Blattrand höchstens mit einzelnen Zähnen 799

799 a Größere Blätter mindestens 5 bis 10 cm lang ▶ *Atriplex prostrata*

b Größere Blätter höchstens 2 cm lang 800

800 a Blätter oval, stumpf ▶ *Herniaria glabra* (S. 240)

b Blätter sehr schmal (nadelförmig), spitz 801

Euphorbia peplus L. Garten-Wolfsmilch

Pflanzenfamilie: Euphorbiaceae – Wolfsmilchgewächse

Name: *Euphorbia* nach Euphorbos, griech. Mediziner; *peplus* griech. gewebtes Tuch, Decke

Merkmale: 10 bis 25 cm hohe, einjährige Pflanze; Blätter oval bis rundlich, größte Breite im vorderen Blattteil, früh abfallend; Blütenstand an der Spitze des Stängels mit 3 Hauptästen, Drüsen in den Blüten halbmondförmig, gelb, mit je 2 fadenförmigen, weißen, ca. 1 mm langen Anhängseln; drei 2 bis 2,5 mm lange Früchte (Kapseln) mit 3 Rippen pro Blüte

Fortpflanzung: Blüte Juni bis Oktober; einhäusig; Fliegenbestäubung; Ameisenausbreitung

Vorkommen: Gärten, Äcker, Weinberge, Ödland

Wissenswertes: Die unscheinbaren Blüten der Wolfsmilch-Arten *(Euphorbia)* sind eingeschlechtig und auf ein Staubblatt (männliche Blüten) bzw. den Fruchtknoten (weibliche Blüten) reduziert. Eine weibliche Blüte und mehrere männliche Blüten bilden zusammen einen Blütenstand, der von 5 Blättern mit 4 oder 5 farbigen und je nach Art unterschiedlich geformten, nektarabsondernden Drüsen umgeben ist. Diese Drüsen stellen die auffälligsten Blütenteile dar. • Der weiße Milchsaft ist giftig.

Atriplex prostrata DC. Spießblättrige Melde

Pflanzenfamilie: Amaranthaceae – Amarant- oder Fuchsschwanzgewächse

Name: Melde: ahd.; *atriplex* lat. Name der Gattung; *prostrata* lat. ausgebreitet, hingestreckt

Merkmale: 30 bis 80 cm hohe bzw. lange, einjährige Pflanze; Stängel teilweise liegend; Blätter mindestens im unteren Teil des Stängels gegenständig, sonst wechselständig, dreieckig oder rautenförmig bis länglich, bis 10 cm lang, Blattrand mit einzelnen Zähnen; Blüten in Büscheln, diese in länglichen Blütenständen, Einzelblüten unscheinbar, grünlich; Früchte (Nüsschen) von 2 ± dreieckigen, 2 bis 5 mm langen Blättchen umschlossen

Fortpflanzung: Blüte Juli bis September; einhäusig; Windbestäubung; Wind- und Tierausbreitung

801 a Blätter im Querschnitt rundlich ▶ *Scleranthus annuus* (S. 240)
b Blätter im Querschnitt flach ▶ *Sagina procumbens* (S. 188)

802 a Stängel und Blätter mit Brennhaaren 803
b Stängel und Blätter ohne Brennhaare ▶ *Mercurialis perennis*

Vorkommen: Ufer, Gräben, Äcker, Schuttplätze, Wegränder

Wissenswertes: Die unscheinbaren Blüten bestehen aus einer drei- bis fünfteiligen Blütenhülle mit 3 bis 5 Staubblättern (männliche Blüten) bzw. aus dem Fruchtknoten mit 2 Vorblättern (weibliche Blüten). • Die Blätter können als Spinat zubereitet werden.

Mercurialis perennis L.
Wald-Bingelkraut, Ausdauerndes Bingelkraut

Pflanzenfamilie: Euphorbiaceae – Wolfsmilchgewächse

Name: *Mercurialis* nach dem röm. Gott Merkur; *perennis* lat. ausdauernd

Merkmale: 10 bis 40 cm hoch; Stängel vierkantig, nur im oberen Teil beblättert; Blätter gegenständig, länglich, bis 12 cm lang, obere Blätter größer als untere, Blattrand gezähnt; männliche Blüten unscheinbar, grünlich, in mehreren länglichen Blütenständen (männliche Pflanzen), weibliche Blüten unscheinbar, grünlich, im Bereich der Blätter (weibliche Pflanzen); 2 kugelige Früchte (Kapseln) pro Blüte

Fortpflanzung: Blüte März bis Mai; zweihäusig; Windbestäubung; Selbst- und Ameisenausbreitung

Vorkommen: Wälder (besonders Buchenwälder)

Wissenswertes: Die unscheinbaren Blüten bestehen aus einer dreiteiligen Blütenhülle und mehreren Staubblättern (männliche Blüten) bzw. aus der dreiteiligen Blütenhülle und dem zweiteiligen Fruchtknoten (weibliche Blüten).
• Das Ausdauernde Bingelkraut bildet oft große Bestände. Dies ist auf seine vegetative Fortpflanzung – d. h. Fortpflanzung ohne vorausgegangene Befruchtung und damit Durchmischung der genetischen Information – in Form von unterirdischen Ausläufern (Rhizome) zurückzuführen. In solchen Fällen stammen alle Pflanzen von einer einzigen Mutterpflanze ab, sind deshalb genetisch identisch und bilden zusammen einen Klon.

803 a Größere Blätter mindestens 5 cm lang ▶ *Urtica dioica*
b Größere Blätter höchstens 5 cm lang ▶ *Urtica urens*

804 a Pflanze mit 5 grünlichen Blüten in einem würfelförmigen Blütenstand mit ca. 5 mm Durchmesser ▶ *Adoxa moschatellina* (S. 170)
b Blüten anders angeordnet und gestaltet 805

805 a Einzelblüten bestehen aus zahlreichen halbkugeligen Büscheln von Staubblättern ▶ *Thalictrum aquilegiifolium* (S. 114)

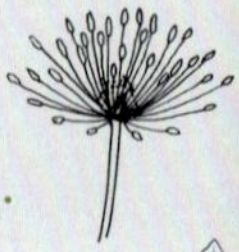

b Blüten anders gestaltet 806

806 a Blätter groß, lang gestielt und mehrfach in Teilblätter unterteilt 807

b Blätter anders gestaltet 808

807 a Sehr viele weißliche Blüten in mehreren langen, gleichmäßig dünnen Blütenständen ▶ *Aruncus dioicus* (S. 169)
b Mehrere weiße Blüten in einem kurzen, ovalen Blütenstand ▶ *Actaea spicata* (S. 169)

808 a Blätter fächerförmig in 3 eingeschnittene Abschnitte geteilt ▶ *Aphanes arvensis* (S. 212)
b Blätter anders gestaltet 809

809 a Blüten in einem sehr dichten (harten), kugel- bis zylinderförmigen Blütenstand angeordnet 415 (S. 162)
b Blüten anders angeordnet 810

810 a Blätter mindestens im unteren Teil des Stängels gegenständig, d. h., Blätter stehen sich auf gleicher Höhe am Stängel gegenüber ▶ *Ambrosia artemisiifolia* (S. 126)

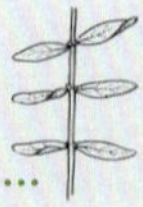

b Blätter wechselständig, d. h., sie stehen sich nicht gegenüber 811

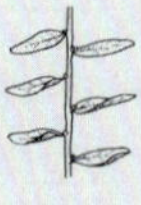

811 a Ganze Pflanze silbrig grau behaart ▶ *Artemisia absinthium* (S. 138)
b Pflanze zum größten Teil grün 812

812 a Blattunterseite hellgrau bis weiß 371 (S. 147)
b Blattunterseite nicht hellgrau bis weiß 813

813 a Pflanze mit zahlreichen hellgelben Blüten in einem langen, oben kegelförmigen Blütenstand ▶ *Reseda lutea* (S. 278)
b Blüten anders farbig und/oder Blütenstand anders gestaltet 472 (S. 187)

Urtica dioica L. Große Brennnessel

Pflanzenfamilie: Urticaceae – Brennnesselgewächse

Name: *Urtica* lat. brennen; *di-* griech. zwei; *-oica* griech. Haus

Merkmale: 30 bis 200 cm hoch; Stängel vierkantig, mit Brennhaaren; Blätter gegenständig, ei- oder herzförmig, bis 15 cm lang, mit Brennhaaren, Blattrand gezähnt; Blüten in dünnen, länglichen Blütenständen, grünlich; Früchte (Nüsschen) linsenförmig

Fortpflanzung: Blüte Juni bis September; zweihäusig; Windbestäubung; Wind- und Tierausbreitung (z. B. Girlitz)

Vorkommen: Gebüsche, Auenwälder, Waldschläge, Schuttplätze

Wissenswertes: Zum Blütenbau der Brennnesseln *(Urtica)* ➤ Kleine Brennnessel (s. u.). • Bei Berührung bricht das Köpfchen der Brennhaare ab und die scharfe, kanülenartige Haarspitze dringt in die Haut ein, wobei ein Stoffgemisch (u. a. Ameisensäure, Acetylcholin und Histamin) injiziert wird, das die brennenden Schmerzen hervorruft. • Raupenfutterpflanze von Tagpfauenauge *(Inachis io)*, Admiral *(Vanessa atalanta)*, Kleinem Fuchs *(Aglais urticae)*, C-Falter *(Polygonia c-album)* und Landkärtchen *(Araschnia levana)*. • Tee aus dem getrockneten Kraut wird zur Anregung der Harnausscheidung bei Harnwegsinfekten sowie bei Rheuma getrunken. Das Extrakt der Wurzel wird bei Prostatabeschwerden im Frühstadium angewendet. • Die Triebspitzen mit den 2 bis 4 obersten Blättern können als Suppe oder Spinat zubereitet und zu den verschiedensten Gerichten verarbeitet werden. • Das Abkochwasser von Brennnesselblättern wird gegen Blattläuse gespritzt, und Brennnesseljauche (in Wasser gelegte Blätter, die man gären lässt) dient als Dünger.

Urtica urens L. Kleine Brennnessel

Pflanzenfamilie: Urticaceae – Brennnesselgewächse

Name: *Urtica* lat. brennen; *urens* lat. brennend

Merkmale: 10 bis 50 cm hohe, einjährige Pflanze; Stängel vierkantig, mit Brennhaaren; Blätter gegenständig, eiförmig, bis 5 cm lang, mit Brennhaaren, Blattrand gezähnt; Blüten in 1 bis 3 cm langen Blütenständen, grünlich; Früchte (Nüsschen) linsenförmig

Fortpflanzung: Blüte Juni bis September; einhäusig; Windbestäubung; Wind- und Tierausbreitung

Vorkommen: Schuttplätze, Mauern, um Misthaufen und Jauchegruben

Wissenswertes: Die unscheinbaren Blüten der Brennnesseln *(Urtica)* bestehen aus einer vierteiligen Blütenhülle und 4 Staubblättern (männliche Blüten) bzw. aus der vierteiligen Blütenhülle und dem Fruchtknoten (weibliche Blüten). • Die Pollen der Brennnessel-Arten sind schwach allergen (Heuschnupfen). • Eher stärker brennend als die Große Brennnessel. • Tee aus dem getrockneten Kraut wird zur Anregung der Harnausscheidung bei Harnwegsinfekten sowie bei Rheuma getrunken.

821 Bei den Süßgräsern (Poaceae) sind die Blütenstände in Teilblütenstände gegliedert, die als Ährchen (vgl. Abb. unten) bezeichnet werden. Durch Krümmen der Blütenstände können die gewünschten Merkmale (z. B. Seitenäste, Grannen) besser erkannt werden. Allgemeines zu den Süßgräsern ➤ S. 393 **822**

822 a Pflanze bis 4 m hoch; Blätter bis 4 cm breit ▶ *Phragmites australis* (S. 334)
b Pflanze meist nicht über 2 m hoch; Blätter höchstens 2 cm breit **823**

823 a Blütenstand verzweigt, mit mindestens 5 mm langen Seitenästen und/oder Ährchenstielen (Blütenstand biegen, um die Äste und Stiele zu erkennen) **824** ......
b Blütenstand unverzweigt, ohne oder mit nur sehr kurzen, undeutlichen Seitenästen und/oder Ährchenstielen **875** (S. 353) ....

824 a Unterste Blätter haarförmig, im Querschnitt rundlich, höchstens 1 mm im Durchmesser **857** (S. 343)
b Unterste Blätter flach oder gefaltet, mindestens 1 mm breit **825**

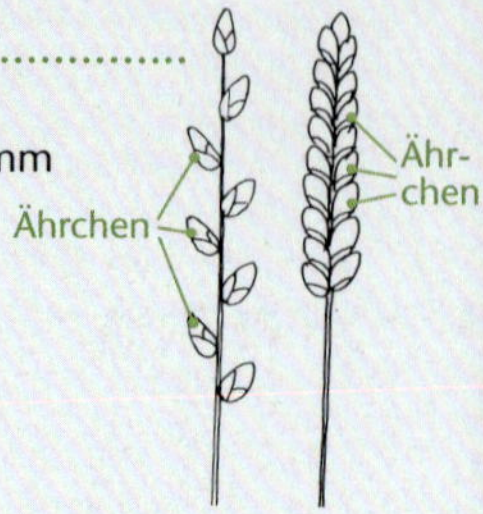

Briza media L.
Mittleres oder Gewöhnliches Zittergras

Pflanzenfamilie: Poaceae – Süßgräser, Echte Gräser

Name: *Briza* griech. Name für eine Getreideart; *media* lat. mittlere

Merkmale: 20 bis 90 cm hoch; Blätter bis 5 mm breit, Blatthäutchen ca. 1 mm lang; Blütenstand 4 bis 18 cm lang, mit locker stehenden, oft geschlängelten Ästen; Ährchen 4 bis 7 mm lang, hängend, rundlich bis herzförmig, oft (teilweise) violett

Fortpflanzung: Blüte Mai bis August; zwittrig; Windbestäubung; Ameisenausbreitung

Vorkommen: Magere Wiesen und Weiden

Wissenswertes: Raupenfutterpflanze von Waldteufel *(Erebia aethiops)* und Rostbraunem Wiesenvögelchen *(Coenonympha glycerion)*.

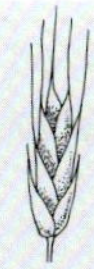

825 a Ährchen mit deutlichen, meist mehr als 3 mm langen, etwas steifen, borstenförmigen Haaren (Grannen) **862** (S. 346)

b Ährchen ohne oder mit kürzeren und undeutlichen Grannen **826**

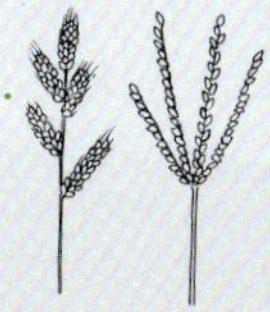

826 a Seitenäste ± auf der ganzen Länge mit kleinen Ährchen besetzt **860** (S. 346)

b Ährchen an den Enden der Seitenäste **827**

827 a Ährchen etwa gleich lang wie breit, rundlich bis herzförmig, hängend ▶ *Briza media*

b Ährchen länger als breit **828**

828 a Blütenstand mit meist weniger als 20 Ährchen **829**

b Blütenstand mit meist deutlich mehr als 20 Ährchen **831**

829 a Ährchen nur auf einer Seite des Stängels, ± hängend ▶ *Melica nutans*

b Ährchen anders angeordnet, nicht hängend **830**

Melica nutans L. Nickendes Perlgras

Pflanzenfamilie: Poaceae – Süßgräser, Echte Gräser

Name: *Melica* griech. Bezeichnung für Hirsen; *nutans* lat. nickend

Merkmale: 30 bis 60 cm hoch; Blätter bis 8 mm breit, Blatthäutchen ca. 0,5 mm lang; Blütenstand 4 bis 18 cm lang, mit auf eine Seite hängenden, 6 bis 8 mm langen Ährchen, oft (teilweise) rötlich oder violett

Fortpflanzung: Blüte Mai bis Juni; zwittrig; Windbestäubung; Wind- und Ameisenausbreitung

Vorkommen: Wälder

830 a Größere Blätter bis 8 mm breit; Blütenstand meist über 7 cm lang ▶ ***Melica uniflora***
b Blätter höchstens 4 mm breit; Blütenstand höchstens 7 cm lang ▶ ***Danthonia decumbens***

831 a Stängel oberhalb der (unteren) Verdickungen (Knoten) im Querschnitt zusammengedrückt 832
b Stängel oberhalb der Knoten rundlich 836

Melica uniflora Retz. **Einblütiges Perlgras**

Pflanzenfamilie: Poaceae – Süßgräser, Echte Gräser

Name: *Melica* griech. Bezeichnung für Hirsen; *uni-* lat. ein; *-flora* lat. Blüte

Merkmale: 25 bis 50 cm hoch; Blätter bis 8 mm breit, Blatthäutchen bis 0,5 mm lang; Blütenstand 4 bis 20 cm lang, mit wenigen aufrecht abstehenden Ästen; Ährchen 4 bis 7 mm lang, oft (teilweise) rötlich oder violett

Fortpflanzung: Blüte Mai bis August; zwittrig; Windbestäubung; Windausbreitung

Vorkommen: Laubmischwälder

Danthonia decumbens (L.) DC. **Dreizahn**

Pflanzenfamilie: Poaceae – Süßgräser, Echte Gräser

Name: *Danthonia* nach Etienne Danthoine, frz. Botaniker (1739–1794); *decumbens* lat. niederliegend

Merkmale: 10 bis 40 cm hoch; Stängel oft liegend; Blätter bis 4 mm breit, graugrün, Blatthäutchen in Form von Haaren; Blütenstand 2 bis 7 cm lang, mit wenigen Ästen; Ährchen 6 bis 15 mm lang, oft (teilweise) blauviolett

Fortpflanzung: Blüte Mai bis Juli; zwittrig; Selbstbestäubung; Ameisenausbreitung

Vorkommen: Feuchte Wiesen, Weiden, Waldränder

832 a Ährchen büschelförmig am Ende der Seitenäste angeordnet ▶ *Dactylis glomerata*

b Ährchen einzeln angeordnet 833

833 a Blätter höchstens 4 mm breit; Pflanze an eher trockenen Orten wachsend ▶ *Poa compressa*

b Blätter mindestens 5 mm breit; an nassen Orten 834

Dactylis glomerata L. Wiesen-Knäuelgras, Gewöhnliches Knaulgras

Pflanzenfamilie: Poaceae – Süßgräser, Echte Gräser

Name: *Dactylis* griech. Finger; *glomerata* lat. geknäuelt

Merkmale: 30 bis 120 cm hoch; Stängel oberhalb der Knoten zusammengedrückt; Blätter bis 15 mm breit, graugrün, Blatthäutchen bis 12 mm lang; Blütenstand 3 bis 20 cm lang, mit locker stehenden Ästen; Ährchen 5 bis 9 mm lang, oft (teilweise) violett, in Büscheln an den Enden der Äste

Fortpflanzung: Blüte Mai bis Juni; zwittrig; Windbestäubung; Wind- und Tierausbreitung

Vorkommen: Wiesen, Wegränder, Waldlichtungen

Wissenswertes: Raupenfutterpflanze des Waldteufels *(Erebia aethiops)*. • Wird sehr häufig als Futtergras angebaut.

Poa compressa L. Platthalm-Rispengras

Pflanzenfamilie: Poaceae – Süßgräser, Echte Gräser

Name: *Poa* griech. Gras, Futterkraut; *compressa* lat. zusammengedrückt

Merkmale: 20 bis 60 cm hoch; Pflanze graugrün; Stängel oberhalb der Knoten zusammengedrückt; Blätter bis 4 mm breit, graugrün, Blatthäutchen bis 3 mm lang; Blütenstand 2 bis 8 cm lang, mit eher locker stehenden Ästen; Ährchen 3 bis 8 mm lang, eiförmig bis länglich, zusammengedrückt

Fortpflanzung: Blüte Juni bis Juli; zwittrig; Windbestäubung; Windausbreitung

Vorkommen: Böschungen, Straßenränder, Kiesflächen, Felsschutt, Mauern

834 a Blätter höchstens 10 mm breit 835

b Größere Blätter bis 20 mm breit ▶ *Glyceria maxima*

835 a Blütenstand leicht auf eine Seite gebogen, zuunterst 1 oder 2 Seitenäste ▶ *Glyceria fluitans*

b Blütenstand ± gleichmäßig aufrecht, zuunterst 2 bis 5 Seitenäste ▶ *Glyceria notata*

Glyceria maxima (Hartm.) Holmb.
Großes Süßgras, Wasser-Schwaden

Pflanzenfamilie: Poaceae – Süßgräser, Echte Gräser

Name: *Glyceria* griech. süß; *maxima* lat. größte

Merkmale: 80 bis 200 cm hoch; Stängel zuunterst bis 10 mm dick, oberhalb der Knoten zusammengedrückt; Blätter bis 20 mm breit, Blatthäutchen bis 6 mm lang, spitz; Blütenstand 15 bis 40 cm lang, mit zahlreichen Ästen; Ährchen 4 bis 10 mm lang, oft gelbbraun

Fortpflanzung: Blüte Juli bis August; zwittrig; Windbestäubung; Wind- und Wasserausbreitung

Vorkommen: Ufer (Wasserschwadenröhricht), Gräben, Sümpfe

Wissenswertes: Die Früchte schmecken süß, daher der Name.

Glyceria fluitans (L.) R. Br.
Flutendes Süßgras, Flutender Schwaden

Pflanzenfamilie: Poaceae – Süßgräser, Echte Gräser

Name: *Glyceria* griech. süß; *fluitans* lat. fließend, flutend

Merkmale: 30 bis 150 cm hoch; Stängel teilweise liegend, oberhalb der Knoten zusammengedrückt; Blätter bis 10 mm breit, Blatthäutchen bis 15 mm lang; Blütenstand 10 bis 50 cm lang, leicht auf eine Seite gebogen, zuunterst 1 oder 2 Seitenäste; Ährchen 15 bis 35 mm lang

Fortpflanzung: Blüte Juni bis September; zwittrig; Windbestäubung; Wind- und Wasserausbreitung

Vorkommen: Ufer, Gräben, Sümpfe

Wissenswertes: Im Wasser stehende Pflanzen haben oft (in Strömungsrichtung) schwimmende Blätter.
• Die Früchte schmecken süß, daher der Name.

836 a Stängel oberhalb der (unteren) Verdickungen (Knoten) dicht und samtig weich behaart ▶ *Holcus lanatus*

b Stängel nicht oder anders behaart 837

837 a Ährchen meist länger als 9 mm 838

b Ährchen meist kürzer als 9 mm 841

Glyceria notata Chevall.
Faltiges Süßgras, Falt-Schwaden

Pflanzenfamilie: Poaceae – Süßgräser, Echte Gräser

Name: *Glyceria* griech. süß; *notata* lat. gekennzeichnet, kenntlich

Merkmale: 30 bis 150 cm hoch; Stängel teilweise liegend, oberhalb der Knoten zusammengedrückt; Blätter bis 10 mm breit, Blatthäutchen bis 10 mm lang; Blütenstand 10 bis 50 cm lang, zuunterst 2 bis 5 Seitenäste; Ährchen 5 bis 17 mm lang

Fortpflanzung: Blüte Juni bis September; zwittrig; Windbestäubung; Wind- und Wasserausbreitung

Vorkommen: Ufer, Gräben, Sümpfe

Wissenswertes: Die Früchte schmecken süß, daher der Name.

Holcus lanatus L. Wolliges Honiggras

Pflanzenfamilie: Poaceae – Süßgräser, Echte Gräser

Name: *Holcus* unklar; *lanatus* lat. wollig

Merkmale: 30 bis 100 cm hoch; Stängel samtig weich behaart; Blätter bis 8 mm breit, samtig weich behaart, Blatthäutchen bis 4 mm lang; Blütenstand 4 bis 20 cm lang, mit zahlreichen Ästen; Ährchen 3 bis 6 mm lang, oft (teilweise) rötlich

Fortpflanzung: Blüte Mai bis August; zwittrig; Windbestäubung; Wind- und Tierausbreitung

Vorkommen: Moore, Fettwiesen, Weiden

Wissenswertes: Die Halme schmecken süßlich, daher der Name.

838 a Ährchen mindestens 18 mm lang ▶ *Bromus inermis*

b Ährchen höchstens 16 mm lang 839▶

839 a Pflanze schilfartig, blaugrün ▶ *Phragmites australis*

b Pflanze nicht schilfartig, grasgrün 840▶

Bromus inermis Leyss.
Grannenlose oder Wehrlose Trespe

Pflanzenfamilie: Poaceae – Süßgräser, Echte Gräser

Name: Trespe: ahd.; *bromus* griech. Bezeichnung für haferähnliche Gräser; *inermis* lat. unbewaffnet, wehrlos

Merkmale: 30 bis 120 cm hoch; Blätter bis 10 mm breit, Blatthäutchen bis 2 mm lang; Blütenstand 10 bis 25 cm lang, mit meist schief aufrecht stehenden Ästen; Ährchen 18 bis 30 mm lang

Fortpflanzung: Blüte Juni bis Juli; zwittrig; Windbestäubung; Windausbreitung

Vorkommen: Ufer, Wegränder, Bahnareale

Phragmites australis (Cav.) Steud.
(Gewöhnliches) Schilf

Pflanzenfamilie: Poaceae – Süßgräser, Echte Gräser

Name: Schilf: ahd.; *phragmites* griech. Zaun; *australis* lat. südlich

Merkmale: 100 bis 400 cm hoch; Pflanze blaugrün; Stängel 5 bis 20 mm dick; Blätter bis 40 mm breit, Blattrand sehr rau, schneidend, Blatthäutchen in Form von Haaren; Blütenstand 10 bis 50 cm lang, mit zahlreichen Ästen, im oberen Teil etwas gebogen; Ährchen 10 bis 16 mm lang, oft violett oder hellbraun, mit silbrig weißen Haaren

Fortpflanzung: Blüte August bis September; zwittrig; Windbestäubung; Wind- und Tierausbreitung

Vorkommen: Ufer (Schilfröhricht), Sümpfe, Moore, Feuchtwiesen

Wissenswertes: Starke vegetative Ausbreitung durch unterirdische Rhizome und bis zu 20 m lang werdende oberirdische Ausläufer. So kann ein ganzes Röhricht aus einem einzigen Individuum mit zahlreichen verbundenen Halmen bestehen. • Wächst als sogenanntes «Landschilf» auch auf trockeneren Böden, wo es durch Düngung gefördert wird. • Wurde früher und wird regional immer noch für Dächer verwendet (Reetdächer), außerdem Anbau für die Zelluloseproduktion.

840 a Blattoberseite mit Längsrillen, Unterseite glänzend, Blattbasis mit Haaren ▶ *Festuca arundinacea* ....

b Blattoberseite kaum gerillt, Unterseite kaum glänzend, Blattbasis kahl ▶ *Festuca pratensis*

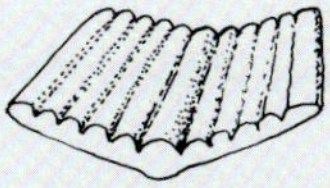

841 a Blattoberseite mit (feinen, aber) deutlichen Längsrillen **842** ....

b Blattoberseite nicht oder nur undeutlich gerillt **847** (S. 338)

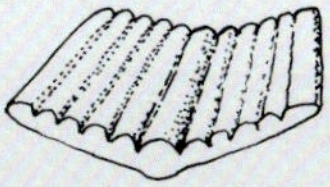

Festuca arundinacea Schreb. Rohr-Schwingel

Pflanzenfamilie: Poaceae – Süßgräser, Echte Gräser

Name: *Festuca* lat. Halm, Stäbchen; *arundinacea* lat. schilfrohrartig

Merkmale: 50 bis 160 cm hoch; Blätter bis 10 mm breit, etwas steif, Blattoberseite mit Längsrillen, Blatthäutchen bis 2 mm lang; Blütenstand 15 bis 35 cm lang, oft etwas hängend; Ährchen 10 bis 14 mm lang, oft (teilweise) violett

Fortpflanzung: Blüte Juni bis Juli; zwittrig; Windbestäubung; Tierausbreitung

Vorkommen: Ufer, Feuchtwiesen, Wegränder

Wissenswertes: Wird als Futtergras angebaut.

Festuca pratensis Huds. Wiesen-Schwingel

Pflanzenfamilie: Poaceae – Süßgräser, Echte Gräser

Name: *Festuca* lat. Halm, Stäbchen; *pratensis* lat. Wiese

Merkmale: 30 bis 120 cm hoch; Blätter bis 8 mm breit, Blatthäutchen bis 1 mm lang; Blütenstand 10 bis 20 cm lang, mit locker stehenden Ästen; Ährchen 9 bis 12 mm lang, gelbgrün, oft auch (teilweise) violett

Fortpflanzung: Blüte Mai bis Juli; zwittrig; Windbestäubung; Windausbreitung

Vorkommen: Fettwiesen, Weiden

Wissenswertes: Wird häufig als Futtergras angebaut.

842 a Ährchen höchstens 3 mm lang 843

b Ährchen meist länger als 3 mm 845

843 a Häutchen an der Blattbasis mindestens 3 mm lang (Blatt leicht vom Stängel nach unten wegziehen) 844 ....

b Häutchen höchstens 2 mm lang ▶ *Agrostis capillaris*

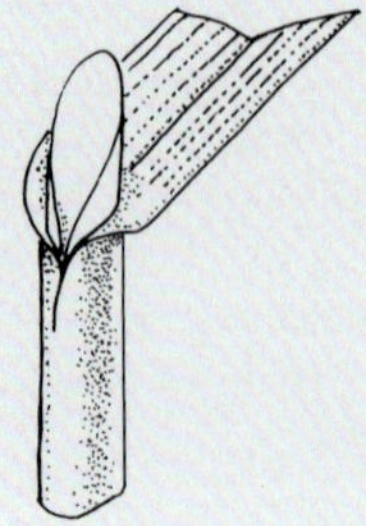

Agrostis capillaris L.
Haar-Straußgras, Rotes Straußgras

Pflanzenfamilie: Poaceae – Süßgräser, Echte Gräser

Name: *Agrostis* griech. ländlich; *capillaris* lat. Haar

Merkmale: 20 bis 70 cm hoch; Blätter bis 5 mm breit, Blatthäutchen bis 2 mm lang; Blütenstand bis 15 cm lang, mit zahlreichen, feinen Ästen, nach dem Blühen ausgebreitet; Ährchen 2 bis 3 mm lang, oft (teilweise) rotviolett

Fortpflanzung: Blüte Juni bis August; zwittrig; Windbestäubung; Wind- und Tierausbreitung

Vorkommen: Wiesen, Weiden, lichte Wälder, Wegränder

Agrostis stolonifera L.
Kriechendes oder Weißes Straußgras

Pflanzenfamilie: Poaceae – Süßgräser, Echte Gräser

Name: *Agrostis* griech. ländlich; *stoloni-* griech. Auswuchs, Anhängsel; *-fera* lat. tragend

Merkmale: 10 bis 70 cm hoch; Pflanze blau- bis graugrün; Stängel teilweise liegend; Blätter bis 7 mm breit, Blatthäutchen bis 7 mm lang; Blütenstand 10 bis 20 cm lang, mit zahlreichen Ästen, nach dem Blühen zusammengezogen; Ährchen 1 bis 3 mm lang

Fortpflanzung: Blüte Juni bis Juli; zwittrig; Windbestäubung; Tierausbreitung

Vorkommen: Ufer, Kiesflächen, feuchte Wiesen und Äcker

844 a Pflanze bis 70 cm hoch; Blätter bis 7 mm breit ▶ *Agrostis stolonifera*

b Pflanze bis 150 cm hoch; Blätter bis 10 mm breit ▶ *Agrostis gigantea*

845 a Blattrand sehr rau, schneidend 846

b Blattrand kaum rau ▶ *Calamagrostis canescens*

Agrostis gigantea Roth **Riesen-Straußgras**

Pflanzenfamilie: Poaceae – Süßgräser, Echte Gräser

Name: *Agrostis* griech. ländlich; *gigantea* lat. riesig

Merkmale: 40 bis 150 cm hoch; Pflanze hell- bis graugrün; Blätter bis 10 mm breit, Blatthäutchen bis 7 mm lang; Blütenstand bis 25 cm lang, mit zahlreichen Ästen, nach dem Blühen ausgebreitet; Ährchen 2 bis 3 mm lang

Fortpflanzung: Blüte Juni bis Juli; zwittrig; Windbestäubung; Wind- und Tierausbreitung

Vorkommen: Ufer, Moore, feuchte Wiesen, Kiesgruben

Wissenswertes: Wird als Futtergras angebaut (Fioringras)

Calamagrostis canescens (F. H. Wigg.) Roth **Sumpf-Reitgras**

Pflanzenfamilie: Poaceae – Süßgräser, Echte Gräser

Name: *Calam-* griech. Rohr; *-agrostis* griech. ländlich; *canescens* lat. grau werdend

Merkmale: 60 bis 150 cm hoch; Blätter bis 8 mm breit, Blattoberfläche rau und hell graugrün, Blatthäutchen bis 5 mm lang; Blütenstand 15 bis 25 cm lang, mit zahlreichen Ästen; Ährchen 4 bis 6 mm lang, oft (teilweise) violett

Fortpflanzung: Blüte Juni bis Juli; zwittrig; Windbestäubung; Windausbreitung

Vorkommen: Nasse Wiesen und Wälder

846 a Blattoberseite und -unterseite rau ▶ *Calamagrostis epigejos*

b Blattoberseite sehr rau, Unterseite kaum rau ▶ *Deschampsia caespitosa*

847 a Ährchen seitlich zusammengedrückt, eiförmig bis länglich; Blätter meist höchstens 5 mm breit 848

b Ährchen kaum zusammengedrückt, länglich; Blätter oft breiter als 5 mm 854 (S. 342)

Calamagrostis epigejos (L.) Roth
Land- oder Sand-Reitgras

Pflanzenfamilie: Poaceae – Süßgräser, Echte Gräser

Name: *Calam-* griech. Rohr; *-agrostis* griech. ländlich; *epi-* griech. auf; *-gejos* griech. Erde

Merkmale: 60 bis 150 cm hoch; Pflanze schilfartig; Blätter bis 15 mm breit, Blattrand sehr rau, schneidend, Blatthäutchen bis 12 mm lang; Blütenstand bis 30 cm lang, mit zahlreichen Ästen; Ährchen 5 bis 9 mm lang, oft (teilweise) violett

Fortpflanzung: Blüte Juli bis August; zwittrig; Windbestäubung; Wind- und Tierausbreitung

Vorkommen: Ufer, Waldlichtungen, Rutschhänge

Deschampsia caespitosa (L.) P. Beauv.
Rasen-Schmiele

Pflanzenfamilie: Poaceae – Süßgräser, Echte Gräser

Name: Schmiele: ahd.; *deschampsia* nach Louis-Auguste Deschamps, frz. Arzt (1765–1842); *caespitosa* lat. Rasen bildend, rasig

Merkmale: 30 bis 150 cm hoch; dichte, auffallende Büschel (Horste) bildend; Blätter bis 6 mm breit, Blattoberfläche mit Längsrillen, rau, Blattrand sehr rau, schneidend, Blatthäutchen bis 15 mm lang, spitz; Blütenstand 10 bis 40 cm lang, mit zahlreichen Ästen; Ährchen 3 bis 7 mm lang

Fortpflanzung: Blüte Juni bis August; zwittrig; Windbestäubung; Wind- und Tierausbreitung

Vorkommen: Ufer, Moore, feuchte Wälder

Wissenswertes: Raupenfutterpflanze des Ähnlichen Mohrenfalters *(Erebia eriphyle)*.

848 a Pflanze höchstens 30 cm hoch 849

b Pflanze meist deutlich über 30 cm hoch 850

849 a Blattbasis mit einem 2 bis 5 mm langen Häutchen (Blatt leicht vom Stängel nach unten wegziehen) ▶ *Poa annua* ....

b Blattbasis ohne Häutchen, aber mit Haaren ▶ *Eragrostis minor*

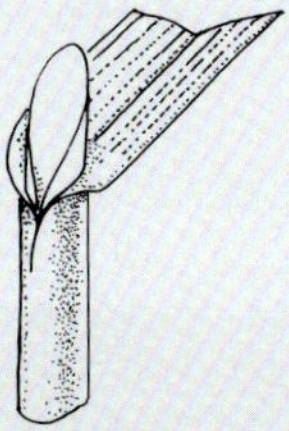

Poa annua L. Einjähriges Rispengras

Pflanzenfamilie: Poaceae – Süßgräser, Echte Gräser

Name: *Poa* griech. Gras, Futterkraut; *annua* lat. einjährig

Merkmale: 5 bis 30 cm hohes, meist einjähriges Gras; Blätter bis 5 mm breit, oft quer gewellt, Blatthäutchen 2 bis 5 mm lang; Blütenstand 1 bis 8 cm lang, mit eher locker stehenden Ästen; Ährchen 1 bis 7 mm lang, eiförmig bis länglich

Fortpflanzung: Blüte Januar bis Dezember; zwittrig; Windbestäubung; Wind- und Tierausbreitung

Vorkommen: Rasen, Gärten, Äcker, Ödland, Wegränder

Eragrostis minor Host Kleines Liebesgras

Pflanzenfamilie: Poaceae – Süßgräser, Echte Gräser

Name: *Er-* griech. Liebe; *-agrostis* griech. ländlich; *minor* lat. kleiner

Merkmale: 5 bis 30 cm hohes, einjähriges Gras; Pflanze graugrün; Stängel oft teilweise liegend; Blätter bis 4 mm breit, Blatthäutchen in Form von Haaren; Blütenstand 4 bis 15 cm lang, mit zahlreichen Ästen; Ährchen 4 bis 10 mm lang, oft (teilweise) violett

Fortpflanzung: Blüte Juli bis September; zwittrig; Windbestäubung; Windausbreitung

Vorkommen: Schuttplätze, Wegränder, Bahnareale, zwischen Pflastersteinen

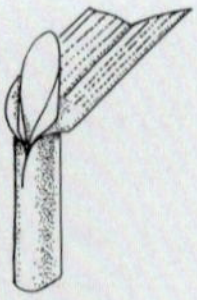

850 a Häutchen an der Blattbasis höchstens 2 mm lang (Blatt leicht vom Stängel nach unten wegziehen) 851 ....

b Häutchen meist länger als 2 mm 853

851 a Blätter ± waagrecht vom Stängel abstehend; Häutchen an der Blattbasis höchstens 0,5 mm lang (Blatt leicht vom Stängel nach unten wegziehen) ▶ *Poa nemoralis*

b Blätter am Stängel eher schräg aufrecht stehend; Häutchen 0,5 bis 2 mm lang 852

Poa nemoralis L. Hain-Rispengras

Pflanzenfamilie: Poaceae – Süßgräser, Echte Gräser

Name: *Poa* griech. Gras, Futterkraut; *nemoralis* lat. Hain, Wald

Merkmale: 20 bis 80 cm hoch; Blätter bis 4 mm breit, meist ± waagrecht vom Stängel abstehend, Blatthäutchen fehlend oder höchstens 0,5 mm lang; Blütenstand 5 bis 15 cm lang, mit locker stehenden, oft geschlängelten Ästen; Ährchen 3 bis 6 mm lang, eiförmig bis länglich

Fortpflanzung: Blüte Juni bis Juli; zwittrig; Windbestäubung; Windausbreitung

Vorkommen: Wälder, Waldränder, Felsen, Mauern

Poa pratensis L. Wiesen-Rispengras

Pflanzenfamilie: Poaceae – Süßgräser, Echte Gräser

Name: *Poa* griech. Gras, Futterkraut; *pratensis* lat. Wiese

Merkmale: 20 bis 100 cm hoch; Blätter 3 bis 5 mm breit, Blatthäutchen bis 2 mm lang; Blütenstand 5 bis 20 cm lang, mit zahlreichen, oft geschlängelten Ästen; Ährchen 3 bis 6 mm lang, eiförmig bis länglich

Fortpflanzung: Blüte Mai bis Juni; zwittrig; Windbestäubung; Tierausbreitung

Vorkommen: Fettwiesen, Weiden

Wissenswertes: Wird häufig als Futtergras angebaut.

852 a Blätter 3 bis 5 mm breit, unterste Blätter flach oder rinnenförmig ▶ *Poa pratensis*
b Blätter 1 bis 2 mm breit, unterste Blätter V-förmig gefaltet ▶ *Poa angustifolia*

853 a Häutchen an der Blattbasis bis 10 mm lang (Blatt leicht vom Stängel nach unten wegziehen); Pflanze an eher trockenen Orten wachsend ▶ *Poa trivialis*
b Häutchen höchstens 5 mm lang; an feuchten bis nassen Orten ▶ *Poa palustris* (S. 342)

Poa angustifolia L. Schmalblättriges Rispengras

Pflanzenfamilie: Poaceae – Süßgräser, Echte Gräser

Name: *Poa* griech. Gras, Futterkraut; *angusti-* lat. schmal; *-folia* lat. Blatt

Merkmale: 20 bis 100 cm hoch; unterste Blätter fast haarförmig, bis 2 mm breit, Blätter am Stängel bis 3 mm breit, Blatthäutchen bis 2 mm lang; Blütenstand 4 bis 15 cm lang, mit zahlreichen, oft geschlängelten Ästen; Ährchen 3 bis 5 mm lang, eiförmig bis länglich

Fortpflanzung: Blüte Mai bis Juni; zwittrig; Windbestäubung; Tierausbreitung

Vorkommen: Magere Wiesen und Weiden, Geröll

Poa trivialis L. Gewöhnliches Rispengras

Pflanzenfamilie: Poaceae – Süßgräser, Echte Gräser

Name: *Poa* griech. Gras, Futterkraut; *trivialis* lat. gewöhnlich, trivial

Merkmale: 20 bis 120 cm hoch; Blätter bis 6 mm breit, Blatthäutchen bis 10 mm lang, spitz; Blütenstand 10 bis 25 cm lang, mit zahlreichen Ästen; Ährchen 3 bis 5 mm lang, oft (teilweise) violett, eiförmig bis länglich

Fortpflanzung: Blüte Juni bis Juli; zwittrig; Windbestäubung; Tierausbreitung

Vorkommen: Fettwiesen, Weiden, Wälder

Wissenswertes: Raupenfutterpflanze von Schachbrettfalter *(Melanargia galathea)* und Waldteufel *(Erebia aethiops)*.

854 a Ährchen höchstens 4 mm lang ▶ ***Milium effusum***
b Ährchen meist länger als 4 mm 855

855 a Pflanze graugrün; Blätter bis 8 mm breit ▶ ***Holcus mollis***
b Pflanze grasgrün; größere Blätter bis 20 mm breit 856

Poa palustris L. Sumpf-Rispengras

Pflanzenfamilie: Poaceae – Süßgräser, Echte Gräser

Name: *Poa* griech. Gras, Futterkraut; *palustris* lat. Sumpf

Merkmale: 30 bis 120 cm hoch; Blätter bis 5 mm breit, Blatthäutchen bis 5 mm lang, spitz; Blütenstand 8 bis 30 cm lang, mit locker stehenden, oft geschlängelten Ästen; Ährchen 2 bis 6 mm lang, oft (teilweise) violett, eiförmig bis länglich

Fortpflanzung: Blüte Juni bis Juli; zwittrig; Windbestäubung; Windausbreitung

Vorkommen: Sümpfe, Nasswiesen, nasse Wälder

Milium effusum L. Waldhirse, Wald-Flattergras

Pflanzenfamilie: Poaceae – Süßgräser, Echte Gräser

Name: Hirse: ahd.; *milium* lat. Bezeichnung für Hirsen; *effusum* lat. weit, zerstreut

Merkmale: 50 bis 120 cm hoch; Pflanze hellgrün, unbehaart; Blätter bis 15 mm breit, Blatthäutchen bis 10 mm lang; Blütenstand 10 bis 40 cm lang, mit locker stehenden, oft geschlängelten Ästen; Ährchen 2 bis 4 mm lang, länglich bis eiförmig

Fortpflanzung: Blüte Mai bis Juni; zwittrig; Windbestäubung; Tierausbreitung

Vorkommen: Wälder

856 a Pflanze schilfartig, an feuchten bis nassen Orten wachsend ▶ *Phalaris arundinacea*

b Pflanze nicht schilfartig, in Wäldern wachsend ▶ *Festuca altissima* (S. 344)

857 a Blätter am Stängel haarförmig, im Querschnitt rundlich 858

b Blätter am Stängel flach oder rinnenförmig (wenigstens Blattbasis) 859

Holcus mollis L. Weiches Honiggras

Pflanzenfamilie: Poaceae – Süßgräser, Echte Gräser

Name: *Holcus* unklar; *mollis* lat. weich

Merkmale: 30 bis 80 cm hoch; Pflanze graugrün; Knoten lang behaart; Blätter bis 8 mm breit, Blatthäutchen bis 5 mm lang; Blütenstand 4 bis 12 cm lang, mit zahlreichen Ästen; Ährchen 4 bis 8 mm lang, oft (teilweise) rötlich, mit kurzen Grannen

Fortpflanzung: Blüte Juni bis Juli; zwittrig; Windbestäubung; Windausbreitung

Vorkommen: Wiesen, Äcker, lichte Wälder, Waldränder

Phalaris arundinacea L. Rohr-Glanzgras

Pflanzenfamilie: Poaceae – Süßgräser, Echte Gräser

Name: *Phalaris* griech. weiß gefleckt; *arundinacea* lat. schilfrohrartig

Merkmale: 60 bis 250 cm hoch; Pflanze schilfartig, aber generell kleiner und mit Blatthäutchen; Blätter bis 20 mm breit, Blatthäutchen 2 bis 6 mm lang; Blütenstand 10 bis 25 cm lang, mit zahlreichen Ästen; Ährchen 4 bis 7 mm lang, oft (teilweise) rötlich, abgeflacht, in Büscheln an den Enden der Äste

Fortpflanzung: Blüte Juni bis Juli; zwittrig; Windbestäubung; Wind- und Tierausbreitung

Vorkommen: Ufer (Rohrglanzgras-Röhricht), Gräben

Wissenswertes: Starke vegetative Ausbreitung durch unterirdische Ausläufer. So kann ein ganzes Röhricht aus einem einzigen Individuum mit zahlreichen unterirdisch verbundenen Halmen bestehen.

858 a Pflanze glänzend; Blätter fühlen sich ölig/fettig an ▶ *Avenella flexuosa*

b Pflanze matt; Blätter nicht ölig/fettig ▶ *Festuca ovina*

Festuca altissima All. Wald-Schwingel

Pflanzenfamilie: Poaceae – Süßgräser, Echte Gräser

Name: *Festuca* lat. Halm, Stäbchen; *altissima* lat. am höchsten

Merkmale: 50 bis 160 cm hoch; Blätter bis 15 mm breit, Blatthäutchen bis 5 mm lang; Blütenstand 10 bis 20 cm lang, mit leicht hängenden Ästen; Ährchen 5 bis 8 mm lang, gelbgrün

Fortpflanzung: Blüte Mai bis Juli; zwittrig; Windbestäubung; Windausbreitung

Vorkommen: Wälder, besonders in Buchen-Tannenwäldern

Avenella flexuosa (L.) Drejer, *Deschampsia flexuosa* (L.) Trin. Draht-Schmiele

Pflanzenfamilie: Poaceae – Süßgräser, Echte Gräser

Name: Schmiele: ahd.; *avenella* lat. kleiner Hafer; *deschampsia* nach Louis-Auguste Deschamps, frz. Arzt (1765–1842); *flexuosa* lat. gebogen

Merkmale: 20 bis 70 cm hoch; Pflanze glänzend; Blätter haarförmig, ca. 0,5 mm im Durchmesser, fühlen sich ölig/fettig an; Blütenstand 5 bis 15 cm lang, mit meist purpurroten und geschlängelten Ästen; Ährchen 4 bis 7 mm lang, oft rotbraun, mit 4 bis 7 mm langen Grannen (etwas steife, borstenförmige Haare)

Fortpflanzung: Blüte Juni bis August; zwittrig; Windbestäubung; Wind- und Tierausbreitung

Vorkommen: Moore, magere Wiesen und Weiden, lichte Wälder

859 a Ährchen höchstens 3 mm lang ▶ *Agrostis canina*
b Ährchen mindestens 5 mm lang ▶ *Festuca rubra* (S. 346)

Festuca ovina L. Schaf-Schwingel

Pflanzenfamilie: Poaceae – Süßgräser, Echte Gräser

Name: *Festuca* lat. Halm, Stäbchen; *ovina* lat. Schaf

Merkmale: 10 bis 60 cm hoch; Blätter haarförmig, höchstens 1 mm im Durchmesser, oft graugrün; Blütenstand 2 bis 12 cm lang, mit locker stehenden Ästen; Ährchen 4 bis 10 mm lang, oft (teilweise) violett, mit bis 3 mm langen Grannen (etwas steife, borstenförmige Haare)

Fortpflanzung: Blüte Mai bis August; zwittrig; Windbestäubung; Windausbreitung

Vorkommen: Trockenrasen, Weiden, lichte Wälder, Felsen

Wissenswertes: Raupenfutterpflanze von zahlreichen Augenfaltern, darunter Waldteufel *(Erebio aethiops)*, Braunauge *(Lasiommata maera)* und Braunscheckauge *(Lasiommata petropolitana)*.

Agrostis canina L. Sumpf- oder Hunds-Straußgras

Pflanzenfamilie: Poaceae – Süßgräser, Echte Gräser

Name: *Agrostis* griech. ländlich; *canina* lat. Hund

Merkmale: 20 bis 60 cm hoch; Pflanze graugrün; Stängel oft teilweise liegend; unterste Blätter haarförmig, Blätter am Stängel bis 3 mm breit, Blatthäutchen bis 5 mm lang; Blütenstand bis 15 cm lang, mit zahlreichen Ästen, nach dem Blühen zusammengezogen; Ährchen 2 bis 3 mm lang, oft mit bis 5 mm langen Grannen (etwas steife, borstenförmige Haare)

Fortpflanzung: Blüte Juni bis August; zwittrig; Windbestäubung; Wind- und Tierausbreitung

Vorkommen: Moore, feuchte Wälder

860 a Blütenstand mit 2 bis 8 fingerförmig an der Spitze des Stängels stehenden Ästen 861
b Blütenstand anders gestaltet ▶ *Echinochloa crus-galli*

861 a Blätter bis 10 mm breit; Blütenstand mit 3 bis 8 Ästen ▶ *Digitaria sanguinalis*
b Blätter bis 6 mm breit; Blütenstand mit 2 bis 6 Ästen ▶ *Digitaria ischaemum*

862 a Seitenäste ± auf der ganzen Länge mit kleinen Ährchen besetzt ▶ *Echinochloa crus-galli*
b Ährchen an den Enden der Seitenäste 863

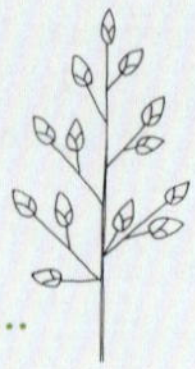

Festuca rubra L. Rot-Schwingel

Pflanzenfamilie: Poaceae – Süßgräser, Echte Gräser

Name: *Festuca* lat. Halm, Stäbchen; *rubra* lat. rot

Merkmale: 20 bis 100 cm hoch; untere Blätter haarförmig, höchstens 1 mm im Durchmesser, Blätter am Stängel bis 4 mm breit, Blatthäutchen bis 0,5 mm lang; Blütenstand 5 bis 15 cm lang, mit locker stehenden Ästen; Ährchen 6 bis 10 mm lang, oft (teilweise) rötlich bis violett, mit bis 3 mm langen Grannen (etwas steife, borstenförmige Haare)

Fortpflanzung: Blüte Juni bis September; zwittrig; Windbestäubung; Windausbreitung

Vorkommen: Moore, Wiesen, Weiden, lichte Wälder

Wissenswertes: Der Rot-Schwingel zeigt wie viele andere Pflanzen auch vegetative Fortpflanzung durch Ausläufer. Dadurch entsteht eine Gruppe von Pflanzen, die genetisch identisch sind und zusammen einen Klon bilden. Beim Rot-Schwingel hat man festgestellt, dass die Individuen eines einzigen Klons bis zu 220 m auseinanderstehen können. Aufgrund der Wachstumsrate der Ausläufer bedeutet dies, dass der Klon bis zu 1000 Jahre alt sein kann. • Raupenfutterpflanze von Waldmohrenfalter *(Erebia ligea)*, Blutgrasfalter *(Erebia medusa)* und Braunauge *(Lasiommata maera)*. • Wird als Futtergras angebaut.

Echinochloa crus-galli (L.) P. Beauv. (Gewöhnliche) Hühnerhirse

Pflanzenfamilie: Poaceae – Süßgräser, Echte Gräser

Name: Hirse: ahd.; *echino-* griech. Igel; *-chloa* griech. junges Grün, Gras; *crus-* lat. Bein; *-galli* lat. Hahn

Merkmale: 20 bis 150 cm hohes, einjähriges Gras; Blätter bis 15 mm breit, ohne Blatthäutchen; Blütenstand bis 20 cm lang, mit mehreren schräg aufrecht stehenden und dicht mit Ährchen besetzten Ästen; Ährchen 3 bis 4 mm lang, oft mit einer ca. 10 mm langen Granne (etwas steifes, borstenförmiges Haar)

Fortpflanzung: Blüte Juli bis September; zwittrig; Windbestäubung; Tierausbreitung

Vorkommen: Gräben, Äcker, Schuttplätze, Wegränder

863 a Ährchen mindestens 10 mm lang (ohne Grannen gemessen) 864

b Ährchen höchstens 10 mm lang 872 (S. 352)

864 a Ährchen mit mindestens 25 mm langen, etwas steifen, borstenförmigen Haaren (Grannen) 865

b Grannen höchstens 20 mm lang 866

Digitaria sanguinalis (L.) Scop. **Bluthirse, Blutrote Fingerhirse**

Pflanzenfamilie: Poaceae – Süßgräser, Echte Gräser

Name: Hirse: ahd.; *digitaria* lat. Finger; *sanguinalis* lat. Blut, blutrot

Merkmale: 10 bis 60 cm hohes, einjähriges Gras; Pflanze meist teilweise rot verfärbt; Stängel teilweise liegend; Blätter bis 10 mm breit, Blatthäutchen bis 2 mm lang; Blütenstand 3 bis 20 cm lang, mit 3 bis 8 schräg aufrecht stehenden Ästen, diese dicht mit dunkelroten, 2 bis 4 mm langen Ährchen besetzt

Fortpflanzung: Blüte Juli bis September; zwittrig; Windbestäubung; Ameisen- und Tierausbreitung

Vorkommen: Gärten, Äcker, Schuttplätze, Wegränder

Digitaria ischaemum (Schreb.) Muhl. **Fadenhirse, Kahle Fingerhirse**

Pflanzenfamilie: Poaceae – Süßgräser, Echte Gräser

Name: Hirse: ahd.; *digitaria* lat. Finger; *ischaemum* griech. blutstillend, -hemmend

Merkmale: 10 bis 50 cm hohes, einjähriges Gras; Pflanze meist teilweise rot verfärbt; Stängel teilweise liegend; Blätter bis 6 mm breit, Blatthäutchen bis 2 mm lang; Blütenstand 2 bis 11 cm lang, mit 2 bis 6 schräg aufrecht stehenden Ästen, diese dicht mit rotvioletten, 2 bis 3 mm langen Ährchen besetzt

Fortpflanzung: Blüte Juli bis September; zwittrig; Windbestäubung; Ameisen- und Tierausbreitung

Vorkommen: Gärten, Äcker, Schuttplätze, Wegränder

865 a Blätter höchstens 5 mm breit, behaart ▶ *Bromus sterilis*

b Blätter mindestens 5 mm breit, unbehaart ▶ *Avena fatua*

866 a Seitenäste des Blütenstandes z. T. abwärts gebogen 867

b Seitenäste des Blütenstandes waagrecht oder schief aufrecht stehend 870

867 a Ährchen höchstens 15 mm lang (ohne Grannen gemessen); Pflanze unbehaart ▶ *Festuca gigantea*

b Ährchen mindestens 15 mm lang; Pflanze behaart 868

Avena fatua L. Flug-Hafer

Pflanzenfamilie: Poaceae – Süßgräser, Echte Gräser

Name: Hafer: ahd.; *avena* lat. Hafer; *fatua* lat. albern, narren, geschmacklos

Merkmale: 40 bis 120 cm hohes, einjähriges Gras; Blätter bis 15 mm breit, Blatthäutchen bis 6 mm lang; Blütenstand 10 bis 40 cm lang, mit locker stehenden Ästen; Ährchen 18 bis 25 mm lang, hängend, mit 25 bis 40 mm langen Grannen

Fortpflanzung: Blüte Juli bis August; zwittrig; Windbestäubung; Windausbreitung

Vorkommen: Getreideäcker, Ödland, Bahnareale

Wissenswertes: Die Blütenstände überragen meist die Getreidepflanzen.

Festuca gigantea (L.) Vill. Riesen-Schwingel

Pflanzenfamilie: Poaceae – Süßgräser, Echte Gräser

Name: *Festuca* lat. Halm, Stäbchen; *gigantea* lat. riesig

Merkmale: 50 bis 150 cm hoch; Blätter bis 20 mm breit, Blatthäutchen ca. 2 mm lang; Blütenstand 10 bis 50 cm lang, gebogen, mit locker stehenden, hängenden Ästen; Ährchen 10 bis 15 mm lang, mit 10 bis 20 mm langen Grannen

Fortpflanzung: Blüte Juni bis August; zwittrig; Windbestäubung; Windausbreitung

Vorkommen: Laubmischwälder, besonders Auenwälder, Waldschläge

868 a Blätter höchstens 5 mm breit ▶ *Bromus sterilis*
b Blätter mindestens 5 mm breit 869

869 a Seitenäste des Blütenstandes auf eine Seite hängend ▶ *Bromus benekenii*
b Seitenäste auf ± alle Seiten hängend ▶ *Bromus ramosus* (S. 350)

Bromus sterilis L. Taube Trespe

Pflanzenfamilie: Poaceae – Süßgräser, Echte Gräser

Name: Trespe: ahd.; *bromus* griech. Bezeichnung für haferähnliche Gräser; *sterilis* lat. unfruchtbar

Merkmale: 20 bis 100 cm hohes, einjähriges Gras; Pflanze behaart; Blätter bis 5 mm breit, Blatthäutchen bis 5 mm lang; Blütenstand 10 bis 25 cm lang, gebogen mit locker stehenden, hängenden Ästen; Ährchen 15 bis 30 mm lang, oft (teilweise) violett, zusammengedrückt, mit bis 30 mm langen Grannen

Fortpflanzung: Blüte Mai bis Juli; zwittrig; Windbestäubung; Wind- und Tierausbreitung

Vorkommen: Ödland, Wegränder, Mauern

Bromus benekenii (Lange) Trimen Benekens Trespe, Frühe Wald-Trespe

Pflanzenfamilie: Poaceae – Süßgräser, Echte Gräser

Name: Trespe: ahd.; *bromus* griech. Bezeichnung für haferähnliche Gräser; *benekenii* nach F. Beneken, dt. Apotheker und Botaniker (1800–1859)

Merkmale: 60 bis 150 cm hoch; Pflanze hellgrün, behaart; Blätter bis 15 mm breit, Blatthäutchen bis 4 mm lang; Blütenstand 10 bis 25 cm lang, gebogen mit auf eine Seite hängenden Ästen; Ährchen 15 bis 30 mm lang, zusammengedrückt, mit bis 10 mm langen Grannen

Fortpflanzung: Blüte Juni bis Juli; zwittrig; Windbestäubung; Windausbreitung

Vorkommen: Wälder

870 a Ährchen mindestens 20 mm lang (ohne Grannen gemessen) ▶ *Bromus erectus*

b Ährchen höchstens 20 mm lang 871

Bromus ramosus Huds. Ästige Trespe, Späte Wald-Trespe

Pflanzenfamilie: Poaceae – Süßgräser, Echte Gräser

Name: Trespe: ahd.; *bromus* griech. Bezeichnung für haferähnliche Gräser; *ramosus* lat. verzweigt, ästig

Merkmale: 60 bis 180 cm hoch; Pflanze behaart; Blätter bis 15 mm breit, Blatthäutchen bis 6 mm lang; Blütenstand 15 bis 40 cm lang, gebogen, mit locker stehenden, hängenden Ästen; Ährchen 17 bis 40 mm lang, zusammengedrückt, mit bis 10 mm langen Grannen

Fortpflanzung: Blüte Juni bis August; zwittrig; Windbestäubung; Windausbreitung

Vorkommen: Wälder

Bromus erectus Huds. Aufrechte Trespe

Pflanzenfamilie: Poaceae – Süßgräser, Echte Gräser

Name: Trespe: ahd.; *bromus* griech. Bezeichnung für haferähnliche Gräser; *erectus* lat. aufrecht

Merkmale: 30 bis 100 cm hoch; Blätter bis 4 mm breit, Blattrand regelmäßig abstehend behaart, Blatthäutchen bis 3 mm lang; Blütenstand 5 bis 20 cm lang, mit schief aufrecht stehenden Ästen; Ährchen 20 bis 40 mm lang, oft (teilweise) rötlich, mit bis 10 mm langen Grannen

Fortpflanzung: Blüte Mai bis Juli; zwittrig; Windbestäubung; Wind- und Ameisenausbreitung

Vorkommen: Trocken- und Magerwiesen, Weiden (Trespenhalbtrocken- und -trockenrasen)

Wissenswertes: Raupenfutterpflanze von Schachbrettfalter *(Melanargia galathea)*, Waldteufel *(Erebia aethiops)*, Großem *(Hipparchia fagi)* und Weißem Waldportier *(Brintesia circe)*, Blutgrasfalter *(Erebia medusa)* und Mauerfuchs *(Lasiommata megera)*.

871 a Ährchen mit mindestens 10 mm langen, etwas steifen, borstenförmigen Haaren (Grannen) ▶ ***Helictotrichon pubescens***

b Grannen höchstens 10 mm lang ▶ ***Bromus hordeaceus***

Helictotrichon pubescens (Huds.) Pilg.
Flaum-Wiesenhafer, Flaumiger Wiesenhafer

Pflanzenfamilie: Poaceae – Süßgräser, Echte Gräser

Name: Hafer: ahd.; *helicto-* griech. gewunden; *-trichon* griech. Haar; *pubescens* lat. flaumhaarig

Merkmale: 30 bis 120 cm hoch; Blätter bis 6 mm breit, Blatthäutchen bis 8 mm lang; Blütenstand 6 bis 20 cm lang, mit zahlreichen Ästen; Ährchen 10 bis 20 mm lang, glänzend, mit 10 bis 20 mm langen Grannen

Fortpflanzung: Blüte Mai bis Juli; zwittrig; Windbestäubung; Wind- und Tierausbreitung

Vorkommen: Wiesen

Bromus hordeaceus L.
Gersten- oder Flaum-Trespe

Pflanzenfamilie: Poaceae – Süßgräser, Echte Gräser

Name: Trespe: ahd.; *bromus* griech. Bezeichnung für haferähnliche Gräser; *hordeaceus* lat. gerstenartig (*hordeum:* wissenschaftlicher Gattungsname der Gerste)

Merkmale: 10 bis 90 cm hohes, einjähriges Gras; Pflanze graugrün, weich behaart; Blätter bis 9 mm breit, Blatthäutchen ca. 2 mm lang; Blütenstand 3 bis 15 cm lang, mit kurzen, aufrecht stehenden Ästen; Ährchen 10 bis 20 mm lang, eiförmig bis länglich, mit bis zu 10 mm langen Grannen

Fortpflanzung: Blüte Mai bis Juni; zwittrig; Windbestäubung; Windausbreitung

Vorkommen: Fettwiesen, Wegränder

872 a Ährchen höchstens 3 mm lang (ohne Grannen gemessen) ▶ *Apera spica-venti*
b Ährchen mindestens 4 mm lang 873

873 a Ährchen mindestens 8 mm lang (ohne Grannen gemessen) ▶ *Arrhenatherum elatius*
b Ährchen höchstens 8 mm lang 874

874 a Ährchen gelbgrün, glänzend ▶ *Trisetum flavescens*
b Ährchen oft rötlich, matt ▶ *Holcus mollis* (S. 343)

Apera spica-venti (L.) P. Beauv.
Acker-Windhalm, Gewöhnlicher Windhalm

Pflanzenfamilie: Poaceae – Süßgräser, Echte Gräser

Name: *Apera* griech. nicht verstümmelt; *spica-* lat. Ähre; *-venti* lat. Wind

Merkmale: 20 bis 150 cm hohes, einjähriges Gras; Blätter bis 5 mm breit, rau, Blatthäutchen bis 10 mm lang; Blütenstand 15 bis 40 cm lang, mit zahlreichen Ästen; Ährchen 2 bis 3 mm lang, mit bis 10 mm langen Grannen

Fortpflanzung: Blüte Juni bis Juli; zwittrig; Windbestäubung; Wind- und Tierausbreitung

Vorkommen: Getreideäcker, Ödland, Wegränder, Bahnareale

Wissenswertes: In Getreidefeldern oft in Mengen und überragt dort die Getreidepflanzen.

Arrhenatherum elatius (L.) J. & C. Presl
Glatthafer, Französisches Raygras

Pflanzenfamilie: Poaceae – Süßgräser, Echte Gräser

Name: Hafer: ahd.; *arrhen-* griech. männlich; *-atherum* griech. Granne; *elatius* lat. höher, erhabener

Merkmale: 40 bis 150 cm hoch; Blätter bis 10 mm breit, Blatthäutchen bis 3 mm lang; Blütenstand 10 bis 25 cm lang, mit zahlreichen Ästen; Ährchen 8 bis 10 mm lang, etwas glänzend, oft (teilweise) violett, mit 10 bis 17 mm langen Grannen

Fortpflanzung: Blüte Juni bis Juli; zwittrig; Windbestäubung; Windausbreitung

Vorkommen: Fettwiesen (Glatthaferwiesen), Wegränder

Wissenswertes: Wird auch als Futtergras angebaut.

875 a Blätter haarförmig, im Querschnitt rundlich, höchstens 1 mm im Durchmesser ▶ *Nardus stricta*
b Blätter flach, mindestens 1 mm breit 876

876 a Blütenstand locker, Ährchen regelmäßig abwechslungsweise links und rechts des Stängels angeordnet 877
b Blütenstand dicht, Ährchen anders angeordnet 882 (S. 356)

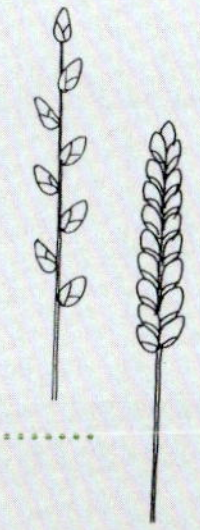

Trisetum flavescens (L.) P. Beauv. Wiesen-Goldhafer, Gold-Grannenhafer

Pflanzenfamilie: Poaceae – Süßgräser, Echte Gräser

Name: Hafer: ahd.; *tri-* lat. drei; *-setum* lat. Borste; *flavescens* lat. (gold)gelb werdend

Merkmale: 30 bis 80 cm hoch; Blätter bis 10 mm breit, Blatthäutchen bis 1 mm lang; Blütenstand 5 bis 20 cm lang, mit zahlreichen Ästen; Ährchen 5 bis 8 mm lang, gelblich, etwas glänzend, mit 5 bis 9 mm langen Grannen

Fortpflanzung: Blüte Mai bis August; zwittrig; Windbestäubung; Wind- und Tierausbreitung

Vorkommen: Fettwiesen (Goldhaferwiesen)

Wissenswertes: Wird häufig als Futtergras angebaut.

Nardus stricta L. Borstgras

Pflanzenfamilie: Poaceae – Süßgräser, Echte Gräser

Name: *Nardus* unklar; *stricta* lat. straff, steif

Merkmale: 10 bis 30 cm hoch; Blätter haarförmig, etwas steif, ca. 0,5 mm im Durchmesser; Blütenstand 3 bis 10 cm lang; Ährchen 5 bis 9 mm lang, sehr dünn, dunkelviolett, mit bis 3 mm langen Grannen (etwas steife, borstenförmige Haare)

Fortpflanzung: Blüte Mai bis Juli; zwittrig; Windbestäubung; Tierausbreitung

Vorkommen: Magere Wiesen und Weiden (Borstgrasrasen)

Wissenswertes: Raupenfutterpflanze des Kleinen Wiesenvögelchens *(Coenonympha pamphilus).* • Die Pflanze wird vom Vieh nur in jungem Zustand gefressen, wenn überhaupt, und kann daher in Weiden auf nährstoffarmen Böden überhand nehmen.

877 a Ährchen stehen mit der Breitseite zum Stängel 878
b Ährchen stehen mit der Schmalseite zum Stängel 881

878 a Ährchen höchstens 20 mm lang (ohne die etwas steifen, borstenförmigen Haare gemessen) 879
b Ährchen mindestens 20 mm lang 880

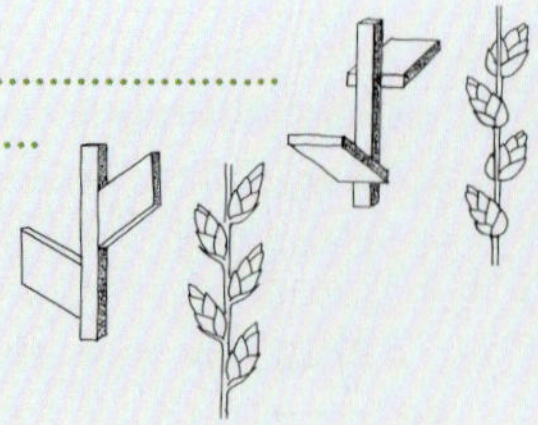

Elymus caninus (L.) L. Hunds-Quecke

Pflanzenfamilie: Poaceae – Süßgräser, Echte Gräser

Name: Quecke: ahd.; *elymus* unklar; *caninus* lat. Hund

Merkmale: 50 bis 150 cm hoch; Blätter bis 13 mm breit, Blattoberseite mit Längsrillen, Blatthäutchen höchstens 1 mm lang; Blütenstand 5 bis 20 cm lang, oft etwas gebogen bis hängend; Ährchen 10 bis 18 mm lang, mit bis 20 mm langen Grannen, abwechselnd links und rechts am Stängel stehend

Fortpflanzung: Blüte Juni bis Juli; zwittrig; Windbestäubung; Tierausbreitung

Vorkommen: Laubmischwälder, Wegränder, schattiger Felsschutt

Elymus repens (L.) Gould Kriechende oder Gewöhnliche Quecke

Pflanzenfamilie: Poaceae – Süßgräser, Echte Gräser

Name: Quecke: ahd.; *elymus* unklar; *repens* lat. kriechend

Merkmale: 30 bis 150 cm hoch; Blätter bis 12 mm breit, Blatthäutchen höchstens 1 mm lang; Blütenstand 5 bis 15 cm lang; Ährchen 8 bis 18 mm lang, ohne oder mit kurzen Grannen, abwechselnd links und rechts am Stängel stehend

Fortpflanzung: Blüte Juni bis Juli; zwittrig; Windbestäubung; Tierausbreitung

Vorkommen: Äcker, Wegränder

Wissenswertes: Die Kriechende Quecke breitet sich mit Wurzeln und unterirdischen Ausläufern schnell aus. Da auch kurze Wurzel- und Ausläuferstücke wieder austreiben, kann sie kaum bekämpft werden. • Tee aus dem getrockneten Wurzelstock wird bei Nieren- und Blasenentzündungen, Hautausschlägen und rheumatischen Erkrankungen angewendet.

879 a Ährchen mit mindestens 7 mm langen, etwas steifen, borstenförmigen Haaren (Grannen) ▶ *Elymus caninus* ....

b Ährchen ohne oder mit kürzeren und undeutlichen Grannen ▶ *Elymus repens*

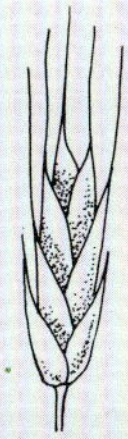

880 a Ährchen mit mindestens 10 mm langen, etwas steifen, borstenförmigen Haaren (Grannen) ▶ *Brachypodium sylvaticum* ....

b Grannen höchstens 7 mm lang ▶ *Brachypodium pinnatum*

Brachypodium sylvaticum (Huds.) P. Beauv. **Wald-Zwenke**

Pflanzenfamilie: Poaceae – Süßgräser, Echte Gräser

Name: Zwenke: unbekannt; *brachy-* griech. kurz; *-podium* griech. Fuß; *sylvaticum* lat. Wald

Merkmale: 50 bis 120 cm hoch; Pflanze dunkelgrün; Blätter bis 12 mm breit, Blatthäutchen bis 6 mm lang, Blütenstand 7 bis 20 cm lang, gebogen bis hängend; Ährchen 20 bis 40 mm lang, hellgrün, mit 10 bis 15 mm langen Grannen, abwechselnd links und rechts am Stängel stehend

Fortpflanzung: Blüte Juli bis September; zwittrig; Windbestäubung; Windausbreitung

Vorkommen: Laubwälder, besonders Auenwälder

Wissenswertes: Raupenfutterpflanze von Schachbrett- *(Melanargia galathea)* und Gelbringfalter *(Lopinga achine)* sowie Rostbraunem Wiesenvögelchen *(Coenonympha glycerion)*.

Brachypodium pinnatum (L.) P. Beauv. **Fieder-Zwenke**

Pflanzenfamilie: Poaceae – Süßgräser, Echte Gräser

Name: Zwenke: unbekannt; *brachy-* griech. kurz; *-podium* griech. Fuß; *pinnatum* lat. gefiedert

Merkmale: 40 bis 120 cm hoch; Pflanze hellgrün; Blätter bis 6 mm breit, Blatthäutchen bis 2 mm lang; Blütenstand 5 bis 15 cm lang; Ährchen 20 bis 40 mm lang, gelbgrün, mit bis 7 mm langen Grannen, abwechselnd links und rechts am Stängel stehend

Fortpflanzung: Blüte Juni bis August; zwittrig; Windbestäubung; Wind- und Tierausbreitung

Vorkommen: Magere Wiesen und Weiden, lichte Wälder, Waldränder

Wissenswertes: Raupenfutterpflanze des Schachbrettfalters *(Melanargia galathea)* und des Waldteufels *(Erebia aethiops)*.

881 a Ährchen mit bis zu 15 mm langen, etwas steifen, borstenförmigen Haaren (Grannen) ▶ *Lolium multiflorum*
b Ährchen ohne Grannen ▶ *Lolium perenne*

882 a Ährchen mit mindestens 6 mm langen, etwas steifen, borstenförmigen Haaren (Grannen) 883
(Ährchen öffnen, um Grannen zu erkennen)
b Ährchen ohne oder mit kürzeren und undeutlichen Grannen 887

883 a Grannen mindestens 15 mm lang ▶ *Hordelymus europaeus*
b Grannen höchstens 10 mm lang 884

Lolium multiflorum Lam.
Italienisches Raygras, Vielblütiger Lolch

Pflanzenfamilie: Poaceae – Süßgräser, Echte Gräser

Name: Lolch: ahd.; *lolium* lautmalerisch nach den vom verwandten Taumel-Lolch *(Lolium temulentum)* verursachten Trunkenheitssymptomen; *multi-* lat. viel; *-florum* lat. Blüte

Merkmale: 30 bis 100 cm hoch; Blätter bis 10 mm breit, Blattunterseite glänzend, Blatthäutchen bis 2 mm lang; Blütenstand 15 bis 30 cm lang, oben meist bogenförmig hängend; Ährchen 10 bis 30 mm lang, mit bis 15 mm langen Grannen, abwechselnd links und rechts am Stängel stehend

Fortpflanzung: Blüte Juni bis August; zwittrig; Windbestäubung; Windausbreitung

Vorkommen: Wiesen, Weiden, Wegränder, Schuttplätze

Wissenswertes: Wird häufig als Futtergras angebaut.

Lolium perenne L.
Englisches Raygras, Ausdauernder Lolch

Pflanzenfamilie: Poaceae – Süßgräser, Echte Gräser

Name: Lolch: ahd.; *lolium* lautmalerisch nach den vom verwandten Taumel-Lolch *(Lolium temulentum)* verursachten Trunkenheitssymptomen; *perenne* lat. ausdauernd

Merkmale: 20 bis 70 cm hoch; Blätter bis 4 mm breit, Blattoberseite mit Längsrillen, Unterseite glänzend, Blatthäutchen bis 2 mm lang; Blütenstand 5 bis 25 cm lang; Ährchen 5 bis 20 mm lang, abwechselnd links und rechts am Stängel stehend

Fortpflanzung: Blüte Juni bis September; zwittrig; Windbestäubung; Wind- und Tierausbreitung

Vorkommen: Rasen, Wiesen, Weiden (Weidelgrasweiden), Wegränder

Wissenswertes: Wird sehr häufig als Futtergras angebaut; sehr häufiges Gras in Zier- und Sportrasen.

884 a Ährchen mindestens 4 mm lang (ohne Grannen gemessen) 885
b Ährchen höchstens 3 mm lang 886

885 a Ährchen mindestens 6 mm lang (ohne Grannen gemessen); Blätter höchstens 7 mm breit ▶ *Anthoxanthum odoratum*
b Ährchen höchstens 7 mm lang; größere Blätter bis 10 mm breit ▶ *Alopecurus pratensis* (S. 358)

Hordelymus europaeus (L.) Harz **Waldgerste**

Pflanzenfamilie: Poaceae – Süßgräser, Echte Gräser

Name: Gerste: ahd.; *hord-* lat. Gerste *(hordeum)*; *-elymus* unklar; *europaeus* lat. europäisch

Merkmale: 50 bis 120 cm hoch; Pflanze behaart; Blätter bis 15 mm breit, Blatthäutchen ca. 0,5 mm lang; Blütenstand 4 bis 10 cm lang, mit dicht stehenden Ährchen, diese ca. 10 mm lang und mit 15 bis 25 mm langen Grannen

Fortpflanzung: Blüte Juni bis August; zwittrig; Windbestäubung; Windausbreitung

Vorkommen: Wälder, besonders in Buchen-Tannenwäldern

Wissenswertes: Raupenfutterpflanze des Waldwiesenvögelchens *(Coenonympha hero)*.

Anthoxanthum odoratum L. **Duftendes oder Gewöhnliches Ruchgras**

Pflanzenfamilie: Poaceae – Süßgräser, Echte Gräser

Name: *Antho-* griech. Blüte; *-xanthum* griech. gelb; *odoratum* lat. wohlriechend

Merkmale: 15 bis 60 cm hoch; Blätter bis 7 mm breit, Blatthäutchen bis 5 mm lang; Blütenstand 2 bis 8 cm lang und 5 bis 20 mm dick, mit ziemlich dicht stehenden, schräg aufwärts gerichteten, gelblichen Ährchen, diese 6 bis 12 mm lang und mit 6 bis 9 mm langen Grannen (Ährchen öffnen, um Grannen zu erkennen)

Fortpflanzung: Blüte April bis Juni; zwittrig; Windbestäubung; Wind- und Tierausbreitung

Vorkommen: Moore, Wiesen, Weiden, Heiden, lichte Wälder

Wissenswertes: Die Blätter riechen zerrieben nach Cumarin (vergleichbar mit dem Duft des Waldmeisters, S. 100.
• Raupenfutterpflanze des Kleinen Wiesenvögelchens *(Coenonympha pamphilus)*, des Waldteufels *(Erebia aethiops)* sowie von mehreren Mohrenfalter-Arten (*Erebia* sp.).

886 a Ährchen mit grünen, borstenförmigen Haaren; Pflanze grün ▶ *Setaria viridis*
b Ährchen mit gelblichen oder rötlichen, borstenförmigen Haaren; Pflanze graugrün ▶ *Setaria pumila*

887 a Ährchen stehen nur auf einer Seite des Stängels ▶ *Cynosurus cristatus*
b Ährchen ± rund um den Stängel stehend 888

Alopecurus pratensis L. Wiesen-Fuchsschwanz

Pflanzenfamilie: Poaceae – Süßgräser, Echte Gräser

Name: *Alopec-* griech. Fuchs; *-urus* griech. Schwanz; *pratensis* lat. Wiese

Merkmale: 30 bis 100 cm hoch; Blätter bis 10 mm breit, Blatthäutchen bis 4 mm lang; Blütenstand 3 bis 10 cm lang und 5 bis 15 mm dick, mit dicht stehenden Ährchen, diese 4 bis 7 mm lang und mit 6 bis 10 mm langen Grannen

Fortpflanzung: Blüte Mai bis Juli; zwittrig; Windbestäubung; Wind- und Tierausbreitung

Vorkommen: Fettwiesen

Wissenswertes: Wird als Futtergras angebaut.

Setaria viridis (L.) P. Beauv. Grüne Borstenhirse

Pflanzenfamilie: Poaceae – Süßgräser, Echte Gräser

Name: Hirse: ahd.; *setaria* lat. Borste; *viridis* lat. grün

Merkmale: 5 bis 60 cm hohes, einjähriges Gras; Blätter bis 15 mm breit, Blattrand rau, Blatthäutchen in Form von Haaren; Blütenstand 2 bis 10 cm lang und höchstens 10 mm dick, mit bis 10 mm langen, grünen Borstenhaaren und dicht stehenden Ährchen, diese 2 bis 3 mm lang

Fortpflanzung: Blüte Juli bis September; zwittrig; Windbestäubung; Tierausbreitung

Vorkommen: Äcker, Ödland, Wegränder

888 a Blütenstand höchstens 6 cm lang und höchstens 7 mm im Durchmesser 890
b Blütenstand meistens deutlich größer 889

Setaria pumila (Poir.) Roem. & Schult. Graugrüne oder Fuchsrote Borstenhirse

Pflanzenfamilie: Poaceae – Süßgräser, Echte Gräser

Name: Hirse: ahd.; *setaria* lat. Borste; *pumila* lat. Zwerg

Merkmale: 5 bis 60 cm hohes, einjähriges Gras; Pflanze graugrün; Blätter bis 10 mm breit, Blatthäutchen in Form von Haaren; Blütenstand 3 bis 10 cm lang und höchstens 10 mm dick, mit bis 10 mm langen, gelblichen oder rötlichen Borstenhaaren und dicht stehenden Ährchen, diese ca. 3 mm lang

Fortpflanzung: Blüte Juli bis September; zwittrig; Windbestäubung; Tierausbreitung

Vorkommen: Äcker, Ödland, Wegränder

Cynosurus cristatus L. Wiesen- oder Weide-Kammgras

Pflanzenfamilie: Poaceae – Süßgräser, Echte Gräser

Name: *Cynos-* griech. Hund; *-urus* griech. Schwanz; *cristatus* lat. mit einem Kamm

Merkmale: 15 bis 60 cm hoch; Blätter bis 6 mm breit, Blatthäutchen bis 2 mm lang; Blütenstand 2 bis 10 cm lang und bis 10 mm dick, mit 3 bis 5 mm langen Ährchen, diese stehen nur auf einer Seite des Stängels, sodass die zickzackförmige Fortsetzung des Stängels auf der anderen Seite sichtbar ist

Fortpflanzung: Blüte Juni bis Juli; zwittrig; Windbestäubung; Wind- und Tierausbreitung

Vorkommen: Wiesen und Weiden (Kammgrasweiden)

Wissenswertes: Raupenfutterpflanze des Kleinen *(Coenonympha pamphilus)* und des Rostbraunen Wiesenvögelchens *(Coenonympha glycerion)*.
• Wird als Futtergras angebaut.

889 a Blütenstand im unteren Teil lockerer als im oberen ▶ *Koeleria pyramidata*
b Blütenstand überall ± gleich dicht ▶ *Phleum pratense*

Koeleria pyramidata (Lam.) P. Beauv. **Pyramiden-Kammschmiele, Großes Schillergras**

Pflanzenfamilie: Poaceae – Süßgräser, Echte Gräser

Name: Schmiele: ahd.; *koeleria* nach Georg Ludwig Koeler, dt. Arzt und Botaniker (1765–1807); *pyramidata* griech. pyramidenförmig

Merkmale: 10 bis 120 cm hoch; Blätter bis 4 mm breit, mit Längsrillen, Blattrand abstehend behaart, Blatthäutchen bis 1 mm lang; Blütenstand 5 bis 20 cm lang, mit oben dicht und unten lockerer stehenden Ährchen, diese 4 bis 8 mm lang und oft etwas silbrig glänzend

Fortpflanzung: Blüte Juni bis Juli; zwittrig; Windbestäubung; Wind- und Tierausbreitung

Vorkommen: Trockenrasen, lichte Eichen- und Föhrenwälder

Phleum pratense L. **Wiesen-Lieschgras**

Pflanzenfamilie: Poaceae – Süßgräser, Echte Gräser

Name: Liesch: ahd.; *phleum* griech. strotzen, überfließen; *pratense* lat. Wiese

Merkmale: 30 bis 150 cm hoch; Pflanze blaugrün; Blätter bis 9 mm breit, rau, Blatthäutchen bis 6 mm lang; Blütenstand 5 bis 20 cm lang und 5 bis 12 mm dick, mit dicht stehenden, 3 bis 4 mm langen Ährchen und mit bis 2,5 mm langen Grannen

Fortpflanzung: Blüte Juni bis August; zwittrig; Windbestäubung; Wind- und Tierausbreitung

Vorkommen: Fettwiesen, Weiden

Wissenswertes: Wird sehr häufig als Futtergras angebaut.

890 a Ährchen bis 4 mm lang, mit etwas steifen, borstenförmigen Haaren (Grannen) ▶ *Alopecurus geniculatus*

b Ährchen bis 3 mm lang, mit kurzen, undeutlichen Grannen ▶ *Alopecurus aequalis*

Alopecurus geniculatus L. Geknieter Fuchsschwanz, Knick-Fuchsschwanz

Pflanzenfamilie: Poaceae – Süßgräser, Echte Gräser

Name: *Alopec-* griech. Fuchs; *-urus* griech. Schwanz; *geniculatus* lat. gekniet, knotig

Merkmale: 10 bis 50 cm hoch; Pflanze graugrün; Stängel teilweise liegend; Blätter bis 8 mm breit, Blatthäutchen bis 5 mm lang; Blütenstand 2 bis 5 cm lang und 3 bis 7 mm dick; mit dicht stehenden Ährchen, diese 2 bis 4 mm lang und mit bis 5 mm langen Grannen

Fortpflanzung: Blüte Mai bis September; zwittrig; Selbstbestäubung; Wind- und Tierausbreitung

Vorkommen: Gräben, nasse Wiesen

Alopecurus aequalis Sobol. Kurzgranniger oder Rotgelber Fuchsschwanz

Pflanzenfamilie: Poaceae – Süßgräser, Echte Gräser

Name: *Alopec-* griech. Fuchs; *-urus* griech. Schwanz; *aequalis* lat. gleichförmig, -mäßig

Merkmale: 10 bis 40 cm hoch; Pflanze graugrün; Stängel teilweise liegend; Blätter bis 8 mm breit, Blatthäutchen bis 5 mm lang; Blütenstand 2 bis 6 cm lang und 3 bis 6 mm dick; mit dicht stehenden Ährchen, diese 1 bis 3 mm lang, mit schlecht erkennbaren, bis 2 mm langen Grannen

Fortpflanzung: Blüte Mai bis September; zwittrig; Selbstbestäubung; Wind- und Tierausbreitung

Vorkommen: Gräben, nasse Wiesen

901 Bei den Seggen *(Carex)* sind die Blütenstände in Teilblütenstände gegliedert, die als Ährchen bezeichnet werden. Bei einem Teil der Arten stehen die Ährchen nahe beieinander zuoberst am Stängel, bei den anderen Arten sind sie entlang des Stängels verteilt, wobei die untersten Ährchen manchmal zwischen den Blättern versteckt sind.
Allgemeines zu den Seggen ➤ S. 392 902

902 a Pflanze bildet und wächst auf bis 40 cm hohen Hügelchen ▶ *Carex elata*
b Pflanze wächst nicht auf Hügelchen 903

903 a Unterstes und oberstes Ährchen unterschiedlich 904 ....
b Alle Ährchen ± gleichartig 919 (S. 370) ....

904 a Gesamter Blütenstand vom untersten bis zum obersten Ährchen meist über 6 cm lang (unterste Ährchen manchmal zwischen den Blättern versteckt) 905
b Blütenstand meist nicht länger als 6 cm 913 (S. 366)

905 a Blätter besonders auf der Unterseite deutlich behaart ▶ *Carex hirta*
b Blätter nicht behaart 906

906 a Stängel scharf dreikantig 907
b Stängel undeutlich oder stumpf dreikantig 910

907 a Größere Blätter im Querschnitt M- oder W-förmig 908
b Blätter im Querschnitt nicht M- oder W-förmig 909

908 a Pflanze meist in dichten Büscheln wachsend; Blätter 2 bis 5 mm breit ▶ *Carex elata*
b Pflanze locker wachsend; größere Blätter 4 bis 10 mm breit ▶ *Carex acutiformis*

Carex hirta L. Behaarte Segge

Pflanzenfamilie: Cyperaceae – Sauergräser, Scheingräser

Name: Segge: ahd.; *carex* indogerm. schneiden; *hirta* lat. rauhaarig, borstig

Merkmale: 10 bis 70 cm hoch; Stängel dreikantig; Blätter 2 bis 6 mm breit, steif, vor allem auf der Unterseite behaart; Blütenstand zuoberst mit 1 bis 3 männlichen Ährchen (10 bis 30 mm lang), darunter 2 bis 4 höchstens kurz gestielte weibliche Ährchen (10 bis 45 mm lang), diese mit grünen, behaarten Fruchtschläuchen und grünlich braunen Tragblättern

Fortpflanzung: Blüte April bis Juni; einhäusig; Windbestäubung; Windausbreitung

Vorkommen: Gräben, feuchte Wegränder

Carex elata All. Steife Segge

Pflanzenfamilie: Cyperaceae – Sauergräser, Scheingräser

Name: Segge: ahd.; *carex* indogerm. schneiden; *elata* lat. hoch, erhaben

Merkmale: 20 bis 100 cm hoch; Pflanze feste, hügelförmige Horste bildend; Stängel scharf dreikantig, rau; Blätter 2 bis 5 mm breit, steif, sehr rau, graugrün, größere Blätter im Querschnitt M- oder W-förmig; Blütenstand zuoberst mit 1 bis 3 nahe beieinanderstehenden, dunklen männlichen Ährchen (20 bis 70 mm lang), darunter 1 bis 4 höchstens kurz gestielte, etwas auseinanderstehende weibliche Ährchen (15 bis 70 mm lang), diese mit grünen bis schwarzen Fruchtschläuchen und dunkelbraunen Tragblättern

Fortpflanzung: Blüte Mai; einhäusig; Windbestäubung; Windausbreitung

Vorkommen: Ufer, Gräben, Sümpfe, Moore (Steifseggenried)

Carex acutiformis Ehrh. Scharfkantige Segge, Sumpf-Segge

Pflanzenfamilie: Cyperaceae – Sauergräser, Scheingräser

Name: Segge: ahd.; *carex* indogerm. schneiden; *acuti-* lat. scharf, spitz; *-formis* lat. förmig

Merkmale: 50 bis 120 cm hoch; Stängel scharf dreikantig, rau; Blätter 4 bis 10 mm breit, steif, sehr rau, blaugrün, größere Blätter im Querschnitt M- oder W-förmig; Blütenstand 10 bis 25 cm lang, zuoberst 2 bis 6 dunkelbraune männliche Ährchen (20 bis 40 mm lang), darunter 2 bis 6 höchstens kurz gestielte weibliche Ährchen (20 bis 70 mm lang und 5 bis 8 mm dick), diese mit gräulich grünen Fruchtschläuchen und rotbraunen Tragblättern

Fortpflanzung: Blüte Mai bis Juni; einhäusig; Windbestäubung; Windausbreitung

Vorkommen: Ufer, Gräben, Sümpfe

909 a Blätter 1 bis 4 mm breit ▶ *Carex nigra*

b Größere Blätter 5 bis 10 mm breit ▶ *Carex acuta*

910 a Stiele der unteren Ährchen kaum 2 cm lang 911

b Stiele der unteren Ährchen meist länger als 2 cm 912

Carex nigra (L.) Reichard
Braune Segge, Wiesen-Segge

Pflanzenfamilie: Cyperaceae – Sauergräser, Scheingräser

Name: Segge: ahd.; *carex* indogerm. schneiden; *nigra* lat. schwarz

Merkmale: 5 bis 50 cm hoch; Stängel scharf dreikantig; Blätter 1 bis 4 mm breit, steif, graugrün; Blütenstand zuoberst mit 1 oder 2 dunklen männlichen Ährchen (8 bis 30 mm lang), darunter 1 bis 4 ungestielte weibliche Ährchen (10 bis 60 mm lang), diese mit grünen bis schwarzen Fruchtschläuchen und rotbraunen oder schwarzen Tragblättern

Fortpflanzung: Blüte Mai bis August; einhäusig; Windbestäubung; Wind- und Tierausbreitung

Vorkommen: Moore

Carex acuta L. Schlanke Segge

Pflanzenfamilie: Cyperaceae – Sauergräser, Scheingräser

Name: Segge: ahd.; *carex* indogerm. schneiden; *acuta* lat. scharf, spitz

Merkmale: 30 bis 150 cm hoch; Stängel scharf dreikantig; Blätter 5 bis 10 mm breit, rau; Blütenstand bis 30 cm lang, zuoberst 1 bis 4 männliche Ährchen (20 bis 60 mm lang), darunter 2 bis 7 weit auseinanderstehende, höchstens kurz gestielte, oft gebogene weibliche Ährchen (20 bis 100 mm lang), diese mit gelbbraunen Fruchtschläuchen und schwarzbraunen Tragblättern

Fortpflanzung: Blüte Mai bis Juni; einhäusig; Windbestäubung; Windausbreitung

Vorkommen: Ufer, Sümpfe (Schlankseggenried)

911 a Untere Ährchen höchstens 30 mm lang ▶ *Carex panicea*
b Größere untere Ährchen über 30 mm lang ▶ *Carex rostrata*

Carex panicea L. Hirsen-Segge

Pflanzenfamilie: Cyperaceae – Sauergräser, Scheingräser

Name: Segge: ahd.; *carex* indogerm. schneiden; *panicea* lat. Hirse, Brot

Merkmale: 15 bis 50 cm hoch; Stängel undeutlich dreikantig; Blätter 2 bis 5 mm breit, steif, graugrün; Blütenstand 5 bis 20 cm lang, zuoberst 1 männliches Ährchen (15 bis 20 mm lang), darunter 1 bis 3 oft gestielte, manchmal hängende weibliche Ährchen (10 bis 30 mm lang und 5 bis 6 mm dick), diese mit hellgrünen bis rotbraunen Fruchtschläuchen und dunkelrotbraunen Tragblättern

Fortpflanzung: Blüte April bis Juni; einhäusig; Windbestäubung; Windausbreitung

Vorkommen: Moore, feuchte Wiesen

Carex rostrata Stokes Schnabel-Segge

Pflanzenfamilie: Cyperaceae – Sauergräser, Scheingräser

Name: Segge: ahd.; *carex* indogerm. schneiden; *rostrata* lat. geschnäbelt

Merkmale: 30 bis 80 cm hoch; Stängel undeutlich dreikantig; Blätter 2 bis 8 mm breit, steif, graugrün; Blütenstand 5 bis 25 cm lang, zuoberst 2 bis 4 gestielte hellbraune männliche Ährchen (20 bis 60 mm lang), darunter 1 bis 5 höchstens kurz gestielte weibliche Ährchen (20 bis 60 mm lang und 5 bis 10 mm dick), diese mit gelben, glänzenden Fruchtschläuchen und rostroten Tragblättern

Fortpflanzung: Blüte Mai bis Juni; einhäusig; Windbestäubung; Wind- und Tierausbreitung

Vorkommen: Ufer, Gräben, Sümpfe, Moore (Schnabelseggenried)

912 a Größere Blätter im Querschnitt M- oder W-förmig ▶ *Carex sylvatica*
b Blätter nicht M- oder W-förmig ▶ *Carex flacca*

913 a Untere Ährchen walzen- bis kugelförmig, mindestens 3 mm im Durchmesser 914▶
b Untere Ährchen dünn und länglich, höchstens 3 mm im Durchmesser 918▶

Carex sylvatica Huds. **Wald-Segge**

Pflanzenfamilie: Cyperaceae – Sauergräser, Scheingräser

Name: Segge: ahd.; *carex* indogerm. schneiden; *sylvatica* lat. Wald

Merkmale: 20 bis 70 cm hoch; Stängel dreikantig; Blätter 3 bis 8 mm breit, größere Blätter im Querschnitt M- oder W-förmig; Blütenstand 10 bis 25 cm lang, zuoberst 1 männliches Ährchen (20 bis 40 mm lang), darunter 2 bis 6 lang gestielte, meist hängende weibliche Ährchen (20 bis 70 mm lang und 3 bis 5 mm dick), diese mit grünen Fruchtschläuchen und olivgrünen Tragblättern

Fortpflanzung: Blüte Mai bis Juni; einhäusig; Windbestäubung; Wind- und Tierausbreitung

Vorkommen: Wälder

Wissenswertes: Raupenfutterpflanze des Wald-Mohrenfalters *(Erebia ligea)*.

Carex flacca Schreb. **Schlaffe Segge, Blau-Segge**

Pflanzenfamilie: Cyperaceae – Sauergräser, Scheingräser

Name: Segge: ahd.; *carex* indogerm. schneiden; *flacca* lat. schlapp, welk

Merkmale: 10 bis 80 cm hoch; Stängel undeutlich dreikantig; Blätter 2 bis 5 mm breit, steif, Blattunterseite blaugrün; Blütenstand 5 bis 15 cm lang, zuoberst 2 bis 4 gestielte männliche Ährchen (20 bis 40 mm lang), darunter 2 bis 4 lang gestielte, meist hängende weibliche Ährchen (10 bis 50 mm lang und 3 bis 7 mm dick), diese mit blaugrünen oder dunkelbraunen Fruchtschläuchen und dunkelrotbraunen Tragblättern

Fortpflanzung: Blüte April bis Juni; einhäusig; Windbestäubung; Wind- und Tierausbreitung

Vorkommen: Moore, feuchte oder trockene Wiesen und Weiden, Wälder

914 a Stängel scharf dreikantig 915

b Stängel stumpf dreikantig 916

915 a Untere Ährchen fast kugelig, 5 bis 8 mm lang ▶ *Carex pilulifera*

b Untere Ährchen länglich, 5 bis 25 mm lang ▶ *Carex pallescens*

Carex pilulifera L. Pillen-Segge

Pflanzenfamilie: Cyperaceae – Sauergräser, Scheingräser

Name: Segge: ahd.; *carex* indogerm. schneiden; *piluli-* lat. Pillen; *-fera* lat. tragend

Merkmale: 10 bis 40 cm hoch; Stängel scharf dreikantig; Blätter 1,5 bis 3 mm breit, steif; Blütenstand 1,5 bis 3 cm lang, zuoberst 1 männliches Ährchen (5 bis 10 mm lang), darunter 2 bis 5 ungestielte, ± kugelige weibliche Ährchen (5 bis 8 mm lang und dick), diese mit graugrünen, behaarten Fruchtschläuchen und braunen Tragblättern

Fortpflanzung: Blüte April bis Mai; einhäusig; Windbestäubung; Wind- und Ameisenausbreitung

Vorkommen: Trockenrasen, Heiden, lichte Wälder, Waldschläge

Carex pallescens L. Bleiche Segge, Bleich-Segge

Pflanzenfamilie: Cyperaceae – Sauergräser, Scheingräser

Name: Segge: ahd.; *carex* indogerm. schneiden; *pallescens* lat. bleich werdend, verblassend

Merkmale: 20 bis 50 cm hoch; Stängel scharf dreikantig, rau; Blätter 2 bis 5 mm breit, gelbgrün, Blattunterseite schwach behaart; Blütenstand 1,5 bis 4 cm lang, zuoberst 1 männliches Ährchen (7 bis 15 mm lang), darunter 1 bis 3 oft gestielte weibliche Ährchen (5 bis 25 mm lang und ca. 5 mm dick), diese mit gelbgrünen, glänzenden Fruchtschläuchen und gelblichen Tragblättern

Fortpflanzung: Blüte Mai; einhäusig; Windbestäubung; Wind- und Ameisenausbreitung

Vorkommen: Moore, Magerwiesen und -weiden, Heiden, Waldschläge

916 a Pflanze wächst an feuchten bis nassen Orten ▶ *Carex flava*
b Pflanze an eher trockenen Orten 917▶

917 a Blätter eher hellgrün, bis 2 mm breit, ganz zuunterst rot, glänzend ▶ *Carex montana*
b Blätter eher grau- bis dunkelgrün, bis 4 mm breit, ganz zuunterst bräunlich ▶ *Carex caryophyllea*

Carex flava L. Gelbe Segge, Gelb-Segge

Pflanzenfamilie: Cyperaceae – Sauergräser, Scheingräser

Name: Segge: ahd.; *carex* indogerm. schneiden; *flava* lat. (gold)gelb

Merkmale: 10 bis 60 cm hoch; Stängel dreikantig; Blätter 1 bis 5 mm breit, hellgrün; Blütenstand ca. 3 cm lang, zuoberst 1 männliches Ährchen (8 bis 30 mm lang), darunter 2 bis 4 «stachlige» weibliche Ährchen (6 bis 15 mm lang und 7 bis 12 mm dick), diese mit gelbgrünen Fruchtschläuchen und bräunlichen Tragblättern

Fortpflanzung: Blüte Juni bis Juli; einhäusig; Windbestäubung; Wasser- und Tierausbreitung

Vorkommen: Sümpfe, Moore

Carex montana L. Berg-Segge

Pflanzenfamilie: Cyperaceae – Sauergräser, Scheingräser

Name: Segge: ahd.; *carex* indogerm. schneiden; *montana* lat. Berg

Merkmale: 10 bis 30 cm hoch; Stängel dreikantig; Blätter 1,5 bis 2 mm breit, hellgrün, ganz zuunterst rot, glänzend, Blattoberseite schwach behaart; Blütenstand 1,5 bis 2 cm lang, zuoberst 1 männliches Ährchen (10 bis 20 mm lang), darunter 1 bis 5 ungestielte, eiförmige weibliche Ährchen (5 bis 8 mm lang und 4 bis 6 mm dick), diese mit bräunlichen, behaarten Fruchtschläuchen und violettschwarzen Tragblättern

Fortpflanzung: Blüte April bis Mai; einhäusig; Windbestäubung; Ameisenausbreitung

Vorkommen: Trockenrasen, lichte Wälder

918 a Unterstes Ährchen steht entfernt von den andern ▶ *Carex digitata*
b Alle Ährchen stehen beieinander ▶ *Carex ornithopoda* (S. 370)

Carex caryophyllea Latourr. **Frühlings-Segge**

Pflanzenfamilie: Cyperaceae – Sauergräser, Scheingräser

Name: Segge: ahd.; *carex* indogerm. schneiden; *caryo-* griech. Nuss; *-phyllea* griech. Blatt

Merkmale: 10 bis 30 cm hoch; Stängel dreikantig; Blätter 1 bis 4 mm breit, steif, grau- bis dunkelgrün; Blütenstand 2 bis 3 cm lang, zuoberst 1 männliches Ährchen (10 bis 20 mm lang), darunter 1 bis 4 ungestielte weibliche Ährchen (5 bis 15 mm lang und 3 bis 5 mm dick), diese mit gelbbraunen Fruchtschläuchen und braunen Tragblättern

Fortpflanzung: Blüte März bis April; einhäusig; Windbestäubung; Tierausbreitung

Vorkommen: Trockene Wiesen und Weiden, lichte Wälder

Carex digitata L. **Finger-Segge**

Pflanzenfamilie: Cyperaceae – Sauergräser, Scheingräser

Name: Segge: ahd.; *carex* indogerm. schneiden; *digitata* lat. gefingert

Merkmale: 10 bis 30 cm hoch; ganze Pflanze schlaff, halb liegend; Stängel undeutlich dreikantig; Blätter 2 bis 6 mm breit; Blütenstand 3 bis 6 cm lang, zuoberst 1 männliches Ährchen (8 bis 15 mm lang), darunter 2 bis 4 höchstens kurz gestielte weibliche Ährchen (10 bis 30 mm lang und 2 bis 3 mm dick), diese mit gelbgrünen bis hellbraunen Fruchtschläuchen und rotbraunen Tragblättern, unterstes weibliches Ährchen deutlich von den übrigen entfernt stehend und bis 2 cm lang gestielt

Fortpflanzung: Blüte April bis Mai; einhäusig; Windbestäubung; Ameisenausbreitung

Vorkommen: Wälder

919 a Größere Blätter 8 bis 20 mm breit ▶ *Scirpus sylvaticus*
b Blätter höchstens 7 mm breit 920

920 a Blätter 1 bis 2 mm breit 925
b Größere Blätter meist über 2 mm breit 921

921 a Blütenstand höchstens 3 cm lang 926 (S. 374)
b Blütenstand 2 bis 10 cm lang 922

Carex ornithopoda Willd. Vogelfuß-Segge

Pflanzenfamilie: Cyperaceae – Sauergräser, Scheingräser

Name: Segge: ahd.; *carex* indogerm. schneiden; *ornitho-* griech. Vogel; *-poda* griech. Fuß

Merkmale: 5 bis 15 cm hoch; Stängel undeutlich dreikantig; Blätter 2 bis 5 mm breit; zuoberst 1 männliches Ährchen (4 bis 8 mm lang), darunter 2 bis 4, höchstens kurz gestielte, oft nach außen gebogene, weibliche Ährchen (4 bis 10 mm lang und 2 bis 3 mm dick), diese mit graugrünen, behaarten Fruchtschläuchen und braunen Tragblättern

Fortpflanzung: Blüte April bis Juni; einhäusig; Windbestäubung; Ameisenausbreitung

Vorkommen: Trockenrasen, Heiden, lichte Wälder

Scirpus sylvaticus L. Waldbinse, Wald-Simse

Pflanzenfamilie: Cyperaceae – Sauergräser, Scheingräser

Name: Binse: ahd.; *Scirpus* lat. Bezeichnung für Binsen; *sylvaticus* lat. Wald

Merkmale: 30 bis 100 cm hoch; Stängel dreikantig; Blätter 8 bis 20 mm breit; Blütenstand bis über 20 cm lang, reich verzweigt, mit zahlreichen, meist in Büscheln angeordneten, grünlichen bis bräunlichen Ährchen (3 bis 5 mm lang); Früchte (Nüsschen) ca. 1 mm lang, dreikantig, gelbbraun

Fortpflanzung: Blüte Juni bis August; zwittrig; Windbestäubung; Tierausbreitung

Vorkommen: Nasse Wiesen, Waldsümpfe, Waldschläge

922 a Blütenstand verzweigt (Blütenstand biegen) ▶ *Carex paniculata*
b Blütenstand nicht verzweigt 923

923 a Stängel scharf dreikantig; Pflanze an feuchten bis nassen Orten wachsend 924
b Stängel stumpf dreikantig; an eher trockenen Orten ▶ *Carex muricata*

Carex paniculata L. Rispen-Segge

Pflanzenfamilie: Cyperaceae – Sauergräser, Scheingräser

Name: Segge: ahd.; *carex* indogerm. schneiden; *paniculata* lat. büschelig, rispig

Merkmale: 30 bis 100 cm hoch; Stängel scharf dreikantig; Blätter 3 bis 7 mm breit; Blütenstand 2 bis 10 cm lang, verzweigt, mit 1 bis 5 cm langen Ästen und zahlreichen Ährchen (10 bis 30 mm lang), diese mit braunen Fruchtschläuchen und Tragblättern

Fortpflanzung: Blüte Mai bis Juni; einhäusig; Windbestäubung; Wind- und Wasserausbreitung

Vorkommen: Ufer, Gräben, Sümpfe (Rispenseggensumpf)

Carex muricata L. Stachel-Segge, Sparrige Segge

Pflanzenfamilie: Cyperaceae – Sauergräser, Scheingräser

Name: Segge: ahd.; *carex* indogerm. schneiden; *muricata* lat. purpurschneckenförmig

Merkmale: 15 bis 60 cm hoch; Stängel dünn, 1 bis 1,5 mm im Durchmesser, dreikantig; Blätter 2 bis 4 mm breit; Blütenstand 2 bis 5 cm lang, mit 3 bis 10 ungestielten Ährchen (5 bis 8 mm lang), diese mit gelbgrünen bis hellbraunen Fruchtschläuchen und bräunlichen Tragblättern

Fortpflanzung: Blüte Mai bis Juni; einhäusig; Windbestäubung; Windausbreitung

Vorkommen: Schuttplätze, Wegränder

924 a Pflanze schlaff, halb liegend ▶ *Carex elongata*
b Pflanze aufrecht wachsend ▶ *Carex disticha*

Carex elongata L. Langährige Segge

Pflanzenfamilie: Cyperaceae – Sauergräser, Scheingräser

Name: Segge: ahd.; *carex* indogerm. schneiden; *elongata* lat. entfernt, verlängert

Merkmale: 20 bis 100 cm hoch; ganze Pflanze schlaff, halb liegend; Stängel scharf dreikantig; Blätter 2 bis 6 mm breit; Blütenstand 3 bis 10 cm lang, mit 6 bis 12 ungestielten Ährchen (5 bis 15 mm lang), diese mit bräunlichen Fruchtschläuchen und hellbraunen Tragblättern

Fortpflanzung: Blüte April bis Juni; einhäusig; Windbestäubung; Ameisenausbreitung

Vorkommen: Moore, Waldsümpfe, Erlenbruchwälder

Carex disticha Huds. Zweizeilige Segge

Pflanzenfamilie: Cyperaceae – Sauergräser, Scheingräser

Name: Segge: ahd.; *carex* indogerm. schneiden; *di-* griech. zwei; *-sticha* griech. Zeile

Merkmale: 20 bis 80 cm hoch; Stängel scharf dreikantig, rau; Blätter 2 bis 5 mm breit, blaugrün; Blütenstand 2 bis 7 cm lang, mit zahlreichen nahe beieinanderstehenden Ährchen (10 bis 20 mm lang), diese mit gelbbraunen Fruchtschläuchen und hellbraunen Tragblättern

Fortpflanzung: Blüte Mai bis Juni; einhäusig; Windbestäubung; Windausbreitung

Vorkommen: Ufer, Sümpfe

925 a Blütenstand 1 bis 3 cm lang ▶ *Carex echinata*
b Blütenstand 5 bis 20 cm lang ▶ *Carex remota*

Carex echinata Murray
Igelfrüchtige Segge, Stern-Segge

Pflanzenfamilie: Cyperaceae – Sauergräser, Scheingräser

Name: Segge: ahd.; *carex* indogerm. schneiden; *echinata* lat. Igel

Merkmale: 10 bis 30 cm hoch; Stängel scharf dreikantig; Blätter 1 bis 2 mm breit, steif; Blütenstand 1 bis 3 cm lang, mit 3 bis 5 fast kugeligen, «stachligen» (morgensternartigen) Ährchen (5 bis 6 mm lang), diese mit 3 bis 4 mm langen, hellbraunen Fruchtschläuchen und braunen Tragblättern

Fortpflanzung: Blüte Mai bis Juli; einhäusig; Windbestäubung; Tierausbreitung

Vorkommen: Sümpfe, Moore

Carex remota L. Lockerährige Segge, Winkel-Segge

Pflanzenfamilie: Cyperaceae – Sauergräser, Scheingräser

Name: Segge: ahd.; *carex* indogerm. schneiden; *remota* lat. entfernt

Merkmale: 10 bis 70 cm hoch; ganze Pflanze schlaff, halb liegend; Stängel dünn (ca. 0,5 mm im Durchmesser), dreikantig; Blätter 1 bis 2 mm breit; Blütenstand 5 bis 20 cm lang, mit 5 bis 8 weit auseinanderstehenden (vor allem die unteren stehen weit voneinander entfernt) Ährchen (3 bis 10 mm lang), diese mit gelbgrünen Fruchtschläuchen und weißlichen Tragblättern

Fortpflanzung: Blüte Mai bis Juli; einhäusig; Windbestäubung; Windausbreitung

Vorkommen: Feuchte Laubwälder, Auenwälder, Waldwege

926 a Stängel dünn, höchstens 1 mm dick; Pflanze schlaff, halb liegend ▶ *Carex brizoides*

b Stängel 1 bis 2 mm dick; Pflanze aufrecht wachsend ▶ *Carex leporina*

Carex brizoides L. Zittergras-Segge

Pflanzenfamilie: Cyperaceae – Sauergräser, Scheingräser

Name: Segge: ahd.; *carex* indogerm. schneiden; *briz-* Zittergras *(Briza); -oides* griech. artig

Merkmale: 30 bis 100 cm hoch; ganze Pflanze schlaff, halb liegend; Stängel dünn (ca. 0,5 mm dick), dreikantig; Blätter 2 bis 3 mm breit; Blütenstand 1 bis 3 cm lang, mit 5 bis 12 nahe beieinanderstehenden Ährchen (5 bis 8 mm lang), diese mit gelbgrünen Fruchtschläuchen und weißen oder gelblichen Tragblättern

Fortpflanzung: Blüte Mai bis Juni; einhäusig; Windbestäubung; Windausbreitung

Vorkommen: Laubwälder, Auenwälder, Waldschläge

Wissenswertes: Bildet oft dichte, ausgedehnte Bestände.

Carex leporina L. Hasenpfoten-Segge

Pflanzenfamilie: Cyperaceae – Sauergräser, Scheingräser

Name: Segge: ahd.; *carex* indogerm. schneiden; *leporina* lat. Hase

Merkmale: 10 bis 60 cm hoch; Stängel dreikantig; Blätter 2 bis 3 mm breit; Blütenstand 2 bis 3 cm lang, mit 4 bis 8 nahe beieinanderstehenden, eiförmigen Ährchen (5 bis 10 mm lang), diese mit gelbbraunen Fruchtschläuchen und braunen Tragblättern

Fortpflanzung: Blüte Mai bis Juli; einhäusig; Windbestäubung; Wind- und Wasserausbreitung

Vorkommen: Feuchte Wiesen, Waldschläge, Wegränder

931 a Pflanze mit kugelförmigen Blütenständen 932
b Pflanze nicht mit kugelförmigen Blütenständen 933

932 a Blätter 8 bis 15 mm breit; Stängel meist verzweigt ▶ *Sparganium erectum*
b Blätter 3 bis 12 mm breit; Stängel nicht verzweigt ▶ *Sparganium emersum*

Sparganium erectum L. Ästiger Igelkolben

Pflanzenfamilie: Typhaceae – Rohrkolbengewächse

Name: *Sparganium* griech. Windel; *erectum* lat. aufrecht

Merkmale: 30 bis 150 cm hoch; Stängel meist verzweigt; Blätter 8 bis 15 mm breit, unten im Querschnitt dreieckig; Blütenstände mit männlichen Blüten oben, kugelig, 4 bis 12 mm im Durchmesser, darunter Blütenstände mit weiblichen Blüten, kugelig, 12 bis 20 mm im Durchmesser; Früchte (Nüsschen) 7 bis 11 mm lang, spitz, weibliche Blütenstände deshalb morgensternartig

Fortpflanzung: Blüte Juni bis August; einhäusig; Windbestäubung; Wasser- und Tierausbreitung

Vorkommen: Stehende Gewässer, Ufer, Gräben

Wissenswertes: Männliche Blüten mit meist 3 unscheinbaren Blütenblättern und 3 oder mehr Staubblättern, weibliche mit 3 bis 6 unscheinbaren Blütenblättern und dem Fruchtknoten.

Sparganium emersum Rehmann Einfacher Igelkolben

Pflanzenfamilie: Typhaceae – Rohrkolbengewächse

Name: *Sparganium* griech. Windel; *emersum* lat. aufgetaucht

Merkmale: 20 bis 100 cm hoch; Stängel nicht verzweigt; Blätter 3 bis 12 mm breit, unten im Querschnitt dreieckig; Blütenstände mit männlichen Blüten oben, kugelig, darunter Blütenstände mit weiblichen Blüten, kugelig, 8 bis 18 mm im Durchmesser; Früchte (Nüsschen) 8 bis 13 mm lang, spitz, weibliche Blütenstände deshalb morgensternartig

Fortpflanzung: Blüte Juni bis August; einhäusig; Windbestäubung; Wasser- und Tierausbreitung

Vorkommen: Stehende Gewässer, Gräben

Wissenswertes: Männliche Blüten mit meist 3 unscheinbaren Blütenblättern und 3 oder mehr Staubblättern, weibliche mit 3 bis 6 unscheinbaren Blütenblättern und dem Fruchtknoten.

933 a Pflanze mit zigarrenförmigen, mindestens 5 cm langen (dunkelbraunen) Blütenständen 934

b Pflanze nicht mit zigarrenförmigen Blütenständen 935

934 a Blätter 10 bis 20 mm breit ▶ ***Typha latifolia***

b Blätter 3 bis 10 mm breit ▶ ***Typha angustifolia***

Typha latifolia L. Breitblättriger Rohrkolben

Pflanzenfamilie: Typhaceae – Rohrkolbengewächse

Name: *Typha* indogerm. schwellen; *lati-* lat. breit; *-folia* lat. Blatt

Merkmale: 100 bis 250 cm hoch; Blätter 10 bis 20 mm breit, blaugrün; Blütenstand mit männlichen Blüten oben, 5 bis 20 cm lang, unmittelbar (ohne Lücke) darunter Blütenstand mit weiblichen Blüten, 5 bis 20 cm lang und bis 25 mm dick, dunkelbraun; Früchte (Nüsschen) mit weißlichen Haaren

Fortpflanzung: Blüte Juni bis Juli; einhäusig; Windbestäubung; Wasser- und Tierausbreitung

Vorkommen: Stehende Gewässer, Ufer (Rohrkolbenröhrichte)

Wissenswertes: Männliche Blüten mit meist 3 Staubbeuteln, weibliche mit meist 2 Fruchtknoten. • Früher wurden die unterirdischen Pflanzenteile den Schweinen verfüttert und die Flughaare der Samen dienten als Ersatz für Bettdaunen.

Typha angustifolia L. Schmalblättriger Rohrkolben

Pflanzenfamilie: Typhaceae – Rohrkolbengewächse

Name: *Typha* indogerm. schwellen; *angusti-* lat. schmal; *-folia* lat. Blatt

Merkmale: 100 bis 300 cm hoch; Blätter 3 bis 10 mm breit; Blütenstand mit männlichen Blüten oben, 10 bis 35 cm lang, darunter Blütenstand mit weiblichen Blüten, braun, 10 bis 35 cm lang, dazwischen eine 2 bis 8 cm lange Lücke; Früchte (Nüsschen) mit weißlichen Haaren

Fortpflanzung: Blüte Juli bis August; einhäusig; Windbestäubung; Wasser- und Tierausbreitung

Vorkommen: Stehende Gewässer, Ufer (Rohrkolbenröhrichte)

Wissenswertes: Männliche Blüten mit meist 3 Staubbeuteln, weibliche mit meist 2 Fruchtknoten. • Früher wurden die unterirdischen Pflanzenteile den Schweinen verfüttert und die Flughaare der Samen dienten als Ersatz für Bettdaunen.

935 a Pflanze mit mehreren hängenden, bis 3 cm langen, silbrig weißen Haarbüscheln 936

b Pflanze ohne solche Haarbüschel 937

936 a Stängel stumpf dreikantig; Stiele der Haarbüschel rau ▶ *Eriophorum latifolium*

b Stängel rundlich; Stiele der Haarbüschel nicht rau ▶ *Eriophorum angustifolium*

Eriophorum latifolium Hoppe
Breitblättriges Wollgras

Pflanzenfamilie: Cyperaceae – Sauergräser, Scheingräser

Name: *Erio-* griech. Wolle; *-phorum* griech. tragend; *lati-* lat. breit; *-folium* lat. Blatt

Merkmale: 20 bis 60 cm hoch; Stängel stumpf dreikantig; Blätter 3 bis 8 mm breit; Blütenstände während der Blüte unscheinbar, nach der Blüte auffällig in Form von hängenden weißen Haarbüscheln, deren Stiele schwach, aber fühlbar rau; Früchte (Nüsschen) rotbraun, mit langen, weißen Haaren

Fortpflanzung: Blüte April bis Mai; zwittrig; Windbestäubung; Windausbreitung

Vorkommen: Moore, nasse Wiesen

Wissenswertes: Die unscheinbaren Blüten bestehen aus zahlreichen fadenförmigen Blütenblättern (die in der Fruchtzeit die Haarbüschel bilden), 3 Staubblättern und dem Fruchtknoten. • Raupenfutterpflanze des Großen Wiesenvögelchens *(Coenonympha tullia)*.

Eriophorum angustifolium Honc.
Schmalblättriges Wollgras

Pflanzenfamilie: Cyperaceae – Sauergräser, Scheingräser

Name: *Erio-* griech. Wolle; *-phorum* griech. tragend; *angusti-* lat. schmal; *-folium* lat. Blatt

Merkmale: 20 bis 60 cm hoch; Stängel rundlich; Blätter 3 bis 6 mm breit, meist rinnenförmig; Blütenstände während der Blüte unscheinbar, nach der Blüte auffällig in Form von hängenden weißen Haarbüscheln, deren Stiele nicht rau; Früchte (Nüsschen) schwarzbraun, mit langen, weißen Haaren

Fortpflanzung: Blüte April bis Juni; zwittrig; Windbestäubung; Windausbreitung

Vorkommen: Sümpfe, Moore

Wissenswertes: Die unscheinbaren Blüten bestehen aus zahlreichen fadenförmigen Blütenblättern (die in der Fruchtzeit die Haarbüschel bilden), 3 Staubblättern und dem Fruchtknoten. • Raupenfutterpflanze des Großen Wiesenvögelchens *(Coenonympha tullia)*.

937 a Pflanze mit flachen oder rinnenförmigen Blättern **946**

b Pflanze ohne oder mit im Querschnitt rundlichen bis ovalen Blättern **938**

938 a Stängel 5 bis 15 mm dick ▶ *Schoenoplectus lacustris*

b Stängel höchstens 3 mm dick **939**

939 a Pflanze und/oder Blütenstand verzweigt **940**

b Pflanze und Blütenstand nicht verzweigt **945**

940 a Blütenstand steht (scheinbar) auf der Seite des Stängels **944** ....

b Blütenstand steht am Ende des Stängels **941**

Schoenoplectus lacustris (L.) Palla
See-Flechtbinse, Gewöhnliche Teichsimse

Pflanzenfamilie: Cyperaceae – Sauergräser, Scheingräser

Name: Binse: ahd.; *schoeno-* griech. Bezeichnung für Binsen; *-plectus* griech. geflochten; *lacustris* lat. See, Teich

Merkmale: 80 bis 300 cm hoch; Stängel bis 15 mm im Durchmesser, rund, grasgrün, manchmal mit 1 bis 5 mm breiten, im Wasser schwimmenden Blättern; Blütenstand verzweigt, mit mehreren 5 bis 10 mm langen, (dunkel)braunen Ährchen; Früchte (Nüsschen) gelbbraun, dreikantig

Fortpflanzung: Blüte Juni bis Juli; zwittrig; Windbestäubung; Tierausbreitung

Vorkommen: Stehende oder langsam fließende Gewässer

Wissenswertes: Die unscheinbaren Blüten bestehen aus borstenförmigen Blütenblättern, 3 Staubblättern und dem Fruchtknoten.

Juncus acutiflorus Hoffm. Spitzblütige Binse

Pflanzenfamilie: Juncaceae – Binsengewächse

Name: Binse: ahd.; *juncus* lat. Bezeichnung für Binsen; *acuti-* lat. scharf, spitz; *-florus* lat. Blüte

Merkmale: 10 bis 90 cm hoch; Stängel bis 3 mm im Durchmesser, vor allem im unteren Teil zusammengedrückt; Blätter im Querschnitt oval; Blütenstand 5 bis 25 cm lang, verzweigt, mit zahlreichen Ästen, an deren Ende rundliche Büschel mit mehreren bräunlichen Blüten; Früchte (Kapseln) schwarz

Fortpflanzung: Blüte Juli bis August; zwittrig; Windbestäubung; Wind- und Tierausbreitung

Vorkommen: Sümpfe, Moore, nasse Wiesen

Wissenswertes: Zum Blütenbau der Binsen *(Juncus)* ➤ Glieder-Binse (S. 379)

941 a Stängel im Querschnitt zusammengedrückt (vor allem im unteren Teil) ▶ ***Juncus acutiflorus***
b Stängel rundlich 942

942 a Stängel 1 bis 2 mm dick ▶ ***Juncus articulatus***
b Stängel höchstens 1 mm dick 943

943 a Pflanze über dem Boden meistens zwiebelförmig verdickt ▶ ***Juncus bulbosus***
b Pflanze nicht verdickt ▶ ***Juncus bufonius*** (S. 380)

Juncus articulatus L. Glieder-Binse

Pflanzenfamilie: Juncaceae – Binsengewächse

Name: Binse: ahd.; *juncus* lat. Bezeichnung für Binsen; *articulatus* lat. gegliedert

Merkmale: 10 bis 70 cm hoch; Stängel 1 bis 2 mm im Durchmesser, rund; Blätter im Querschnitt oval; Blütenstand 5 bis 25 cm lang, verzweigt, mit mehreren Ästen, an deren Ende rundliche Büschel mit mehreren grünlichen oder rotbraunen Blüten; Früchte (Kapseln) schwarz

Fortpflanzung: Blüte Juni bis August; zwittrig; Windbestäubung; Wind- und Tierausbreitung

Vorkommen: Ufer, Moore, nasse Wiesen

Wissenswertes: Die Blüten der Binsen *(Juncus)* bestehen aus sechs 2 bis 6 mm langen, unscheinbaren Blütenblättern, (meist) 6 Staubblättern und dem Fruchtknoten.

Juncus bulbosus L. Knollen- oder Zwiebel-Binse

Pflanzenfamilie: Juncaceae – Binsengewächse

Name: Binse: ahd.; *juncus* lat. Bezeichnung für Binsen; *bulbosus* lat. knollig, zwiebelförmig

Merkmale: 2 bis 25 cm hoch; Stängel höchstens 0,5 mm im Durchmesser, oft teilweise liegend, zuunterst zwiebelförmig verdickt; Blätter fadenförmig; Blütenstand meist verzweigt, mit 1 bis 3 Ästen, an deren Ende rundliche Büschel mit mehreren bräunlichen Blüten; Früchte (Kapseln) spitzig

Fortpflanzung: Blüte Juni bis August; zwittrig; Windbestäubung; Wind- und Tierausbreitung

Vorkommen: Ausgetrocknete Tümpel, Gräben, Moore

Wissenswertes: Zum Blütenbau der Binsen *(Juncus)* ➤ Glieder-Binse (s. o.). • Oft treiben die Früchte bereits auf der Pflanze aus (Viviparie) und bilden dann Blattbüschel im Blütenstand.

944 a Stängel glänzend, grasgrün ▶ *Juncus effusus*
b Stängel matt, grau- bis blaugrün ▶ *Juncus inflexus*

945 a Blütenstand 0,5 bis 2 cm lang ▶ *Eleocharis palustris*
b Blütenstand 3 bis 10 cm lang, sehr dünn ▶ *Nardus stricta* (S. 353)

Juncus bufonius L. Kröten-Binse

Pflanzenfamilie: Juncaceae – Binsengewächse

Name: Binse: ahd.; *juncus* lat. Bezeichnung für Binsen; *bufonius* lat. Kröte

Merkmale: 2 bis 30 cm hohe, einjährige Pflanze; Stängel höchstens 1 mm im Durchmesser, teilweise liegend; Blätter haarförmig; Blütenstand verzweigt, mit locker stehenden grünlichen bis gelblichen Blüten; Früchte (Kapseln) länglich

Fortpflanzung: Blüte Juni bis September; zwittrig; Windbestäubung; Wind- und Tierausbreitung

Vorkommen: Ufer, feuchte Äcker, feuchte Wegränder

Wissenswertes: Zum Blütenbau der Binsen *(Juncus)* ➤ Glieder-Binse (S. 379)

Juncus effusus L. Flatter-Binse

Pflanzenfamilie: Juncaceae – Binsengewächse

Name: Binse: ahd.; *juncus* lat. Bezeichnung für Binsen; *effusus* lat. weit, zerstreut

Merkmale: 30 bis 120 cm hoch; Pflanze grasgrün; Stängel 1,5 bis 3 mm im Durchmesser, glänzend; Blütenstand (scheinbar) auf der Seite des Stängels stehend, verzweigt, mit zahlreichen gelbbraunen Blüten; Früchte (Kapseln) braun

Fortpflanzung: Blüte Juni bis August; zwittrig; Windbestäubung; Wind- und Tierausbreitung

Vorkommen: Sümpfe, feuchte Wiesen und Weiden, Waldschläge

Wissenswertes: Zum Blütenbau der Binsen *(Juncus)* ➤ Glieder-Binse (S. 379)

946 a Blätter mit ca. 5 mm langen, weißen Haaren 951
b Blätter ohne solche Haare 947

947 a Stängel (im Bereich des Blütenstands) verzweigt 948
b Stängel nicht verzweigt ▶ *Plantago lanceolata* (S. 308)

948 a Unterste und oberste Ährchen unterschiedlich 904 (S. 362)
b Alle Ährchen bzw. Blüten ± gleichartig 949

Juncus inflexus L. Blaugrüne Binse

Pflanzenfamilie: Juncaceae – Binsengewächse

Name: Binse: ahd.; *juncus* lat. Bezeichnung für Binsen; *in-* lat. in, hinein; *-flexus* lat. gebogen

Merkmale: 30 bis 70 cm hoch; Pflanze grau- bis blaugrün; Stängel 1,5 bis 3 mm im Durchmesser, matt, mit feinen Längsrillen; Blütenstand (scheinbar) auf der Seite des Stängels stehend, verzweigt, mit zahlreichen grünlichen bis gelblichen Blüten; Früchte (Kapseln) rotbraun

Fortpflanzung: Blüte Juni bis August; zwittrig; Windbestäubung; Windausbreitung

Vorkommen: Sümpfe, Moore, nasse Weiden, Waldschläge

Wissenswertes: Zum Blütenbau der Binsen *(Juncus)* ➤ Glieder-Binse (S. 379)

Eleocharis palustris (L.) Roem. & Schult. Gewöhnliche Sumpfbinse, Echte Sumpfsimse

Pflanzenfamilie: Cyperaceae – Sauergräser, Scheingräser

Name: Binse: ahd.; *eleo-* griech. Sumpf; *-charis* griech. Freude, Zierde; *palustris* lat. Sumpf

Merkmale: 10 bis 80 cm hoch; Stängel 2 bis 3 mm dick, dunkelgrün; ohne «normale» Blätter; Blütenstand 5 bis 20 mm lang, bräunlich; Früchte (Nüsschen) gelbbraun, kugelig

Fortpflanzung: Blüte Mai bis August; zwittrig; Windbestäubung; Wasser- und Tierausbreitung

Vorkommen: Tümpel, Ufer, Gräben, Sümpfe

Wissenswertes: Die unscheinbaren Blüten bestehen aus meist 4 borstenförmigen Blütenblättern, 3 Staubblättern und dem Fruchtknoten.

949 a Größere Blätter 2 bis 6 mm breit ▶ *Molinia caerulea*
b Blätter höchstens 2 mm breit 950

950 a Stängel im Querschnitt zusammengedrückt ▶ *Juncus compressus*
b Stängel im Querschnitt rundlich ▶ *Juncus tenuis*

Molinia caerulea (L.) Moench
Blaues oder Gewöhnliches Pfeifengras

Pflanzenfamilie: Poaceae – Süßgräser, Echte Gräser

Name: *Molinia* nach Juan Ignacio Molina, span. Jesuit und Botaniker (1737–1829); *caerulea* lat. blau

Merkmale: 10 bis 100 cm hoch; Stängel zuunterst verdickt; Blätter bis 6 mm breit, Blatthäutchen in Form von Haaren; Blütenstand 8 bis 30 cm lang, mit zahlreichen Ästen; Ährchen 4 bis 8 mm lang, oft dunkelviolett

Fortpflanzung: Blüte Juli bis September; zwittrig; Windbestäubung; Wind- und Tierausbreitung

Vorkommen: Moore, Feuchtwiesen (Pfeifengraswiesen)

Wissenswertes: Raupenfutterpflanze des Blauauges *(Minois dryas)*. • Die Pflanze wurde früher im Herbst geschnitten und als Einstreu für die Ställe verwendet (Streuwiesen). Der knotenlose Halm wurde auch zur Reinigung von Pfeifen gebraucht, daher der Name.

Juncus compressus Jacq.
Zusammengedrückte Binse

Pflanzenfamilie: Juncaceae – Binsengewächse

Name: Binse: ahd.; *juncus* lat. Bezeichnung für Binsen; *compressus* lat. zusammengedrückt

Merkmale: 10 bis 50 cm hoch; Stängel zusammengedrückt; Blätter ca. 1 mm breit; Blütenstand verzweigt, von einem Blatt überragt, mit zahlreichen bräunlichen Blüten; Früchte (Kapseln) braun

Fortpflanzung: Blüte Juni bis August; zwittrig; Windbestäubung; Windausbreitung

Vorkommen: Wiesen, feuchte Äcker, Ödland, feuchte Wegränder

Wissenswertes: Zum Blütenbau der Binsen *(Juncus)*
➤ Glieder-Binse (S. 379)

951 a Blüten weißlich ▶ *Luzula luzuloides*

b Blüten bräunlich 952

952 a Untere Blätter 6 bis 15 mm breit 953

b Untere Blätter 1 bis 4 mm (manchmal bis 8 mm) breit 954

Juncus tenuis Willd. Zarte Binse

Pflanzenfamilie: Juncaceae – Binsengewächse

Name: Binse: ahd.; *juncus* lat. Bezeichnung für Binsen; *tenuis* lat. dünn, zart, fein

Merkmale: 15 bis 50 cm hoch; Stängel ca. 1 mm dick, rundlich; Blätter bis 2 mm breit; Blütenstand verzweigt, von 2 oder 3 Blättern überragt, mit zahlreichen gelblichen Blüten; Früchte (Kapseln) gelbbraun

Fortpflanzung: Blüte Juni bis September; zwittrig; Windbestäubung; Windausbreitung

Vorkommen: Ödland, feuchte Wegränder

Wissenswertes: Zum Blütenbau der Binsen *(Juncus)* ➤ Glieder-Binse (S. 379). • Stammt aus Nordamerika und breitet sich seit Anfang des 19. Jahrhunderts in Mitteleuropa aus.

Luzula luzuloides (Lam.) Dandy & Wilmott Weißliche oder Schmalblättrige Hainsimse

Pflanzenfamilie: Juncaceae – Binsengewächse

Name: *Luzula* lat. gelblich; *luzul-* lat. gelblich; *-oides* griech. artig

Merkmale: 30 bis 70 cm hoch; untere Blätter 3 bis 6 mm breit, mit langen, weißen Haaren; Blütenstand verzweigt, oft etwas gebogen oder hängend, mit zahlreichen verzweigten Ästen, an deren Ende büschelförmige Ährchen mit mehreren weißlichen Blüten; Früchte (Kapseln) dunkelbraun

Fortpflanzung: Blüte Mai bis Juli; zwittrig; Windbestäubung; Ameisenausbreitung

Vorkommen: Heiden, Wälder (Hainsimsen-Buchenwälder)

Wissenswertes: Zum Blütenbau der Hainsimsen *(Luzula)* ➤ Vielblütige Hainsimse (S. 385)

953 a Jeweils 2 bis 4 Blüten in einem Büschel; Pflanze 30 bis 100 cm hoch ▶ *Luzula sylvatica*
b Blüten einzeln; Pflanze 15 bis 40 cm hoch ▶ *Luzula pilosa*

Luzula sylvatica (Huds.) Gaudin **Wald-Hainsimse**

Pflanzenfamilie: Juncaceae – Binsengewächse

Name: *Luzula* lat. gelblich; *sylvatica* lat. Wald

Merkmale: 30 bis 100 cm hoch; untere Blätter 6 bis 15 mm breit, mit langen, weißen Haaren; Blütenstand reich verzweigt, mit zahlreichen verzweigten Ästen, an deren Ende büschelförmige Ährchen mit mehreren bräunlichen Blüten; Früchte (Kapseln) dunkelbraun

Fortpflanzung: Blüte Mai bis Juni; zwittrig; Windbestäubung; Ameisenausbreitung

Vorkommen: Wälder

Wissenswertes: Zum Blütenbau der Hainsimsen *(Luzula)* ➤ Vielblütige Hainsimse (S. 385)

Luzula pilosa (L.) Willd. **Behaarte Hainsimse, Haar-Hainsimse**

Pflanzenfamilie: Juncaceae – Binsengewächse

Name: *Luzula* lat. gelblich; *pilosa* lat. behaart

Merkmale: 15 bis 40 cm hoch; untere Blätter 6 bis 10 mm breit, mit langen, weißen Haaren; Blütenstand verzweigt, mit locker stehenden Ästen; Blüten einzeln, gelbbraun bis dunkelbraun; Früchte (Kapseln) braun

Fortpflanzung: Blüte März bis Mai; zwittrig; Windbestäubung; Ameisenausbreitung

Vorkommen: Wälder

Wissenswertes: Zum Blütenbau der Hainsimsen *(Luzula)* ➤ Vielblütige Hainsimse (S. 385)

954 a Pflanze mit 2 bis 6 oft etwas hängenden Ährchen ▶ ***Luzula campestris***

b Pflanze mit 5 bis 10 aufrecht stehenden Ährchen ▶ ***Luzula multiflora***

Luzula campestris (L.) DC. Feld-Hainsimse, Gewöhnliche Hainsimse

Pflanzenfamilie: Juncaceae – Binsengewächse

Name: *Luzula* lat. gelblich; *campestris* lat. Feld

Merkmale: 5 bis 30 cm hoch; untere Blätter 1 bis 4 mm (manchmal bis 8 mm) breit, mit langen, weißen Haaren; Blütenstand verzweigt, mit 2 bis 6 kurzen, oft etwas gebogenen Ästen, an deren Ende Ährchen mit mehreren bräunlichen Blüten; Früchte (Kapseln) eiförmig

Fortpflanzung: Blüte März bis April; zwittrig; Windbestäubung; Ameisen- und Tierausbreitung

Vorkommen: Magerwiesen

Wissenswertes: Zum Blütenbau der Hainsimsen *(Luzula)* ➤ Vielblütige Hainsimse (s. u.)

Luzula multiflora (Ehrh.) Lej. Vielblütige Hainsimse

Pflanzenfamilie: Juncaceae – Binsengewächse

Name: *Luzula* lat. gelblich; *multi-* lat. viel; *-flora* lat. Blüte

Merkmale: 10 bis 50 cm hoch; untere Blätter 1 bis 4 mm (manchmal bis 8 mm) breit, mit langen, weißen Haaren; Blütenstand verzweigt, mit 5 bis 10 schräg aufrecht stehenden Ästen, an deren Ende Ährchen mit mehreren bräunlichen Blüten; Früchte (Kapseln) eiförmig

Fortpflanzung: Blüte April bis Mai; zwittrig; Windbestäubung; Ameisen- und Tierausbreitung

Vorkommen: Moore, Magerrasen, Heiden, lichte Wälder

Wissenswertes: Die Blüten der Hainsimsen *(Luzula)* bestehen aus sechs 2 bis 5 mm langen, ± unscheinbaren Blütenblättern, (meist) 6 Staubblättern und dem Fruchtknoten.

Informationen zu den Fachbegriffen und Artenbeschreibungen

Alter:
Bei Bäumen wird jeweils das in der Literatur aufgeführte Maximalalter angegeben.

Ameisenausbreitung (Myrmekochorie):
Durch Ameisen transportierte Früchte oder Samen haben meist ein Anhängsel, das aus einem eiweißreichen Gewebe besteht und den Ameisen als Nahrung dient.

Auenwälder:
Auenwälder wachsen entlang von Flüssen. Sie werden regelmäßig oder zumindest sporadisch vom Flusswasser überflutet. Regelmäßig und lange überflutete Bereiche werden von Weiden, Erlen und Pappeln dominiert (Weichholzaue), in seltener und nur kurzzeitig überfluteten Gebieten wachsen Eschen, Ulmen und Eichen (Hartholzaue).

Ausbreitung ➤ Selbstausbreitung, ➤ Tierausbreitung, ➤ Windausbreitung, ➤ Frucht

Bestäubung:
Vorgang, bei dem Pollen von den Staubblättern der einen Blüte mithilfe von Insekten, Wind oder selten Wasser auf die Narbe einer anderen Blüte transportiert wird (Fremdbestäubung; Gegensatz: ➤ Selbstbestäubung). ➤ Insektenbestäubung, ➤ Wasserbestäubung, ➤ Windbestäubung

Befruchtung:
Die Befruchtung erfolgt nach der Bestäubung. Auf der Narbe keimt der Pollen und bildet einen Pollenschlauch, der zu den Samenanlagen im Fruchtknoten wächst. Dort befruchtet der Pollen einerseits die Eizelle der Pflanze, woraus der pflanzliche Embryo im Samen entsteht. Andererseits befruchtet der Pollen eine weitere Zelle (doppelte Befruchtung), aus der sich dann das Nährgewebe im Samen entwickelt, das später der Ernährung der keimenden Pflanze dient. Nicht ungern essen wir solches in Samen befindliches Nährgewebe beispielsweise in Form von Brot oder Teigwaren.

Blatt:
Die grünen Blätter einer Pflanze dienen vornehmlich der Fotosynthese. Dank ihnen kann die Pflanze die lichtabsorbierende Fläche enorm vergrößern. Blätter zeigen zahlreiche unterschiedliche Merkmale und sind daher für die Bestimmung der Pflanzenarten sehr wichtig. So basiert

die Bestimmung der Bäume und Sträucher in diesem Buch praktisch ausschließlich auf Blattmerkmalen. Das einfachste Blatt hat eine mehr oder weniger ovale Form und einen glatten Blattrand, so wie die Blätter der Rot-Buche. Von dieser Urform gibt es aber zahlreiche Abweichungen. So kann der Blattrand mit Zähnen unterschiedlichster Art versehen sein, die Blattfläche kann verschieden tief eingeschnitten oder bis in feinste Zipfel geteilt sein wie zum Beispiel bei der Schafgarbe. Nicht selten sind die Blätter aus mehreren bis vielen Teilblättern zusammengesetzt, so zum Beispiel die sogenannten «gefiederten» Blätter. In der Praxis ist es oft schwierig zu entscheiden, ob es sich um ein gefiedertes Blatt oder um einen Seitenzweig mit gegenständigen Blättern handelt. Endet das Objekt in einem Blatt, dann ist es ein gefiedertes Blatt, andernfalls ein Seitenzweig mit mehreren Blättern. Aber auch das ist nicht immer klar zu erkennen.

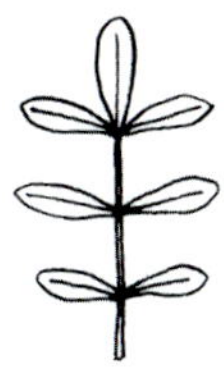
gefiedertes Blatt

Blattstellung:

Die Blätter sind auf verschiedene Art und Weise am Stängel oder Zweig angeordnet. Wenn sich drei oder mehr Blätter auf gleicher Höhe befinden, bilden diese Blätter einen «Quirl» und die Blattstellung wird als «quirlständig» bezeichnet. Quirlständige Blätter sind eher selten und kommen besonders in der Pflanzenfamilie der Krappgewächse (Rubiaceae) vor, die in unserer Flora insbesondere durch die verschiedenen Labkraut-Arten vertreten ist. Bei der «gegenständigen» Blattstellung stehen sich die Blätter auf gleicher Höhe am Stängel oder Zweig gegenüber. Gegenständige Blätter sind häufiger als quirlständige, aber deutlich seltener als «wechselständige» Blätter. Bei Letzteren stehen sich die Blätter nicht unmittelbar gegenüber, sondern auf einer bestimmten Höhe steht jeweils nur ein Blatt oder Blattbüschel. Das nächstobere ist versetzt angeordnet.

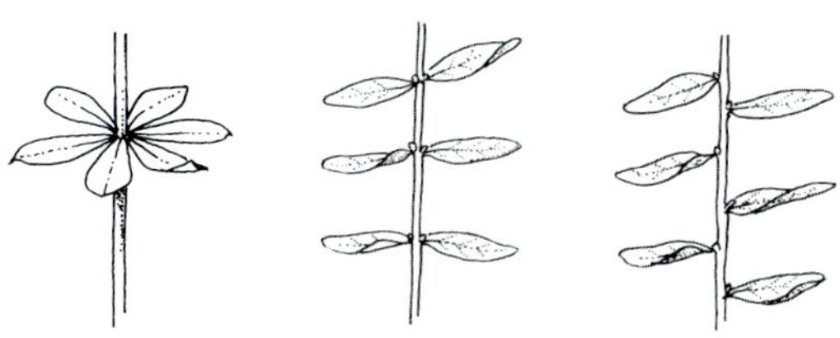
quirlständig gegenständig wechelständig

Blüte:
Die Blüte dient der geschlechtlichen Fortpflanzung der Pflanzen. Eine vollständige Blüte besteht aus (von außen nach innen) Kelch-, Kron-, Staub- und Fuchtblättern. Die meist grünen Kelchblätter dienen dem Schutz der Blütenknospe, die meist farbigen Kronblätter locken Bestäuber an. Kelch und Krone werden zusammen als Blütenhülle bezeichnet. Die Staubblätter sind die männlichen Blütenorgane und produzieren den Blütenstaub (Pollen), und die Fruchtblätter sind die weiblichen Blütenorgane, die einen oder mehrere Fruchtknoten bilden, in denen sich die Samenanlagen befinden. Bei unvollständigen, sogenannten reduzierten Blüten, sind nicht alle Blütenteile ausgebildet. Blüten können mehrere oder auch nur eine Symmetrieachse haben. Im ersten Fall werden sie als radiärsymmetrisch oder actinomorph bezeichnet, im zweiten als monosymmetrisch oder zygomorph.

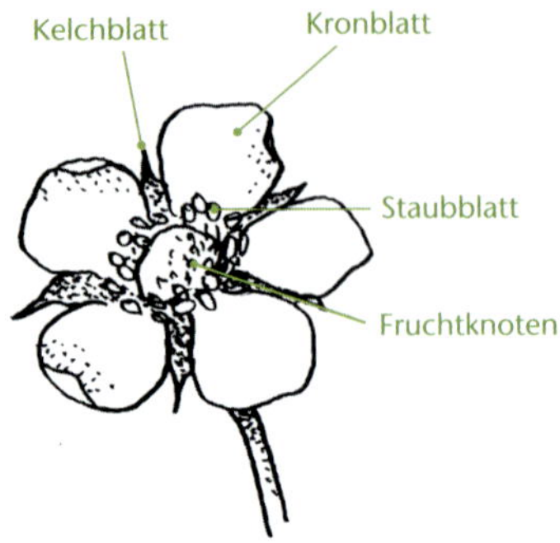

Blütenblätter:
Als Blütenblätter werden in diesem Buch die farbigen (nicht grünen), blattförmigen Organe der Blüte bezeichnet. Meist handelt es sich dabei um die Kronblätter, bei manchen Arten sind aber auch die Kelchblätter farbig, d. h., nicht grün.

Blütenstand:
Von einem Blütenstand spricht man, wenn die Blüten einer Pflanze (jeweils) zu mehreren eng zusammen stehen und sich zwischen den einzelnen Blüten keine «normalen» Blätter befinden, sondern höchstens kleine Blättchen.

Blütezeit:
Angegeben ist jeweils die Hauptblütezeit der Pflanzen in Monaten. Je nach lokalen Klimaverhältnissen oder aktueller Witterung können die Pflanzen aber schon etwas früher bzw. noch etwas später blühen. Frühblühende Arten blühen zudem nicht selten ein zweites Mal im Spätsommer oder Herbst.

eingeschlechtige Blüten:
Diese Blüten enthalten entweder nur die weiblichen (Fruchtknoten) oder die männlichen Blütenorgane (Staubblätter).

einhäusige Pflanzen:
Bei diesen Pflanzen befinden sich die weiblichen (Fruchtknoten) und die männlichen Blütenorgane (Staubblätter) auf einem Individuum («in einem Haus»). In den meisten Fällen sind die Blüten der einhäusigen Pflanzen zwittrig. Es gibt aber auch Pflanzen, bei denen sich eingeschlechtige, weibliche und eingeschlechtige, männliche Blüten auf dem gleichen Individuum befinden, so z. B. bei den Seggen (*Carex* sp.).

einjährige Pflanzen ➤ zweijährige Pflanzen

Fettwiese, -weide ➤ Wiesen und Weiden

Feuchtwiese, -weide ➤ Wiesen und Weiden

Frucht:
Die Frucht ist das Ergebnis der Reifung des Fruchtknotens. Sie besteht aus einer Fruchtwand, die mindestens einen, oft aber mehrere bis viele Samen umgibt. Es gibt Früchte, die sich bei der Reife öffnen und die reifen Samen ausstreuen (z. B. Hülsenfrüchte). In diesen Fällen breitet sich die Pflanze mithilfe der Samen aus. Bei anderen Pflanzen bleiben die Samen immer in den geschlossenen Früchten enthalten und die Pflanze breitet sich mithilfe der Früchte aus (z. B. Beeren).

Fruchtblätter:
In einer Blüte gibt es mindestens eines, meist aber mehrere Fruchtblätter. Diese sind allerdings nicht blattförmig, sie werden nur so bezeichnet. Sie bilden zusammen einen oder mehrere Fruchtknoten.

Fruchtknoten:
Der oder die Fruchtknoten befinden sich im Zentrum der Blüten. Am oberen Ende des Fruchtknotens ist die Narbe, an der bei der Bestäubung die Pollen kleben bleiben. Die Narbe kann sich auf einem Stiel, dem Griffel, befinden. Fruchtknoten, Griffel und Narbe werden zusammen aufgrund ihres Aussehens als «Stempel» bezeichnet. Der reife Fruchtknoten bildet die Frucht.

gefiederte Blätter ➤ Blatt

gegenständig ➤ Blattstellung

Größe:
Hier wird die «normale» Höhe oder Länge einer Pflanze angegeben. Es ist aber jederzeit möglich, dass eine Pflanze je nach Umgebungsbedingungen größer wird oder kleiner bleibt.

Höhe:
Bei den Bäumen wird jeweils die in der Literatur aufgeführte Maximalhöhe angegeben.

Insektenbestäubung:
Der Pollen wird von Insekten von einer Blüte zur anderen transportiert. Manchmal wird die Bestäubung nur durch eine Gruppe von Insekten vorgenommen, beispielsweise nur von Tagfaltern.

Kelchblätter:
Die äußersten, meist grünen, blattförmigen Teile der Blüte. Die Kelchblätter umschließen die inneren Teile einer Blüte vor dem Aufblühen und schützen sie so vor mechanischen Schäden und tiefen Temperaturen. Es gibt auch Blüten ohne Kelchblätter.

Knabenkraut- oder Orchideengewächse:
Nach den Korbblütlern (Asteraceae) sind die Orchideen mit gut 20 000 Arten die zweitgrößte Familie des Pflanzenreiches. Der Familienname Knabenkrautgewächse wurde von den oft ausgebildeten hodenförmigen Wurzelknollen inspiriert. Die Blüten sind spiegelsymmetrisch. Sie bestehen aus den äußeren drei Kelchblättern und den inneren drei Kronblättern. Insbesondere das untere Kronblatt ist oft vergrößert und auffällig ausgestaltet, es wird als Labellum bezeichnet. An seiner Basis hat das Labellum oft eine unterschiedlich lange Ausstülpung, den Sporn. Orchideen haben meist nur ein Staubblatt und übertragen alle Pollen auf einmal als Pollenpaket (Pollinium) auf die Bestäuberinsekten. Der Fruchtknoten entwickelt sich zu einer Kapsel, die zahlreiche, staubfeine Samen enthält. Diese enthalten kein Nährgewebe, was zur Folge hat, dass die Weiterentwicklung der Pflanze nach der Keimung nur erfolgt, wenn der Samen im Boden von einem Pilz infiziert wurde. Dieser versorgt die Jungpflanze mit den lebenswichtigen Stoffen. Die Pflanze bleibt dabei über längere Zeit im Boden verborgen. Erst nach einigen Jahren – im Falle des Weißen Waldvögeleins (siehe S. 306) z. B. nach rund neun Jahren – bildet sich das erste Blatt und die Pflanze beginnt, Fotosynthese zu betreiben.

Korbblütler (Asteraceae):
Mit rund 25 000 Arten weltweit sind die Korbblütler eine der größten Pflanzenfamilien. Die Blüten der Vertreter dieser Familie sind verhältnismäßig klein, wobei aber zahlreiche Blüten sehr eng beieinander stehen und einen dichten Blütenstand bilden, der wie eine Einzelblüte funktioniert. Der Blütenstand ist von Hüllblättern umgeben, die das eigentliche Körbchen bilden. Die Blütenstände bestehen entweder ausschließlich aus flach ausgebreiteten Zungenblüten (z. B. Löwenzahn), aus ausschließlich aufrecht stehenden Röhrenblüten (z. B. Acker-Kratzdistel) oder aus beiden Blütentypen wie beispielsweise beim Gänseblümchen.

Kronblätter:
Die meist farbigen, d. h., nicht grünen, blattförmigen Teile einer Blüte. Die Kronblätter sind in der Regel größer als die Kelchblätter. Sie locken durch ihre weithin sichtbare Farbe die Bestäuberinsekten an. Windbestäubte Blüten haben meist keine auffälligen Kronblätter.

Magerwiese, -weide, -rasen ➤ Wiesen und Weiden

Namen (in den Artensteckbriefen):
«ahd. Name» oder «mhd. Name» bedeutet jeweils, dass der Name bereits im Althoch- bzw. Mittelhochdeutschen in dieser oder ähnlicher Form verwendet wurde. Bei den wissenschaftlichen, griechischen oder lateinischen Namen werden jeweils die Wortstämme angegeben. So bedeutet beispielsweise «*aquatilis* lat. Wasser» nicht, dass das lateinische *aquatilis* wörtlich übersetzt Wasser heißt, sondern nur, dass sich *aquatilis* vom lateinischen Wortstamm *aqua* für Wasser ableitet.

Nerven:
Als Blattnerven werden die Linien bezeichnet, die ein Blatt durchziehen und oft deutlich zu erkennen sind. Es handelt sich dabei um die Leitungsgewebe, durch die das Blatt mit Wasser und Nährstoffen versorgt wird. Aufgrund dieser Funktion ist die auch gebräuchliche Bezeichnung Blattadern zutreffender. Jedes Blatt hat mindestens einen Blattnerv, Mittel- oder Hauptnerv genannt, der meist in der Blattmitte als Fortsetzung eines allfällig vorhandenen Blattstiels verläuft. Von diesem Nerv zweigen oft Seitennerven ab, die ihrerseits noch weiter verzweigt sein können.

Pflanzenfamilie:
In diesem Buch werden 674 Pflanzenarten vorgestellt. Verwandte Arten werden in der Systematik zu Gattungen zusammengefasst. Der wissenschaftliche Name einer Gattung ist jeweils der erste Teil des Doppelnamens. So ist beispielsweise *Anemone nemorosa* eine Art der Gattung *Anemone.* Die verwandten Gattungen werden wiederum zusammengefasst zur nächst höheren Hierarchieebene der Systematik, der Familie. So gehört *Anemone nemorosa* zu den Ranunculaceae, den Hahnenfußgewächsen. Der wissenschaftliche Name einer Familie leitet sich von einer charakteristischen Gattung dieser Familie ab, im Falle der Hahnenfußgewächse von der Gattung Hahnenfuß *(Ranunculus)*. Die Zugehörigkeit einer Pflanzenart zu einer Familie ist oft anhand charakteristischer Merkmale zu erkennen. So kann man beispielsweise die rund 20 000 weltweit vorkommenden Arten der ➤ Schmetterlingsblütler (Fabaceae) relativ einfach aufgrund ihres typischen Blütenbaus dieser Familie zuordnen.

Quirl, quirlständig ➤ Blattstellung

Rasen ➤ Wiesen und Weiden

Schmetterlingsblütler (Fabaceae):
Die Schmetterlingsblütler bilden eine der größten Pflanzenfamilien, die rund 20 000 Arten weltweit umfasst. Die monosymmetrische Blüte ist charakteristisch für diese Familie und wird von der Fahne dominiert. Darunter befindet sich das Schiffchen, das links und rechts je von einem Flügel flankiert wird oder zwischen diesen versteckt ist. Die Früchte sind ebenfalls charakteristisch, es handelt sich um Hülsen (deshalb wird die Familie auch als «Hülsenfrüchtler» bezeichnet). Sie sind oft länglich, öffnen sich bei Fruchtreife und streuen die Samen aus. Die Blätter der Schmetterlingsblütler sind meist dreiteilig (Kleeblatt) oder gefiedert, wie zum Beispiel bei den Wicken. Ein weiteres Charakteristikum dieser Familie ist ihre Fähigkeit, mit stickstofffixierenden Bakterien der Gattung *Rhizobium* (Knöllchenbakterien) eine Symbiose im Wurzelbereich einzugehen. Dabei infizieren die Bakterien die Wurzeln, sie dringen in die Wurzelzellen ein, wobei sich sichtbare Knöllchen an den Wurzeln bilden. Die Bakterien nehmen Luftstickstoff (N_2) auf und wandeln ihn in pflanzenverfügbare, organische Stickstoffverbindungen um (N_2 können Pflanzen sonst nicht aufnehmen). Die Pflanze revanchiert sich bei den Bakterien durch Abgabe von organischen Kohlenstoffverbindungen (z. B. Zucker). Durch diese Symbiose ist die Pflanze gut mit Stickstoff versorgt und kann eiweißreiche Gewebe, insbesondere Samen, bilden (Ei-

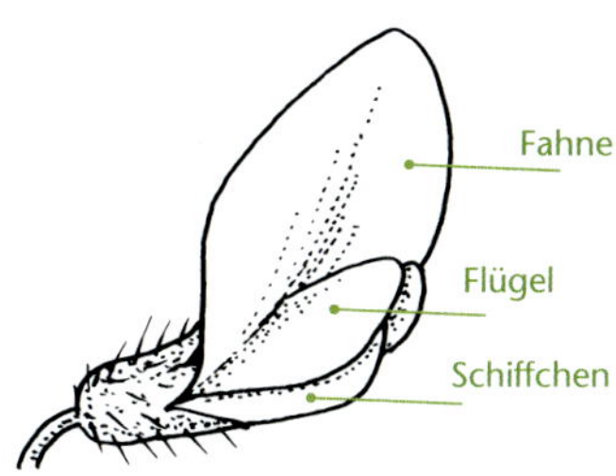

weiße sind Stickstoffverbindungen). So enthalten 100 g Sojabohnen rund 34 g Eiweiß, während Kartoffeln lediglich 2 g und Rindfleisch ca. 28 g Eiweiß enthalten. Schmetterlingsblütler gehören zu den wichtigsten Nutzpflanzen: Erdnüsse, Linsen sowie verschiedene Bohnen- und Erbsenarten. Daneben werden Schmetterlingsblütler aber auch als Futterpflanzen angebaut, so z. B. die Luzerne oder verschiedene Kleearten. Diese Arten liefern nicht nur eiweißreiches Tierfutter, sondern reichern auch den Boden mit pflanzenverfügbaren Stickstoffverbindungen an (Gründüngung). So entspricht die jährliche Stickstoffanreicherung in einem Kleefeld, die im Mittel 250 kg reinen Stickstoff pro ha beträgt, etwa acht Düngungen von je 15 t Mist pro ha.

Seggen (*Carex* sp.):
Die Seggen sind mit rund 100 Arten eine der artenreichsten Gattungen der mitteleuropäischen Flora. Wie bei den Süßgräsern stehen die Blüten der Seggen in dichten Blütenständen, den Ährchen. Sie sind aber eingeschlechtig und bestehen aus einem Tragblättchen und 2 oder 3 Staubblättern (männliche Blüten) bzw. aus einem Tragblättchen und dem Fruchtknoten, der von einer Hülle, dem Fruchtschlauch, umgeben ist (weibliche Blüten). Die Ährchen sind oft auch eingeschlechtig und enthalten entweder nur männliche (die oberen) oder nur weibliche Blüten (die unteren Ährchen einer Pflanze). Manchmal enthalten sie aber auch Blüten beider Geschlechter, aber auch dann streng getrennt, z. B. die männlichen oben, die weiblichen unten im Ährchen. Wirtschaftlich sind die Seggen von geringer Bedeutung, auch als Futtergras sind sie nicht eben beliebt. Umso wichtiger ist ihre ökologische Rolle, denn sie wachsen dort, wo es anderen Pflanzen oft zu mühsam wird: auf sehr nassen, sehr trockenen, sehr nährstoffarmen und sehr sauren Böden oder in sehr kalter Umgebung, im Hochgebirge.

Selbstausbreitung (Autochorie):
Die Ausbreitung der Samen und Früchte geschieht durch Wegschleudern oder, in seltenen Fällen, indem der Fruchtstiel weiter wächst und die Frucht an einer geeigneten Stelle ablegt, so beispielsweise beim Zimbelkraut.

Selbstbestäubung:
Bestäubung innerhalb ein und derselben Blüte, d. h., der Pollen gelangt direkt auf die Narbe der gleichen Blüte. Wenige Pflanzen machen ausschließlich Selbstbestäubung, manche bestäuben sich selbst, wenn sie nicht fremdbestäubt werden, und andere Arten wiederum verhindern Selbstbestäubung, zum Beispiel indem die Narbe früher reif ist als die Staubblätter. Die durch Selbstbestäubung entstehenden Jungpflanzen sind mit der Mutterpflanze genetisch identisch.

Sporangium:
Sporangien sind spezifische Organe von Pflanzen, die sich nicht mit Samen bzw. Früchten vermehren. In ihnen werden die Sporen gebildet. Schachtelhalme haben ein tannenzapfenähnliches Sporangium an der Spitze des Stängels. Bei den Farnen befinden sich zahlreiche meist kugelige oder längliche Sporangien auf den Unterseiten der Blätter.

Sporen:
Sporen dienen der Ausbreitung derjenigen Pflanzen, die sich nicht mit Samen bzw. Früchten vermehren, zum Beispiel Schachtelhalme und Farne. Sie werden meist mit dem Wind transportiert.

Staubblätter:
Ein Staubblatt besteht aus einem Stielchen, dem Staubfaden, und den beiden Staubbeuteln am oberen Ende. In diesen wird der Blütenstaub (Pollen) gebildet und gelagert. Bei der Reife öffnen sich die Staubbeutel und die Pollen gelangen durch Insekten, Wind oder selten Wasser zu anderen Blüten, wo sie an der klebrigen Narbe haften bleiben.

Süßgräser (Poaceae):
Mit knapp 10 000 Arten weltweit sind die Süßgräser eine große Pflanzenfamilie, die nicht selten landschaftsprägend in Erscheinung tritt, so zum Beispiel in Savannen und Steppen. Die Blüten der Süßgräser sind zwittrig und bestehen aus zwei Vorblättchen (den Spelzen), einem Fruchtknoten und meist drei Staubblättern. Sie bilden dichte, meist längliche Blütenstände, die Ährchen. Diese wiederum bilden komplexe Blütenstandsgebilde, wie lockere Rispen (z. B. Hafer) oder dichte Ähren (z. B. Weizen). Die Blütenstände sehen während der Blüte oft sehr anders aus als nach und insbesondere vor der Blüte, was die Bestimmung oft erschwert. Die Süßgräser sind von größter wirtschaftlicher Bedeutung. Sämtliche Getreidearten einschließlich Reis und Mais gehören zu dieser Familie. Darüber hinaus gehören Süßgräser zu den besten Futterpflanzen. So ist es diese Pflanzenfamilie, die in Form von Getreideprodukten und Fleisch weitgehend die Menschheit ernährt. Die Süßgräser bringen aber auch einen beträchtlichen Anteil der Menschheit zum Leiden durch ihre immense Produktion von Pollen, der stark allergen ist (Heuschnupfen).

Tierausbreitung:
Die Ausbreitung von Samen oder Früchte durch Tiere kann auf drei Arten geschehen. **1.** Die Früchte oder Samen werden von den Tieren gesammelt und als Nahrungsreserven versteckt, wobei ein Teil verloren geht oder vergessen wird. **2.** Die Früchte werden gefressen und die Samen in keimfähigem Zustand wieder ausgeschieden. **3.** Die Früchte bleiben mithilfe von Haken oder ähnlichen Einrichtungen an den Fellen von Tieren hängen. So beispielsweise die Fruchtstände der Klette, was als Vorbild für den Klettverschluss diente. ➤ Ameisenausbreitung

Trockenwiese, -weide, -rasen ➤ Wiesen und Weiden

Vorkommen:
Hier werden die Lebensräume aufgelistet, in denen die Art am häufigsten angetroffen werden kann. Es ist aber auch möglich, dass eine Pflanzenart an untypischen Stellen wächst. So können beispielsweise an Flussufern nebst den typischen Uferpflanzen auch Wald-, Wiesen- und nicht selten Gebirgsarten gefunden werden.

Wasserausbreitung (Hydrochorie):
Die Früchte oder Samen sind schwimmfähig, werden durch fließendes Wasser mitgeführt oder – was aber eher selten ist – werden durch den Aufprall von Regentropfen aus der Blüte geschleudert.

Wasserbestäubung:
Die Pollen werden im oder auf dem Wasser transportiert.

wechselständig ➤ Blattstellung

Wiesen und Weiden:
Wiesen und Weiden sowie auch Rasen sind Vegetationstypen, die von Gräsern dominiert werden. Ohne menschliche Nutzung würden sie in dieser Form in Mitteleuropa nicht existieren. Nur durch die regelmäßige Mahd (Wiesen) bzw. durch die Beweidung (Weiden) werden die Gehölze in Schach gehalten und die Bewaldung verhindert. Je nach Bodenverhältnissen unterscheidet man verschiedene Typen von Wiesen und Weiden, wie Feucht-, Trocken-, Mager- oder Fettwiesen bzw. -weiden. Mager bedeutet hier nährstoffarm und fett nährstoffreich. Gerade nährstoffarme Wiesen und Weiden gehören zu den artenreichsten Lebensräumen in Mitteleuropa. Im Extremfall können bis zu 80 unterschiedliche Pflanzenarten auf einem Quadratmeter Magerwiese oder -weide gefunden werden. Nährstoffarme Lebensräume sind generell wegen der Intensivierung der Nutzung und des zunehmenden Nährstoffeintrags über die Atmosphäre (Stickoxide) stark gefährdet. Bei wenig ertragreichen Magerwiesen und -weiden besteht zudem die Gefahr der Nutzungsaufgabe und die damit einhergehende Wiederbewaldung.

Windausbreitung (Anemochorie):
Die Samen und Früchte haben spezifische Vorrichtungen wie Flugblätter oder Haare, die den Windtransport über größere Strecken ermöglichen, oder sie werden lediglich von starken Windstößen erfasst und so eher über kurze Distanzen transportiert.

Windbestäubung:
Die Pollen werden durch den Wind transportiert. Windbestäubte Pflanzen haben meist nur kleine, unscheinbare Blüten, so zum Beispiel die Gräser.

zweihäusige Pflanzen:
Bei diesen Pflanzen befinden sich die weiblichen (Fruchtknoten) und die männlichen Blütenorgane (Staubblätter) auf unterschiedlichen Individuen («in zwei Häusern»). Es gibt demnach weibliche Pflanzen mit eingeschlechtigen weiblichen Blüten und männliche Pflanzen mit eingeschlechtigen männlichen Blüten.

zweijährige Pflanzen:
Zwei- sowie einjährige Pflanzen blühen genau einmal und sterben danach ab. Die einjährigen Pflanzen absolvieren ihren vollständigen Entwicklungszyklus (keimen – wachsen – blühen – fruchten) innerhalb eines Jahres, während die zweijährigen Pflanzen im ersten Jahr keimen und Blätter bilden, aber erst im zweiten Jahr blühen und fruchten. Der Großteil der Pflanzen ist aber ausdauernd, d. h., sie leben mehrere bis viele Jahre und blühen auch mehrmals. Dass eine Art ausdauernd ist, wird in den Beschreibungen jeweils nicht ausdrücklich vermerkt.

zwittrige Blüten:
Diese Blüten enthalten sowohl die weiblichen (Fruchtknoten) als auch die männlichen Blütenorgane (Staubblätter).

Literaturverzeichnis

AESCHIMANN D. ET AL. 2004. Flora Alpina. Ein Atlas sämtlicher 4500 Gefässpflanzen der Alpen. 3 Bde. Bern: Haupt Verlag

AICHELE D., SCHWEGLER H.-W. 2004. Die Blütenpflanzen Mitteleuropas. 5 Bde. 2. Auflage. Stuttgart: Franckh-Kosmos Verlag

BINZ A., HEITZ C. 1990. Schul- und Exkursionsflora für die Schweiz. 19. Auflage. Basel: Schwabe Verlag

BISSEGGER M. 2012. Meine wilde Pflanzenküche. 4. Auflage. Aarau: AT Verlag

BRÄNDLI U.-B. 1996. Die häufigsten Waldbäume der Schweiz. Birmensdorf: Berichte der Eidgenössischen Forschungsanstalt für Wald, Schnee und Landschaft 342

CARL H. 1995. Die deutschen Pflanzen- und Tiernamen. Wiesbaden: Quelle & Meyer Verlag

DAL CERO M. 2009. Unsere Heilpflanzen. Bern: Ott Verlag

DÜLL R., KUTZELNIGG H. 1994. Botanisch-ökologisches Exkursionstaschenbuch. 5. Auflage. Heidelberg, Wiesbaden: Quelle & Meyer Verlag

EGGENBERG S., MÖHL A. 2020. Flora Vegetativa. Ein Bestimmungsbuch für Pflanzen der Schweiz im blütenlosen Zustand. 4. Auflage. Bern: Haupt Verlag

GENAUST H. 2012. Etymologisches Wörterbuch der botanischen Pflanzennamen. 3. Auflage. Hamburg: Nikol Verlag

GRAF J. 1975. Tafelwerk zur Pflanzensystematik. München: J.F. Lehmanns Verlag

HAUSER J. 1995. Säugetiere der Schweiz. Basel: Birkhäuser Verlag

HESS H. E., LANDOLT E., HIRZEL R. 1976/1977/1980. Flora der Schweiz und angrenzender Gebiete. 3 Bde. 2. Auflage. Basel, Boston, Stuttgart: Birkhäuser Verlag

HUBBARD C. E. 1973. Gräser – Beschreibung, Verbreitung, Verwendung. Stuttgart: Verlag Eugen Ulmer

KADEREIT J. W. ET AL. 2014. Strasburger, Lehrbuch der Botanik für Hochschulen. 37. Auflage. Berlin, Heidelberg: Springer Spektrum

LANDOLT E. ET AL. 2010. Flora indicativa. Ökologische Zeigerwerte und biologische Kennzeichen zur Flora der Schweiz und der Alpen. Bern: Haupt Verlag

LAUBER K., WAGNER G., GYGAX A. 2018. Flora Helvetica. 6. Auflage. Bern: Haupt Verlag

LEINS P. 2000. Blüte und Frucht. Stuttgart: E. Schweizerbart'sche Verlagsbuchhandlung

LEPIDOPTEROLOGEN-ARBEITSGRUPPE 1988. Tagfalter und ihre Lebensräume. 2. Auflage. Basel: Schweizerischer Bund für Naturschutz

LICHT W. 2012. Einführung in die Pflanzenbestimmung nach vegetativen Merkmalen. Wiebelsheim: Quelle & Meyer Verlag

LÜDER R. 2019. Bäume bestimmen – Knospen, Blüten, Blätter, Früchte. 2. Auflage. Bern: Haupt Verlag

MABEY R. 2013. Essbar. Wildpflanzen, Pilze, Muscheln für die Naturküche. Bern: Haupt Verlag

MAUMARY L., VALLOTTON L., KNAUS P. 2007. Die Vögel der Schweiz. Sempach: Schweizerische Vogelwarte

MERTZ P. 2000. Pflanzengesellschaften Mitteleuropas und der Alpen. Landsberg: Ecomed Verlagsgesellschaft

NENTWIG W. (HRSG.) 2011. Unheimliche Eroberer. Invasive Pflanzen und Tiere in Europa. Bern: Haupt Verlag

RAMEAU J. C., MANSION D., DUMÉ G. 1993. Flore forestière française. Guide écologique illustré. Tome 2: Montagnes. Paris: Institut pour le développement forestier

ROTH L., DAUNDERER M., KORMANN K. 1994. Giftpflanzen – Pflanzengifte. 4. Auflage. Hamburg: Nikol Verlag

SCHÜTT P., SCHUCK H. J., STIMM B. 2011. Lexikon der Baum- und Straucharten. Hamburg: Nikol Verlag

SCHÜTT P. ET AL. 2006. Enzyklopädie der Laubbäume. Hamburg: Nikol Verlag

SELL J. 1997. Eigenschaften und Kenngrössen von Holzarten. 4. Auflage. Dietikon: Baufachverlag

SEYBOLD S. 2005. Die wissenschaftlichen Namen der Pflanzen und was sie bedeuten. 2. Auflage. Stuttgart: Eugen Ulmer

SPOHN M., SPOHN R. 2016. Bäume und ihre Bewohner. Bern: Haupt Verlag

SPOHN M., SPOHN R. 2020. Blumen und ihre Bewohner. 2. Auflage. Bern: Haupt Verlag

STEIGER P. 2010. Wälder der Schweiz. 4. Auflage. Bern: Ott Verlag

STEIGER P. 2014. Esche, Espe oder Erle? Bern: Ott Verlag

WEBER E. 2013. Invasive Pflanzen der Schweiz. Bern: Haupt Verlag

Dank

Mein Dank gebührt an erster Stelle allen Testerinnen und Testern, die die Tauglichkeit von Vor- und Vorvorversionen des Schlüssels durch Bestimmungen von mehreren Hundert Pflanzen überprüft und so zu seiner schrittweisen Verbesserung beigetragen haben.

Herzlichen Dank an Maria Michalogiorgaki und Moritz Kammer, die die Bedeutung der griechischen und lateinischen Art- und Gattungsnamen kontrolliert haben.

Ein besonderes Dankeschön geht an Stefan Eggenberg, dessen Zeichnungen das vorliegende Buch veredeln.

Zuletzt, aber bekanntlich nicht am wenigsten, bedanke ich mich bei meiner Familie, Anna, Ariane, Moritz und Julian, die mit Interesse, zahlreichen Beiträgen und Geduld das Werden dieses Buches begleitet und unterstützt haben.

Register

A

B

C

D

E

F

G

H

I

L

M

N

O

P

Q

R

S

T

U

V

W

Z